极客学院
jikexueyuan.com

互联网+职业技能系列

职业入门 | **基础知识** | 系统进阶 | 专项提高

Java Web
开发教程

基于Struts2+Hibernate+Spring

Java Web Programming

极客学院 出

丁毓峰 毛雪涛 编

人民邮电出版社

北京

图书在版编目（C I P）数据

Java Web开发教程 ：基于Struts2+Hibernate+
Spring / 丁毓峰，毛雪涛编著. -- 北京 ：人民邮电出
版社，2017.4（2018.3重印）
ISBN 978-7-115-44352-6

Ⅰ. ①J… Ⅱ. ①丁… ②毛… Ⅲ. ①JAVA语言－程序
设计－教材②软件工具－程序设计－教材 Ⅳ.
①TP312.8②TP311.56

中国版本图书馆CIP数据核字(2016)第317906号

内 容 提 要

随着淘宝、京东、苏宁易购等电子商务平台的广泛应用，以及互联网+相关产业的蓬勃发展，越来越多的程序开发人员希望快速掌握 Java Web 开发知识，从而为能够进入互联网行业做好准备。本书全面阐述了 Java Web 开发的基础知识，具体包括：Java Web 应用开发概述、Java Web 开发环境、JSP 基础、JSP 文件操作、Java Web 的数据库操作、Struts 基础、Struts 核心文件、Struts 基本方法和关键技术、Hibernate 开发基础、Hibernate 核心文件和接口、Spring 基础、深入 Spring 技术，以及 SSH 集成方法及综合实例。

本书的实用性强，既是 Java Web 程序开发人员的学习宝典，又是平时工作中的实用参考手册。本书适合计算机与信息工程等专业的大学生、软件程序员、Java EE 架构设计师，以及希望短期内提高自己 Java Web 开发能力的专业人士阅读。

◆ 编　　著　丁毓峰　毛雪涛
责任编辑　刘　博
责任印制　杨林杰

◆ 人民邮电出版社出版发行　　北京市丰台区成寿寺路 11 号
邮编　100164　　电子邮件　315@ptpress.com.cn
网址　http://www.ptpress.com.cn
北京隆昌伟业印刷有限公司印刷

◆ 开本：787×1092　1/16
印张：25　　　　　　2017 年 4 月第 1 版
字数：659 千字　　　2018 年 3 月北京第 2 次印刷

定价：59.80 元

读者服务热线：(010)81055256　印装质量热线：(010)81055316
反盗版热线：(010)81055315
广告经营许可证：京东工商广登字20170147号

前言

Java 自从 1995 年诞生至今，随着 Internet 的快速发展而迅猛发展，目前已经成为软件开发领域重要的开发语言之一，而 Java Web 更是成为 Web 应用开发的利器。本书将向读者充分展示出 Java Web 开发技术的魅力，带领读者快速、轻松地进入 Java Web 的开发领域。

在学习本书之前，读者最好能先掌握一些 Java 基础知识，以及 Web 开发基础，这样有利于本书的学习。

本书是作者多年教学及项目实战经验的总结，它记录了教学和开发中点点滴滴的经验和教训，也历经了许多学生的检验。只要认真研读本书内容，读者就一定能够顺利跨入 Java Web 的大门。

本书特色

1. 内容实用、叙述朴实、案例引导，适合初学者学习

本书循序渐进，首先系统地讲解了 Java Web 开发环境、JSP 编程、Java Web 编程、Struts 2 的基本方法和关键技术、Hibernate 基本方法和关键技术、Spring 基本原理与技术等 Java Web 开发相关技术基础，然后以实例讲解了 SSH 集成方法。在内容设计上，将关键知识点和案例进行结合，便于初学者快速掌握相关知识。

2. 和网络在线资源有机结合，实现了 O2O 的学习方式

本书作为一本学习 Java Web 开发的教材，将传统教学内容（书本）和网络在线资源（极客学院）进行有机结合，实现了 O2O（Online To Offline）的学习方式。每一篇、每一章的重点和难点内容都提供了网上教程及网上在线视频指南，读者在阅读本书的内容后，可以根据网上视频资源进行辅导学习，以及进一步的知识扩展学习，以便更快掌握相关知识。

3. 案例和习题并重，使得初学者学习的知识掌握得更牢固

案例和习题并重是本书的一个重要特色。在内容讲述上，本书对于 Java Web 开发的重要知识点和难点都给出了专门设计的例子。通过例子的学习，初学者可以更直观地了解并掌握知识点，同时在每一章最后都配备了精心准备的习题（包括：填空、选择、分析问答及编程等题型）。通过这些习题的学习，读者可进一步巩固学习的知识点。

本书内容及体系结构

第 1 章　Java Web 应用开发概述

本章介绍了 Web 应用开发涉及的基本概念，重点介绍与 Java Web 开发相关的知识。

第 2 章　Java Web 开发环境

本章介绍了 Java Web 开发环境，Eclipse 集成开发环境，同时还介绍了搭建开发环境需要安装的 JDK、Tomcat 服务器和 MySQL 数据库管理系统。

第 3 章　JSP 基础

本章介绍了 JSP 基础知识，JavaBean 的含义，如何定义 JavaBean，JavaBean 属性的设置，Servlet 的生命周期，以及 Servlet 的常用类及接口等内容。

第 4 章　JSP 文件操作

本章主要介绍 JSP 文件操作技术，JSP 如何通过 Java 的输入输出流来实现文件的读写操作。

第 5 章　Java Web 的数据库操作

本章主要介绍 JDBC 的基本概念和 JDBC 操作数据库的基本过程。

第 6 章　Struts 基础

本章从 MVC 概念入手，循序渐进地介绍了 Struts 的原理及其开发优势，Struts 的下载、安装、配置方法，使用 Struts 框架开发的过程。

第 7 章　Struts 核心文件

本章介绍了 Struts 的核心配置文件的作用和关键元素，还介绍了 Action 类文件的 Action 接口和 ActionSupport 基类，Action 与 Servlet API 的关系，以及 ModelDriven 接口的含义和实现机制，Struts 的异常处理机制。

第 8 章　Struts 基础方法和关键技术

本章介绍了 Struts 2 框架中的 AJAX（Asynchronous JavaScript And XML）技术，给出了使用 Struts 2 实现用户登录的实例。

第 9 章　Hibernate 开发基础

本章介绍了 Hibernate 的基础知识，并以一个开发实例使读者全面了解 Hibernate 的完整开发过程。

第 10 章　Hibernate 核心文件和接口

本章对 hibernate.cfg.xml 文件中的各元素，Hibernate 的多种关联关系映射，以及核心接口做了详细的描述。

第 11 章　Spring 基础

本章介绍了 Spring 框架基本概念和运行机制，讲解了 Spring 框架开发包的获取和配置，并通过一个实例介绍了使用 Spring 的步骤。

第 12 章　深入 Spring 技术

本章详细介绍了 Spring 控制反转的原理（IoC），并通过实例模拟了它的实现，还介绍了如何在 Spring 中配置依赖注入，Bean 的生命周期的管理方法等关键技术。

第 13 章　SSH 集成方法及综合实例

本章主要讲述 SSH 框架（即 Spring、Struts 和 Hibernate 三大框架）集成的主要内容，包括 Spring 开发环境的部署，Spring 和 Hibernate 的集成，Spring 和 Struts 的集成方法，并给出了实际案例。

本书读者对象

- 计算机相关专业学生
- Java Web 开发程序员
- Java Web 架构设计师
- 需要 Java Web 工具书的开发人员
- 其他对 Java Web 感兴趣的人员

本书由极客学院出品，主要由丁毓峰和毛雪涛执笔完成，还有江鹏、闵强、黄维、金宝花、李阳、程斌、胡亚丽、焦帅伟、马新原、能永霞、王雅琼、于健、周洋、谢国瑞、朱珊珊、李亚杰、王小龙、张彦梅、李楠、黄丹华、夏军芳、武浩然、武晓兰、张宇微、毛春艳、张敏敏、吕梦琪等人员参与了本书的编写、程序调试等工作，在此向他们表示感谢。由于时间和水平有限，书中难免会有解释不当之处，希望读者朋友能提出宝贵意见。

目 录

第 8 章 Struts 基本方法和关键技术 126

第 9 章 Hibernate 开发基础........190

第1章 Java Web应用开发概述

本章介绍了 Web 应用开发涉及的基本概念，重点介绍与 Java Web 开发相关的知识，主要内容包括如下：Web 的概念、计算机网络体系结构、HTTP。

1.1 Web 的概念

Web 的英文本意是网的意思，而在计算机领域是万维网 WWW（World Wide Web）的简称，现在广泛译作网络、互联网等。

万维网是一个巨大的资料空间。在这个资料空间中，很多一样的“资源”由一个全域“统一资源标识符”（URL）标识。资源使用者可以通过超文本传输协议（HyperText Transfer Protocol，HTTP）获取这些资源，所以可以说，万维网是一个透过网络存取的互连超文件系统。

1.1.1 Web 的定义

在万维网出现以前，用户查询信息时非常麻烦，不仅需要记住信息的地址，还要记住各种网络命令。有了万维网，用户就不需要再像以前那样死记硬背了，可以直接利用超级链接进行网上冲浪。

需要注意的是，万维网和人们通常所说的互联网是不同的：应该说万维网提供了在网上获取资源的模式，而互联网是保证万维网正常运行的手段，只有通过互联网才能提供相关的资源获取服务。

1.1.2 JSP 和其他 Web 编程语言

JSP（Java Server Pages）是由 Sun Microsystems 公司倡导，许多公司一起参与建立的一种动态网页技术标准，与 ASP.NET、PHP 并列为三大后台编程语言。

JSP 技术有点类似 ASP.NET 技术，它是在传统的网页 HTML 文件中插入 Java 程序段和 JSP 标记，从而形成 JSP 文件。用 JSP 开发的 Web 应用是跨平台的，既能在 Linux 下运行，也能在其他操作系统上运行。支持 JSP 开发的集成环境有 Eclipse 和 NetBeans 等。

超级文本预处理器（Hypertext Preprocessor，PHP）是一种 HTML 内嵌式的语言，是一种在服务器端执行的嵌入 HTML 文档的脚本语言，这点有点类似于 C 语言。PHP 的语法混合了 C、Java、Perl，以及 PHP 自创的语法。它可以比 CGI 或者 Perl 更快速地执行动态网页命令。支持 PHP 开发的集成环境包括 Eclipse、Komodo、PHP 设计器、PHPEdit 和 Zend Studio 等。

ASP.NET 是.NET Framework 的一部分，是一种使嵌入网页中的脚本可由因特网服务器执行的服务器端脚本技术，可以在通过 HTTP 请求文档时再在 Web 服务器上动态创建它们。动态服务器页面（Active Server Pages，ASP）运行于 IIS（Internet Information Server，是 Windows 开发的 Web 服务器）之中的程序 。支持 ASP.NET 开发的集成环境只有 Visio Studio。

在 PHP/JSP/ASP.NET 这三者中，JSP 的优势是在企业级应用；PHP 的优势在于轻量级 Web 应用。两者的共同优势在于，一方面二者都可以跨操作平台部署，另一方面比起 ASP.NET 来更轻巧和精简。PHP 的安装包，加上 Apache 服务器，也就只有几十兆比特大小；JSP 更是只需 JDK 和 App Server 即可，加一起也就 100 多兆比特，相反，ASP.NET 的安装包不仅只能部署在 Windows 下面，需要.NET Framework 的支持，并且经常大于 1GB，这也给应用者带来了极大的困惑和不便。

1.1.3 Web 的相关标准

Web 的标准主要包括超文本标记语言（Hyper Text Markup Language，HTML）、超文本传输协议（Hyper Text Transport Protocol，HTTP）和统一资源定位器（Uniform Resource Locator，URL）。

1. 超文本标记语言（HTML）

HTML 是一种制作 Web 网页的标准语言。通过 HTML，使用不同语言处理软件的计算机之间就可以无障碍的交流。

HTML 不是一种程序设计语言，而是一种标记语言。“标记”也常被称为“标签”，指的就是对浏览器中的各元素进行标识的意思。HTML 使用标签来标记网页中的各个部分。通过这些标签，浏览器就可以获知网页中的各个部分应该如何显示，如显示的字体、字号、颜色等。

HTML 中的超链接功能，将网页链接起来，而网页与网页的链接构成了网站，最终网站与网站的链接就构成了多姿多彩的万维网。

2. 超文本传输协议（HTTP）

HTTP 于 1990 年诞生。HTTP 是一种通信协议，它规定了客户端（浏览器）与服务器之间信息交互的方式。因此，只有客户端和服务器都支持 HTTP，才能在万维网上发送和接收信息。经过多年的使用和发展，HTTP 得到了不断的完善和扩展。

在浏览器的地址栏中输入一个 URL，或者单击网页中的一个超链接时，便确定了要浏览的地址。浏览器会通过超文本传输协议（HTTP）从 Web 服务器上将站点的网页代码提取出来，并翻译成网页返回到浏览器。

HTTP 可以使浏览器的使用更加高效，并减少网络传输。它不仅保证了计算机正确、快速地传输超文本文档，还可以确定具体传输文档中的哪些部分以及优先传输哪些部分等。

3. 统一资源定位符（URL）

每个网页都有一个 Internet 地址，在浏览器的地址栏中输入的网站地址就是 URL。统一资源定位符为描述 Internet 上的网页，以及其他资源地址提供了一种标识方法。Internet 上的每个网页都有一个唯一的被称“URL 地址”的名称标识。

URL 可以实现对资源的定位。只要能够对资源进行定位，系统就可以对资源进行各种各样的操作，如存取、更新、替换和查找其属性等。

1.1.4 JSP 开发 Web 应用的 4 种方式

采用 JSP 开发 Web 应用时，通常根据项目的规模采用不同的模式，主要有以下 4 种方式。

1. JSP + JavaBean 开发模式

该模式将业务逻辑与页面表现进行分离，在一定程度上增加了程序的可调试性和维护性。缺点在于，页面将控制与显示集于一身。开发过程中，将大量的逻辑处理代码放在了 JSP 和 JavaBean 中，这导致了 JavaBean 的复杂度增加，关联程度（也叫耦合度）提高。在完美开发中追求的是“高内聚低耦合”，所以在大型项目的开发中，不适合使用这种模式，比较适合简单小型项目的快速构建与运行。

2. Servlet+JSP+JavaBean 开发模式

Servlet+JSP+JavaBean 模式 MVC（Model View Controller）结构模式，适合开发复杂的 Web 应用。在这种模式下，Servlet 负责处理用户请求；JSP 负责数据显示；JavaBean 负责封装数据。Servlet+JSP+JavaBean 模式的程序各个模块之间层次清晰，Web 开发推荐采用此种模式。

3. JSP +Struts + HIbernate 开发模式

利用 Struts 的 MVC 设计模式，没有使用 Spring 构架处理逻辑层的业务，只依靠 Struts 与 Hibernate 持久化对象组成的开发方案。特点是只需要部署 Struts，不需要使用 Spring。

4. JSP +Struts + Spring + Hibernate 开发模式

JSP+Struts + Spring + Hibernate 开发模式是大型、复杂企业应用的开发模式。特点是 Struts 负责表示层，Spring 负责逻辑层的业务，Hibernate 负责持久层中数据库的操作，三者整合成 SSH 开发方案。

1.2 计算机网络体系结构

1.2.1 OSI 模型

开放式系统互联（Open System Interconnect，OSI），通常被叫作 OSI 参考模型，是 ISO（国际标准化组织）在 1985 年研究的网络互联模型。该模型的目标就是使各种计算机在世界范围内互连为网络。OSI 模型体系的结构标准定义了网络互连的七层框架（物理层、数据链路层、网络层、传输层、会话层、表示层和应用层），即 ISO 开放系统互连参考模型。在这一框架下进一步详细设置了每一层的功能，以实现开放系统环境中的互连性、互操作性和应用的可移植性。

极客学院在线视频学习网址：

http://www.jikexueyuan.com/course/1400.html

http://www.jikexueyuan.com/course/1400_2.html?ss=1

http://www.jikexueyuan.com/course/1400_3.html?ss=1

手机扫描二维码

OSI 七层参考模型

OSI 七层模型（上）

OSI 七层模型（下）

1.2.2 TCP/IP 模型

TCP/IP 参考模型是最早的计算机网络 ARR Anet 和其后继的因特网使用的参考模型。ARR Anet 由美国国防部 DoD（U.S.Department of Defense）赞助，逐渐地，它通过租用的电话线联结了数百所大学和政府部门。当无线网络和卫星出现以后，现有的协议在和它们相连的时候出现了问题，所以需要一种新的参考体系结构。该体系结构在它的两个主要协议 TCP 和 IP 出现以后，被称为“TCP/IP 参考模型”（TCP/IP reference model）。

TCP/IP 是一组用于实现网络互连的通信协议。Internet 网络体系结构以 TCP/IP 为核心。基于 TCP/IP 的参考模型将 OSI 模型的七层协议重新进行了划分，分别是：网络访问层、网际互联层、传输层和应用层 4 个层次。

极客学院在线视频学习网址：

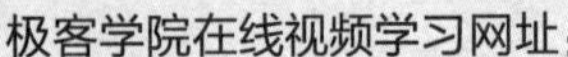

http://www.jikexueyuan.com/course/996.html

http://www.jikexueyuan.com/course/996_1.html

手机扫描二维码

TCP/IP 协议的体系结构

TCP/IP 协议簇概述

1.2.3 B/S 的应用软件架构

开发人员在项目开发过程中，要根据项目需要选择不同的架构。目前两种流行的软件体系结构是 C/S 体系结构和 B/S 体系结构。

在 TCP/IP 的网络应用中，两个进程间通信所采用的主要模式是客户机/服务器（C/S：Client/Server）模式。其中，客户机和服务器都是独立的计算机。客户机是面向最终用户的应用程序或一些接口设备，它是服务的消耗者，可以向其他应用程序提出请求，再将所得信息向最终用户显示出来。

浏览器/服务器（B/S）架构是一种基于 Internet 的网络结构模式。该模式将系统实现的大部分逻辑功能集中到服务器上，客户端只实现极少的事务逻辑，这样就使得系统的开发、使用和维护都更加方便、简洁。B/S 结构结合了浏览器的 JavaScript、VBScript 等多种脚本语言，使用通用的浏览器可以有效地节约了开发成本。在当前的互联网+的时代，B/S 架构已经成为应用软件中首选的体系结构。基于 Web 服务器的系统采用的就是 B/S 结构。B/S 模式的工作原理如图 1.1 所示。

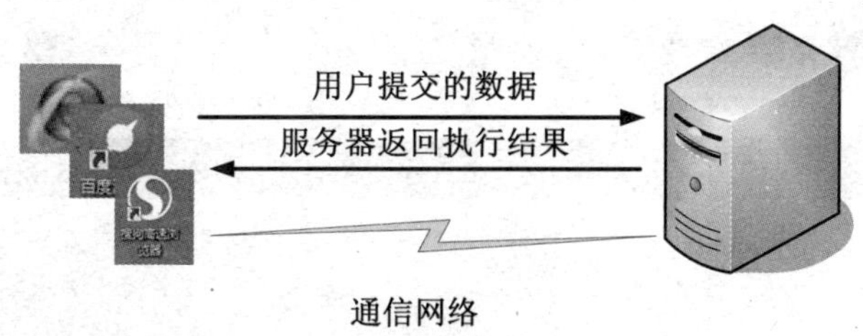

图 1.1　浏览器/服务器模式的工作原理图

在 B/S 结构中，客户端运行浏览器软件。Web 浏览器以 HTML 文档形式向 Web 服务器提交请求。HTTP 的请求一般是 GET 或 POST 命令，浏览器提交的请求会通过 HTTP 传送给 Web 服务器，Web 服务器接收到这个请求后，进行相应的处理，如进行数据运算、查询数据库等，然后将处理后的结果通过 HTTP 返回，最终在浏览器上显示结果。

1.3　HTTP

HTTP 是互联网上应用最广泛的一种网络协议。它允许将 HTML 文档从 Web 服务器传送到 Web 浏览器。在 Web 浏览器和 Web 服务器之间的通信，从 HTTP 的角度看，Web 浏览器就是一个 HTTP 客户，在 Web 服务器收到 HTTP 客户的请求后，根据需求进行处理，再把结果返回给 Web 浏览器。

1.3.1　什么是 HTTP

HTTP 是通用的、无状态的、面向对象的协议。HTTP 的版本分别是：HTTP1.0、HTTP1.1 和 HTTP-NG。HTTP 的消息分为请求消息和响应消息。

1.3.2　URL 含义

统一资源定位符（URL）用来标识万维网上的各种资源，如文档、图像、声音等。URL 由 3 个部分组成：协议类型、主机名和路径及文件名。

HTTP 的 URL 的一般格式如下。

```
http://host[":"port][path]
```

其中，http 表示此处要使用 HTTP 协议来定位网络资源；

host 表示表示合法的 Internet 主机域名，或者是主机的 IP 地址；

port 表示指定端口号。默认情况下，HTTP 的端口号为 80，可以省略；

path 表示请求资源的路径，由零个或多个“/”符号间隔的字符串组成。表示主机上的一个目录或文件地址，该参数可以省略。若没有该项，则 URL 会指向 Internet 上的某个主页。

例如，如果用户想查询获取百度文库中的资料，则可以先进入百度文库的主页，其对应的 URL 为：http://wenku.baidu.com/，如图 1.2 所示。

图 1.2 URL 示例

该 URL 只给出了主机名，省略了端口号和 URI，即使用默认端口号 80，而该 URL 则指向了百度文库的主页，进入主页后可以根据全库搜索或者主页的链接来查找相关信息。

1.3.3 HTTP 请求

HTTP 的请求包括：请求行、请求报头和请求体 3 个部分。其中，某些请求报头和请求体的内容是可选的，它们之间需要用空行隔开。

1. 请求行

请求行包含：方法（Method）、请求资源的 URI（Request-URI）和 HTTP 版本（HTTP-Version）3 个内容，其格式如下。

```
Method  Request-URI  HTTP-Version  CRLF
```

其中，CRLF 表示回车和换行，方法（Method）指的是操作或命令。

2. 请求报头

请求报头包含客户端请求的附加信息及自身信息。常用的请求报头有 Accept 和 User-Agent 两种。Accept 用于指定客户端所接受的信息类型。常有多个 Accept 行，例如：

Accept: text/html

Accept: image/gif

表明客户端可接收图像和 HTML 或文本文件。

User-Agent 用于将发送请求客户端的操作系统名称和版本信息、浏览器的名称和版本信息等客户端信息通知服务器。

3. 请求体

请求报头体也称为请求正文，是可选部分，例如 GET 请求就没有请求体。

4. GET 方法与 POST 方法

HTTP 中包含了多种方法，在需要的时候可以查询相关协议文档。通常最常用的方法是 GET

方法和 POST 方法。使用 GET 方法和 POST 方法来传递参数是不同的。

GET 方法是最简单的 HTTP 方法，它的主要任务就是向服务器请求资源，并得到资源。资源的类型可能是 HTML 页面、JPEG 图像，也可以是 PDF 文档、Word 文档等。GET 方法的关键就是要从服务器获得资源。

使用 GET 方法时，在 URL 地址后面常常可以附加一些参数，下面是一个使用 GET 方法的请求行：

```
GET http://www.apache.org.org/servlet?param1=abc&param2=def HTTP/1.1
```

- 总字符数有限制，这和服务器有关。若地址栏中输入的文本过长，可能会导致 GET 方法无法正常工作。
- 参数会追加到请求 URL 后面，且以“？”开头。多个参数之间使用“&”进行分隔。
- 数据会追加到 URL 的后面，而且在浏览器的地址栏中显示，所以不要使用 GET 方法发送敏感数据。
- 数据量一般不超过 1KB。

和 GET 方法的区别在于，POST 方法不仅可以向服务器请求资源，而且同时可以向服务器发送表单数据。使用 POST 方法发送数据的示例如下。

```
POST /index.html HTTP/1.1                /*请求行*/
HOST:www.baidu.com                       /*存放所请求对象的主机*/
User-Agent:Mozilla/4.5(WinNT)            /*指定用户代理*/
Accept: text/html                        /*HTML 文本文件*/
Accept-language:zh-cn                    /*指定可接受的语言-中文*/
Content-Length: 22                       /*实体内容长度*/
Connection: keep-alive                   /*一直保持连接*/
param1=abc&param2=def                    /*提交的参数*/
```

- 使用 POST 方法请求时，参数被放到消息体中，因此不受地址栏中文本过长的限制，而且这些参数并不会直接显示在地址栏上。
- 传递的数据量没有限制。需要将请求报头 Content-Type 设置为 application/x-www-form -urlencoded，将 Content-Length 设置为实体内容的长度。

1.3.4　HTTP 响应

在接收到一个请求后，服务器会返回一个 HTTP 响应。HTTP 响应包括：状态行、响应报头和响应正文 3 个部分。

1．状态行

状态行包括：HTTP 版本（HTTP-Version）、状态码（Status-Code），以及解释状态码的简单短语（Reason- phrase）3 个部分，其格式如下。

```
HTTP-Version Status-Code Reason-phrase CRLF
```

其中，状态码由三位数字组成，共有 5 大类 33 种，其第一个数字指定了响应类别，取值为 1～5，后面两位没有明确的规定。具体的含义如下。

- 1xx：指示信息，例如：请求收到了或正在处理。

- 2xx：成功。
- 3xx：重定向，即通过各种方法将各种网络请求重新定个方向转到其他位置。
- 4xx：客户端错误，例如：请求中含有错误的语法或不能正常完成。
- 5xx：服务器端错误，例如：服务器出现异常而无法完成请求。

典型的响应状态码解释如下。

- 200：表示请求成功，并成功返回了请求的资源。
- 302：表示临时重定向，此时被请求的文档已经临时移动到其他位置，该文档新的 URL 将在 Location 响应报头中给出。
- 400：表示错误请求。
- 401：表示浏览器访问的是一个受到密码保护的页面。
- 403：表示服务器收到请求，但拒绝提供服务。
- 404：表示访问的网页不存在，即服务器上不存在浏览器请求的资源。
- 500：表示内部服务器错误，即 CGI、ASP、JSP 等服务器端的程序发生了错误。
- 503：表示服务器超时。用户请求量比较大，服务器暂时性超载，不能处理当前的请求，例如：12306 网站春节前购票，双十一淘宝购物都可能出现这样的状态响应。

2. 响应报头

有了响应报头，服务器就可以传递不能放在状态行中的附加响应信息，服务器的信息和对 Request-URI 所标识的资源进行下一步访问的信息。

3. 响应正文

响应正文是指服务器所返回的资源内容，如 HTML 页面。响应报头和响应正文之间必须使用空行来分隔。HTTP 响应示例如下。

```
HTTP/1.1 200 OK        /*状态行，给出服务器正在运行的 HTTP 版本号和应答代码"200 OK"表示请求完成。*/
Connection: close                               /*连接状态*/
Date: Wed, 19 Nov 2011 02:20:45 GMT             /*日期*/
Server: Apache/2.0.54 (Unix)                    /*服务器*/
Content-Length:397                              /*指定数据包含的字节长度*/
Content-Type: text/html                         /*指定返回数据的 MIME 类型*/
/*空行*/
<html>
<body>
/*数据*/
</body>
</html>
```

1.4　本章小结

本章介绍了 Java Web 应用开发的基本概念，主要内容包括：Web 的定义，JSP、ASP.NET、PHP 等 Web 编程语言的优缺点比较，Web 的相关标准，JSP 开发 Web 应用的 4 种方式，计算机网络体系结构的 OSI 模型，TCP/IP 模型，B/S 的应用软件架构，HTTP 的 URL，HTTP 请求和响应等内容。通过本章学习，读者能够了解 Web 的基本概念，浏览器与服务器之间是如何通过 HTTP 进行通信的，并了解 HTTP 的请求和响应的构成。

习　　题

一、选择题

1. 网络协议是支撑网络运行的通信规则，因特网上最基本的通信协议是（　　）。

   A. HTTP　　B. TCP/IP　　C. POP3　　D. FTP

2. 关于 HTTP 的说法，以下说法不正确的是（　　）。

   A. 有状态，前后请求有关联关系

   B. FTP 也可以使用 HTTP

   C. HTTP 响应包括数字状态码，200 代表此次请求有正确返回

   D. HTTP 和 TCP、UDP 在网络分层里是同一层次的协议

二、简答题

1. OSI 模型和 TCP/IP 模型的区别是什么？
2. HTTP 的作用是什么？
3. URL 是什么？有什么作用？

第 2 章 Java Web 开发环境

工欲善其事必先利其器，在进行 Java Web 开发之前，先要选择好开发工具，然后搭建好开发环境。Java Web 开发有 Eclipse、MyEclipse、NetBeans 等集成开发环境可以选用。本书选择 Eclipse 作为集成开发环境，因为 Eclipse 是流行的、广泛应用的 Java 开发工具，通过配合第三方插件，可以更快捷地开发 Web 应用。为了构建 Java Web 开发环境，还需要安装 JDK、Tomcat 服务器和 MySQL 数据库管理系统。

2.1 Java 开发包 JDK

Java 开发工具包（Java Development Kit，JDK），由 SUN 公司（已被 Oracle 公司收购）提供。它为 Java 的程序开发提供了编译和运行环境。使用 JDK 可以将 Java 程序编译为字节码文件，即.class 文件。

运行 Java 程序的计算机必须安装 JDK。本节介绍 JDK 的安装过程，并对安装好的 JDK 进行部署和测试。

2.1.1 JDK 下载安装

JDK 有如下 3 个不同的开发版本。

- Java SE：标准版，主要用于开发桌面应用程序。
- Java ME：微缩版，主要用于开发移动设备、嵌入式设备上的 Java 应用程序。
- Java EE：企业版，主要用于开发企业级应用程序，如电子商务网站、ERP 系统等。

JDK 的官方地址为：http://www.oracle.com。下面以下载 JDK 8 为例介绍 JDK 下载及安装的方法，具体过程如下。

（1）在浏览器中输入 http://www.oracle.com，进入 Oracle 官网主界面。在 Oracle 官网页面中单击导航菜单中的 Downloads 导航，从列表中选择 Java for Developers 超链接，如图 2.1 所示。

（2）之后即可跳转到图 2.2 所示的下载页面。由图 2.2 可知，JDK 当前的最新版本为 1.8。单击 JDK DOWNLOAD 下载按钮，进入 JDK8 的下载页面，如图 2.3 所示。

（3）在图 2.3 的页面中列出了 JDK 在 Linux/Solaris/Windows 等不同操作系统和硬件平台（64 位/32 位）的安装链接，用户可根据情况进行选择。首先必须选中 Accept License Agreement 单选按钮，否则无法下载，例如：选择 64 位 Windows 操作系统的 JDK，则单击 jdk-8u65-windows-x64.exe 下载。

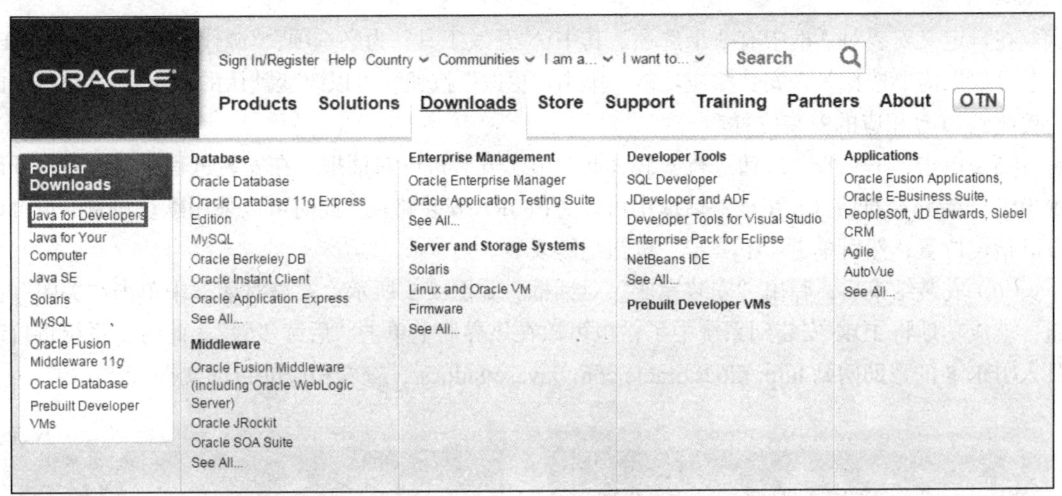

图 2.1　Oracle 官网页面

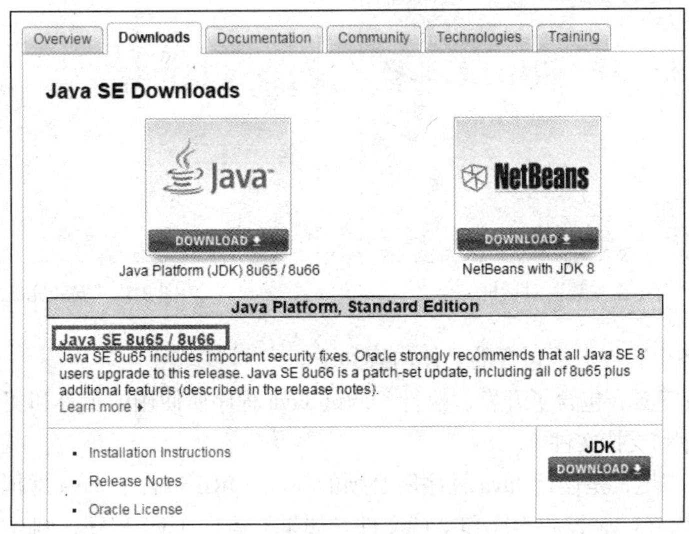

图 2.2　JDK 下载页面

Java SE Development Kit 8u65

You must accept the Oracle Binary Code License Agreement for Java SE to download this software.

○ Accept License Agreement　◉ Decline License Agreement

Product / File Description	File Size	Download
Linux ARM v6/v7 Hard Float ABI	77.69 MB	jdk-8u65-linux-arm32-vfp-hflt.tar.gz
Linux ARM v8 Hard Float ABI	74.66 MB	jdk-8u65-linux-arm64-vfp-hflt.tar.gz
Linux x86	154.67 MB	jdk-8u65-linux-i586.rpm
Linux x86	174.84 MB	jdk-8u65-linux-i586.tar.gz
Linux x64	152.69 MB	jdk-8u65-linux-x64.rpm
Linux x64	172.86 MB	jdk-8u65-linux-x64.tar.gz
Mac OS X x64	227.14 MB	jdk-8u65-macosx-x64.dmg
Solaris SPARC 64-bit (SVR4 package)	139.71 MB	jdk-8u65-solaris-sparcv9.tar.Z
Solaris SPARC 64-bit	99.01 MB	jdk-8u65-solaris-sparcv9.tar.gz
Solaris x64 (SVR4 package)	140.22 MB	jdk-8u65-solaris-x64.tar.Z
Solaris x64	96.74 MB	jdk-8u65-solaris-x64.tar.gz
Windows x86	181.24 MB	jdk-8u65-windows-i586.exe
Windows x64	186.57 MB	jdk-8u65-windows-x64.exe

图 2.3　JDK 下载链接列表

（4）JDK 下载完毕后，开始安装。双击 jdk-8u65-windows-x64.exe 文件，出现安装向导窗口，直接单击“下一步”按钮，弹出自定义安装对话框，如图 2.4 所示。

在自定义安装对话框中有 3 个选项。其中，“开发工具”为必选项；“源代码”和“公共 JRE”两项可根据需要选择是否安装相应功能。单击“更改”按钮，可以改变默认的 JDK 安装路径，此处更改到 D 盘相应的安装位置。

（5）单击“下一步”按钮进行安装，此时显示安装进度对话框。在安装过程中系统将打开设置 JRE 安装路径对话框，在该对话框中可以更改 JRE 安装路径。此时可以采用默认设置，也可以自己指定位置，然后单击“下一步”按钮继续安装。

（6）安装结束后，弹出“安装完成”对话框，如图 2.5 所示，在该对话框中单击“关闭”按钮，就成功地将 JDK 安装到系统中了，也可以在该界面上单击“后续步骤”。此时，系统将自动跳入 JDK 8 的帮助网站 http://docs.oracle.com /javase/8/docs/，查看相应的帮助文档。

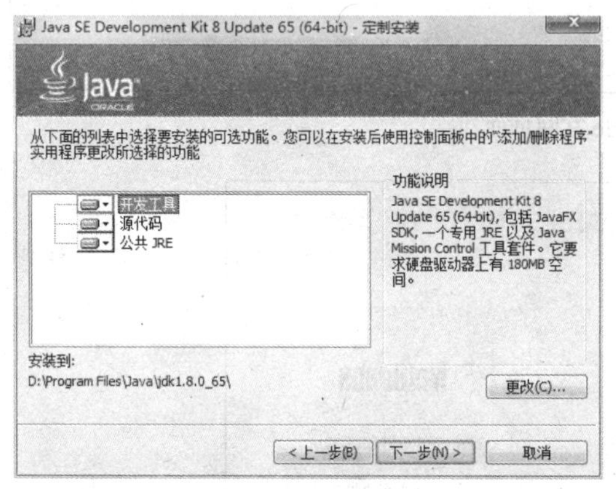

图 2.4 “自定义安装”对话框

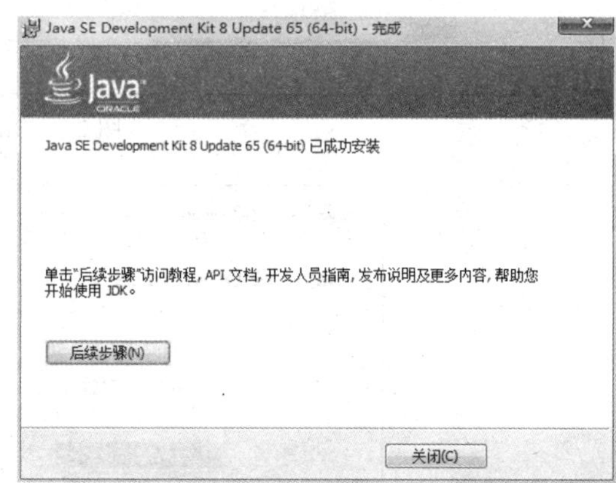

图 2.5 “安装完成”对话框

JDK 安装后各个文件夹下包含的具体内容如下。

- bin：开发工具，包含了开发、执行、调试 Java 程序所使用的工具和实用程序，以及开发工具所需要的类库和支持文件。
- jre：运行环境，是运行 Java 程序所必须的环境。JRE 包含了 Java 虚拟机（Java™ Virtual Machine ，JVM™）、Java 核心类库和支持文件。如果只运行 Java 程序，则只需要安装 JRE。如果要开发 Java 程序，则需要安装 JDK。
- include：头文件，支持使用 Java 本地接口和 Java 虚拟机调试接口的本地代码。
- src：构成 Java 核心 API 的所有类的源文件，包含了 java.*、javax.*和某些 org.*包中类的源文件。
- sample：示例代码，包含 Java API 的示例程序。
- demo：演示程序，包含 Java Swing 和 Java 基础类的演示程序。

需要注意的是，有的安装包里面没有 sample 和 demo 目录。

2.1.2 JDK 部署测试

JDK 成功安装后，要进行 JDK 环境变量的配置。在 JDK 中需要配置 JAVA_HOME、CLASSPATH 和 PATH 3 个环境变量。其中，CLASSPATH 和 PATH 必须配置；JAVA_HOME 可选。配置过程如下。

（1）右击我的电脑，在弹出的快捷菜单中选择“属性”选项，再在弹出界面左侧的控制面板主页选择“高级系统设置”，弹出“系统属性”对话框。之后选择“高级”选项卡，如图 2.6 所示。

（2）单击“环境变量”按钮，打开“环境变量”对话框。在该对话框中，可以配置用户变量和系统变量，如图 2.7 所示。这里需要注意的是，用户变量只对 Windows 当前登录用户可用，而系统变量则对所有使用计算机的用户都有效。

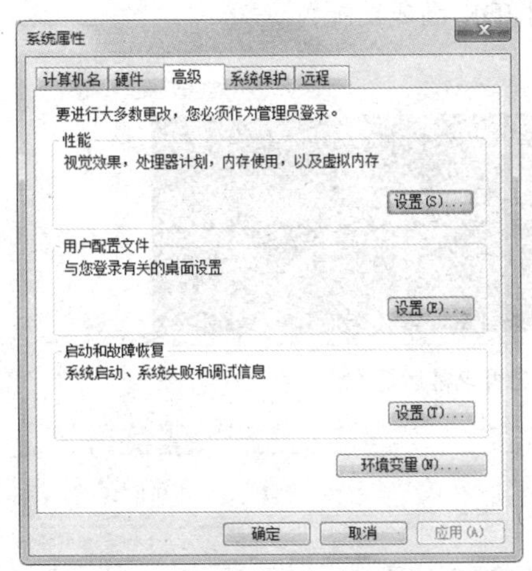

图 2.6　“系统属性”对话框

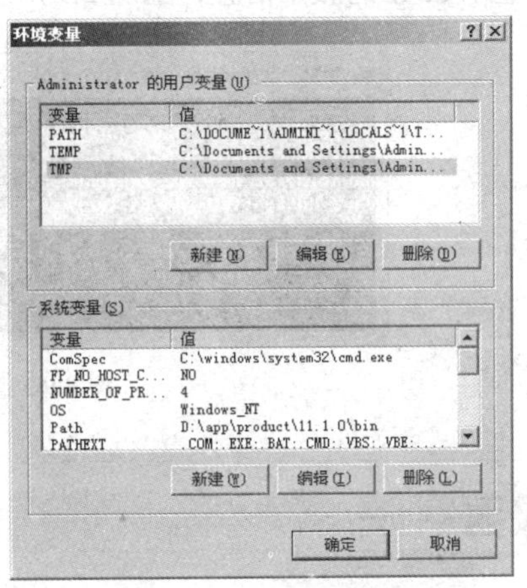

图 2.7　“环境变量”对话框

（3）在“系统变量”栏中单击“新建”按钮，弹出“新建系统变量”对话框。在“变量名”文本框中填写 JAVA_HOME，在“变量值”文本框中填写 JDK 的安装路径。该变量的含义就是指 Java 的安装路径。此处根据用户自己的安装路径填写，例如：“D:\Program Files\Java\jdk1.8.0_65”，然后单击“确定”按钮，JAVA_HOME 配置完成，如图 2.8 所示。

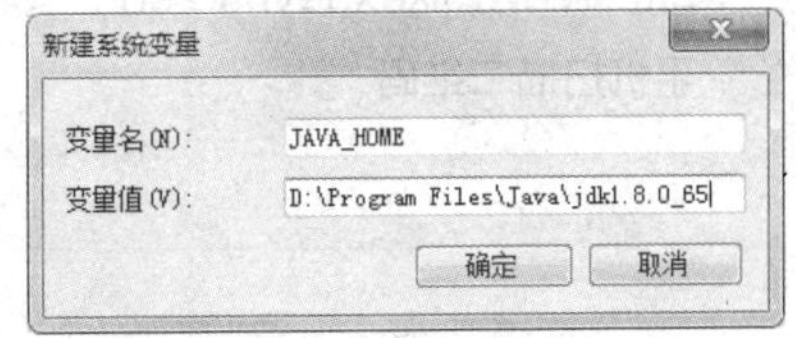

图 2.8　“新建系统变量”对话框

PATH 环境变量的值就是一个可执行文件路径的列表，为操作系统提供寻找和执行应用程序的路径。当执行一个可执行文件时，系统首先在当前路径下寻找，若找不到，则到 PATH 中指定的各个路径中去寻找。Java 开发需要的编译器（javac.exe）、解释器（java.exe）都在其安装路径下的 bin 目录中。为了在命令行的任何路径下都可以使用它们，应将 bin 目录添加到 PATH 变量中。

（4）在系统变量中查看是否有 PATH 变量，若不存在，则需要新建；若存在，则选中 PATH 变量，单击“编辑”按钮，打开“编辑系统变量”对话框。在该对话框的“变量值”文本框的开始位置添加：

```
%JAVA_HOME%\bin;
```

其中的%JAVA_HOME%代表环境变量 JAVA_HOME 的当前值。该代码的路径为：“D:\Program Files\Java\jdk1.8.0_65\bin”。

（5）单击“确定”按钮，完成 PATH 环境变量的配置，并返回到“环境变量”对话框。

（6）在“系统变量”选项区域中新建 CLASSPATH 系统变量，并赋值为：

```
.;%JAVA_HOME%lib\dt.jar;%JAVA_HOME%\lib\tools.jar
```

其中的“.”代表当前路径，表示让 Java 虚拟机先到当前路径下去查找要使用的类。当前路径指：Java 虚拟机运行时的当前工作目录。

将上面路径中的环境变量 JAVA_HOME 用其值替换，则上面的路径就变为：

```
.; D:\Program Files\Java\jdk1.8.0_65\lib\dt.jar; D:\Program Files\Java\jdk1.8.0_65\
lib\tools.jar
```

至此，JDK 的环境变量就配置完成了，需要测试 JDK 是否能够正常运行。

首先启动 Windows 命令窗口。打开“开始”菜单，选择“运行”命令，在“运行”窗口中输入“cmd”命令，进入 Windows DOS 环境中。在命令提示符后输入“java –version”命令后按“Enter”键，会显示 JDK 的版本信息，如图 2.9 所示，表明 JDK 已成功配置。

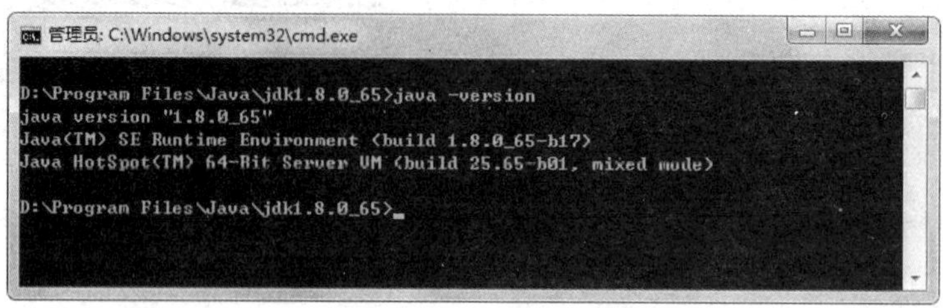

图 2.9　测试 JDK 能否正常运行

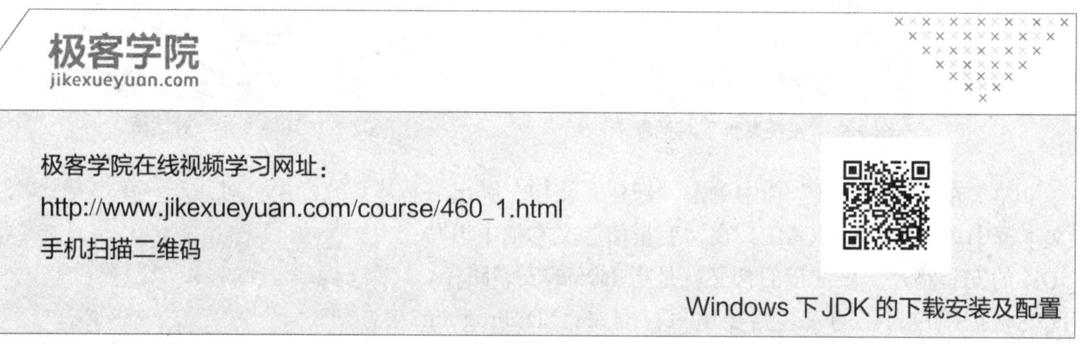

2.2　可视化集成开发环境 Eclipse

本节介绍 Eclipse 概述、Eclipse 的体系结构、Eclipse 的安装及 JDK 的集成方法、Eclipse 开发 Java 程序，并查看运行结果，最后介绍 Eclipse 调试程序的技巧。

2.2.1　Eclipse 概述

Eclipse 是一个开放源码的、基于 Java 的、可扩展的开发平台。它是目前最流行的集成开发环境之一，使用它可以高效地完成 Java 程序的开发。

Eclipse 并不仅限于 Java 开发，还支持 C、PHP 等多种编程语言的开发。Eclipse 提供了一个框架，可以通过添加相应的插件组件，来构建不同的开发环境。

2.2.2　Eclipse 的体系结构

Eclipse 平台为开发者提供各种编程工具集成的机制和规则，这些机制通过应用程序接口（API）、类和方法表现出来。本质上，Eclipse 是一组松散绑定，但互相连接的代码块。Eclipse 平台的结构如图 2.10 所示。

Eclipse 平台建立在插件机制之上。插件是 Eclipse 平台下最小的可单独开发和发布的功能单元。除了一些被称为平台运行时的“内核”，Eclipse 平台所有的功能都由插件实现。此外，Eclipse 还支持团队协同开发，也提供了详细的帮助文档，以及对许多外部工具的支持。

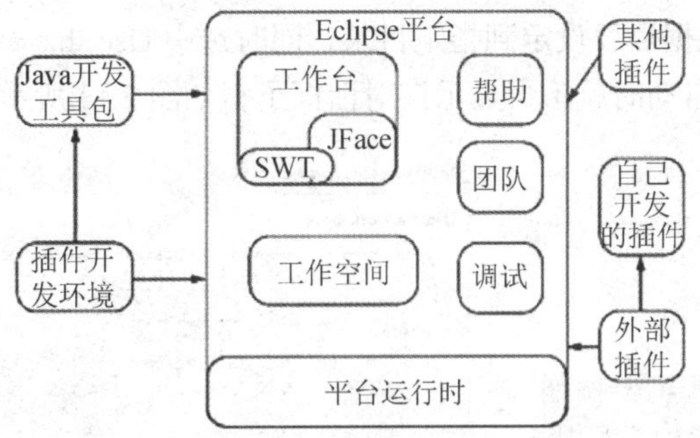

图 2.10　Eclipse 体系结构

2.2.3　Eclipse 的安装及 JDK 集成

可以从 Eclipse 官网 http://www.eclipse.org/下载 Eclipse 的最新版本。目前，Eclipse 的最新版是代号 Mars 的 Eclipse 4.5 版本。下面介绍下载该版本的步骤。

（1）进入 Eclipse 官网 http://www.eclipse.org/，单击 Downloads 链接，然后进入 Eclipse 下载页面，如图 2.11 所示。在图 2.11 中找到 Eclipse IDE for Java EE Developers，根据自己计算机的 CPU 及操作系统，选择右侧的 Windows 32 Bit 或 64 Bit 超链接，进入对应的 Eclipse IDE 下载页面。

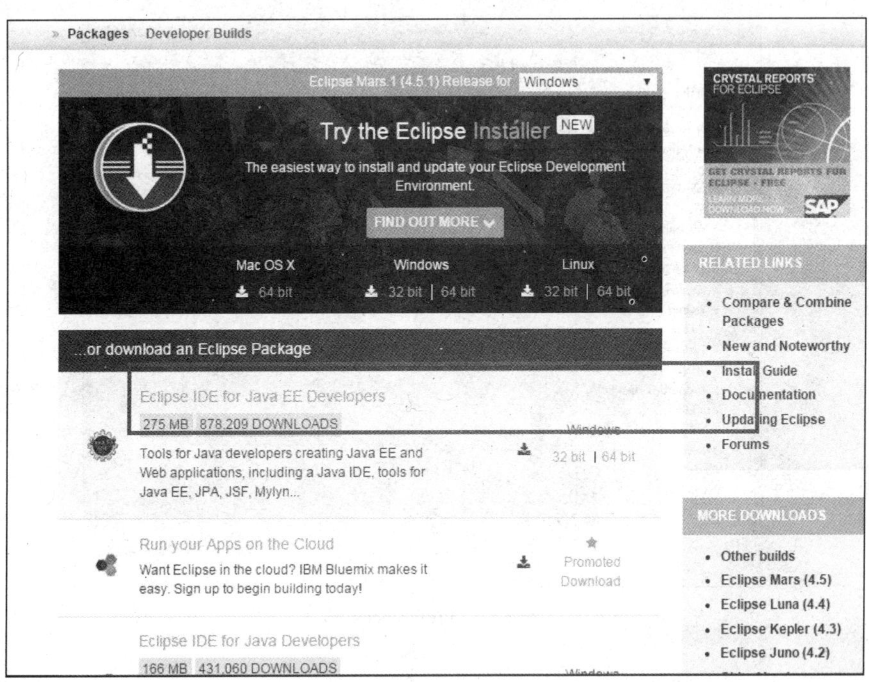

图 2.11　Eclipse 下载页面

（2）下载后的文件名称为：eclipse-jee-mars-1-win32-x86_64.zip(64 位操作系统安装包)。该安装包不需要安装，直接解压到指定的目录（这里指定为 E:\eclipse），就完成了 Eclipse 的安装。

双击 E:\eclipse 目录下的 eclipse.exe 就可以启动 Eclipse。如果启动 Eclipse 时报错，弹出图 2.12 所示的信息对话框，这是由于没有安装 JRE 所致。Eclipse 中带有自己的编译器，因此，只要安装 JRE，就能使用 Eclipse 了。

启动 Eclipse 时，会弹出 Workspace Launcher 对话框，要求设置工作空间的目录。工作空间用来存放项目文档，可以根据需要设定到指定目录，同时选中 Use this as the default and do not ask again 复选框，这样下次启动时就不再显示该对话框了，如图 2.13 所示。

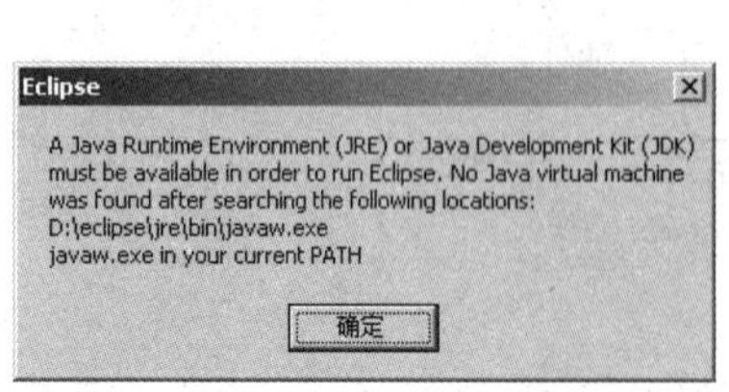

图 2.12　Eclipse 启动问题

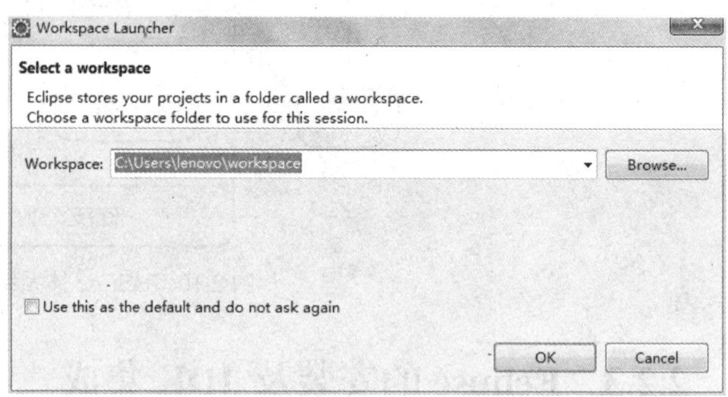

图 2.13　“Workspace Launcher”对话框

如果系统中安装了多个不同版本的 JRE，可以在 Eclipse 中指定使用某个版本的 JRE，设置过程如下。

（1）选择 Eclipse 的 Window| Perferences 菜单，弹出 Preferences 窗口。

（2）选择左侧 Java 节点的 Installed JREs 选项，单击 Add 按钮进行添加新的 JRE。如图 2.14 右侧列表中所示为已安装的 JRE，包括 1.7 和 1.8 两个版本。

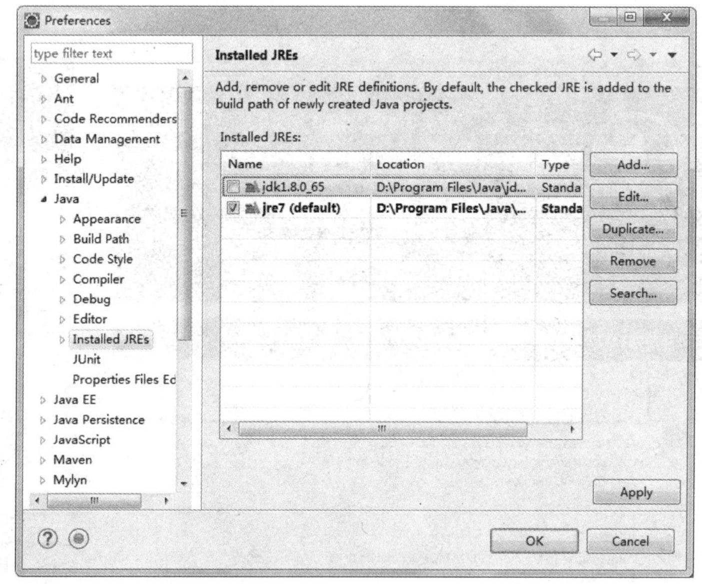

图 2.14　Preferences 窗口

2.2.4　Eclipse 开发 Java 程序

Eclipse 安装完成后，就可以使用它来编写一个简单的 Java 程序，下面就开始体验如何在 Eclipse 中进行 Java 程序的开发。

【例 2-1】　使用 Eclipse 开发 Java 程序。

（1）从“Eclipse”菜单栏中选择“File | New | Project...”命令，在弹出的“New Project”向导中选择“Java Project”单击“Next”按钮，如图 2.15 所示，即可打开“New Project（新建 Java 项目）”对话框。

（2）在“New Project”对话框中输入项目名称“MyFirstJavapro”，再在 JRE 选项区域中选择“Use default JRE（currently 'jdk1.7.0'）”单选按钮，其他采用默认设置。

（3）单击“Finish”按钮，这时会弹出一个对话框，询问是否要进行透视图的切换，如图 2.16 所示，单击“Yes”按钮同意后，便可自动打开 Java 透视图。Eclipse 左侧的 Package Explorer（包资源管理器）中显示项目 MyFirstJavapro，及其包含的包和 JRE System Library。

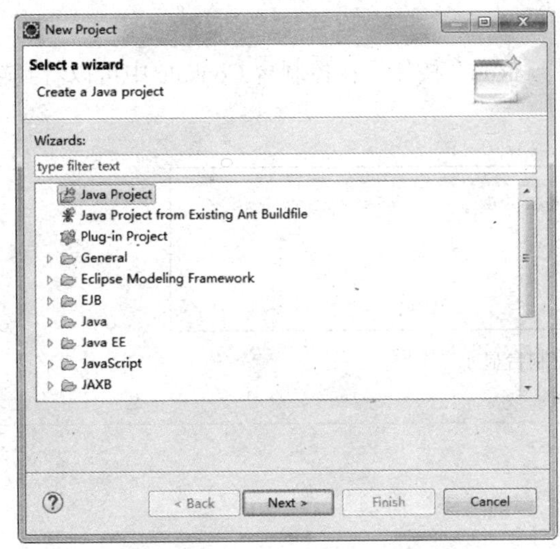

图 2.15　“New Project”对话框

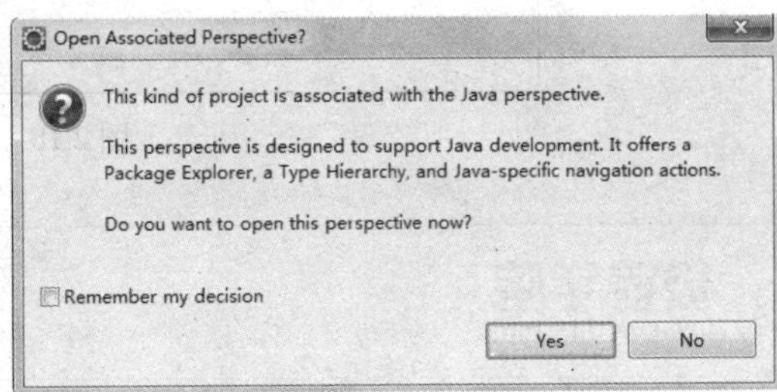

图 2.16　是否切换透视图对话框

（4）选择“File | New | Class”命令，弹出“New Java Class（新建 Java 类）”对话框。在 Package 文本框中输入包名“myfirstjavapack”，再在 Name 文本框中输入类名 HelloWorldJava，然后单击“Finish”按钮，如图 2.17 所示。

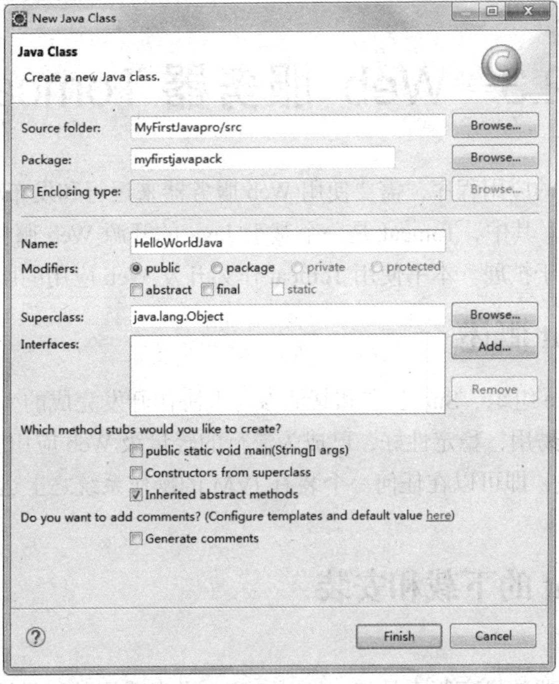

图 2.17　“New Java Class”对话框

（5）在代码编辑器中输入如下代码。

```
package myfirstjavapack;                                             //包名
                                                                     //定义 HelloWorldJava 类
public class HelloWorldJava{
       public static void main(String[] args){
         System.out.println("Hello World! This is a first java program");   //打印
}
}
```

（6）单击“Save”按钮保存程序，再单击运行“Run”按钮，在控制台 Console 中可以看到输出的结果“Hello World!”，如图 2.18 所示。

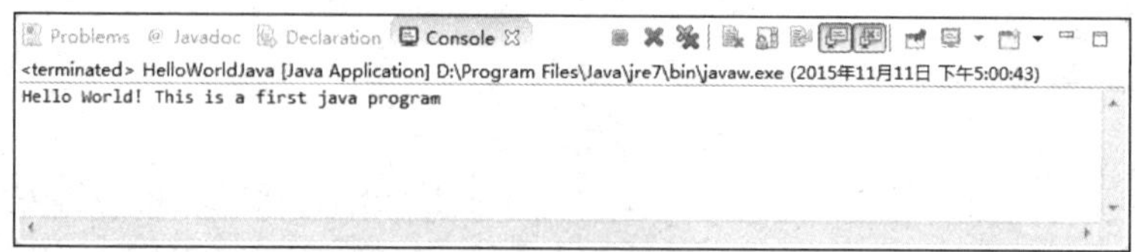

图 2.18　控制台显示

2.3　Web 服务器 Tomcat

为了开发 B/S 架构的应用程序，需要使用 Web 服务器来运行和发布项目。常用的服务器有：WebSphere、Tomcat 等。其中，Tomcat 是一个基于 Java 的开源 Web 服务器，它的主要优势就是占用的系统资源少，易于扩展。本书使用 Tomcat 作为开发 Web 应用的服务器。

2.3.1　Tomcat 概述

Tomcat 是由 Apache 组织、Sun 公司和其他参与人协作开发完成的。Tomcat 是开源的免费软件，技术先进，简单、易用，稳定性好，已成为流行的轻量级 Web 应用服务器。

Tomcat 与平台无关，即可以在任何一个装有 JVM 的操作系统之上运行。Tomcat 最新发布的版本是 Tomcat 8.0.28。

2.3.2　Tomcat 的下载和安装

1. Tomcat 下载

目前，Tomcat 服务器的最高版本是 Tomcat 8.0.28。本书采用的正是该版本的 Tomcat 服务器，也可以登录 Tomcat 官网 http://tomcat.apache.org，下载需要的版本。

（1）登录 Tomcat 官网站点 http://tomcat.apache.org，如图 2.19 所示。在左侧菜单 Download 下单击 Tomcat8.0 链接。

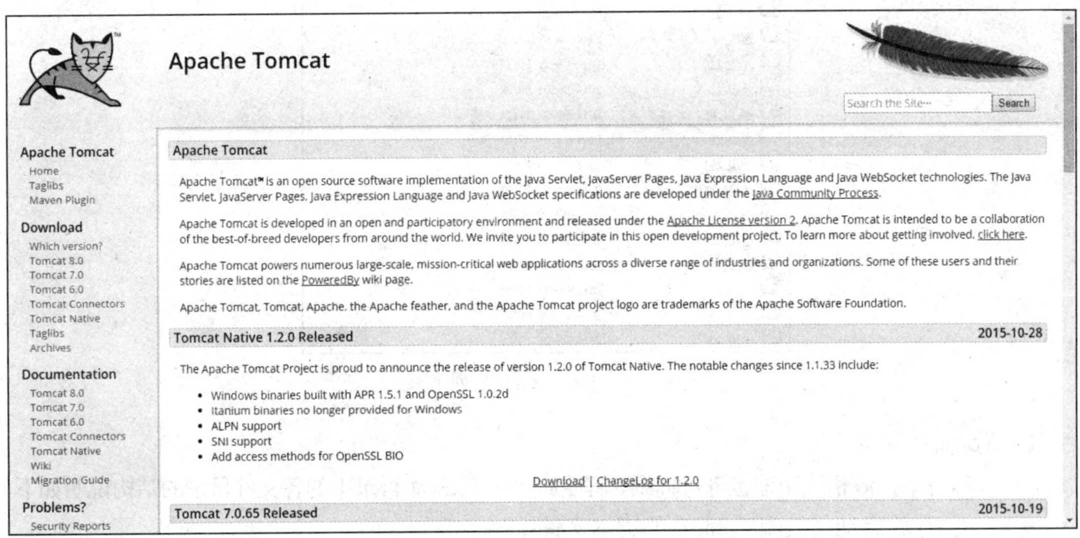

图 2.19　Tomcat 官网站点

（2）进入 Tomcat 8.0 版本的子目录页面，在 Binary Distributions 的 Core 列表位置处，根据计算机操作系统的类型选择对应的版本下载，如图 2.20 所示。

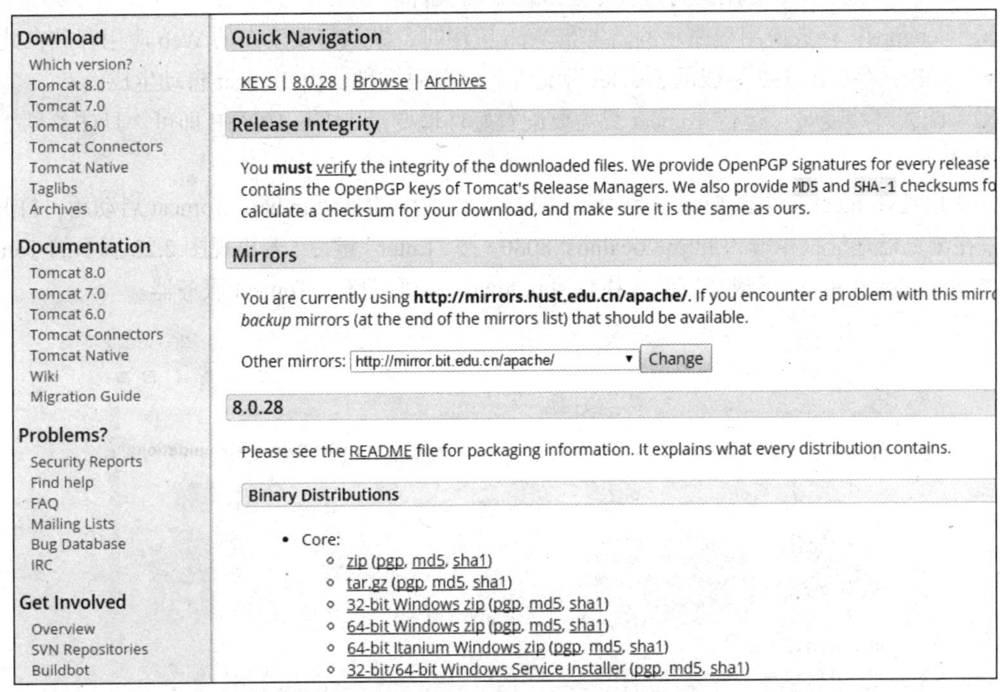

图 2.20　不同格式的 8.0.28 下载文件列表

（3）如果需要其他版本的 Tomcat 服务器，在 Quick Navigation 处单击 Archives 链接，将出现图 2.21 所示的历史版本，然后可根据需要选择对应的版本下载。

Name	Last modified	Size	Description
Parent Directory		-	
v8.0.0-RC1/	2013-08-05 17:51	-	
v8.0.0-RC10/	2013-12-26 23:48	-	
v8.0.0-RC3/	2013-09-23 20:46	-	
v8.0.0-RC5/	2013-10-20 14:12	-	
v8.0.1/	2014-02-02 14:56	-	
v8.0.11/	2014-08-22 09:15	-	
v8.0.12/	2014-09-03 09:37	-	
v8.0.14/	2014-09-29 11:24	-	
v8.0.15/	2014-11-07 07:27	-	
v8.0.17/	2015-01-15 13:39	-	
v8.0.18/	2015-01-26 13:41	-	
v8.0.20/	2015-02-20 08:52	-	
v8.0.21/	2015-03-26 21:24	-	
v8.0.22/	2015-05-05 07:53	-	
v8.0.23/	2015-05-22 10:24	-	
v8.0.24/	2015-07-06 20:23	-	
v8.0.26/	2015-08-21 18:29	-	

图 2.21　Tomcat 8.0 系列下载

2. Tomcat 安装

（1）将下载的 zip 格式压缩包进行解压。解压后，在 Tomcat 目录中的各文件目录的结构说明如下。

- bin：存放启动与关闭 Tomcat 的脚本文件。
- conf：存放 Tomcat 的各种配置文件。其中，server.xml 和 web.xml 是最主要的两个配置文件。
- logs：存放 Tomcat 每次运行后产生的日志文件。
- lib：存放 Tomcat 服务器运行时所需要的各种 JAR 文件。
- temp：存放 Web 应用运行过程中生成的临时文件。
- webapps：存放应用程序示例。发布 Web 应用时，默认将要发布的 Web 应用存放在此。
- work：存放由 JSP 生成的 Servlet 源文件和字节码文件，由 Tomcat 自动生成。

（2）配置环境变量。运行 Tomcat 只需要配置好环境变量 JAVA_HOME 即可。具体参见 2.1.2 节内容。

（3）启动 Tomcat。双击 Tomcat 目录下的 bin 文件夹中的 startup.bat。Tomcat 启动后，打开浏览器，在浏览器地址栏中输入 http://localhost:8080。按“Enter”键后，若出现图 2.22 所示的 Tomcat 默认主页，表示 Tomcat 已成功安装。执行 shutdown.bat 可以终止 Tomcat 服务器。

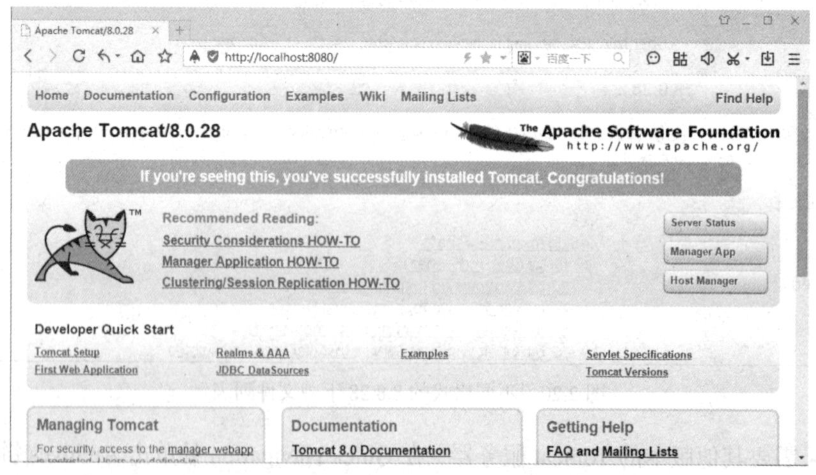

图 2.22　Tomcat 成功安装后访问界面

3. Tomcat 配置

Tomcat 的配置文件都位于 conf 目录下，这些文件主要是基于可扩展标记语言 XML（Extensible Markup Language）的。Tomcat 配置如下两个重要文件。

- web.xml：在 Tomcat 中配置不同的关系环境。
- server.xml：Tomcat 的全局配置文件，是配置的核心文件。

Tomcat 服务器是由一系列可配置组件构成的，其核心组件是 Servlet 容器，该容器是所有其他 Tomcat 组件的顶层容器。可以在 server.xml 文件中配置 Tomcat 组件，在 server.xml 文件中每个 Tomcat 组件都对应了一种配置元素。常见的一些配置事项如下。

（1）修改 Tomcat 服务器的端口号

可以根据需要修改 Tomcat 的端口号，但是需要注意不要和已有程序的端口号冲突。修改端口号需要修改 server.xml 文件。在 server.xml 找到如下代码。

```
<Connector port="8080" protocol="HTTP/1.1"
           connectionTimeout="20000"
           redirectPort="8443" />
```

其中， Connector 表示一个到用户的连接；代码中加粗的部分用来提供 Web 服务的端口号。Tomcat 默认的端口号为 8080，也可以将 8080 修改为任意的端口号，例如：13498，但要保证修改后的端口号没有被占用。此时，访问 Tomcat 默认主页的地址变为 http://localhost: 13498。

如果要求 Tomcat 同时提供两个端口服务，就需要在 server.xml 中再添加一个 Connector 元素，例如：再添加一个 7060 端口，代码如下。

```
<!--指定 8080 端口-->
<Connector port="8080" protocol="HTTP/1.1"
    connectionTimeout="20000"
redirectPort="8443" />
<!--指定 7060 端口 -->
<Connector port="7060"   protocol="HTTP/1.1"
     connectionTimeout="20000"
     redirectPort="8443" />
```

将端口号 7060 添加到 server.xml 文件后，启动 Tomcat，在浏览器地址栏中输入 http://localhost:8080 或 http://localhost: 7060，按“Enter”键后浏览器中都能显示 Tomcat 的默认主页。

（2）添加一个用户

Tomcat 8.0 版本的系统角色分为 manager-gui、manager-script、manager-jmx 和 manager-status，各个角色具有不同的权限。

- manager-gui：具有访问 HTML 图形用户界面（GUI）和状态页面的权限。
- manager-jmx：具有访问 JMX 代理和状态页面的权限。
- manager-script：具有访问文本接口和状态页面的权限。
- manager-status：仅具有访问状态页面的权限。

需要根据实际情况设定相应的角色。对于开发人员，一般可设置其用户角色为 manager-gui，用户名和密码则需要另行设置。

conf 文件夹下的 tomcat-users.xml 是用户配置文件。tomcat-users.xml 文件中包含了 Tomcat 服务器的所有注册用户信息。通过使用该文件，可以设置用户的用户名、用户密码和用户角色。在该文件中可以通过增加用户（并为其指定合适的角色），来赋予用户管理员的权限，例如：

```
<tomcat-users>
<role rolename="manager-gui" />    /*指定用户角色*/
<user username="manager" password="123456" roles="manager-gui" />
</tomcat-users>
```

该代码表示增加了一个用户名为 manager，密码为 123456，角色为 manager-gui 的新用户。重启 Tomcat，在浏览器中输入 http://localhost:8080/manager/，会弹出图 2.23 所示的登录对话框。在用户名输入 manager，密码输入 123456 后，系统将进入管理界面，如图 2.24 所示。

图 2.23　登录对话框

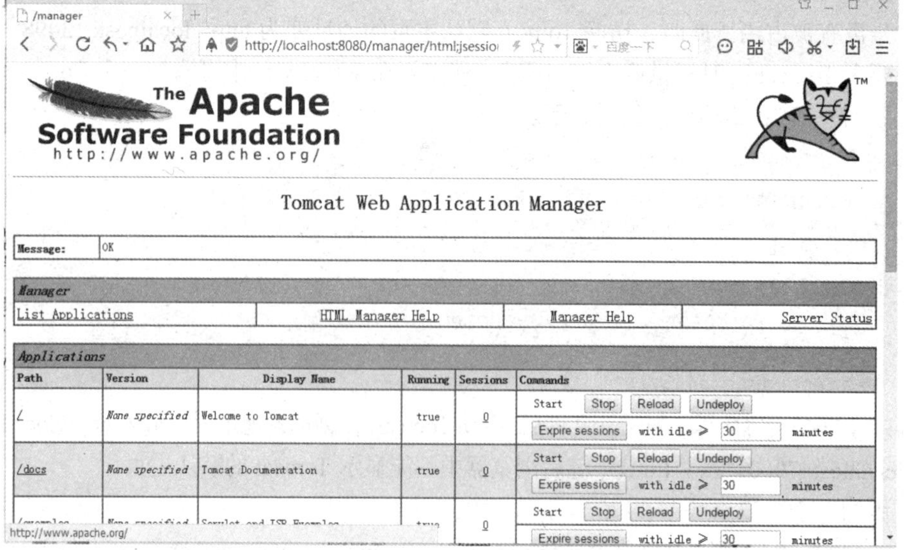

图 2.24　管理界面

2.3.3　在 Eclipse 中配置 Tomcat

Tomcat 服务器下载并安装好后，就可以在集成开发环境 Eclipse 中部署 Tomcat，从而将 Eclipse 和 Tomcat 完美地结合在一起。在 Eclipse 中部署 Tomcat 及其插件的步骤如下。

（1）在 Eclipse 中，选择“Windows|Preferences”命令，打开“Eclipse”的“Preferences”对话框，如图 2.25 所示。

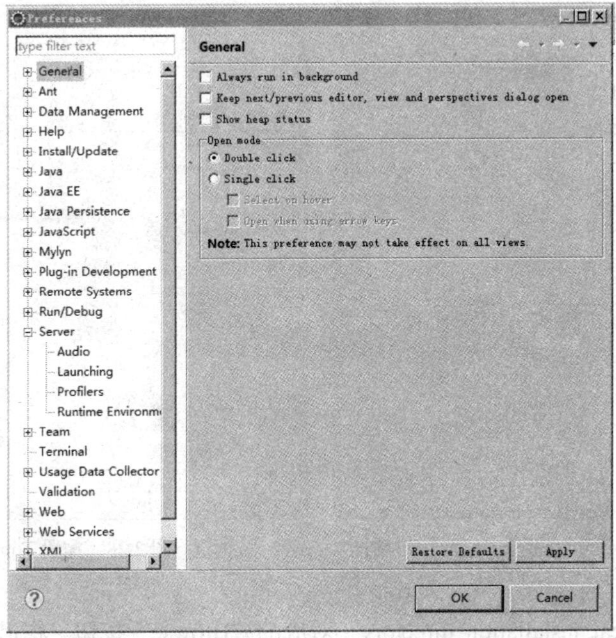

图 2.25　Preferences 对话框

（2）在“Eclipse”的“Preferences”对话框中，单击“Server|Runtime Environments”节点选项，如图 2.26 所示。

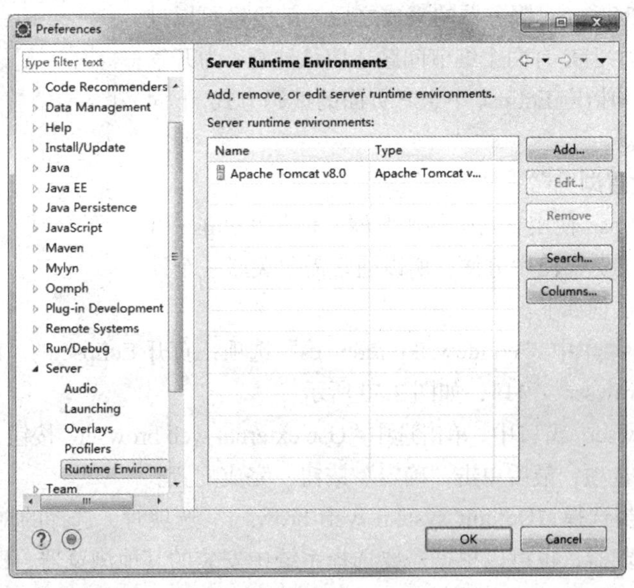

图 2.26　“Server | Runtime Environments”节点

（3）单击图 2.26 中右侧的“Add…”按钮添加 Tomcat 服务器，弹出“New Server Runtime Environment”对话框，如图 2.27 所示。

（4）在“New Server Runtime Environment”对话框中，选择“Apache|Apache Tomcat v8.0”选项，单击“Next”按钮，将打开指定 Tomcat 安装目录的窗口，如图 2.28 所示。

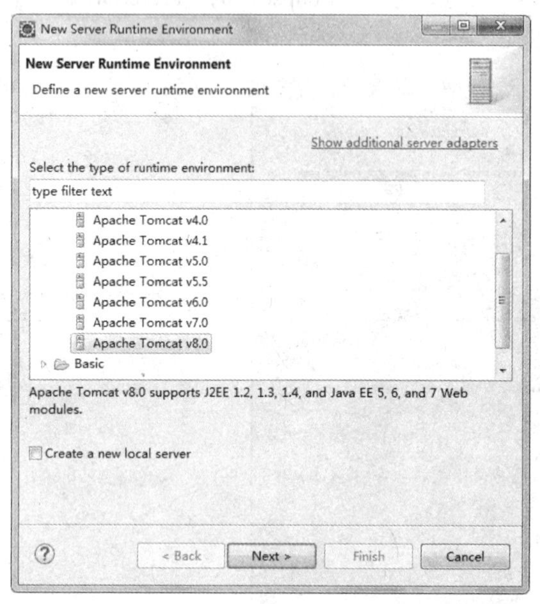

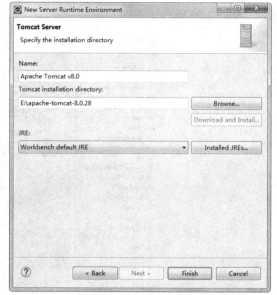

图 2.27 “New Server Runtime Environment”对话框

图 2.28 配置 Tomcat Server

（5）单击 “Tomcat installation directory”对应的“Browse”按钮，将提示选择 Tomcat 的安装目录。此时，需指定 Tomcat 的安装目录，如图 2.29 所示。

（6）指定完 Tomcat 安装目录后，单击“Finish”按钮，完成 Tomcat 服务器的配置。

在完成 Eclipse 和 Tomcat 服务器的集成之后，就已经可以进行 Web 项目的开发了，但是有两个细节问题还应该注意：为开发 Web 项目指定浏览器和指定 Eclipse 中 JSP 页面的编码方式。下面进行这两方面的设置。

图 2.29 Tomcat 安装目录

1. 为 Eclipse 设置浏览器

默认情况下，Eclipse 使用它自带的浏览器，但是 Eclipse 自带的浏览器没有主流浏览器使用方便，所以通常需要关联一个外部主流浏览器。指定过程如下。

（1）单击 Eclipse 菜单中“Windows|Preferences”选项，打开 Eclipse 的“Preferences”窗口，选择“General|Web Browser”窗口，如图 2.30 所示。

（2）在“Web Browser”窗口中，单击选中“Use external web browser”按钮，然后勾选“Default system web browser”选项，最后单击“确定”按钮，完成配置。

需要注意的是，当选择“Default system web browser”选项时，选择的浏览器是在 Windows 操作系统中的默认浏览器，也可以根据需要选择系统中安装的其他浏览器，即在图 2.30 中单击“New…”按钮，然后添加需要的浏览器。

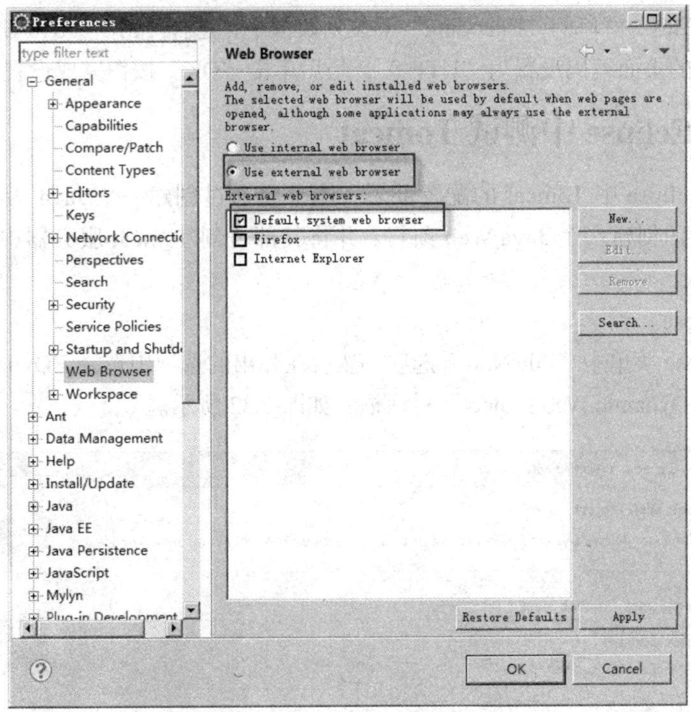

图 2.30 “Web Browser”窗口

2. 指定 JSP 页面的编码方式

默认情况下，在 Eclipse 中创建的 JSP 页面是“ISO-8859-1”的编码方式。此编码方式不支持中文字符集，所以在编写中文时，会出现乱码的情况，需要指定一个支持中文的字符集来解决该问题。指定 JSP 页面的编码方式的方法如下。

（1）选择 Eclipse 菜单中的“Windows|Preferences”选项，依次展开“Web|JSP Files”选项，如图 2.31 所示。

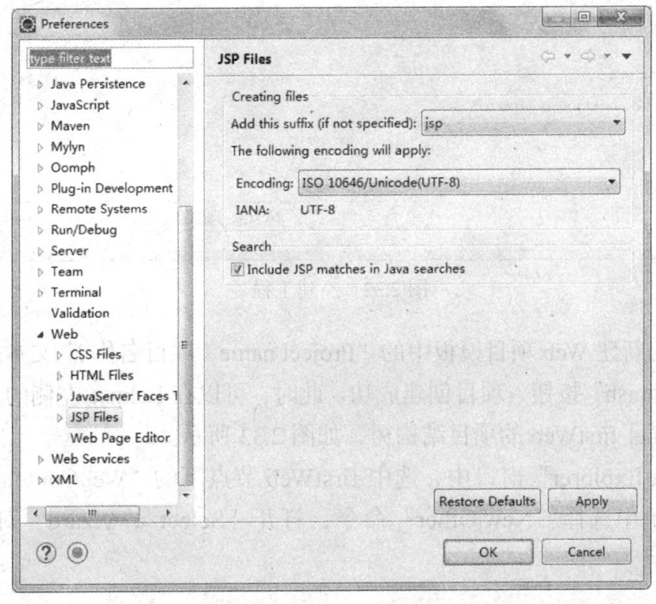

图 2.31 JSP 编码设置

（2）在“JSP Files”窗口的“Encoding”下拉列表框中，选择“ISO 10646/Unicode（UTF-8）”选项，然后将 JSP 的页面编码设置为“UTF-8”，最后单击“OK”按钮完成设置。

2.3.4 在 Eclipse 中测试 Tomcat

前面介绍了 Eclipse 中 Tomcat 的配置部署，本节将通过创建一个 Java Web 项目来测试配置部署是否正确，即创建一个 Java Web 项目，并将其部署到 Tomcat 服务器中运行，具体过程如下。

（1）启动 Eclipse。

（2）单击 Eclipse 菜单中“File|New”选项，然后在弹出的选项中选择“Dynamic Web Project”选项，打开“New Dynamic Web Project”对话框，如图 2.32 所示。

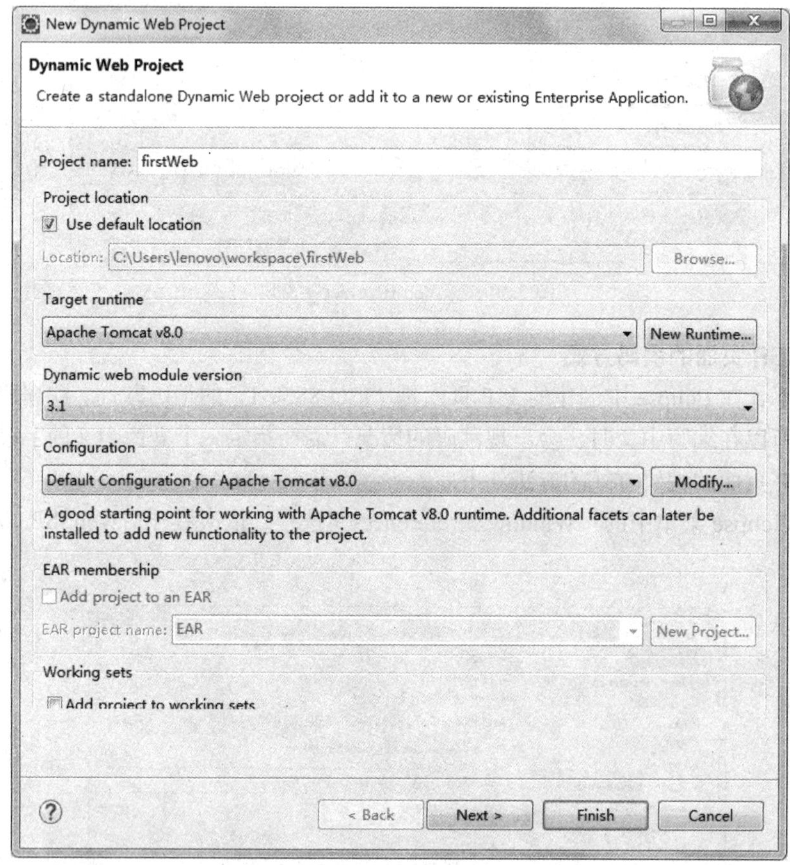

图 2.32 新建工程

（3）在图 2.32 的新建 Web 项目模板中的“Project name（项目名称）”文本框中输入项目名称“firstWeb”，单击“Finish”按钮，项目创建成功。此时，可以在 Eclipse 左侧的“Project Explorer”窗口中看到创建的项目 firstWeb 的项目结构树，如图 2.33 所示。

（4）在“Project Explorer”窗口中，选中 firstWeb 节点下的“WebContent”节点，并右击，再在弹出的快捷菜单中选择“New|Other”命令，打开“Select a wizard”对话框，如图 2.34 所示。

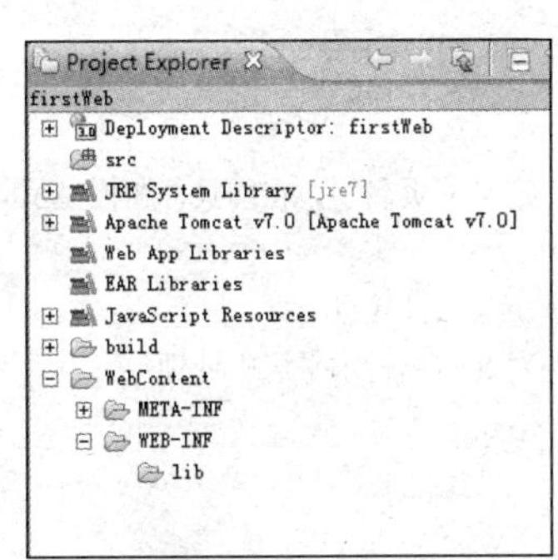

图 2.33　firstWeb 工程

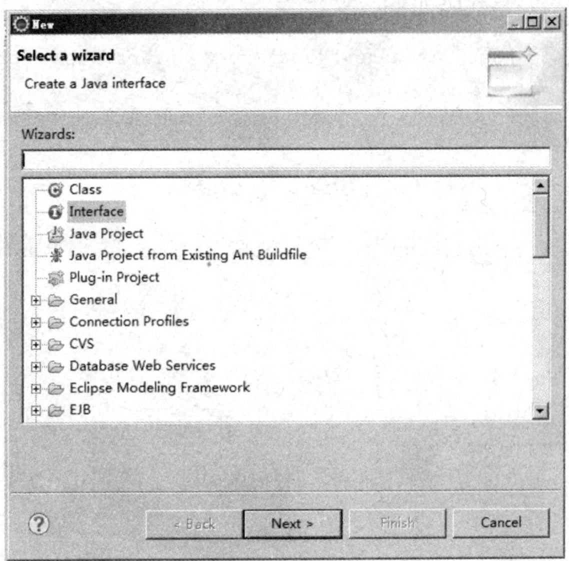

图 2.34　“Select a wizard”对话框

（5）在“Select a wizard”对话框的 Wizards 文本框中输入“jsp”。之后在下面的列表框中选择“JSP File”，并单击“Next”按钮，打开“New JSP File”对话框。在该对话框的“File name”文本框中输入文件名“index.jsp”，其他选择默认，如图 2.35 所示。

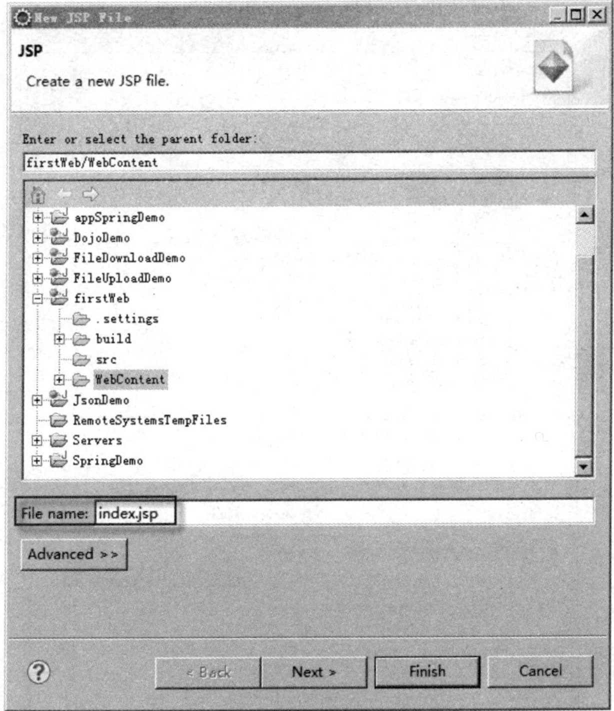

图 2.35　新建 JSP 文件

（6）单击“Finish”按钮，Eclipse 打开 index.jsp 页面的代码窗口，在此页面代码的<body></body>之间填写“<center> Hello,World!这是我的第一个 Web 程序！</center>”的代码

片段，完整代码如下。

```
<%@ page language="java" contentType="text/html; charset=UTF-8"
    pageEncoding="UTF-8"%>
<!DOCTYPE html PUBLIC "-//W3C//DTD HTML 4.01 Transitional//EN" "http://www.w3.org/TR/html4/
loose.dtd">
<html>                                                   <!--定义 HTML 网页-->
<head>                                                   <!--定义文件头-->
<meta http-equiv="Content-Type" content="text/html; charset=UTF-8">
                                                         <!--定义文件信息-->
<title>Insert title here</title>
                                                         <!--定义网页名字，在网页标题栏显示-->
</head>
<body>                                                   <!--定义文件体页-->
<center>                                                 <!--对文本进行水平居中处理-->
Hello,World!这是我的第一个 Web 程序!
</center>
</body>
</html>
```

（7）在“Project Explorer”窗口中选择“firstWeb”节点，右击“firstWeb”节点，在弹出的快捷菜单中选择“Run As|Run on Server”，打开“Run on Server”对话框。在该对话框中，选择“Tomcat v8.0 Server”复选框，并勾选“Always use this server when running this project”单选按钮，其他默认，如图 2.36 所示。

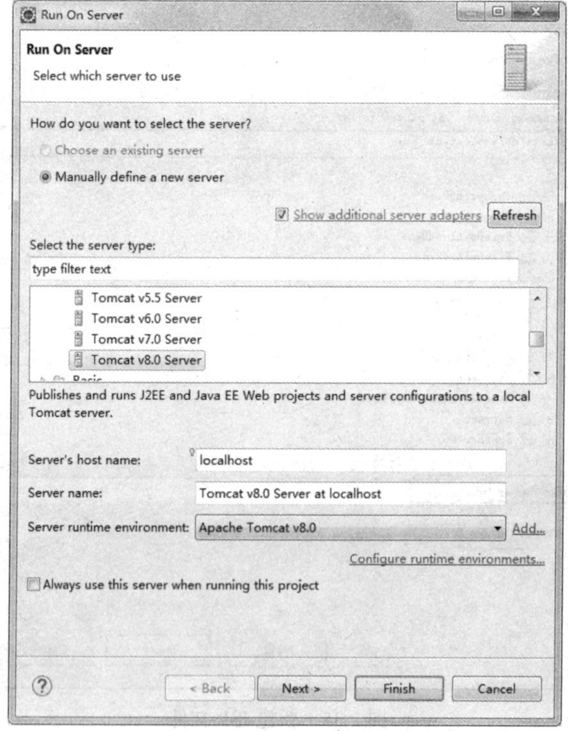

图 2.36　Run on Server 对话框

（8）单击“Finish”按钮，即可通过“Tomcat”运行该项目。运行后的效果如图 2.37 所示。

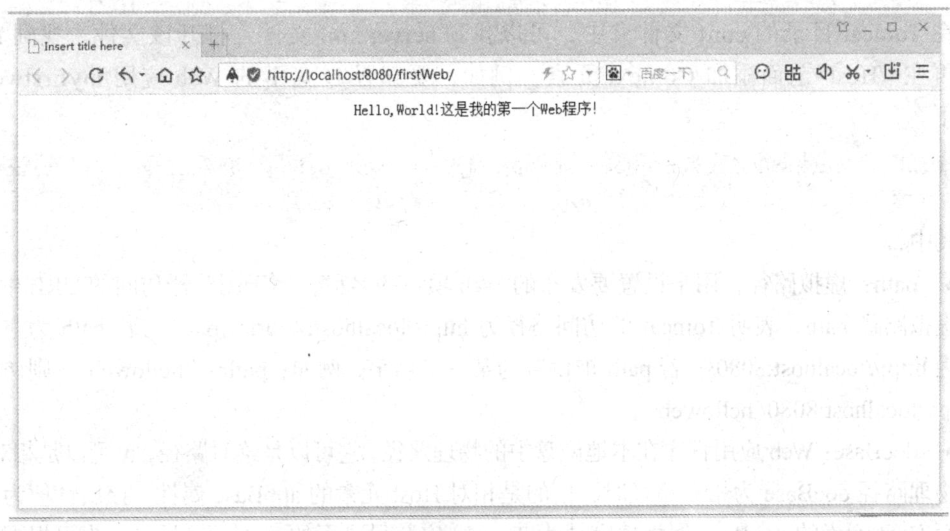

图 2.37　运行效果

2.3.5　Web 应用程序的部署

基于 Tomcat 服务器开发的 Web 应用程序，如何能够让用户可以在浏览器中访问并运行呢？这就是 Web 应用程序的部署问题。为了运行 Web 程序，Tomcat 服务器需要知道 Web 应用程序的位置。首先需要 Tomcat 查找 webapps 文件夹下的 Web 应用程序，也可以自己添加 Tomcat 的查找目录。部署 Web 应用程序有以下 3 种方法。

方法 1：直接将程序放到 webapps 目录

Tomcat 的 webapps 目录是其默认的应用目录。当 Tomcat 启动时，会默认加载该目录下所有的应用，因此，为了简便，可以直接将 Web 应用文件夹复制到 webapps 目录下，也可以将 Web 应用打成一个 war 包放到该目录下。Tomcat 会自动解开这个 war 包，并在 webapps 下生成一个同名文件夹。

方法 2：修改 server.xml 文件

在 Tomcat 目录的 conf 文件夹中，可以找到 server.xml 文件。打开该文件，找到 host 元素，再在</Host>前面添加 Context 元素，例如，要部署 D 盘下的 Web 应用 myfirstweb，代码如下。

```
<Context path="/helloweb" docBase="D:/ myfirstweb" debug="0" reloadable="true">
</Context>
```

其中，

- path：虚拟路径，用来设置要发布的 Web 项目的名称，用于浏览器访问的 URL 中。

虚拟路径 path，表明 Tomcat 的访问路径为 http://localhost:<port>/[path]。若 path 为空，访问路径为 http://localhost:8080/；若 path 被设置为某一个名字，例如：path= “helloweb”，则访问路径为 http://localhost:8080/ helloweb 。

- docBase：Web 应用程序在本地磁盘中的物理路径。它可以是绝对路径，也可以是相对路径。

物理路径 docBase 为相对路径时，指的是相对 Host 元素的 appBase 属性。该属性值为一个目录，而 Host 元素的 appBase 属性值默认为 Tomcat 安装目录下的 webapps 目录，也可根据需要修改其为自己的实际开发目录。若 docBase= “/”，此时为相对路径，则表示 Web 应用位于 webapps 目录下。

- debug：日志记录的调试信息记录等级。当 reloadable 属性为 true 时，Tomcat 将检测应用程序的/WEB-INF/lib 和/WEB-INF/classes 目录的变化情况，以决定是否自动重新载入变化后的程序。

server.xml 文件修改后，需要重启 Tomcat，然后就可以使用路径 http://localhost:8080/ helloweb 访问 D 盘下的 myfirstweb 应用。

方法 3：创建配置文件进行部署

进入 Tomcat 安装目录下的 conf 目录，找到 Catalina 文件夹，再进入 Catalina\localhost 目录。在 localhost 文件夹中新建一个包含 Context 元素的配置文件。该文件是一个 XML 文件，文件名即为 Web 应用的虚拟路径名，此处取名为 helloweb.xml。

编辑新建的 XML 文件，文件内容如下。

```
<Context docBase="D:/ myfirstweb"  reloadable="true" debug="0" reloadable="true">
</Context>
```

保存 XML 文件，启动 Tomcat，则会将 D 盘下的 myapp 文件夹部署为 Web 应用。此时，就可以通过 http://localhost:8080/helloweb 访问 D 盘下的 Web 应用 myfirstweb 了。

2.3.6 在 Eclipse 中部署 Web 应用程序

那么如何在 Eclipse 进行 Web 应用程序的部署呢？Eclipse 中提供了相应的部署工具，下面对 2.3.4 中创建的 Web 项目 firstWeb 进行部署，具体过程如下。

（1）在“Project Explorer”视图中选中“firstWeb”项目，单击工具栏按钮中的三角标志，在弹出的下拉菜单中选择“Run As| Run on Server”命令，打开“Run On Server”对话框，如图 2.38 所示。勾选“Always use this server when running this project”单选按钮。

（2）单击“Next”按钮，出现图 2.39 所示的对话框，可以选择部署到 Tomcat 的项目。单击“Add”按钮将待部署的项目移到右侧，单击“Remove”按钮将不需要部署的项目从右侧移除。

（3）单击“Finish”按钮，部署项目完成。通过 Tomcat 运行该项目，运行结果如图 2.40 所示，这里使用的是 Eclipse 内置浏览器。

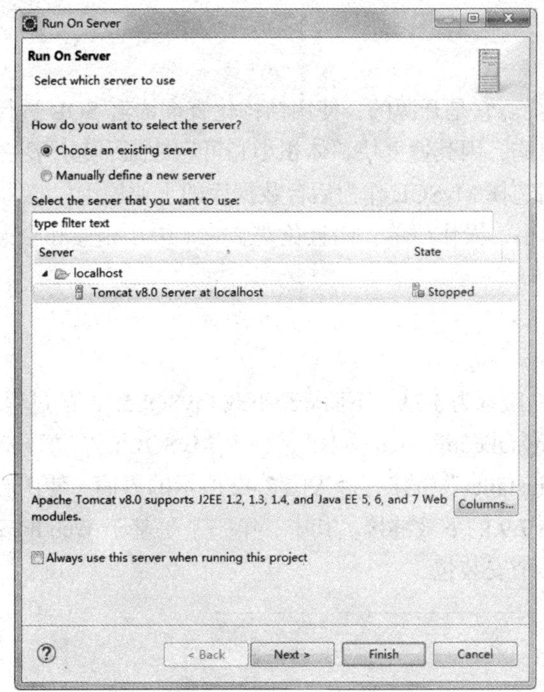

图 2.38　在服务器上运行项目

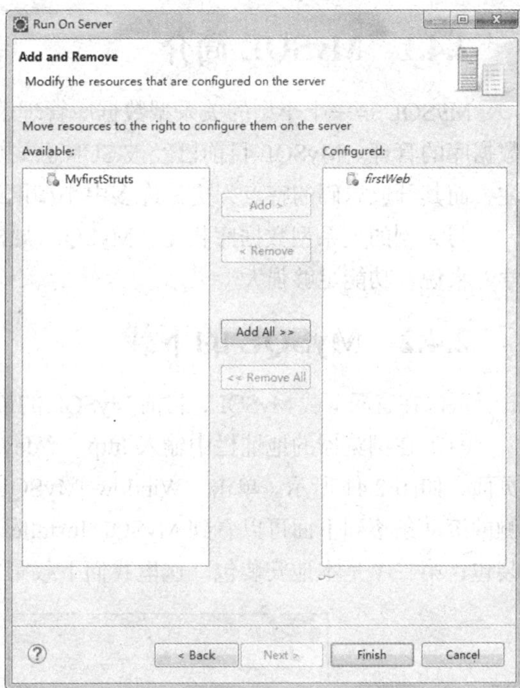

图 2.39　添加 Web 项目到 Tomcat

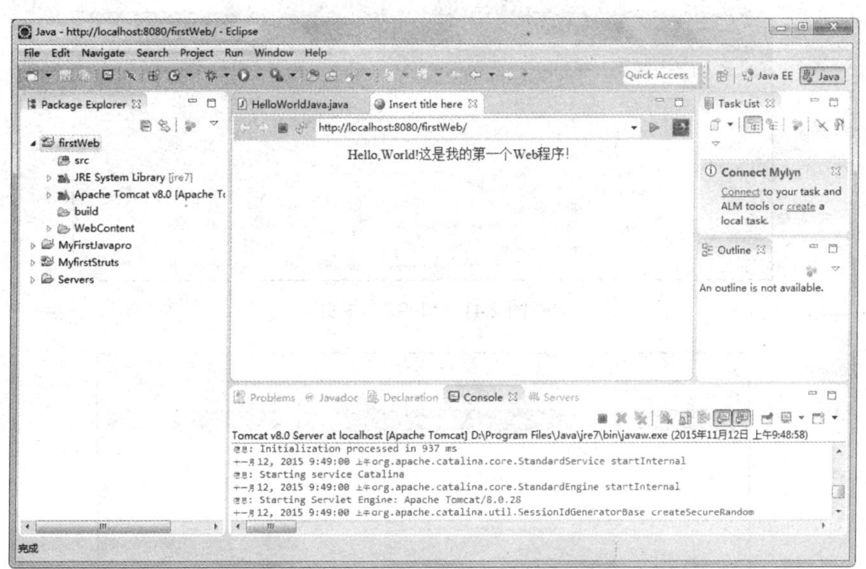

图 2.40　运行 firstWeb 的项目结果（使用内置浏览器）

2.4　MySQL 的下载与安装

实际的企业应用系统很多是需要数据库支撑的。通常使用的数据库管理系统分为两种：一种是关系型的，如 MySQL、Oracle、DB2、SQL Server 等；另外一种是非关系型的，如 NoSQL，mongoDB 等。本书例程使用 MySQL 作为数据库管理系统，本节介绍 MySQL 下载与安装的过程。

2.4.1 MySQL 简介

MySQL 是一个小型的关系型数据库管理系统。它是开源的，使用结构化查询语言 SQL 进行数据库的管理。MySQL 目前已经被 SUN 公司收购，因其速度快，体积小和可靠性强引起广泛关注，而其开放源码的特点，更是许多中小型网站选择 MySQL 作为后台数据库的重要原因。

与大型的关系型数据库相比，MySQL 规模小，操作简单，而且免费。对于中小企业和个人学习来说，功能足够强大。

2.4.2 MySQL 的下载

可以在官网下载 MySQL，目前 MySQL 的最新版本为 5.7.9。下面介绍下载 MySQL5.7.9 的过程。

（1）在浏览器的地址栏中输入 http“://dev.mysql.com/downloads/”，进入 MySQL 的官方下载页面，如图 2.41 所示。单击“Windows|MySQL installer”链接，进入图 2.42 所示的界面，使用右侧的滚动条滚到下面可以看到 MySQL Installer 5.7.9 的下载链接。其中，第一个是基于 Web 的安装包；第二个是本地安装包。这里我们下载第二个安装包。

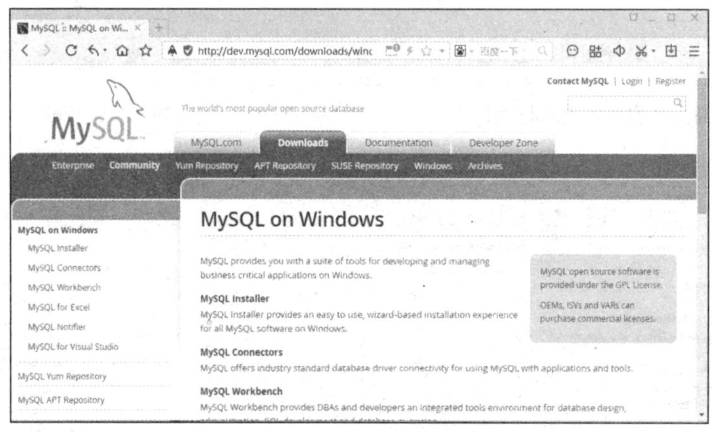

图 2.41 MySQL 主页

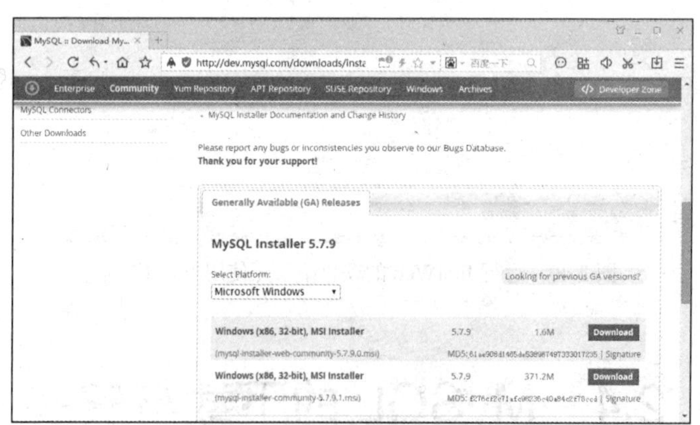

图 2.42 MySQL 官网页面

（2）单击“Download”按钮后，进入如图 2.43 所示的界面。如果有 Oracle Web 账户，可以直接登录下载；如果没有的话，需要注册一个账户。单击“Sign Up”按钮将进入图 2.44 所示的注册界面。

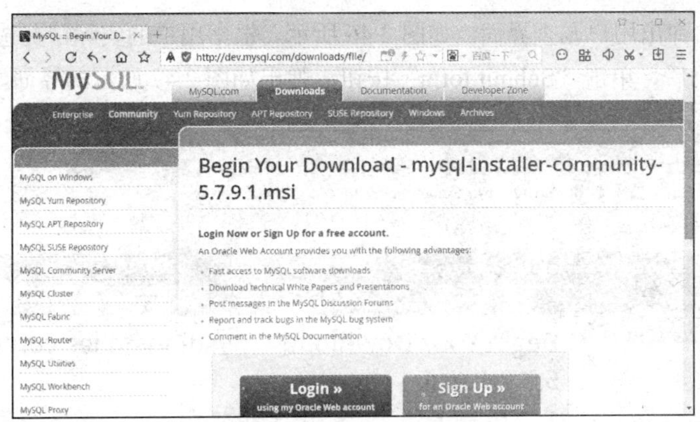

图 2.43　MySQL 下载选择操作

（3）注册。若想注册要求填入相关信息，然后单击创建账户按钮。创建成功后，Oracle 公司会向用户注册的电子邮件信箱发送一封邮件，需要经过电子邮件地址验证后才能激活账户，访问某些 Oracle 应用程序。

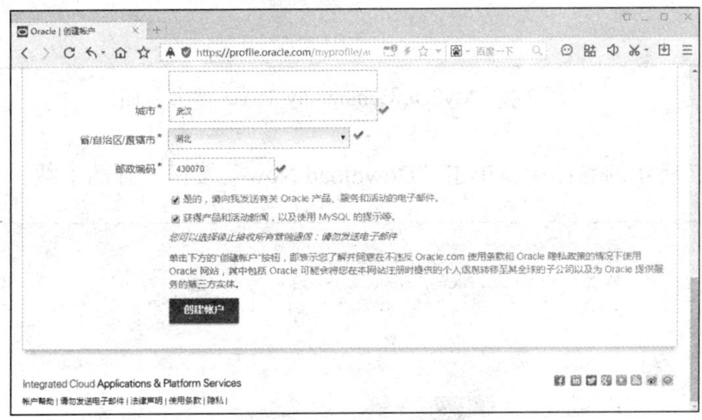

图 2.44　Oracle 注册账户

（4）若在图 2.42 中单击“Login”按钮，则弹出图 2.45 所示的界面。使用注册的账户和密码登录。

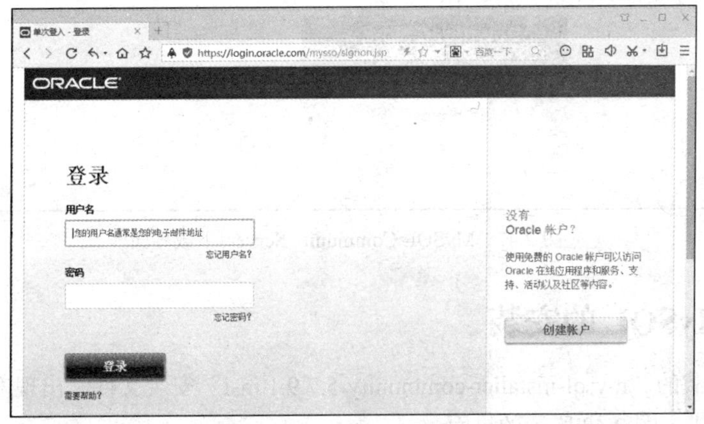

图 2.45　下载前使用 Oracle 注册账户和密码登录

（5）登录后，弹出用户调查界面，如图 2.46 所示。根据用户的实际情况选择对应下拉列表中的项，输入验证码后，单击“Submit form”按钮，弹出如图 2.47 所示的界面。

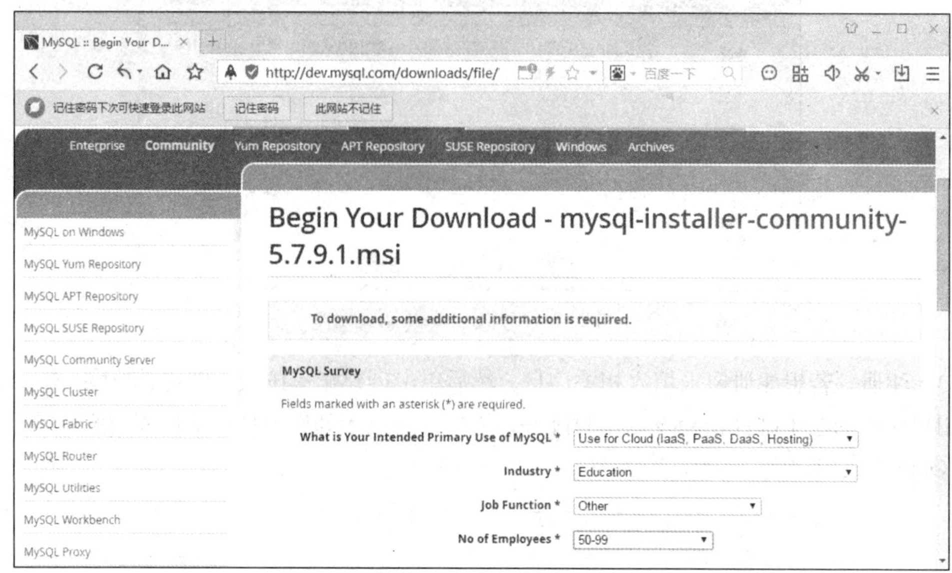

图 2.46　MySQL Community Server 调查界面

（6）在图 2.47 所示的界面中，单击“Download Now”按钮，开始下载。

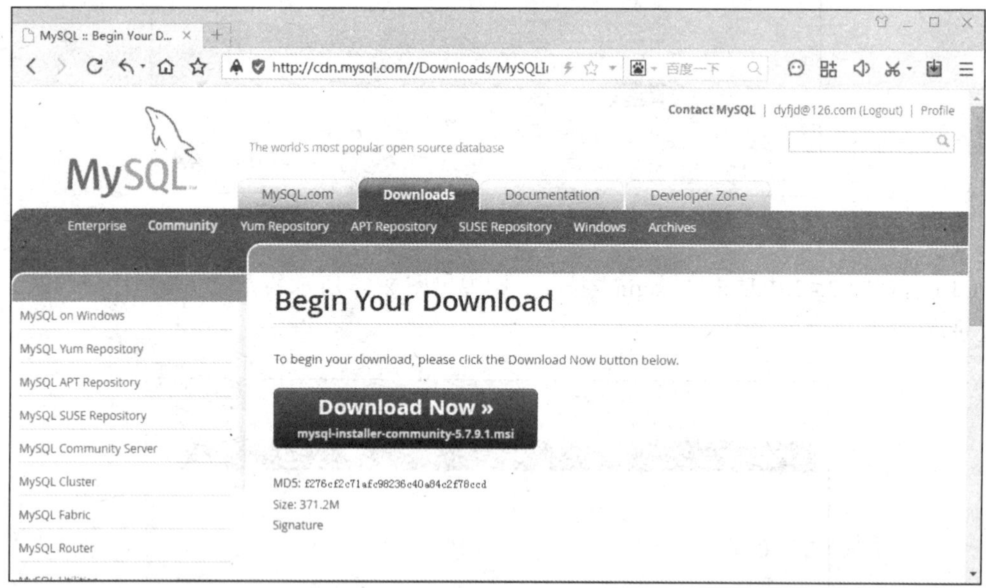

图 2.47　MySQL Community Server 下载界面

2.4.3　MySQL 的安装

（1）双击下载的“mysql-installer-community-5.7.9.1.msi”安装文件，出现安装向导界面，单击“Next”按钮进入图 2.48 所示的界面。

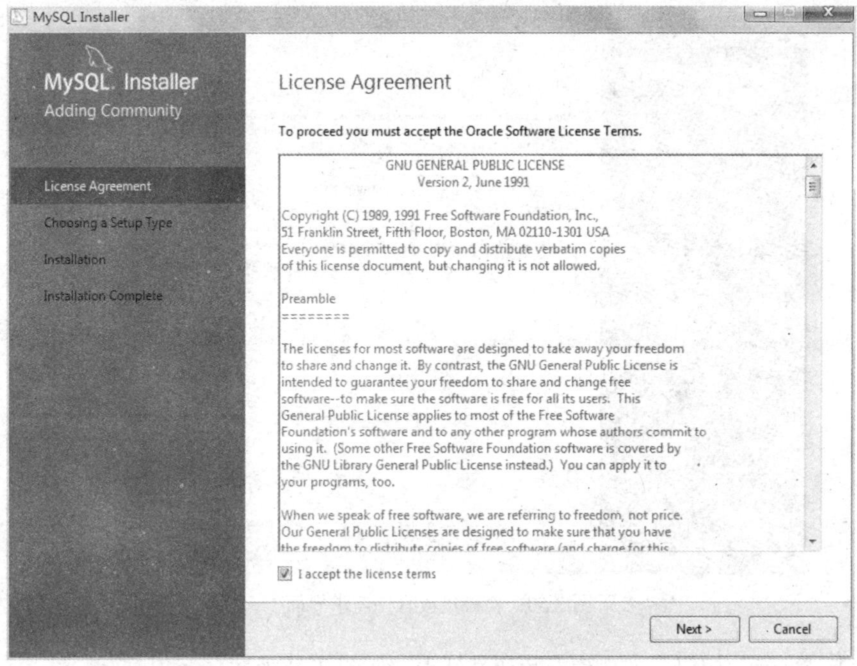

图 2.48　最终用户许可协议界面

（2）勾选“I accept the license terms”单选框，单击“Next”按钮进入图 2.49 所示的界面。

（3）选择安装类型：在图 2.49 中选择 MySQL 的安装类型。MySQL5.7.9 的安装类型有 5 种，分别为：Developer Default（面向开发人员的安装）、Server Only（仅安装服务器）、Client Only（仅安装客户端）、Full（完全安装）和 Custom（用户自定义安装）。此处选择“Developer Default”类型，进入如图 2.50 所示的检查 MySQL 和一些软件集成需求的对话框。

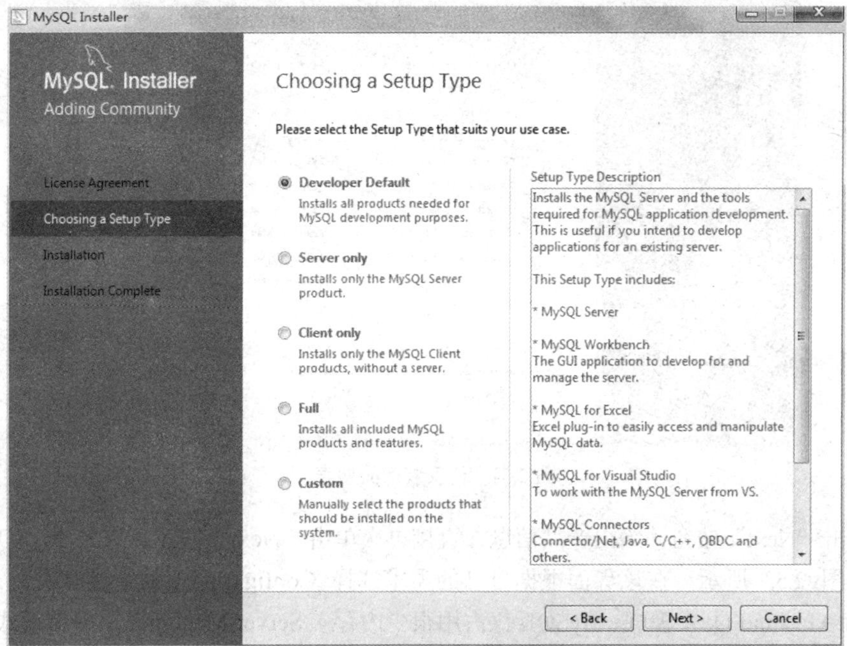

图 2.49　选择安装类型界面

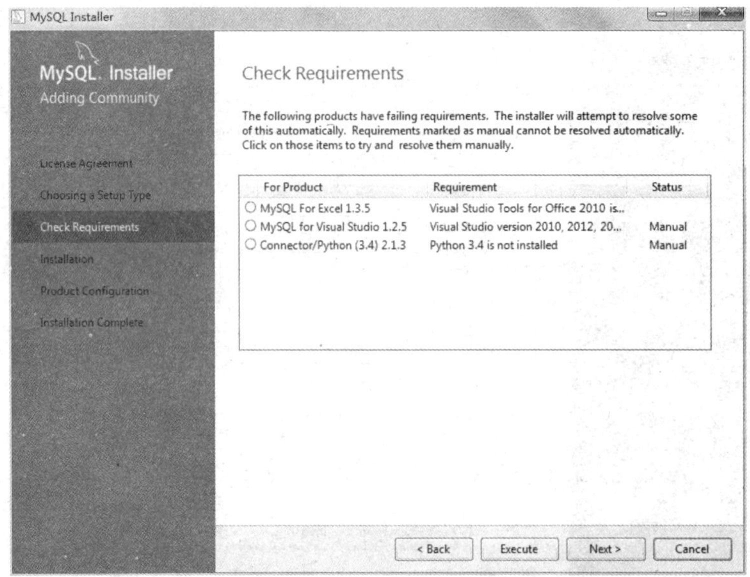

图 2.50　检查集成软件需求界面

（4）单击“Next”按钮，弹出待安装产品列表，如图 2.51 所示。

（5）单击“Execute”按钮，开始安装。此处安装的默认目录为 C:\Program Files\MySQL\。如果需要安装在其他目录，就在第（3）步选择 Custom（用户自定义安装）进行修改。产品安装后的状态如图 2.52 所示。

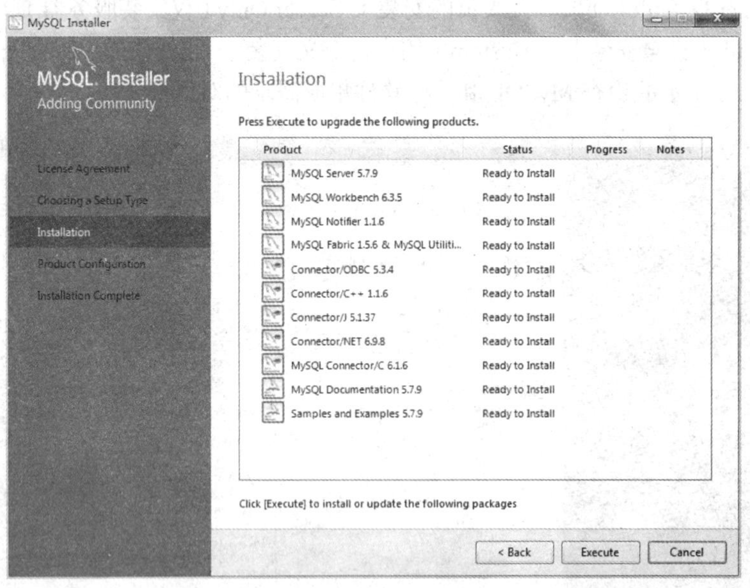

图 2.51　待安装产品列表

（6）单击“Next”按钮，给出产品信息，直接再次单击“Next”按钮，进入 MySQL 配置向导界面，如图 2.53 所示。在该界面根据自己的需求选择 ConfigType（服务器模式）。它共有：Development Machine（开发模式，MySQL 仅占用很少内存）、Server Machine（服务器模式，MySQL 会占用较多内存）和 Dedicated Machine（专有的 MySQL 服务器模式，MySQL 将占用所有可用的内存）3 种模式，此处选择 Development Machine 模式。

下面是设置 MySQL 的网络选项。其中，Connectivity 是设置连接到数据库服务器的方式，TCP/IP（启用 TCP/IP 网络）选项表明可以启用或禁用 TCP/IP 连接。如果不启用，则只能在本机上访问 MySQL 数据库；如果启用，则首先勾选该选项，然后输入 MySQL 服务器的端口号，默认的端口号为 3306。若该端口被占用，则可以直接输入新端口号。其他参数保持默认选项。

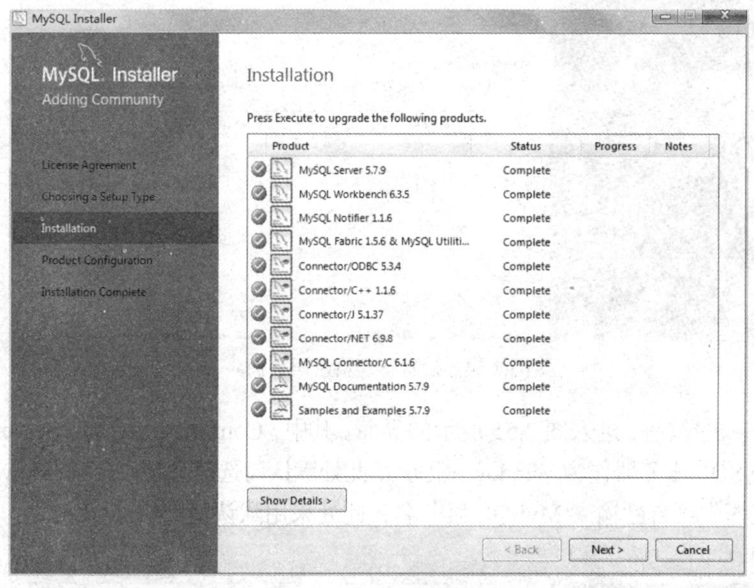

图 2.52　产品安装后状态

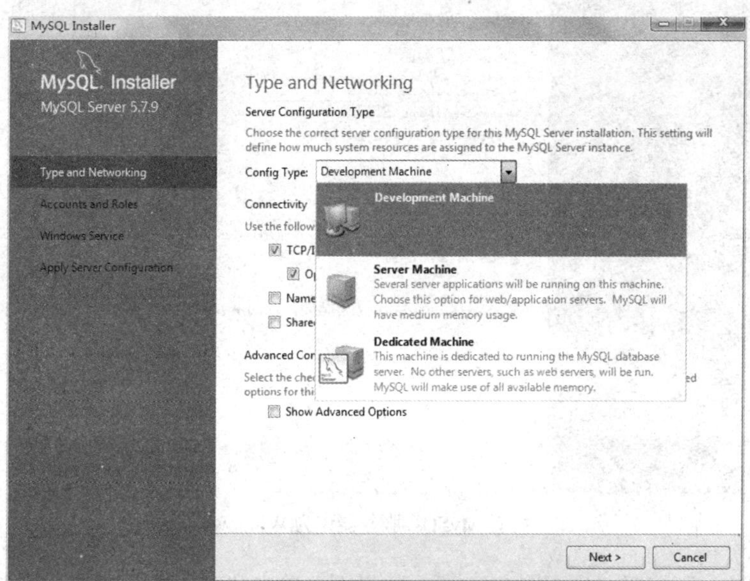

图 2.53　选择服务器模式界面

（7）单击“Next”按钮，进入图 2.54 所示的用户权限设置界面。此时，要求输入管理员 Root 的密码，这里输入“123456”，然后再重复输入 1 次确认。在 MySQL User Accounts 中可以创建更多的用户，并分配权限。

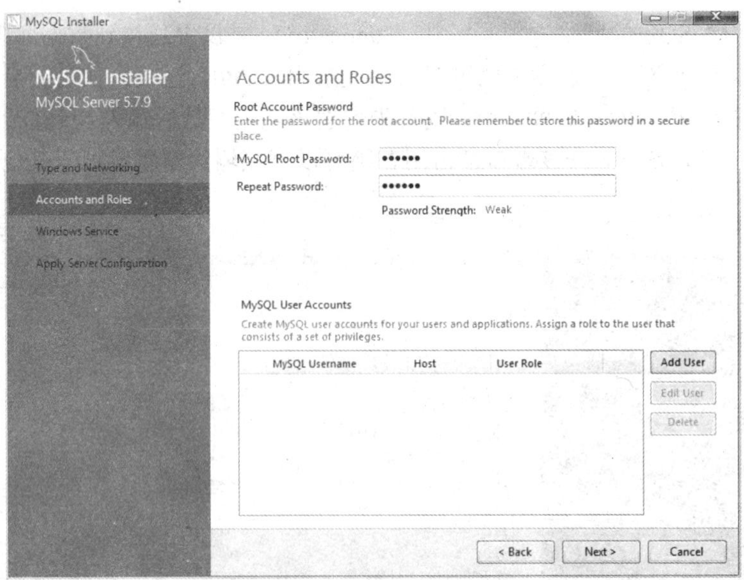

图 2.54　设置管理员密码界面

（8）单击“Next”按钮，进入图 2.55 所示的界面。其中，Configure MySQL Server as a Windows Service（配置 MySQL 服务器作为 Windows 服务），此处默认勾选该选项。在 Windows Service Name 后面的下拉列表框中可自己输入 MySQL 服务名，此处采用默认值“MySQL57”。

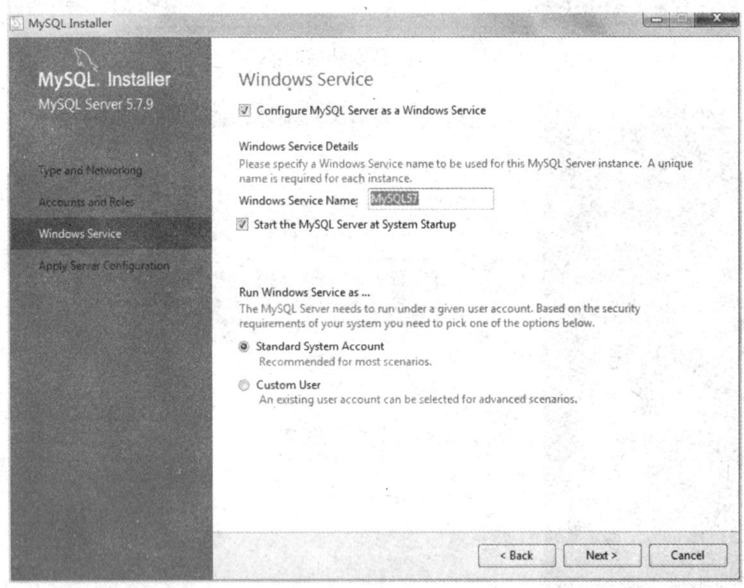

图 2.55　配置 MySQL 服务器作为 Windows 服务

（9）单击“Next”按钮，进入图 2.56 所示的界面。单击“Execute”按钮，开始配置。

（10）单击“Finish”按钮退出配置，进入图 2.57 所示的“Connect To Server”（连接到服务器）界面。单击“Check”按钮，如果用户名和密码正确，将提示 Connection successful。

（11）单击“Next”按钮，进入图 2.58 所示的应用服务器配置界面，单击“Execute”按钮。

（12）单击“Finish”按钮，完成安装。

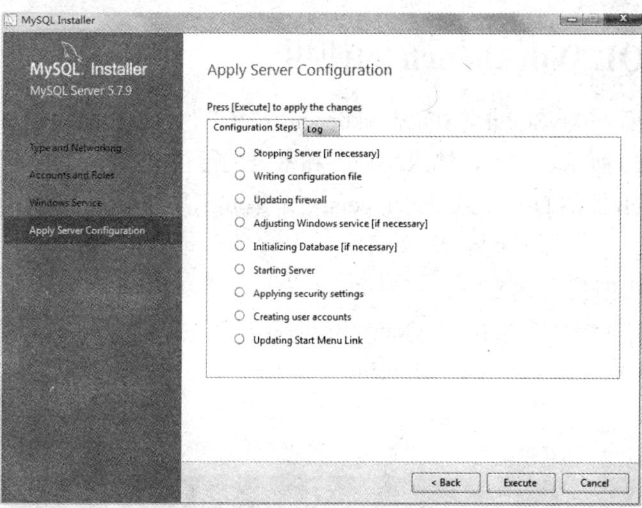

图 2.56　准备执行对话框

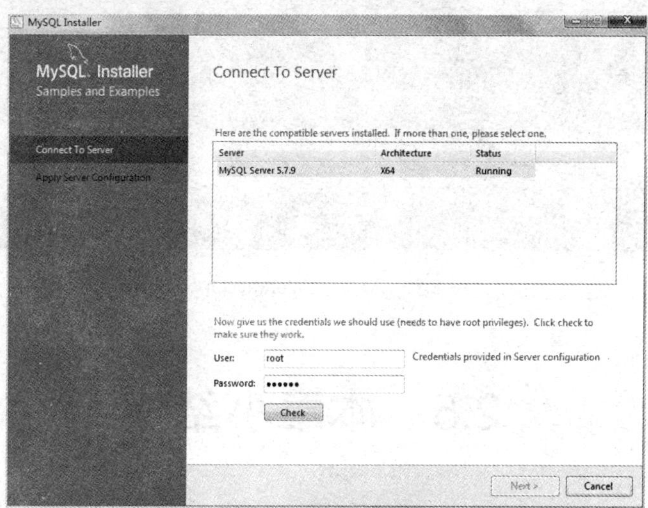

图 2.57　连接到服务器界面

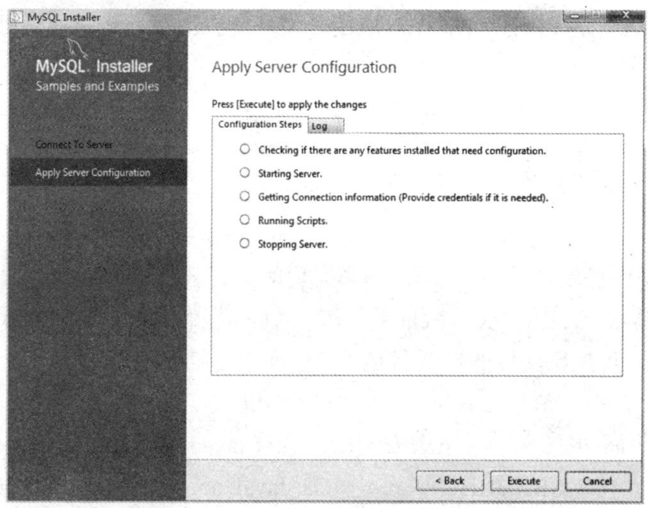

图 2.58　应用服务器配置界面

2.4.4 MySQL Workbench 的使用

单击“开始|所有程序|MySQL|MySQLWorkbench 6.3 CE”命令，可以启动 MySQLWorkbench 可视化环境，如图 2.59 所示。然后，输入用户名和密码进行登录。

MySQL Workbench 提供 DBAs 和 Developers 一个集成工具环境，方便管理 MySQL 数据库，可以实现以下功能。

- 数据库设计和建模。
- SQL 开发（取代原来的 MySQL Query Browser）。
- 数据库管理（取代原来的 MySQL Administrator）。

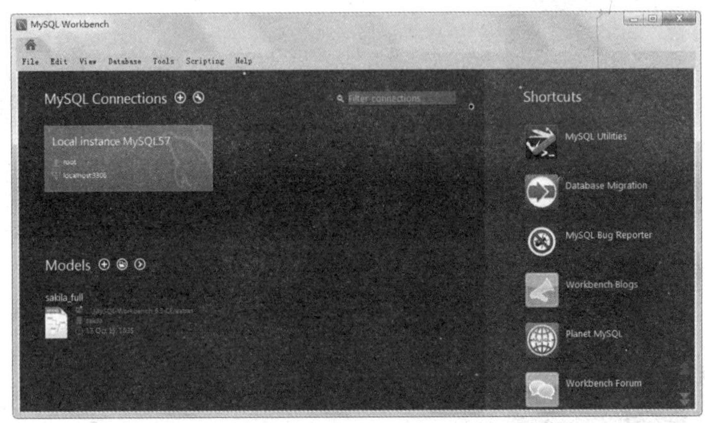

图 2.59 MySQLWorkbench

2.5 本章小结

本章重点介绍了如何搭建Java Web开发环境，包括：Java开发包JDK、可视化开发环境Eclipse、Web 服务器 Tomcat，以及关系数据库管理系统 MySQL 等软件的下载及安装方法。学习本章的内容时，读者应该自己动手完成搭建 Java Web 应用开发环境，为下一步学习做好准备。

习 题

一、选择题

1. Java 的源码文件扩展名是（　　），编译完后的扩展名是（　　）。

   A. *.txt、*.java　　B. *.c、*.class　　C. *.java、*.class　　D. *.cpp、*.java

2. 对 JVM 来说，可执行文件的扩展名是（　　）。

   A. *.java　　B. *.class　　C. *.dll　　D. *.pyc

3. 在 Java 下载页面中，（　　）下载安装后，会有 javac 编译器可以使用。

   A. JDK　　B. JRE　　C. JavaDoc　　D. NetBeans

4. Java 根据应用领域不同，可分为（　　）三大平台。（多选）

A. Java SE　　B. Java EE　　C. Java ME　　D. Android

5. 如果在 hello.java 中编写以下代码：

```
public class Hello {
public static void main(String[] args) {
System.out.println("Hello World");
}
}
```

下列描述正确的是（　　）。

A. 执行时显示 Hello World　　B. 执行时显示 No Class Def Found Error
C. 执行时显示找不到主要方法的错误　D. 编译失败

文件名必须是 Hello.java。

6. 如果在 Main.java 中输入以下代码：

```
public classMain{
public static main(String[] args) {
System.out.println("Hello World");
}
}
```

下列描述正确的是（　　）。

A. 执行时显示 Hello World　　B. 执行时显示 No Class Def Found Error
C. 执行时显示找不到主要方法的错误　D. 编译失败

main()方法语法有误，缺少 void。

二、简答题

1. JAVA_HOME 和 PATH 环境变量的作用是什么？
2. 在 Eclipse 中如何配置 Tomcat?
3. 数据库管理系统分为哪两种？常用的关系型数据库系统有哪些？
4. MySQL 的优点有哪些？

第 3 章 JSP 基础

本章内容是学习 Java Web 开发的基础，要求能够在理解 JSP 的基础上做到融会贯通，主要内容包括：JSP：包括为什么是 JSP，JSP 具有哪些特点，JSP 的运行机制、脚本元素、指令元素、动作元素和内置对象；JavaBean：包括 JavaBean 的含义，如何定义 JavaBean，以及 JavaBean 属性的设置；Servlet，该部分的主要内容包括 Servlet 的生命周期、Servlet 的常用类及接口。

3.1 JSP 页面

Java 服务器界面（Java Server Pages，JSP）是由 SUN 公司发布的用于开发动态 Web 应用的技术。作为基于 Java Servlet 的 Web 开发技术，它的主要特点是简单易学和跨平台，所以自产生后逐步在各个领域广泛应用。需要注意的是，要想真正地掌握 JSP 技术，必须有较好的 Java 语言基础，以及 HTML 语言方面的知识。

3.1.1 编写 JSP 页面文件

在 HTML 页面文件中，只要加入 Java 程序片和 JSP 标签就构成了一个 JSP 页面文件。一个 JSP 页面除了普通的 HTML 标记符外，还把标记符号“<%”“%>”加入 Java 程序段。JSP 页面文件的扩展名为 jsp。文件的名字必须符合操作系统的标识符规定，所以注意 JSP 的名字需区分大小写。为了明显地区分普通的 HTML 标记、Java 程序片段，以及 JSP 标签，可以用大写字母书写普通的 HTML 标记符号。

【例 3-1】 编写一个 JSP 文件，实现从 1 加到 1000。

Example3-1.jsp 代码如下。

```
<%@ page contentType="text/html;charset=GB2312" %>
<HTML>
<%@ page contentType="text/html;charset=GB2312" %>
<HTML>
<BODY BGCOLOR=E6E6FA>
<FONT Size=5>
<CENTER>使用 JSP 页面展示求和的结果</ CENTER >
<% int i, sum=0;
for(i=1;i<=1000;i++)
{ sum=sum+i;
}
```

```
%>
<P> 1 到 1000 的连续和是:
<BR>
<%=sum %>
</FONT>
</BODY>
</HTML>
```

Example3-1.jsp 必须发布才能看到显示效果。将 Example3-1.jsp 直接复制到 Tomcat 安装目录的指定目录下，即<TOMCAT_HOME>\webapps\Javawebjsp 目录下。其中，Javawebjsp 目录由用户根据自己需要进行创建。在浏览器地址栏中输入地址 http://localhost:8080/Javawebjsp/Example3-1.jsp，按“Enter”键后可以看到显示效果，如图 3.1 所示。

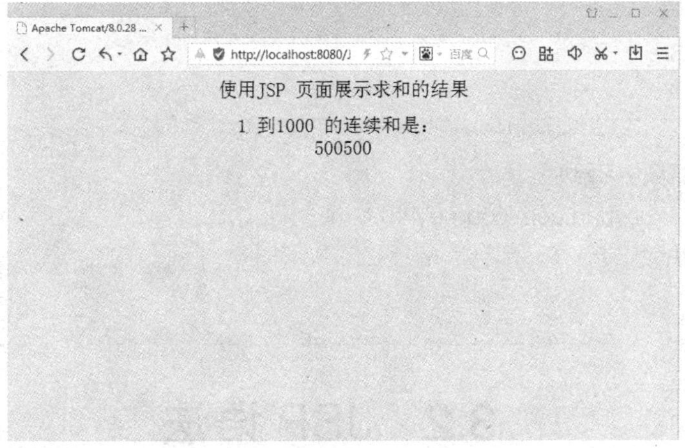

图 3.1　Example3-1.jsp 文件显示效果

根据运行结果可见 HTML 语言中的元素都可以被 JSP 容器所解析。可以说 JSP 只是在 HTML 文件中加入了一些具有 Java 特点的代码，即 JSP 的语法元素。

3.1.2　JSP 的运行分析

那么当客户端请求一个 JSP 页面时，JSP 页面是如何运行给出结果的呢？当一个 JSP 文件第一次被请求时，JSP 容器会先把该 JSP 文件转换成一个 Servlet 文件。JSP 运行机制分析如图 3.2 所示。

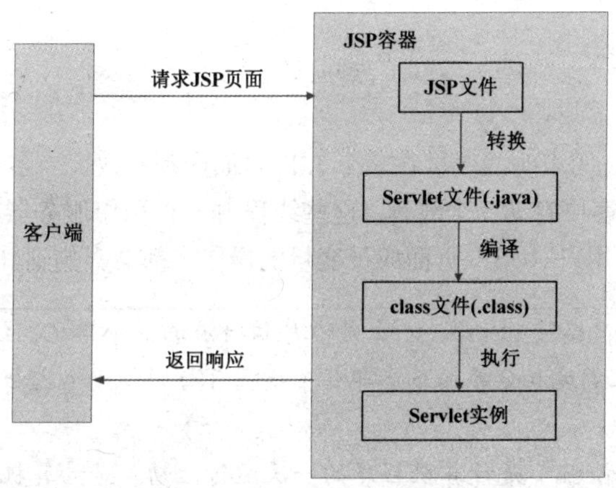

图 3.2　JSP 运行机制分析

JSP 的具体运行过程分为以下步骤。

（1）JSP 容器先将该 JSP 文件转换成 Java Servlet 源程序；

（2）转换成功后，JSP 容器将 Java 文件编译成文件.class。如果转换过程中发现问题，则报错；

（3）Servlet 容器加载.class 文件，创建一个该 Servlet 的实例，并执行 Servlet 的 jspInit()方法；

（4）执行_jspService()方法来处理客户端的请求；

（5）若.jsp 文件被修改了，则服务器将根据设置决定是否对该文件重新编译。如果需要重新编译，则使用重新编译后的结果取代内存中常驻的 Servlet，并继续上述处理过程。

（6）由于系统资源不足等原因，JSP 容器调用 jspDestroy()方法将 Servlet 从内存中移去。

（7）接着 Servlet 实例便被加入“垃圾收集”处理。

（8）当请求处理完成后，响应对象由 JSP 容器接收，并将 HTML 格式的响应信息发送回客户端。

极客学院
jikexueyuan.com

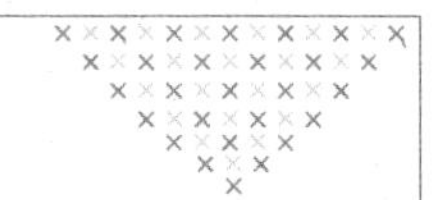

极客学院在线视频学习网址：
http://www.jikexueyuan.com/course/440.html
手机扫描二维码

JSP 基本介绍

3.2 JSP 语法

一个 JSP 页面可由 HTML 页面内容、JSP 注释、JSP 指令、JSP 脚本元素和 JSP 动作元素构成。本节重点讲述 JSP 注释、JSP 指令、JSP 脚本元素，以及 JSP 动作元素等 JSP 语法。

3.2.1 JSP 声明

JSP 在“<%!”和“%>”标记符之间声明变量和方法。在“<%!”和“%>”标记符之间声明变量，即在“<%!”和“%>”之间放置 Java 的变量声明语句。Java 语言允许的任何数据类型变量都可以是 JSP 变量，通常将这些变量称为 JSP 页面的成员变量。如：

```
<%! int a1, t=100 , d;
String jack=null, kissy= "I love JSP";
%>
```

“<%!”和“%>”之间声明的变量在整个 JSP 页面内都有效。当多个客户请求一个 JSP 页面时，JSP 引擎会为每个客户启动一个线程。这些线程由 JSP 引擎服务器来管理，且共享 JSP 页面的成员变量，因此每个用户对 JSP 页面成员变量的操作，都会影响到其他用户。

线程（Lightweight Process），是程序执行流的最小单元。线程是进程中的一个实体，是被系统独立调度和分派的基本单位。线程可与同属一个进程的其他线程共享进程所拥有的全部资源。

进程（Process）是计算机程序的一次运行活动，是计算机系统进行资源分配和调度的基本单位，也是操作系统结构的基础。

【例 3-2】　利用成员变量被所有用户共享这一性质，实现了一个简单的计数器。

Example3_2.jsp 代码如下。

```
<%@ page contentType="text/html;charset=GB2312" %>
<HTML>
<BODY BGCOLOR=cyan><FONT size=3>
<%!int i=0;
%>
<%i++;
%>
<P>欢迎访问企业资源管理系统，您是第
<%=i%>
个访问本站的客户。
</BODY>
</HTML>
```

在浏览器地址栏中输入地址 http://localhost:8080/Javawebjsp/Example3_2.jsp，按“Enter”键后可以看到显示效果，如图 3.3 所示。

图 3.3　JSP 实现计数器运行结果

3.2.2　JSP 表达式

可以在“<%=”和“%>”之间插入一个表达式，该表达式必须能求值。表达式的值由服务器负责计算，并将计算结果用字符串的形式返回到客户端。

【例 3-3】　计算表达式的值。

Example3_3.jsp 代码如下。

```
<%@ page contentType="text/html;charset=GB2312" %>
<HTML>
<BODY bgcolor= E6E6FA ><FONT size=3>
<p>13 的平方是:
<%=Math.pow(13,2)%>
<P>7658 乘 67 等于
<%=7658 *67%>
<P> 325 的平方根等于
<%=Math.sqrt(325)%>
```

```
<P>299 大于 300 吗? 回答:
<%=299>300%>
</BODY>
</HTML>
```

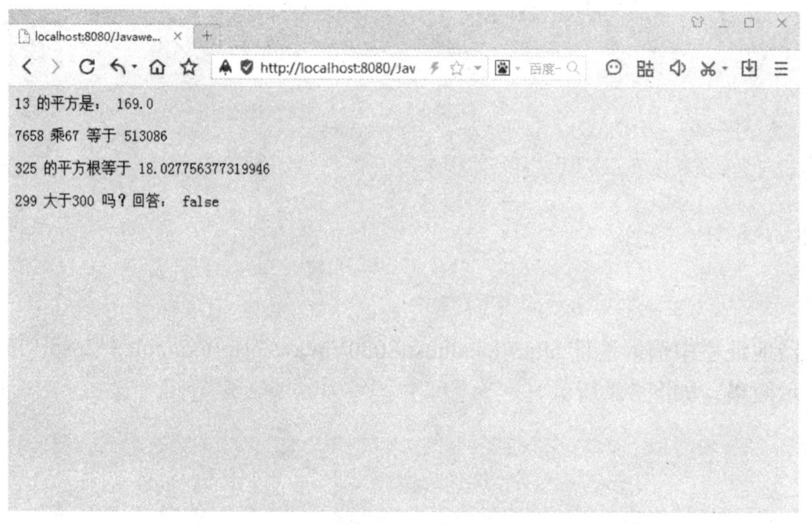

图 3.4　JSP 实现计算表达式的值

在浏览器地址栏中输入地址 http://localhost:8080/Javawebjsp/Example3_3.jsp，按“Enter”键后可以看到显示效果，如图 3.4 所示。

3.2.3　JSP 注释

JSP 中的注释包括 HTML 注释和 JSP 注释两种。其中，HTML 注释是可以在客户端显示的注释；JSP 注释是发送到服务器端，在客户端不能被显示的注释。

（1）HTML 注释以<!--开始，以-->结束，中间为注释部分。其语法格式如下。

```
<!--注释内容-->
```

HTML 注释例子：

```
<!--HTML 注释样例，该注释仅为解释代码的含义，将被浏览器忽略-->
<p>普通段落。</p>
```

（2）JSP 注释<%--开始，以--%>结束，中间为注释部分。其语法格式如下。

```
<%--注释内容--%>
```

JSP 标签<% %>中包含的是符合 Java 语法的 Java 代码，所以其中可以出现 Java 形式的注释。

JSP 注释例子：

```
< HTML >
    <head>
        <title>JSP 注释示例</title>
    </head>
    <body>
        <%--声明变量--%>
        <%! int j=1; %>
```

```
        <%--JSP 脚本元素，输出变量 j 的值--%>
        <%
            out.println("j="+j);
        %>
    </body>
    </HTML>
```

3.2.4　JSP 指令

JSP 指令向 JSP 引擎提供编译信息。JSP 指令可以设置全局变量，如声明类、要实现的方法和输出内容的类型等。通常 JSP 指令在整个页面范围内均有效，且并不向客户端产生任何输出。所有的 JSP 指令都只在当前的页面中有效。其语法格式如下。

```
<%@指令标记 [属性 1="值 1" 属性 2="值 2"]%>
```

JSP 指令包括 include 指令、page 指令和 taglib 指令这三类指令。

1. include 指令

该指令是文件加载指令，用于在 JSP 文件中插入一个文件。这个文件可以包含文本或代码。include 指令把文件插入后与原来的 JSP 文件合并成一个新的 JSP 页面。当插入的文件被修改后，包含该文件的 JSP 文件需要被重新编译。include 指令的语法格式为：

```
<%@ include file="被包含文件的地址"%>
```

include 指令只有一个 file 属性，用来指定插入到 JSP 页面目前位置的文件资源。插入文件的路径，一般使用相对路径。通常为了简便，该路径可以和所调用的 jsp 文件放在同一目录下。

【例 3-4】　使用 include 指令在 JSP 中插入文本文件的示例。

Example3_4.jsp 包含文本文件的代码如下。

```
<%@ page contentType="text/html;charset=GB2312" %>
<HTML>
<head>
 <title>使用 include 指令插入一个 文本文件示例</title>
</head>
<BODY bgcolor= #F0F8FF>    <!-- antiquewhite -->
<H3>
<%@ include file="Hello.txt" %>
</H3>
</BODY>
</HTML>
```

Hello.txt 文件内容如下。

```
This is test JSP include order!
```

在浏览器的地址栏中输入 http://localhost:8080/Javawebjsp/ Example3_4.jsp，回车后就打开如图 3.5 所示的页面。界面上显示的就是 Hello.txt 的内容。

包含 HTML 文件和 JSP 文件的使用方法类似，只需将<%@ include file="Hello.txt" %>中的 Hello.txt 替换成类似 Hello.html 和 Hello.jsp 的文件即可。

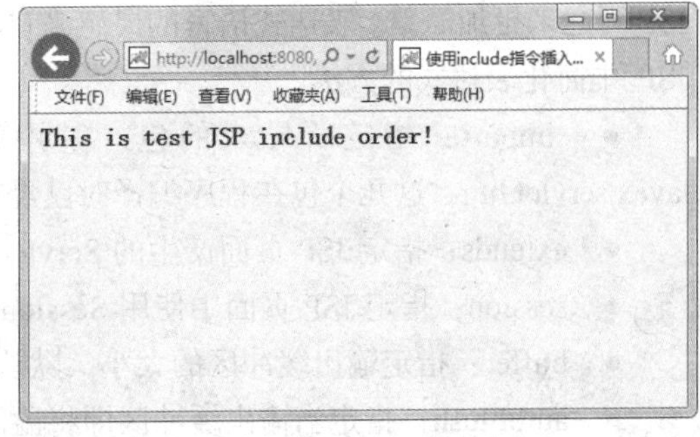

图 3.5　include 指令示例

2. page 指令

page 指令用来定义 JSP 页面的全局属性，即用来指定所使用的脚本语言、导入指定的类及软件包等，会作用于整个 JSP 页面。

例如：在前面 JSP 代码中使用的<%@ page contentType="text/html;charset=GB2312" %>就是使用 page 指令定义 JSP 页面的 contentType 属性的值是"text/html;charset=GB2312"。这样，页面就可以显示标准汉语。page 指令的语法格式如下。

```
<%@ page 属性 1="属性值 1" 属性 2="属性值 2"……%>
```

属性值总是用双引号括起来，例如：

```
<%@ page contentType="text/html;charset=GB2312" import="java.util.*" %>
```

如果为一个属性指定多个值，这些值之间用逗号分割。page 指令只能给 import 属性指定多个值；其他属性只能指定一个值。例如：

```
<%@ page import="java.util.*" ,"java.io.*" , "java.awt.*" %>
```

当为 import 属性指定多个属性值时，JSP 引擎把 JSP 页面转译成的 java 文件中会有以下的 import 语句：

```
import java.util.*;
import java.io.*;
import java.awt.*;
```

在一个 JSP 页面中，也可以使用多个 page 指令来指定属性及其值。需要注意的是，可以使用多个 page 指令给属性 import 指定几个值，但其他属性只能使用一次 page 指令指定该属性一个值，例如：

```
<%@ page contentType="text/html;charset=GB2312" %>
<%@ page import="java.util.*" %>
<%@ page import="java.util.*", "java.awt.*" %>
```

page 指令共有 13 个属性，下面简要介绍它们的含义。

- contentType：指定 JSP 页面的编码方式和 JSP 页面响应的 MIME 类型。默认的 MIME 类型为 text/html，默认的字符集类型为 charset= ISO-8859-1。

【小知识】**MIME**(Multipurpose Internet Mail Extensions)是指多用途互联网邮件扩展类型。它用来设定某种扩展名的文件用何种应用程序来打开的方式类型。

- language：声明所使用脚本语言的种类。
- pageEncoding：指定页面编码格式。
- isELIgnored：指定 JSP 文件是否支持 EL 表达式。EL（Expression Language）目的是使 JSP 写起来更加简单。表达式语言的灵感来自于 ECMAScript 和 XPath 表达式语言，它提供了在 JSP 中简化表达式的方法。
- import：指定所导入的包。其中，java.lang.*、javax.servlet.*、javax.servlet.jsp.*和 javax.servlet.http.*这几个包在程序编译时已经被导入，因此不需要再特别声明。
- extends：指定 JSP 页面产生的 Servlet 继承的父类。
- session：指定 JSP 页面中使用 Session 对象的情况。
- buffer：指定输出缓冲区的大小，默认值为 8KB。
- autoFlush：指定当输出缓冲区即将溢出时，是否强制输出缓冲区内容。
- isThreadSafe：指定 JSP 文件支持多线程的情况。

- info：设置 JSP 页面的相关信息，即可以使用 servlet.getServletInfo()方法获取到 JSP 页面中的文本信息。
- isErrorPage：指定 JSP 文件能否进行错误异常处理。
- ErrorPage：指定错误处理页面。当 JSP 页面运行出错时，会自动调用所指定的错误页面。

下面是两个使用 page 指令的示例。

（1）page contentType 指令示例

```
<%@ page contentType="text/html;charset=GB2312"  import="java.util.*" %>
```

上面代码使用了 page 指令的 contentType 属性和 import 属性。

此处，还可以为 page 指令的 import 属性指定多个值，这些值之间需要使用逗号进行分隔，但要注意的是，page 指令中只能给 import 属性指定多个值，而其他属性只能指定一个值。

page 指令对整个页面都有效，而与其书写的位置无关，但习惯上常把 page 指令写在 JSP 页面的最前面。

（2）page info 属性指令示例

该属性为 JSP 页面准备一个字符串，属性值是某个字符串。例如：

```
<%@ page info= "we are students" %>
```

可以在 JSP 页面中使用如下方法。

```
getServletInfo();
```

获取 info 属性的属性值。当 JSP 页面被转译成 Java 文件时，转译成的类是 Servlet 的一个子类，所以在 JSP 页面中可以使用 Servlet 类的方法：getServletInfo() 。

【例 3-5】 page info 属性指令示例。

Example3_5.jsp 的代码如下。

```
<%@ page contentType="text/html;charset=GB2312" %>
<%@ page info="这个城市！武汉" %>
<HTML>
<BODY bgcolor=#F0F8FF>   <!-- antiquewhite -->
<FONT Size=1>
获取 info 属性值
54
<P> 哪个城市啊?
<% String s=getServletInfo();
out.print("<BR>"+s);
%>
</BODY>
</HTML>
```

程序运行结果如图 3.6 所示。

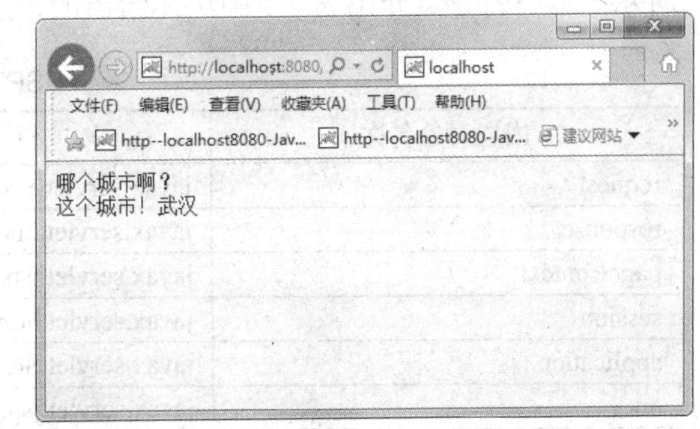

图 3.6　page info 属性指令示例

3. taglib 指令

taglib 指令，其实就是定义一个标签库，以及自定义标签的前缀。taglib 指令的语法格式如下。

```
<%@ taglib uri="tagLibraryURI" prefix="tagPrefix"%>
```

taglib 指令包含了两个属性：一个是 uri，另一个是 prefix。其中，uri 属性用来指定标签文件或标签库的存放位置，prefix 属性则用来指定该标签库所使用的前缀。

```
<%@ page contentType="text/html;charset=GB2312" %>
```

例如：cuslib 标签库包含一个 hello 标签。如果想要使用这个标签，以 mytag 为前缀，则这个标签要这么写：<mytag:hello/>，然后在 JSP 中按照如下格式使用。

```
<%@ taglib uri="http://www.myexample.com/custlib" prefix="mytag" %>
<html>
<body>
<mytag:hello/>
</body>
</html>
```


3.3 JSP 内置对象

为了简化 Web 应用程序的开发，在 JSP 中定义了一些由 JSP 容器实现和管理的内置对象。这些对象可以直接在 JSP 页面中使用，而不需要开发 JSP 页面的人员对它们进行实例化。

3.3.1 JSP 内置对象概述

JSP 2.0 规范中定义了 9 种内置对象。这 9 种内置对象都是 Servlet API 接口的实例，由 JSP 规范对它们进行了默认初始化，因此直接使用。这些内置对象的名称、相对应的类和作用域如表 3.1 所示。本节将重点介绍表 3.1 中黑体给出的常用内置对象。

表 3.1 JSP 内置对象

内置对象名称	相对应的类	作用域
request	javax.servlet.ServletRequest	request
response	javax.servlet.ServletResponse	page
pageContext	javax.servlet.jsp.pageContext	session
session	javax.servlet.http.HttpSession	page
application	javax.servlet.ServletContext	application
out	javax.servlet.jsp.JspWriter	page
config	javax.servlet.ServletConfig	page
page	java.lang.Object	page
exception	java.lang.Throwable	page

注意

JSP 提供了 4 种属性的作用范围，分别是 page 范围、request 范围、session 范围和 application 范围。

- page 范围：指所设置的属性仅在当前页面内有效。
- request 范围：指所设置的属性仅在一次请求的范围内有效。
- session 范围：指所设置的属性仅在浏览器与服务器进行一次会话的范围内有效，当和服务器断开连接后，属性就会失效。
- application 范围：指所设置的属性在整个 Web 应用中都有效，直到服务器停止后才失效。

3.3.2 request 对象

request 对象用于获取客户端信息，JSP 容器会将客户端的请求信息封装在 request 对象中。在客户端发出请求时，会创建 request 对象；在请求结束后，会自动销毁 request 对象。request 对象中包含的主要方法如下。

- void setAttribute(String name, Object value)：将指定属性的值设置为 value。
- Object getAttribute(String name)：获取指定的属性值。
- String getParameter(String name)：获取请求参数名为 name 的参数值。
- Enumeration getParameterNames()：获取所有请求参数的名字集合。
- String[] getParameterValues(String name)：获得 name 请求参数的参数值。
- void setCharacterEncoding(String encoding)：设定编码格式。

request 对象中提供了一系列的方法用来获取客户端的请求参数，这些方法包括：getParameter、getParameterNames、getParameterValues 等。通过使用这些方法，就可以获取客户端请求的参数名称和参数值。

【例 3-6】 获取客户端用户输入的姓名，以及姓名和年龄请求参数的方法。

该例子中包含两个文件：一个是用户的表单页面，用来传递参数，文件名为 Example3_6_reqform.jsp；另一个文件中使用了 request 对象来获取请求参数，其文件名为 Example3_6_reqobject.jsp。

Example3_6 _reqform.jsp 的代码如下。

```
<%@ page contentType="text/html;charset=GB2312" %>
<html>
<head>
    <title>客户请求表单页</title>
</head>
<body>
    <!-- 使用 form 标签创建表单-->
    <form action="Example3_6 _reqobject.jsp" method="post">
        <p>用户名：<input type="text" name="username"/></p><!--定义单行文本输入字段-->
        <p>性别：  <input type="text" name="sex"/></p>      <!--定义单行文本输入字段-->
        <p>年龄：  <input type="text" name="age"/></p>      <!--定义单行文本输入字段-->
        <input type="submit" value="提交"/>  <!--定义提交按钮，将表单数据发送到服务器-->
    </form>
</body>
</html>
```

Example3_6 _reqobject.jsp 内容如下。

```
<%@ page contentType="text/html;charset=GB2312" %>
<html>
<head>
    <title>request object 获取结果展示</title>
</head>
<body>
  <!--获取表单域的值-->
  <%
        String username=request.getParameter("username");    //获取用户名
        String sex=request.getParameter("sex");              //获取用户性别
        String strage=request.getParameter("age");           //获取用户年龄
        int age=Integer.parseInt(strage);                    //字符串解析为整数
  %>
  <!--下面输出表单域的值-->
    用户名：<%=username%><br>
    性别：<%=sex%><br>
    年龄：<%=age%><br>
</body>
</html>
```

在浏览器地址栏中输入 http://localhost:8080/ Javawebjsp/Example3_6_reqform.jsp，运行结果如图 3.7 所示。

在表单页的各个输入域内输入对应值，然后单击“提交”按钮，页面提交给 Example3_6_reqobject.jsp。此时，页面中会显示出客户端提交的参数值，如图 3.8 所示。

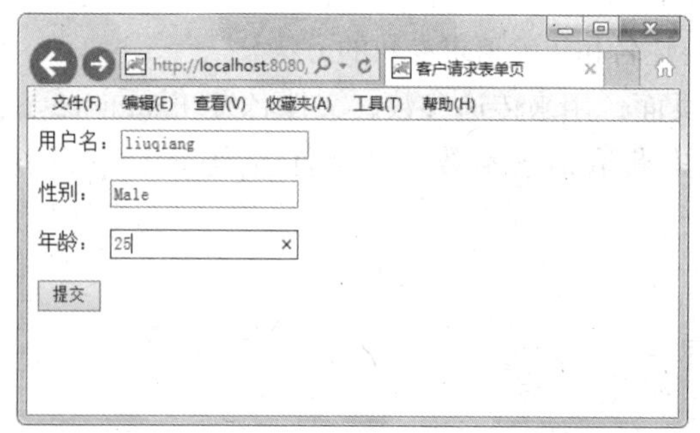

图 3.7　客户请求表单执行结果

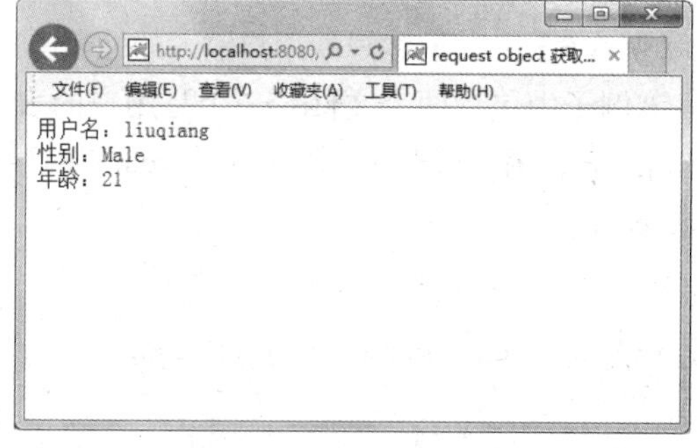

图 3.8　显示提交参数

需要注意的是，如果 request 对象采用 getParameter()方法接收到中文用户名，则页面会显示乱码，原因是利用 request.getParameter 得到 Form 元素的时候，默认的情况下其字符编码为 ISO-8859-1，有时这种编码不能正确地显示汉字。

为了解决该问题，使用 request 对象的 setCharacterEncoding()方法重新来设置编码格式。对 Example3_6_reqobject.jsp 进行修改，在其中加入 setCharacterEncoding()方法，修改后的代码如下。

```
<%@ page contentType="text/html;charset=GB2312" %>
<html>
<head>
    <title>request object 获取结果展示</title>
</head>
<body>
```

```
    <!--获取表单域的值-->
    <%
        request. setCharacterEncoding("gb2312");               //设置编码格式
        String username=request.getParameter("username");      //获取用户名
        String sex=request.getParameter("sex");                //获取用户性别
        String strage=request.getParameter("age");             //获取用户年龄
        int age=Integer.parseInt(strage);                      //字符串解析为整数
    %>
    <!--下面输出表单域的值-->
     用户名：<%=username%><br>
     性别：<%=sex%><br>
     年龄：<%=age%><br>
  </body>
  </html>
```

此时，在用户名文本框中输入中文名字，再单击“提交”按钮就可以正常显示了。

在 Example3_6 _reqobject.jsp 中使用了 request.getParameter(“paramName”)方法来获取单个请求参数的参数值，还可以使用 request 对象的 getParameterNames()方法获取从客户端传递过来的所有参数的参数值，即：

```
  Enumeration params = request.getParameterNames();
```

获取的所有参数值是保存在集合中的，读取时需要对集合进行操作。

3.3.3　response 对象

response 对象封装由 JSP 产生的响应，并返回客户端以响应请求。response 对象包含了从 JSP 页面返回客户端的所有信息。response 对象经常用于添加 Cookie、设置 HTTP 标题、发送 HTTP 重定向、设置响应内容的类型和状态，以及编码 URL 等任务。

response 对象的常用方法如下。

- void addCookie(Cookie Cookie)：添加 Cookie 对象，用于在客户端保存特定信息。
- void addHeader(String name,String value)：添加 HTTP 头信息，并且发送到客户端。
- void containsHeader(String name)：判断指定名字的 HTTP 文件头是否存在。
- void setContentType(String contentType)：设置 MIME 类型与编码方式。
- void sendError(int)：向客户端发送错误的状态码。
- void sendRedirect(String url)：重定向 JSP 文件。

【例 3-7】　使用 response 对象实现重定向。

该演示例程中包括两个文件 Example3_7_resform.jsp 和 Example3_7_resobject.jsp。其中，Example3_7_resform.jsp 负责提供用户信息输入的页面。之后在 Example3_7_resobject.jsp 页面中对输入信息进行判断。当用户名为空时，使用重定向方法定向回用户信息输入页面；不为空则直接打印出用户名。

Example3_7_resform.jsp 文件如下。

```
  <%@ page contentType="text/html;charset=GB2312" %>
  <html>
```

```
<head>
    <title>重定向演示表单页</title>
</head>
<body>
    <!-- 使用 form 标签创建表单-->
    <form action="Example3_7_resobject.jsp" method="post">
        用户:
        <input type="text" name="username">      <!--定义用户名输入字段-->
        <br /><br />
        单位:
        <input type="text" name="unit">          <!--定义单位输入字段-->
        <br /><br />
        地址:
        <input type="text" name="Adress">        <!--定义地址输入字段-->
        <br /><br />
        <input type="submit" value="提交"/>
                                 <!--定义提交按钮，该按钮可将表单数据发送到服务器-->
    </form>
</body>
</html>
```

Example3_7_resobject.jsp 文件如下。

```
<%@ page contentType="text/html;charset=GB2312" %>
<html>
<head>
    <title>提交成功显示页面</title>
</head>
<body>
  <!--获取各个表单域的值-->
  <%
        String strname =null;
        strname =request.getParameter("username");
        //判断用户名输入文本框是否为 nulll
        if(strname ==null)
        {
            strname ="";
        }
        //使用 ISO-8859-1 字符集将 str 解码为字节序列，并将结果存储到字节数组中
        byte b[]=strname.getBytes("ISO-8859-1");
        strname =new String(b);                              //将字节数组重组为字符串
        if(strname.equals(""))
        {
            response.sendRedirect("Example3_7_resform.jsp");
                                                  //使用 sendRedirect 方法实现重定向
        }
        else
        {
            out.println("用户登记信息提交成功!");
            out.println(strname);
        }
    %>
```

```
</body>
</html>
```

Example3_7_resobject.jsp 文件中对中文请求参数值的处理提供了一种方法。在获取中文请求参数值后先将其转换成字节，并保存在字节数组中，此处为字节数组 b，接着将字节数组重新组合成字符串。在浏览器地址栏中输入 http://localhost:8080/Javawebjsp/Example3_7_resform.jsp，结果如图 3.9 所示。

单击“提交”按钮，在该页面中对用户名进行判断。若用户名不为空，则给出图 3.10 所示的显示结果。

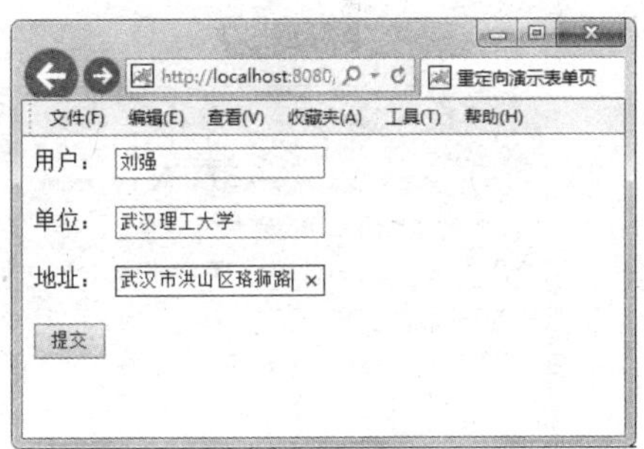

图 3.9　用户信息输入页面

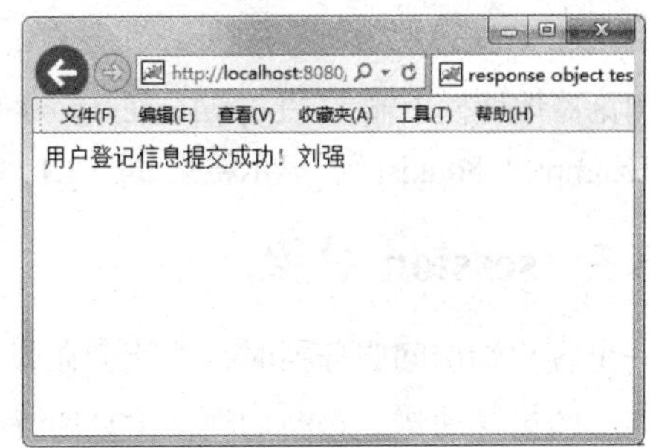

图 3.10　提交成功界面

3.3.4　out 对象

out 对象是一个缓冲的输出流，用来向客户端返回信息。设置该对象的原因在于客户端输出时要先和服务器进行连接，所以总是采用缓冲输出的方式，因此 out 对象是缓冲输出流。

下面给出了 7 个 out 对象的常用方法。

- public abstract void clear() throws java.io.IOException：清除缓冲区，不把数据输出到客户端。
- public abstract void clearBuffer() throws java.io.IOException：清除缓冲区，并将数据输出到客户端。
- public abstract void close() throws java.io.IOException：关闭缓冲区，并输出缓冲区中的数据。
- public int getBufferSize()：获取缓冲区的大小。
- public boolean isAutoFlush()：缓冲区是否进行自动清除。
- public abstract void flush() throws java.io.IOException：输出缓冲区里的数据。
- public abstract void print(String str) throws java.io.IOException：向客户端输出数据。

【例 3-8】　out 对象举例。

out 对象向客户端输出字符串“This is out object show”，并获取缓冲区大小。

Example3_8out.jsp 的代码如下。

```
<%@ page contentType="text/html;charset=GB2312" %>
<html>
<head>
    <title>out 对象演示</title>
</head>
<body>
    <!--使用 out 对象输出-->
    <%
```

```
        out.print("This is out object show! ");        //不换行
    %>
    <!--使用 out 获取缓冲区信息-->
    <%
        int allbuf=out.getBufferSize();                //获取缓冲区的大小
        int remainbuf=out.getRemaining();              //获取剩余缓冲区的大小
        int usedbuf=allbuf-remainbuf;                  //获取已用缓冲区的大小
        out.println("已用缓冲区大小为: "+usedbuf);      //输出已用缓冲区的大小
    %>
</body>
</html>
```

在浏览器地址栏中输入“http://localhost:8080/ Javawebjsp/ Example3_8out.jsp”，显示结果如图 3.11 所示。

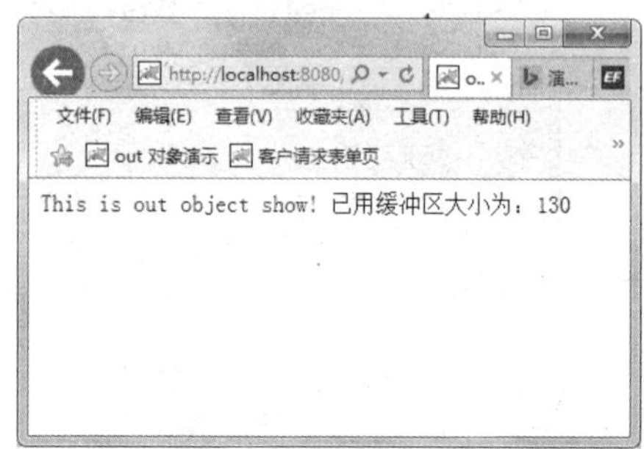

图 3.11　Example3_8out.jsp 程序执行结果

3.3.5　session 对象

当一个客户端访问服务器时，可能会在服务器的多个页面之间反复连接、不断刷新一个页面等。有了 session（会话）对象，服务器就可以知道这是否属于同一个客户完成的动作。会话指的是从一个客户打开浏览器与服务器建立连接，到这个客户关闭浏览器并使之与服务器断开连接的过程。session 对象用来记录每个客户端的访问状态，那它在什么情况下被使用呢?

当客户端与服务器第二次建立连接时，第一次连接的信息可能被销毁，所以服务器中已经没有之前的连接信息了，因而无法判断本次连接与以前的连接是否属于同一客户。在该种情况下，可以采用会话（session）来记录连接的信息。

通过调用 setAttribute 的方法，可以将参数 Object 指定的对象 obj 添加到 session 对象中，并为添加的对象指定一个索引关键字。如果添加的两个对象的关键字相同，则先前添加的对象被清除。

session 对象的常用方法如下。

- String getId()：返回 session 创建时由 JSP 容器所设定的唯一标识。
- long getLastAccessedTime()：返回用户最后一次通过 session 发送请求的时间（单位：毫秒）。
- int getMaxInactiveInterval()：返回 session 的失效时间，即两次请求间间隔多长时间（单位：秒）该 session 就被取消。
- long getCreationTime()：返回创建 session 的时间。返回类型为 long，常被转化为 Date 类型，例如：Date ctime=new Date(session. getCreation Time())
- boolean isNew()：判断是否为新的 session。
- void invalidate()：清空 session。
- Object getAttribute(String name) ：获取 session 范围内 name 属性的值。
- void setAttribute(String name , Object value) ：设置 session 范围内 name 属性的属性值为 value，并存储在 session 对象中。
- void removeAttribute(String name)：删除 session 范围内 name 属性的值。

与 session 对象相关的操作中最重要的就是关于属性的操作，与属性操作相关的方法主要有：setAttribute()、getAttribute()和 removeAttribute()。

【例 3-9】 session 对象使用实例。

客户端在服务器的 3 个页面之间进行连接，只要不关闭浏览器，3 个页面的 Example3_9session 对象就是完全相同的。客户首先访问 Example3_9session.jsp 页面，然后从这个页面连接到 Example3_9Jack.jsp 页面，最后从 Example3_9Jack.jsp 再连接到 Example3_9jerry.jsp 页面。

Example3_9session.jsp 的代码如下。

```
<%@ page contentType="text/html;charset=GB2312" %>
<HTML>
<BODY>
<P>
<% String s=session.getId();    //返回 session 创建时由 JSP 容器所设定的唯一标识
%>
<P> 你当前的 session 对象的标识 ID 是:
<BR>
<%=s%>
<P>输入你的姓名连接到 Example3_9Jack.jsp
<FORM action=" Example3_9Jack.jsp" method=post name=form>
<INPUT type="text" name="boy">
<INPUT TYPE="submit" value=" 提交" name=submit>
</FORM>
</BODY>
</HTML>
```

Example3_9Jack.jsp 的代码如下。

```
<%@ page contentType="text/html;charset=GB2312" %>
<HTML>
<BODY>
<P>我是 Jack 页面
<% String s=session.getId();
%>
<P> 你在 Jack 页面中的当前 session 对象的 ID 是:
<%=s%>
<P> 单击超链接，连接到 Jerry 的世界。
<A HREF=" Example3_9jerry.jsp">
<BR> 欢迎到 Jerry 的世界!
</A>
</BODY>
</HTML>
```

Example3_9jerry.jsp 的代码如下。

```
<%@ page contentType="text/html;charset=GB2312" %>
<HTML>
<BODY>
<P>Jerry 世界的页面
<% String s=session.getId();
%>
<P> 在 Jerry 世界页面中的 session 对象的 ID 是:
```

```
<%=s%>
<P> 单击超链接，连接到 session 的页面。
<A HREF=" Example3_9session.jsp">
<BR> 欢迎到 session 广场!
</A>
</BODY>
</HTML>
```

在浏览器地址栏中输入 http://localhost:8080/Javawebjsp/Example3_9session.jsp，显示的结果如图 3.12 所示。

输入姓名后，单击“提交”按钮，弹出如图 3.13 所示的界面。

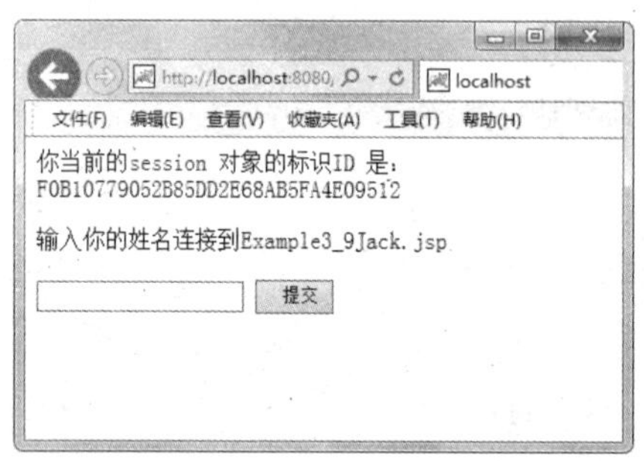

图 3.12 Example3_9session.jsp 程序执行结果

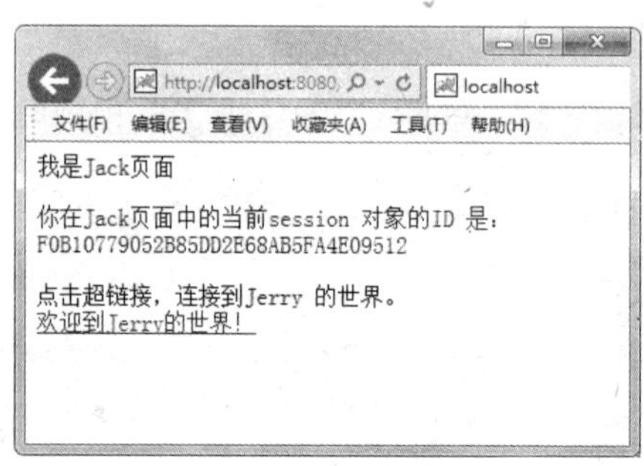

图 3.13 单击“提交”按钮后的显示结果

单击“欢迎到 Jerry 的世界！”链接，弹出图 3.14 所示的界面。在该界面上单击“欢迎到 session 广场！”链接，将回到图 3.12 所示的界面。

图 3.14 单击链接“欢迎到 Jerry 的世界”的显示结果

3.3.6 application 对象

与 session 对象不同的是 application 对象。服务器启动后，就产生了一个 application 对象。当一个客户端访问服务器上的一个 JSP 页面时，JSP 引擎为该客户分配这个 application 对象。当客户在所访问网站的各个页面之间浏览时，application 对象都是同一个，直到服务器关闭，这个 application 对象才被取消。

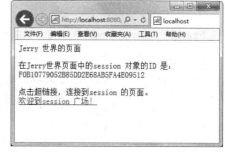

application 对象用于获取和设置 Servlet 的相关信息。它的生命周期是从服务器启动直到服务器关闭为止，即一旦创建一个 application 对象，该对象将会一直存在，直到服务器关闭。application 中封装了 JSP 所在的 Web 应用中的信息。

application 对象的常用方法如下。

- void setAttribute(String name, Object value)：将一个对象的值存放到 application 中，存放的方式采用键值对。
- Object getAttribute(String name)：根据属性名获取 application 中存放的值。

【例 3-10】 使用 application 对象统计某网页的访问量。

Example3_10appbject.jsp 的代码如下。

```
<%@ page contentType="text/html;charset=GB2312" %>
<html>
<head>
    <title>application 对象测试实例</title>
```

```
</head>
<body>
<%
    String count=(String)application.getAttribute("count");  //获取属性
    if(count==null)                                            //判断是否为空
    {
        count="1";
    }
    else
    {
        count=Integer.parseInt(count)+1+"";
    }
    application.setAttribute("count",count);                   //设置 count 属性
%>
<%="<h3>到目前为止，访问该企业网站的人数为："+count+"</h3><br>" %>
</body>
</html>
```

在浏览器地址栏中输入"http://localhost:8080/jsptest/builtinObject/Example3_10appbject.jsp"，显示的结果如图 3.15 所示。

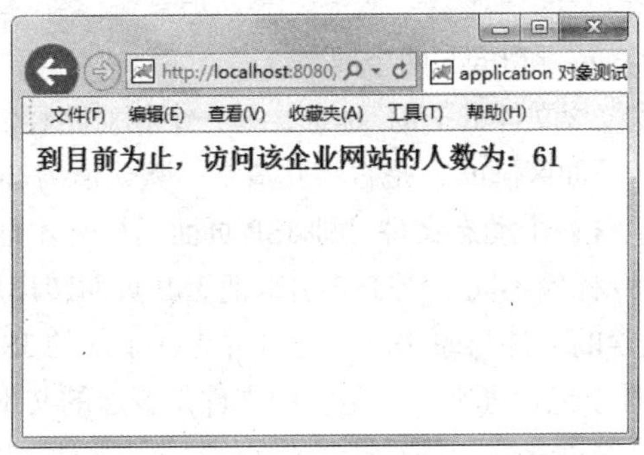

图 3.15　Example3_10appbject.jsp 执行结果

3.4 JSP 动作标签

JSP 动作标签用来控制 JSP 的行为，执行一些常用的 JSP 页面动作。它影响 JSP 运行时的性能：动作标签可以使得 JSP 程序更为简洁，即可以实现使用多行 Java 代码才能够实现的效果，如动态插入文件、自定义标签和重用 JavaBean 组件等。

JSP 中的动作标签主要包含：<jsp:include>、<jsp:forward>、<jsp:param>、<jsp:plugin>、<jsp:useBean>、<jsp:setProperty>和<jsp:getProperty>这 7 个动作标签。本节将介绍常用的 6 个动作标签。

3.4.1 包含标签<jsp:include>

<jsp:include>动作标签提供了一种在 JSP 中包含页面的方式。它既可以包含静态文件，也可以包含动态文件。

使用动作标签<jsp:include>时要注意，“jsp”“:”和“include”三者之间不能有空格。

语法格式为：

```
<jsp:include page="relative URL" flush="true|false" />
```

<jsp:include>标签包含 page 和 flush 两个属性。

- page 属性：指定被包含文件的 URL 地址，是一个相对路径。
- flush 属性：指定当缓冲区满时，是否将其清空。默认值为 false。

该标签告诉 JSP 页面包含一个动态文件，即 JSP 页面运行时才将文件加入。注意：该标签与静态插入文件的 include 指令标签不同，当 JSP 引擎把 JSP 页面转译成 Java 文件时，不把 JSP 页面中动作指令 include 所包含的文件与原 JSP 页面合并为一个新的 JSP 页面，而是告诉 Java 解释器，这个文件在 JSP 运行时才包含进来。若包含的文件是普通的文本文件，JSP 引擎就将文件的内容发送到客户端，由客户端负责显示；若包含的文件是 jsp 文件，JSP 引擎就执行这个文件，然后将执行的结果发送到客户端，并由客户端显示这些结果。

【例 3-11】 <jsp:include>包含静态文件和动态文件的示例。

（1）使用<jsp:include>包含文本文件 HelloIncludeTag.txt，JSP 文件名为 Example3_11tagtxt.jsp，代码如下。

```
<%@ page language="java" contentType="text/html; charset=gb2312"%>
<!DOCTYPE html PUBLIC "-//W3C//DTD HTML 4.01 Transitional//EN">
<html>
<head>
<title>JSP include txt file</title>
</head>
<body>
    <!--使用jsp:include标签导入静态文本文件-->
    <jsp:include page="HelloIncludeTag.txt"></jsp:include>
</body>
</html>
```

HelloIncludeTag.txt 文件如下。

```
This is test JSP include Tag!
```

在浏览器地址栏中输入“http://localhost:8080/ Javawebjsp/Example3_11tagtxt.jsp”，打开如图 3.16 所示的页面。

（2）使用<jsp:include>包含动态文件，设被包含的文件名为 hellojspfile.jsp，原 JSP 文件名为 Example3_11tagjsp.jsp，代码如下。

```
<%@ page language="java" contentType="text/html; charset=gb2312"%>
<!DOCTYPE html PUBLIC "-//W3C//DTD HTML 4.01 Transitional//EN">
<html>
<head>
<title>JSP include jsp file</title>
</head>
<body>
    <!--使用 jsp:include 动作标签导入 JSP 文件-->
    <jsp:include page="hellojspfile.jsp"></jsp:include>
</body>
</html>
```

hellojspfile.jsp 代码如下。

```
<%@ page language="java" contentType="text/html; charset=gb2312"%>
    <%@ page import="java.util.*"%>      <!-- 使用 page 指令指定导入 java.util.*包-->
    <%= (new Date()).toString()%>        <!-- JSP 表达式-->
```

在浏览器地址栏中输入“http://localhost:8080/Javawebjsp/Example3_11tagjsp.jsp”，打开图 3.17 所示的页面。

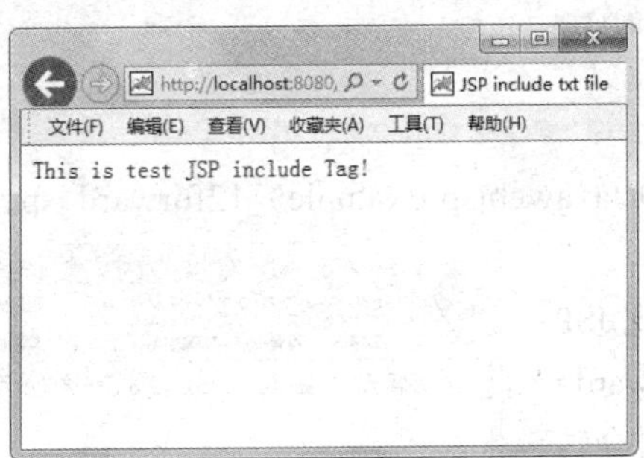

图 3.16　Example3_11tagtxt.jsp 执行结果

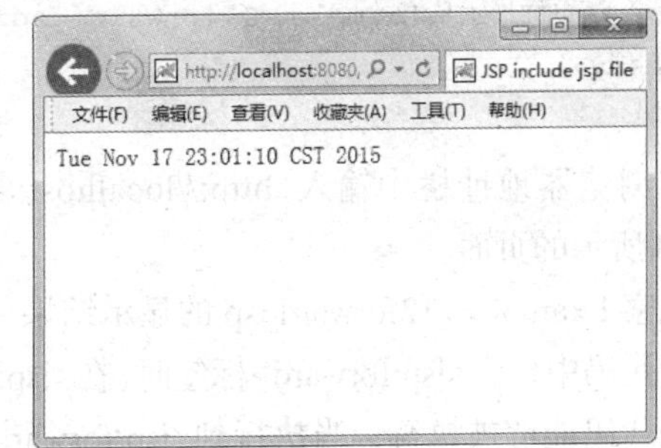

图 3.17　Example3_11tagjsp.jsp 执行结果

3.4.2　转发标签<jsp:forward>

<jsp:forward>是一种用于页面重定向的动作标签。它的作用是停止当前 JSP 页面的执行，而将客户端请求转交给另一个 JSP 页面。要注意转发与重定向的区别，转发是在服务器端进行的，不会引起客户端的二次请求，因此浏览器的地址栏不会发生任何变化，从而效率高于重定向。

语法格式为：

```
<jsp:forward page="转向页面的 URL 地址"/>
```

<jsp:forward>标签只包含 page 属性，用来指定转向页面的 URL 地址。指令的作用是：从该指令处停止当前页面的继续执行，而转向其他的一个 JSP 页面。

【例 3-12】　<jsp:forward>标签示例。

下面是一个使用<jsp:forward>动作标签的示例文件，文件名为 Example3_12forward.jsp。

```
<%@ page language="java" contentType="text/html; charset=gb2312"%>
<!DOCTYPE html PUBLIC "-//W3C//DTD HTML 4.01 Transitional//EN">
<html>
<head>
<title>JSP forward tag</title>
</head>
<body>
    <%
        System.out.println("跳转前");          //打印输出
    %>
    <jsp:forward page="forwardpage.jsp"></jsp:forward>
                              <!--使用 jsp:forward 动作标签指定转向的 JSP 文件-->
    <%
        System.out.println("跳转后");          //打印输出
    %>
</body>
</html>
```

在 Example3_12forward.jsp 文件中设置的要转向的页面为 forwardpage.jsp，代码如下。

```
<%@ page language="java" contentType="text/html; charset=gb2312"%>
<!DOCTYPE html PUBLIC "-//W3C//DTD HTML 4.01 Transitional//EN">
<html>
<head>
<title>页面 jsp forward 标签示例</title>
</head>
<body>
    该页面展示从 Example3_12forward.jsp 转向的页面
</body>
</html>
```

在浏览器地址栏中输入 http://localhost:8080/Javawebjsp/Example3_12forward.jsp，打开如图 3.18 所示的页面。

观察 Example3_12forward.jsp 的显示结果，发现 JSP 文件的代码中包含<jsp:forward>标签时，在<jsp:forward>之前的代码能够被执行；当执行到<jsp:forward>时会转向新页面。此时，浏览器中显示的是新页面的执行效果；<jsp:forward>后面的代码将不再被执行。

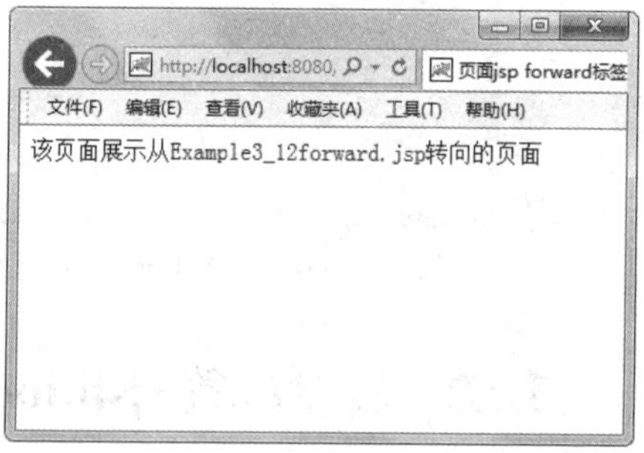

图 3.18　Example3_12forward.jsp 执行结果

3.4.3　参数标签<jsp:param>

参数标签<jsp:param>是提供参数的附属动作标签，以“名—值”的形式为其他动作标签提供附加信息，一般与标签<jsp:include>、<jsp:forward>、<jsp:plugin>联合使用。语法格式如下。

```
<jsp:param name= "参数名字" value= "指定给 param 的参数值">
```

当<jsp:param>与<jsp:include>动作标签一起使用时，<jsp:param>提供的参数值可以传递到<jsp:include>加载的文件中去。

当<jsp:param>与<jsp:forward>动作标签一起使用时，可以实现在跳转页面的同时，向转向的页面传递参数的功能。

【例 3-13】 使用<jsp:param>和<jsp:include>标签的示例。

该示例实现了不同 JSP 页面跳转，同时传递参数的功能。Example3_13parauser.jsp 用来设置跳转并进行参数传递的文件，Example3_13user.jsp 是将转向的 JSP 页面。

Example3_13parauser.jsp 代码如下。

```
<%@ page contentType="text/html;charset=GB2312" %>
<html>
<body>
<P>转向 Example3_13user:
  <!--使用 jsp:forward 动作标签转向其他页面，同时使用 jsp:param 动作标签传递参数-->
  <jsp:forward page=" Example3_13user.jsp">
    <jsp:param name="username" value="liuqiang"/>
    <jsp:param name="age" value="21"/>
  </jsp:forward>
</body>
</html>
```

Example3_13user.jsp 文件如下。

```
<%@ page contentType="text/html;charset=GB2312" %>
<html>
<head>
    <title>用户基本信息</title>
</head>
<body>
    <P>获得的用户信息（姓名和年龄）如下:
    <br>
    <%  String username=request.getParameter("username ");        //用户姓名
        String age=request.getParameter("age");                   //用户年龄
   %>
    <!-- 输出参数值 -->
    <%="用户名为: "+ username %>
    <br>
    <%="用户年龄为: "+age%>
</body>
</html>
```

在浏览器地址栏中输入“http://localhost:8080/Javawebjsp/Example3_13parauser.jsp”，按“Enter”键后显示的执行结果如图 3.19 所示。

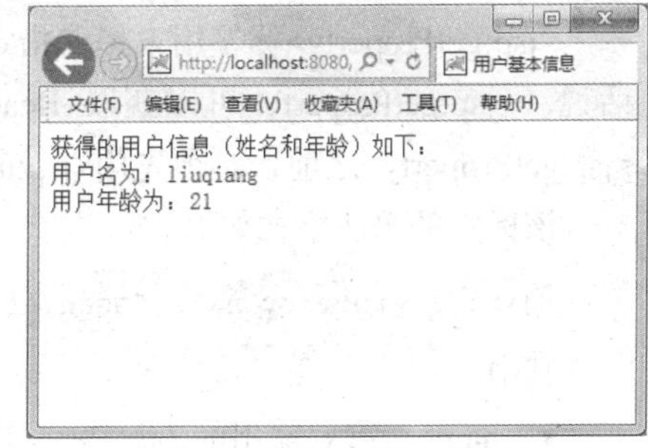

图 3.19 Example3_13parauser.jsp 执行结果

3.4.4 创建 Bean 标签<jsp:useBean>

与 JavaBean 相关的动作标签包括：<jsp:useBean>、<jsp:setProperty>和<jsp:getProperty>3 个。

<jsp:useBean>标签用来装载一个将在 JSP 页面中使用的 JavaBean。该功能充分发挥了 Java 组件重用的优势，也提高了 JSP 使用的方便性。

Sun 公司的倡导是：用 HTML 完成 JSP 页面的静态部分，用 javabeans 完成动态部分，从而实现真正意义上的静态和动态分割。<jsp:useBean>的语法格式为：

```
<jsp:useBean id="beanInstanceName" class="classname" scope="page | request | session
| application"/>
```

其中，

- id：JavaBean 的实例名。
- class ：JavaBean 的全限定类名。
- scope：引入的 JavaBean 实例的作用域。默认为当前页面。

该属性包含 4 个值：page、request、page session 和 application。其中，page ：JavaBean 实例在当前页面有效。request：JavaBean 实例在本次请求有效；page session：JavaBean 实例在本次 session 内有效；application：JavaBean 实例在应用内一直有效。

<jsp:useBean>动作标签中常常包含有<jsp:setProperty>动作标签，通过它来设置 Bean 的属性值。

3.4.5 设置属性值标签<jsp:setProperty>

获取到 Bean 实例之后，便可以利用<jsp:setProperty>动作标签来设置或修改 Bean 中的属性值。

<jsp:setProperty>动作标签通过 Bean 中提供的 setter 方法来设置 Bean 中的属性值，可以设置一个或者多个属性值。在使用<jsp:setProperty>之前必须要使用<jsp:useBean>先声明 Bean，同时它们所使用的 Bean 实例名也应该相匹配。

该标签的语法格式为：

```
<jsp:setProperty name="beanInstanceName" property="propertyName" value="value"/>
```

其中，

- name：要进行设置的 JavaBean 的实例名。
- property：需要设置的 JavaBean 实例中的属性名。
- value：要为 property 中指定的属性设置其属性值。

3.4.6 获取属性值标签<jsp:getProperty>

<jsp:getProperty>标签用来提取指定 Bean 属性的值，并将其转换成字符串，然后输出。换句话说，<jsp:getProperty>可以获取 Bean 的属性值，并将其使用或显示在 JSP 页面中。在使用<jsp:getProperty>之前，必须先用<jsp:useBean>创建它。

该标签的语法格式如下。

```
<jsp:getProperty name="beanInstanceName" property="propertyName" />
```

其中，

- name：需要输出的 JavaBean 的实例名。
- property：需要输出的 JavaBean 实例中的属性名。

极客学院
jikexueyuan.com

极客学院在线视频学习网址：
http://www.jikexueyuan.com/course/512.html
手机扫描二维码

JSP 编译指令和动作指令

3.5　JavaBean 的使用

JavaBean 是用 Java 语言描述的软件组件模型。JSP 搭配 JavaBean 的组合编程已经成为了常见的 JSP 程序标准，广泛应用于各类 JSP 应用程序中。JavaBean 可以实现代码的重复利用，因此极大地简化了程序的设计及开发过程。

3.5.1　JavaBean 概述

JavaBean 是使用 Java 语言开发的一个可重用的组件。在 JSP 的开发中可以使用 JavaBean 减少重复代码，从而使整个 JSP 代码的开发更简洁。JSP 搭配 JavaBean 来使用，有以下优点。

- 可将 HTML 和 Java 代码分离，这主要是为了日后维护的方便。如果把所有的程序代码（HTML 和 Java）写到 JSP 页面中，就会使整个程序代码又多又复杂，造成日后维护上的困难。
- 可利用 JavaBean 的优点。将常用程序写成 JavaBean 组件，当使用 JSP 时，只要调用 JavaBean 组件就可以执行用户所要的功能，而不用再重复写相同的程序，这样一来也可以节省开发所需的时间。

所以说，JavaBean 是一种特殊的 Java 类，即有默认构造方法——只有 get 和 set 方法的 Java 类的对象。它具有以下特征。

- JavaBean 包含一个无参的构造方法。
- JavaBean 的类访问权限必须是 public 的。
- JavaBean 中属性的获取和设置需要使用 getXxx()方法和 setXxx()方法。对于 boolean 类型的成员变量，可以使用 isXxx()方法来代替 get Xxx()和 set Xxx()方法。

3.5.2　JavaBean 种类

在 JSP 中的 JavaBean 分为可视化的 JavaBean 和非可视化的 JavaBean 两种。可视化的 JavaBean 可以是简单的 GUI 元素，如按钮或文本框，也可以是复杂的 GUI 元素，如报表组件；非可视化的 JavaBean 没有 GUI 表现形式，用于封装业务逻辑、数据库操作等。JavaBean 最大的优点在于可以实现代码的可重用性，它同时具有以下特性。

- 易于维护、使用、编写。
- 可实现代码的重用性。
- 可移植性强，但仅限于 Java 工作平台。
- 便于传输，且不限于本地还是网络。
- 可以以其他部件的模式进行工作。

3.5.3　定义 JavaBean

下面给出了一个 javabean 的例子，该 javabean 用于封装用户的信息（姓名和密码）UserInfo.java。其中的方法有：setter 方法来设置用户的信息，getter 方法来获取用户的信息，代码如下。

```
package user;//存放 UserInfo.java 的包
public class UserInfo
```

```
{
//JavaBean的属性-用户密码和用户名
private String password;
private String name;
//无参构造方法
    public UserInfo () { }
//获取用户密码和用户名信息
public String getPassword()
{
    return this.password;
}
public String getName()
{
    return this.name;
}
//设置用户密码和用户名信息
public void setPassword(String p)
{
    this.password=p;
}
public void setName(String n)
{
    this.name=name;
}
}
```

上述代码创建了一个类名为 UserInfo 的类，该类的访问权限为 public。类中除了定义了一个无参的构造方法 UserInfo ()，还定义了两个 private 的属性 password 和 name，并分别为它们添加了相应的 getter 方法（getXxx()方法）和 setter 方法（setXxx()方法），用以获取和设置这两个属性的值。UserInfo 类符合 JavaBean 的语法特征，所以它就是一个 JavaBean。

3.5.4 设置 JavaBean 的属性

JSP 可以调用 JavaBean，具体来说，JSP 中提供了 3 个标准的动作指令<jsp:useBean>、<jsp:setProperty>，以及<jsp:getProperty>来调用 JavaBean。

<jsp:setProperty>用来设置或修改 JavaBean 中的属性值。它在 JSP 中有如下 4 种使用形式。

（1）<jsp:setProperty name="firstBean" property="*"/>

其中，property="*"表示从 request 对象中将所有与 JavaBean 属性名字相同的请求参数传递给相应属性的 setter 方法；firstBean 是 JavaBean 实例名。

（2）<jsp:setProperty name=" firstBean " property="id" value="123"/>

表示向 JavaBean 实例 firstBean 的属性 id 中传入指定的值。其中，value 用来指定传入 Bean 中属性的值。

（3）<jsp:setProperty name=" firstBean " property="id"/>

表示使用 request 对象中的一个参数值来设置 JavaBean 实例中的一个属性值。其中，property 指定了 Bean 的属性名，该属性名应该和 request 请求参数的名字保持相同。换言之，表示将 request 对象中的参数 id 传入到 JavaBean 实例 firstBean 中。

（4）<jsp:setProperty name=" firstBean " property="id" param="personid"/>

表示将 request 对象中的参数 personid 传入到 JavaBean 实例 firstBean 的属性 id 中。其中，

param 用于指定使用哪个请求参数来作为 Bean 属性的值。此时，param 指定的 Bean 属性和 request 参数的名字可以不相同。

3.5.5　JavaBean 的存储范围

如同 JSP 属性的 4 种存储范围，JavaBean 中也可以设置 page、request、session 和 application 4 种存储范围。

- page 范围：每个 JavaBean 对象只在当前 JSP 页面中有效。
- request 范围：每个 JavaBean 对象只在一次请求中有效。如果页面发生了跳转，则该属性失效。
- session 范围：每个 JavaBean 对象都寄存于 session 中，即在浏览器与服务器的一次会话范围内有效。一旦和服务器断开连接后，该 JavaBean 对象就失效了。
- application 范围：每个 JavaBean 对象都存在于 application 中，在整个服务器范围内都有效，直到服务器停止时，该 JavaBean 对象才失效。

3.5.6　JavaBean 实例

本节给出一个使用 JavaBean 实现用户登录的综合实例。

【例 3-14】　JavaBean 实现用户登录实例。

具体功能为，当用户输入用户名和密码后，单击“提交”按钮，则页面跳转到“用户信息”页面，在该页面上显示用户的登录信息。

按照 2.3.4 节介绍的在 Eclipse 中测试 Tomcat 的过程创建一个 Dynamic Web Project。项目名称为 jspjavabean，在项目中创建 javabean 包，JavaBean 文件：User.java；JSP 文件：Example3_14login.jsp；Example3_14jbdemo.jsp。Example3_14user.java 是一个 JavaBean，定义了用户名与用户登录密码两个属性及相关的方法；Example3_14login.jsp 定义了用户登录界面；Example3_14jbdemo.jsp 用来显示提交后的用户信息。创建完工程的结果如图 3.20 所示。

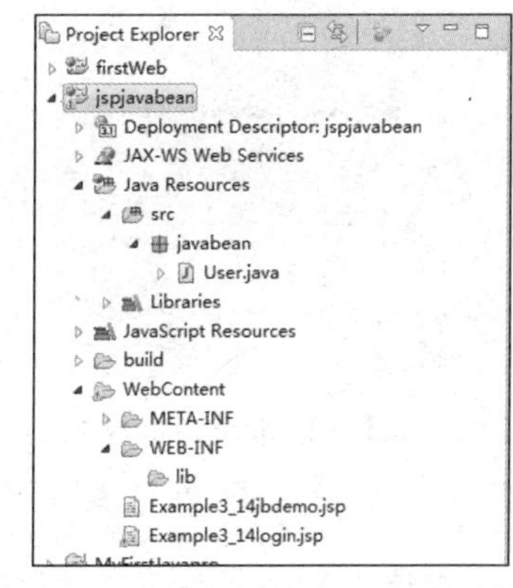

图 3.20　Eclipse 中 jspjavabean 项目结构

User.java 文件代码如下。

```
package javabean;
public class User {
    private String username;        //用户名
    private String password;        //用户密码
    //username 属性的 getter 和 setter 方法
    public String getUsername() {
        return username;
    }
    public void setUsername(String username) {
        this.username = username;
    }
    //password 属性的 getter 和 setter 方法
    public String getPassword() {
        return password;
```

```
    }
    public void setPassword(String password) {
        this.password = password;
    }
}
```

在 User.java 文件中没有定义构造方法，此时编译器会自动添加一个无参的构造方法。在 JavaBean 中也可以直接利用编译器自动添加的无参构造方法。

Example3_14login.jsp 文件代码如下。

```
<%@ page contentType="text/html;charset=GB2312" %>
<html>
<head>
    <title>电子商务系统登录页面</title>
</head>
<body>
<center>                                              <!—表单居中显示-->
    <!--使用 form 标签创建表单-->
    <form action=" Example3_14jbdemo.jsp" method="post">
        用户名:
        <input type="text" name="username">     <!--定义单行文本输入字段，输入用户名-->
        <br/><br/>
        密  码:
        <input type="password" name="password">      <!--创建密码域，输入用户密码-->
        <br/><br/>
        <input type="submit" value="提交"/>          <!--定义提交按钮，该按钮可将表单数据
发送到服务器-->
    </form>
</center>
</body>
</html>
```

Example3_14jbdemo.jsp 文件代码如下。

```
<%@ page language="java" contentType="text/html; charset=gb2312"%>
<%@page import=" javabean.User"%>
<!DOCTYPE html PUBLIC "-//W3C//DTD HTML 4.01 Transitional//EN">
<html>
<head>
<title>用户信息</title>
</head>
<body>
    <!--指定 JavaBean 实例，其相应的生存范围及全限定类名-->
    <jsp:useBean id="userbean" scope="page" class="javabean.User"/>
    <!--使用 jsp:setProperty 动作指令设置 username 属性值-->
    <jsp:setProperty name="userbean" property="username" param="username"/>
    <!--使用 jsp:setProperty 动作指令设置 password 属性值-->
    <jsp:setProperty name="userbean" property="password" param="password"/>
    <!--使用 jsp:getProperty 动作指令获得 username 属性值-->
    用户名:
        <jsp:getProperty name="userbean" property="username"/><br>
    <!--使用 jsp:getProperty 动作指令获得 password 属性值-->
```

```
        密  码:
        <jsp:getProperty name="userbean" property="password"/>
        <!--
        使用 out.println()来显示 username 和 password 的值
        <%
            out.println("用户名: "+userbean.getUsername()+ “<br>” );
            out.println("密码: "+userbean.getPassword());
        %>
        -->
    </body>
    </html>
```

在 Example3_14jbdemo.jsp 中，先使用<jsp:useBean>指定了 JavaBean 实例，并指明其生存范围为 page 范围，即在当前页有效，接着使用<jsp:setProperty>来设置 Bean 中的属性值，这里分别设置了 username 属性和 password 属性，最后使用<jsp:getProperty>获得 username 属性和 password 属性的值。

需要说明的是，在显示 username 属性和 password 属性的值时，除了可以使用<jsp:getProperty>标签指令以外，还可以使用 out.println()方法。其语法格式如下。

```
out.println("用户名: "+userbean.getUsername()+ “<br>” );
out.println("密码: "+userbean.getPassword());
```

在 Eclipse 中 jspjavabean 项目的运行工程——Example3_14login.jsp 文件上单击鼠标右键，并在弹出的菜单中选择【Run on Server】部署项目，如图 3.21 所示。

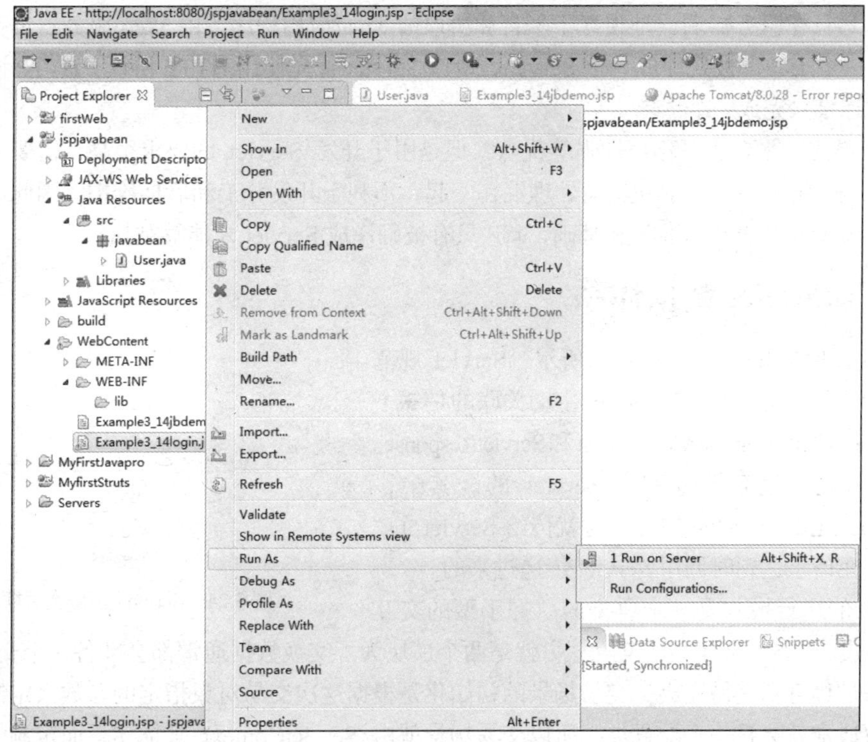

图 3.21　部署项目

按“Enter”键后显示的执行结果如图 3.22 所示。

在登录页面上填写用户名和密码。此处填写用户名为“liuqiang”，密码为“123456”。填写完成后单击“提交”按钮，则页面跳转到“Example3_14jbdemo.jsp”页面，如图 3.23 所示。在该页面上显示出刚才填写的用户信息。

图 3.22　Example3_14login.jsp 执行结果

图 3.23　显示用户信息

3.6　Servlet 的使用

Servlet 是一种应用于服务器端的 Java 程序，可以生成动态的 Web 页面。JSP 在运行前需要被编译成 Servlet，所以有必要对 Servlet 的知识进行了解。通过 Servlet 的学习可以加深对 JSP 的理解。

3.6.1　Servlet 概述

Servlet 运行在服务器端，是独立于平台和协议的 Java 应用程序，由 Web 服务器负责加载。事实上，每一个 JSP 都被处理成一个 Servlet，所以 Servlet 优先使用 HTTP 协议。HTTP 协议的特点是：每次连接只完成一个请求。

Servlet 具有跨平台、可移植性强等优点，但是由于开发 Servlet 的要求很高，需要全面掌握 Java 知识，并且将页面的显示和功能处理混在一起，不利于开发分工和后期维护，因此没有得到广泛应用。Servlet 是 JSP 的准备和基础，JSP 只有被翻译成 Servlet 才能够被执行。

3.6.2　Servlet 结构体系

Servlet 顶层类关联图如图 3.24 所示，Servlet 规范就是基于这几个类运转的。与 Servlet 主动关联的是 3 个类，分别是：ServletConfig、ServletRequest 和 ServletResponse。这 3 个类都是通过容器传递给 Servlet 的。其中，ServletConfig 是在 Servlet 初始化时就传给 Servlet 了，而后两个是在请求达到时调用 Servlet 传递过来的。

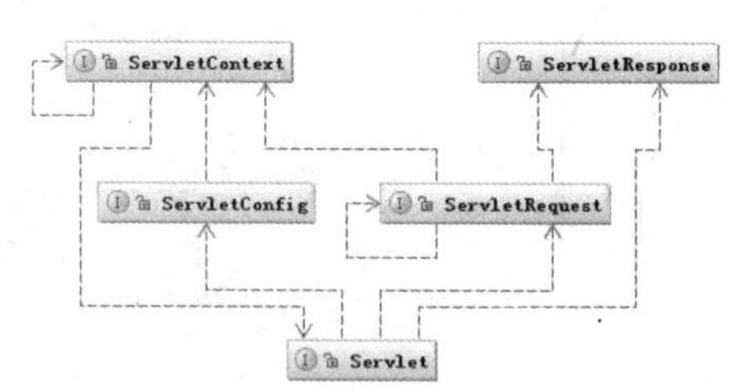

图 3.24　Servlet 顶层类关联图

Servlet 的运行模式是一个典型的“握手型的交互式”运行模式。所谓“握手型的交互式”就是两个模块为了交换数据通常都会准备一个交易场景，场景跟交易过程直到交易完成。交易场景的初始化是根据这次交易对象指定的参数来定制的。这些指定参数通常就会是一个配置类，所以交易场景就由 ServletContext 来描述，而定制的参数集合由 ServletConfig 来描述。ServletRequest 和 ServletResponse 是要交互的具体对象，它们通常都是被作为运输工具来传递交互结果。

3.6.3　Servlet 技术特点

Servlet 是 Java 技术对 CGI 编程的回答。Servlet 程序在服务器端运行，动态地生成 Web 页面。与传统的 CGI 和许多其他类似 CGI 的技术相比，Java Servlet 具有更高的效率，更强大的功能，更好的可移植性，因而更节省投资，也更容易使用。其主要特点如下。

（1）高效

在 Servlet 中，每个请求都由一个轻量级的 Java 线程处理。在性能优化方面，Servlet 也比 CGI 有着更多的选择。

（2）功能强大

Servlet 可以轻松地完成许多使用传统 CGI 程序很难完成的任务。例如，Servlet 能够直接和 Web 服务器交互，而普通的 CGI 程序则不能。

（3）可移植性好

Servlet 用 Java 编写，所以 Servlet API 具有完善的标准。几乎所有的主流服务器都直接或通过插件支持 Servlet。

（4）节省投资

不仅有许多廉价甚至免费的 Web 服务器可供个人或小规模网站使用，而且对于现有的服务器，如果它不支持 Servlet 的话，往往可以免费加上这部分功能。

（5）方便

Servlet 提供了大量的实用工具例程，例如：自动地解析和解码 HTML 表单数据、读取和设置 HTTP 头、处理 Cookie，以及跟踪会话状态等。

3.6.4　Servlet 与 JSP 的区别

JSP 在本质上就是 Servlet，但是两者的创建方式不一样。

Servlet 完全是由 Java 程序代码构成的。其优势在于流程控制和事务处理，而通过 Servlet 来生成动态网页；JSP 由 HTML 代码和 JSP 标签构成，可以方便地编写动态网页。

因此在实际应用中采用 Servlet 来控制业务流程，而采用 JSP 来生成动态网页。在 Struts 框架中，JSP 位于 MVC 设计模式的视图层，而 Servlet 位于控制层。

3.6.5　Servlet 的生命周期

Servlet 运行在 Servlet 容器中，由容器来管理其生命周期。Servlet 的生命周期主要包含如下 4 个过程。

（1）加载和实例化

这一过程是由 Servlet 容器来实现的。加载 Servlet 之后，容器会通过 Java 的反射机制来创建 Servlet 的实例。

（2）初始化

实例创建后，容器调用 Servlet 的 init()方法来初始化该 Servlet 对象。初始化的目的是让 Servlet 对象在处理客户端请求前先完成一些初始化工作。

（3）执行

当客户端请求到来后，Servlet 容器首先针对该请求创建 ServletRequest 和 ServletResponse 两个对象，然后 Servlet 容器会自动调用 Servlet 的 service()方法来响应客户端请求，同时把

ServletRequest 和 ServletResponse 两个对象传给 service()方法。

（4）清理

当 Servlet 实例需要从服务中移除时，容器会调用 destroy()方法，让该实例释放掉它所使用的资源，并将实例中的数据保存到持久的存储设备中。之后，Servlet 实例便会被 Java 的垃圾回收器所回收。

3.6.6 Servlet 的常用类和接口

Servlet API 函数被包含在 javax.servlet 和 javax.servlet.http 两个包中。Servlet 接口是所有类型的 Servlet 类必须实现的接口。

1. Servlet 接口

Servlet 接口是所有 Servlet 都必须直接或间接实现的接口。Servlet 接口包含的主要方法如下。

- void init(ServletConfigconfig)：初始化 Servlet。
- void service(ServletRequest req, ServletResponse res)：该方法用于响应客户端的请求。
- void destroy()：清理方法，用于释放资源等。
- java.lang.String getServletInfo()：获得 Servlet 开发者定义的信息。
- ServletConfig getServletConfig()：获得 Servlet 的相关配置信息，该方法会返回指向 ServletConfig 的引用。

2. HttpServlet 抽象类

HttpServlet 是所有基于 Web 的 Servlet 类的基础类。HttpServlet 类提供了 doGet()、doPost()等方法。包含的主要方法如下。

- void doPost(HttpServletRequestrequest, HttpServletResponseresponse) throws ServletException, java.io.IOException：用于处理和响应 HTTP POST 请求。
- void doGet(HttpServletRequestrequest, HttpServletResponseresponse) throws ServletException, java.io.IOException：用于处理和响应 HTTP GET 请求。

编写 HttpServlet 类的关键就是要对 doGet()、doPost()等方法进行重写，以实现对客户端请求的响应。

3. GenericServlet 抽象类

GenericServlet 和 HttpServlet 类提供了两种基本的 Servlet，分别为 Servlet 方法提供了一种默认的实现模式。通常自己编写的 Servlet 类总是从这两种 Servlet 类继承。

GenericServlet 实现了 Servlet 接口。它是一个抽象类，其包含的 service()方法是一个抽象方法。GenericServlet 的派生类必须实现 service()方法。

4. ServletRequest 和 ServletResponse 接口

当收到客户请求时，Servlet 容器会创建一个 ServletRequest 对象，用来封装请求数据；创建一个 ServletResponse 对象，用来封装响应数据。这两个对象将被作为 servic()方法的参数传递 Servlet：Servlet 利用 ServletRequest 对象获取客户端的请求数据；利用 ServletResponse 对象发送最后的响应数据。ServletRequest 和 ServletResponse 接口在 javax.servlet 包中定义。其中，ServletRequest 包含的部分方法如下。

- Object getAttribute(String name)：返回属性名为 name 的属性值。若属性不存在的话，则返回 null。
- void setAttribute(String name, Object obj)：在请求中保存属性名为 name 的属性。

- String getContentType()：返回请求正文的 MIME 类型。若类型未知的话，则返回 null。
- ServletInputStream getInputStream()：返回一个输入流。使用该输入流可以以二进制的方式，来读取请求正文。
- String getParameter(String name)：返回请求中 name 参数的值。如果 name 参数包含多个值，则该方法将返回参数值列表中的第一个参数值。若在请求中未找到该参数的话，则返回 null。

ServletResponse 包含的主要方法如下：

- ServletOutputStream getOutputStream()：返回一个 ServletOutputStream 对象，用来发送对客户端的响应。
- void setContentLength(int length)：设置响应数据的长度。
- void setBufferSize(int size)：设置发送到客户端的数据缓冲区的大小。
- PrintWriter getWriter()：返回 PrintWriter 类的对象，将字符文本发送到客户端。

5. HttpServletRequest 接口

ServletRequest 接口表示 Servlet 的请求，而 HttpServletRequest 接口是它的子接口。HttpServletRequest 接口代表了客户端的 HTTP 请求，包含的主要方法如下：

- Cookie[] getCookies()：返回由服务器存放在客户端的 Cookie 数组，常常使用 Cookie 来区分不同的客户。
- HttpSession getSession()：获取当前的 HTTP 会话对象。
- HttpSession getSession(boolean create)：获取当前的 HTTP 会话对象。若不存在，则自动创建一个新会话。

6. HttpServletResponse 接口

ServletResponse 接口表示 Servlet 的响应，而 HttpServletResponse 接口是它的子接口。HttpServletResponse 接口表示对客户端的 HTTP 响应，包含的主要方法如下。

- public void addCookie(Cookie cookie)：向响应的头部加入一个 Cookie。
- void setStatus(int status)：将响应状态码设定为指定值，只用于不产生错误的响应。

7. HttpSession 接口

该对象由 Servlet 容器负责创建，可以存放客户状态信息。Servlet 会为 HttpSession 接口分配一个唯一标识符，即 Session ID。Session ID 作为 Cookie 被保存在客户的浏览器中，当客户发出 HTTP 请求时，Servlet 容器就可以从 HttpRequest 对象中读取到 Session ID，然后再根据 Session ID 找到相应的 HttpSession 对象，进而获取客户的状态信息，包含的主要方法如下。

- String getId()：获取 Session 的 ID。
- Object getAttribut(String name)：根据 name 参数返回保存在 HttpSession 对象中的属性值。
- Enumeration getAttributeNames()：返回当前 HttpSession 对象中所有的属性名。
- isNew()：判断该 Session 是否属于新创建的。如果是新创建的 Session，则返回 true，否则返回 false。
- void setAttribute(String name,Object value)：将名—值(name，value)属性保存在 HttpSession 对象中。
- void invalidate()：使当前的 Session 失效，同时 Servlet 容器会释放掉 HttpSession 对象所占用的资源。

3.6.7 Servlet 实例

【例 3-15】 Servlet 程序，演示通过 Servlet 的 doPost()方法处理 POST 方法提交的表单。

（1）在 Eclipse 中新建项目，并在新建项目的向导中选择 Web->Dynamic Web Project，project name（项目名称）为 firstServlet，一直单击“next”，最后选择生成 Web.xml，如图 3.25 所示。

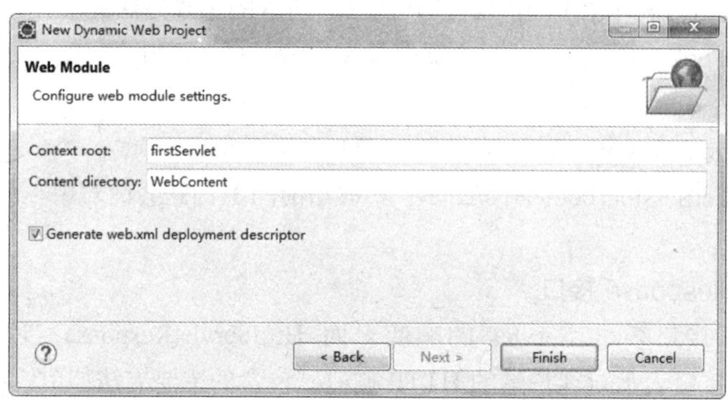

图 3.25 Servlet 项目选择生成 Web.xml

（2）新建命名为 userform.jsp 的 JSP 文件，该文件用来提交用户的参数信息。userform.jsp 文件代码如下。

```
<%@ page contentType="text/html;charset=GB2312" %>
<html>
<head>
    <title>登录页面</title>
</head>
<body>
    <!--使用 form 标签创建表单-->
    <form action="login" method="post">
                                  <!--action="login"是在 web.xml 文件中部署时形成的-->
    <center>                          <!--居中-->
        用户名:
        <input type="text" name="username">     <!--定义单行文本输入字段，输入用户名-->
        <br>
        <br>
        密码:
        <input type="text" name="password">     <!--定义单行文本输入字段，输入密码-->
        <br>
```

```
            <br>
            <input type="submit" value="提交"/>      <!--定义提交按钮，该按钮可将表单数据发送
到服务器-->
        </center>
        </form>
    </body>
    </html>
```

（3）新建包 myservlet，创建命名为 UserServlet 的 Servlet。UserServlet.java 文件代码如下。

```
package myservlet;
import java.io.IOException;
import java.io.PrintWriter;
import javax.servlet.ServletException;
import javax.servlet.http.HttpServlet;
import javax.servlet.http.HttpServletRequest;
import javax.servlet.http.HttpServletResponse;
//Servlet 实现类 UserServlet
public class UserServlet extends HttpServlet {
    private static final long serialVersionUID = 1L;
    //构造方法
    public UserServlet() {
       super();
    }
    //重写 HttpServlet 的 doPost 方法
    protected void doPost(HttpServletRequest request, HttpServletResponse response)
        throws ServletException, IOException {
            response.setContentType("text/html;charset=GB2312"); //设置输出内容的格式
和编码格式
            PrintWriter out=response.getWriter();                  //获得输出流 out
            request.setCharacterEncoding("GB2312");                //设置接收参数的编码
格式
            String username=request.getParameter("username");     //获取 username 参数
            String password=request.getParameter("password");     //获取 password 参数

            out.println("<html>");
            out.println("<body>");
            out.println("用户名: "+username+"<br>");                //在网页上输出用户名
            out.println("密码: "+password+"<br>");                  //在网页上输出密码
            out.println("<body>");
            out.println("<html>");
            out.close();                                           //关闭输出流
    }
}
```

（4）在 Web.xml 文件中部署该 Servlet，文件代码如下。

```
<?xml version="1.0" encoding="UTF-8"?>
<web-app xmlns:xsi="http://www.w3.org/2001/XMLSchema-instance" xmlns="http://java.sun.
com/xml/ns/javaee" xmlns:web="http://java.sun.com/xml/ns/javaee/web-app_2_5.xsd"
xsi:schema Location="http://java.sun.com/xml/ns/javaee http://java.sun.com/xml/ns/javaee/
web-app_3_0.xsd"id="WebApp_ID" version="3.0">
  <display-name>ServletDemo2</display-name>
  <!-- 配置 Servlet 信息 -->
```

```
    <servlet>
        <servlet-name>userlogin</servlet-name>                    <!-- 定义 Servlet 名字 -->
        <servlet-class>servlet.UserServlet</servlet-class>   <!-- 指定 Servlet 的完全限定
名 -->
    </servlet>
    <!-- 配置映射路径 -->
    <servlet-mapping>
        <!-- 必须与前面 servlet-name 中定义的 Servlet 名字保持一致 -->
        <servlet-name>userlogin</servlet-name>
        <url-pattern>/login</url-pattern>                    <!-- 指定 Servlet 访问路径 -->
    </servlet-mapping>
</web-app>
```

（5）运行程序，在浏览器地址栏中输入 http://localhost:8080/firstServlet/userform.jsp，此时显示图 3.26 所示的页面。在该页面中输入用户名“liuqiang”和密码“123456”，单击“提交”按钮，显示的结果如图 3.27 所示。

图 3.26 userform.jsp 执行结果

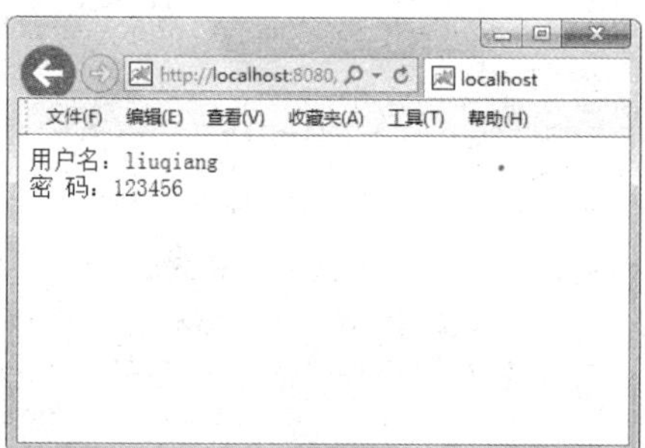

图 3.27 显示用户信息

3.7 本章小结

本章的内容是读者深入学习 Java Web 开发的基础，主要介绍了 JSP、JavaBean 和 Servlet。首先介绍了 JSP 页面、语法、内置对象和动作标签等内容。其次 JavaBean 部分介绍了什么是 JavaBean，如何自己定义一个 JavaBean，并使用动作指令获取，以及设置 JavaBean 的属性。

接着介绍了 Servlet 的生命周期和 Servlet 的常用类以及接口，最后利用实例帮助读者理解 Servlet 的知识，以及如何应用它。

习　题

一、选择题

1. Page 指令用于定义 JSP 文件中的全局属性，下列关于该指令用法的描述不正确的是（　　）。

   A. <%@ page %>作用于整个 JSP 页面

   B. 可以在一个页面中使用多个<%@ page %>指令

   C. 为增强程序的可读性，建议将<%@ page %>指令放在 JSP 文件的开头，但不是必须的

   D. <%@ page %>指令中的属性只能出现一次

2. 在 JSP 中调用 JavaBean 时不会用到的标记是（　　）。

   A. <javabean>　　B. <jsp:useBean>　　C. <j sp:setProperty>　　D. <jsp:getProperty>

3. Servlet 程序的入口点是（　　）。

   A. init（ ）　　B. main（　　）　　C. service（　　）　　D. doGet（　　）

4. 不能在不同用户之间共享数据的方法是（　　）。

   A. 通过 Cookie　　B. 利用文件系统

   C. 利用数据库　　D. 通过 ServletContext 对象

5. 当多个用户请求同一个 JSP 页面时，Tomcat 服务器为每个客户启动一个（　　）。

   A. 进程　　B. 线程　　C. 程序　　D. 服务

6. （　　）不是 JSP 运行必须使用的。

   A. 操作系统　　B. JavaJDK

   C. 支持 JSP 的 Web 服务器　　D. 数据库

二、简答题

1. JSP 有哪些动作?作用分别是什么?
2. JSP 有哪些内置对象?作用分别是什么?

三、编程题

1. 编写一段汉字转换代码来解决 JSP 中的汉字乱码问题。
2. 编写实现网站计数器的 JSP 程序。
3. 为登录过程编写一个 JavaBean，要求如下。

（1）定义一个包，将该 bean 编译后生成的类存入该包中。

（2）设计两个属性 name 和 password。

（3）设计访问属性的相应方法。

第 4 章 JSP 文件操作

本章主要介绍 JSP 文件的操作技术。有时服务器需要将客户提交的信息保存到文件或根据客户的要求将服务器上的文件内容显示到客户端。针对于此，JSP 通过 Java 的输入/输出流来实现文件的读写操作。

4.1 获取文件信息

File 类的对象主要用来获取文件本身的一些信息，包括：文件所在的目录、文件的长度、文件读写权限等，但不涉及对文件的读、写操作。创建一个 File 对象有以下 3 种方法。

- File(String filename);
- File(String directoryPath,String filename);
- File(File f, String filename)。

其中，filename 是文件名字；directoryPath 是文件的路径；f 是指定成一个目录的文件。

使用 File(String filename)创建文件时，该文件被认为是与当前的应用程序在同一目录中的。由于 JSP 引擎是在 bin 下启动执行的，因此该文件被认为在 Tomcat 安装目录的 bin 目录中。

可以使用 File 类提供的方法获取文件本身的一些信息，如：

- public String getName()：获取文件的名字。
- public boolean canRead()：判断文件是否可读。
- public boolean canWrite()：判断文件是否可被写入。
- public boolean exits()：判断文件是否存在。
- public long length()：获取文件的长度。

【例 4-1】 编写一个 Example4_1.jsp 文件，获取 Example4_1.jsp 文件的长度、父目录等信息。

Example4_1.jsp 的文件代码如下。

```
<%@ page contentType="text/html;charset=GB2312" %>
<%@ page import="java.io.*"%>
<HTML>
<BODY bgcolor=cyan><Font Size=1>
<%File f1=new File("E:\\apache-tomcat-8.0.28\\webapps\\Javawebjsp","Example4_1.jsp");
%>
<P> 文件 Example4_1.jsp 的长度:
<%=f1.length()%> 字节
```

```
<BR>
<P>Example4_1.jsp 的父目录是:
<%=f1.getParent()%>
<BR>
<P>Example4_1.jsp 的绝对路径是:
<%=f1.getAbsolutePath()%>
</Font>
</BODY>
</HTML>
```

在浏览器地址栏中输入地址 http://localhost:8080/Javawebjsp/Example4_1.jsp，按“Enter”键后显示的结果如图 4.1 所示。

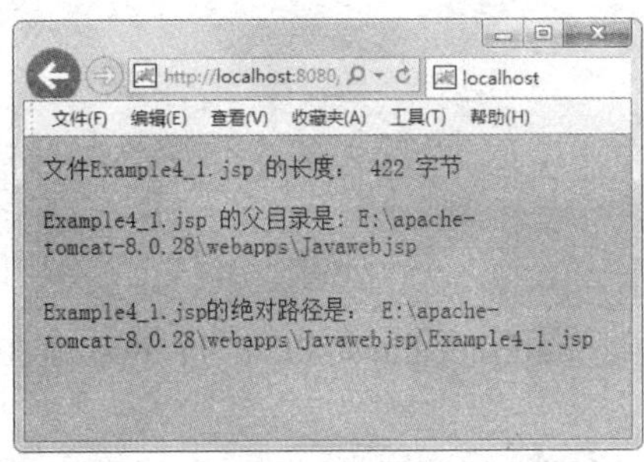

图 4.1　使用 File 对象获取文件的属性

4.2　创建、删除 Web 服务目录

4.2.1　创建目录和文件

（1）创建目录

File 对象调用方法 mkdir()来创建一个目录。如果创建成功就返回 true，否则就返回 false（如果该目录已经存在，也将返回 false）。

（2）列出目录下的所有文件

如果 File 对象是一个目录，那么该对象可以调用以下方法列出目录下的文件和子目录：

- public String[] list()：用字符串形式返回目录下的全部文件。
- public File [] listFiles()：用 File 对象形式返回目录下的全部文件。

（3）列出指定类型的文件

如果要列出目录下指定类型的文件，比如：jsp、.txt 等扩展名的文件，可以使用 File 类的下述两个方法列出指定类型的文件。

- public String[] list(FilenameFilter obj)：该方法用字符串形式返回目录下的指定类型的所有文件。
- public File [] listFiles(FilenameFilter obj)：该方法用 File 对象形式返回目录下的指定类型的所有文件。其中，FilenameFilter 是一个接口，该接口有一个方法：public boolean accept(File dir,String name)。

当向 list 方法传递一个实现该接口的对象时，list 方法在列出文件后，将调用 accept 方法检查文件是否符合 accept 方法指定的目录和文件名字要求。

【例 4-2】 创建一个叫作 Assembly 的目录。

Example4_2.jsp 的文件代码如下。

```
<%@ page contentType="text/html;charset=GB2312" %>
<%@ page import="java.io.*"%>                                    <!--引入需要用到的包-->
<HTML>
<BODY>
<Font Size=3>                                                    <!--设置字体大小-->
<% File dir=new
File("E:\\apache-tomcat-8.0.28\\webapps\\Javawebjsp","Assembly");<!--新建文件目录-->
%>
<P> 在 Javawebjsp 目录下创建一个新的目录：Assembly,<BR>创建是否成功?
<%=dir.mkdir()%>
<P> Assembly 是目录吗?
<%=dir.isDirectory()%>
</Font>
</BODY>
</HTML>
```

在浏览器地址栏中输入地址 http://localhost:8080/ Javawebjsp/Example4_2.jsp，按“Enter”键后显示的结果如图 4.2 所示。

【例 4-3】 列出 Tomcat 服务器安装目录的 Root 子目录下全部子目录和所有文件中的 4 个超过 800 字节大小的文件。

Example4_3.jsp 的文件代码如下。

```
<%@ page contentType="text/html;charset=GB2312" %>
<%@ page import="java.io.*"%>
<HTML>
<BODY><Font Size=2>
<% File dir=new File("E:\\apache-tomcat-8.0.28\\webapps\\ROOT");
File file[]=dir.listFiles();
%>                                                   <!–创建文件对象-->
<P> 列出 root 下的 4 个长度大于 800 字节的文件和全部目录:
<BR> root 下面的目录有:
<% for(int i=0;i<file.length;i++)
{if(file[i].isDirectory())
out.print("<BR>"+file[i].toString());
}
%>
<P> 4 个长度大于 800 字节的文件名字:
<% for(int i=0,number=0;(i<file.length)&&(number<=5);i++)
{if(file[i].length()>=1000)
{out.print("<BR>"+file[i].toString());
number++;
}
}
%>
</Font>
</BODY>
</HTML>
```

在浏览器地址栏中输入地址“http://localhost:8080/Javawebjsp/Example4_3.jsp”，按“Enter”键后显示的结果如图 4.3 所示。

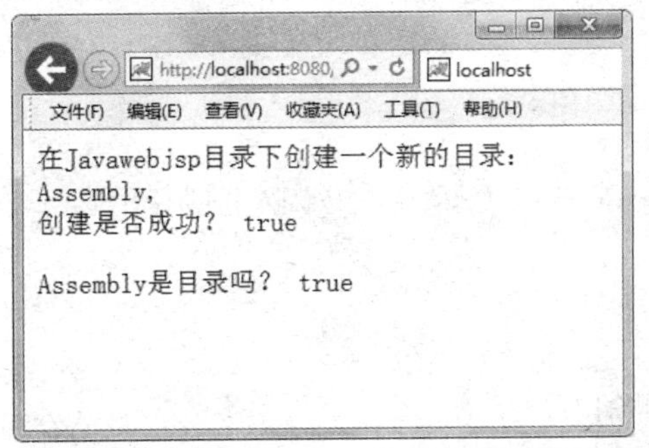

图 4.2　创建一个叫作 Assembly 的目录

图 4.3　获取目录和文件信息

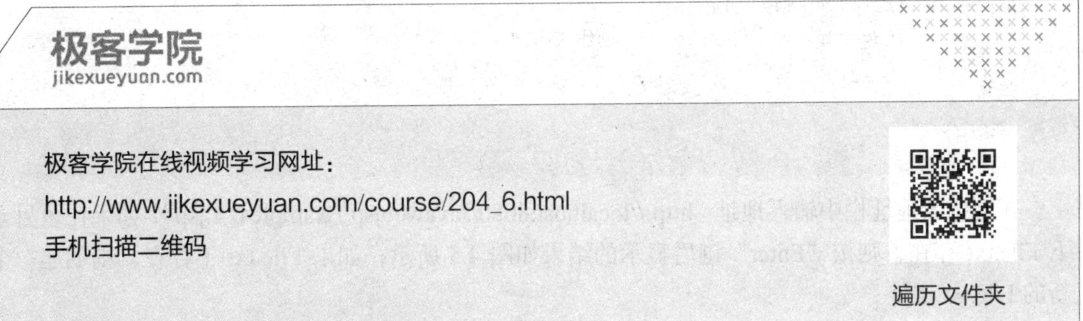

极客学院
jikexueyuan.com
极客学院在线视频学习网址：
http://www.jikexueyuan.com/course/204_6.html
手机扫描二维码
遍历文件夹

4.2.2　删除文件和目录

File 对象调用方法 public boolean delete()删除指定文件或目录。如果 File 对象表示的是一个目录，则该目录必须是一个空目录，否则无法删除。若删除成功则返回 true。

【例 4-4】　删除 Javawebjsp 目录下的 Assembly 目录和 testdel.txt 文件。

运行该例子，由于使用了 request.getRealPath()函数获取当前目录名称，因此在文件管理器中需要将目录定位到 E:\apache-tomcat-8.0.28\webapps，如图 4.4 所示。

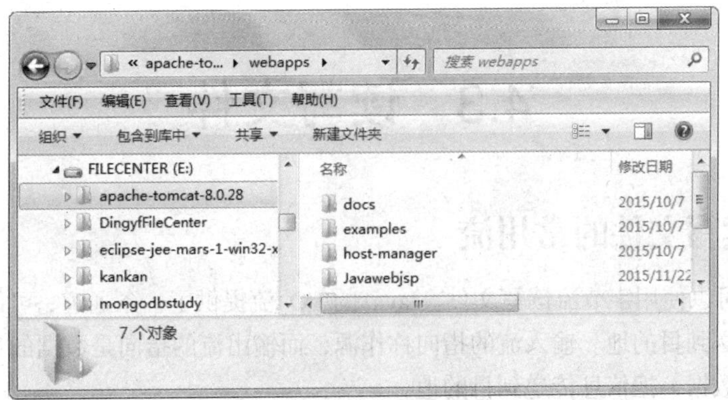

图 4.4　获取目录和文件信息

Example4_4.jsp 的文件代码如下。

```
<%@ page contentType="text/html;charset=GB2312" %>
<%@ page contentType="text/html;charset=GB2312" %>
<%@ page import="java.io.*" %>
<HTML>
<BODY>
<%
String path = request.getRealPath("");                    //获取当前路径名称
File fileName = new File(path, "File.txt");
if(fileName.exists())
{
fileName.delete();
out.println(path + "文件 File.txt 文件已经被删除!");
}
else
{
fileName.createNewFile();
out.println(path + "文件 File.txt 创建成功!");
}
%>
</BODY>
</HTML>
```

在浏览器地址栏中输入地址"http://localhost:8080/Javawebjsp/Example4_4.jsp"，如果在该目录下 File.txt 存在，则按"Enter"键后显示的结果如图 4.5 所示；如果 File.txt 不存在，则创建一个新的 File.txt 文件。

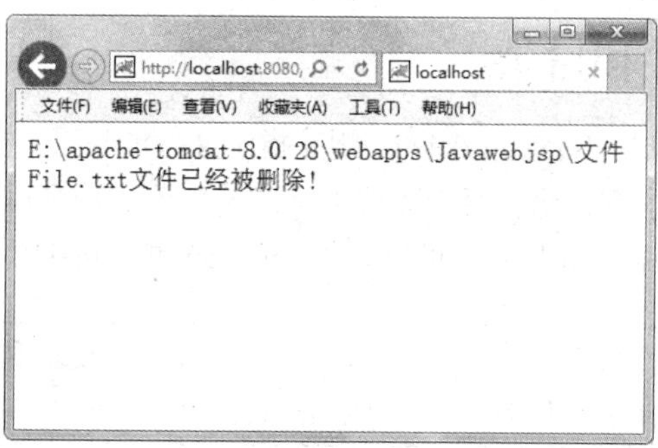

图 4.5　删除文件

4.3　读写文件

4.3.1　读写文件的常用流

在 JSP 中，可以使用字节流读写文件。Java 的 I/O 流提供了一条通道，可以利用该通道把某个来源的数据发送到目的地。输入流的指向称作源，而输出流的指向是数据的目的地。程序通过向输出流中写入数据，把信息传递到目的地。

java.io 包中提供了大量的输入/输出流类。所有字节输入流类都是 InputStream（输入流）抽象类的子类，而所有字节输出流类都是 OutputStream（输出流）抽象类的子类。

1. FileInputStream 类和 FileOutputStream 类

FileInputStream 类从 InputStream 中派生，所以该类的所有方法均从 InputStream 类继承。为了创建 FileInputStream 类的对象，需要调用它的构造方法。其语法如下。

- FileInputStream（String name）；使用给定的文件名 name 创建一个 FileInputStream 对象。参数 name 指定的文件称作输入流的源；
- FileInputStream(File file)；使用 File 对象创建 FileInputStream 对象。参数 file 指定的文件称作输入流的源，且输入流通过调用 read 方法读出源中的数据。

利用 FileInpuStream 文件输入流可以打开一个到达文件的输入流。例如，为了读取一个名为 testfile.txt 的文件，建立一个文件输入流对象，即：

```
FileInputStream istream = new FileInputStream("testfile.txt");
```

当使用文件输入流类建立通往文件的输入流时，可能会出现异常。例如，试图打开的文件可能不存在。当出现 I/O 错误时，Java 生成的出错信号会使用一个 IOException 对象来表示。为了保证稳定运行，程序必须使用一个 catch 块检测并处理异常。例如，可以使用以下类似的代码实现异常捕捉。

```
Try
{
FileInputStream ins = new FileInputStream("testfile.txt"); // 读取输入流
}
catch ( IOException e )
{ // 文件 I/O 错误
System.out.println("File read error: " +e );
}
```

FileOutputStream 从 FileOutputStream 类继承，提供了基本的文件写入能力。FileOutputStream 类自己有两个常用的构造方法，语法如下。

- FileOutputStream（String name）：使用给定的文件名 name 创建一个 FileOutputStream 对象。参数 name 称作输出流的目的文件；
- FileOutputStream(File file)：使用 File 对象创建 FileOutputStream 对象。参数 file 指定的文件称作输出流的目的文件。通过向输出流中写入数据，把信息传递到目的文件。同样，创建输出流对象时也能出现 IOException 异常，所以必须在 try、catch 块语句中创建输出流对象。

2. BufferedInputStream 类和 BufferedOutputStream 类

为了提高文件读写的效率，FileInputStream 流和 BufferedInputStream 流可以配合使用，FileOutputStream 流和 BufferedOutputStream 流也可以配合使用。BufferedInputStream 的常用构造方法的语法格式如下。

```
BufferedInputStream(InputStream in);
```

该构造方法创建缓存输入流，这个输入流的指向也是一个输入流。当读取一个文件，比如：test1.txt 时，可以先建立一个指向该文件的文件输入流。

```
FileInputStream in=new FileInputStream("test1.txt");
```

然后再创建一个指向文件输入流 in 的输入缓存流。

```
BufferedInputStream buffer=new BufferedInputStream(in);
```

这样通过这种方式就可以让 buffer 调用 read 方法读取文件的内容。buffer 在读取文件的过程中，会进行缓存处理，从而增加文件读取的效率。

同样，当要向一个文件写入字节数据时，例如：test2.txt，可以先建立一个指向该文件的文件输出流：

```
FileOutputStream out=new FileOutputStream("test2.txt");
```

然后再创建一个指向文件输出流 out 的输出缓存流：

```
BufferedOutputStream buffer=new BufferedOutputStream(out);
```

buffer 调用 write 方法向文件写入内容时，会进行缓存处理，从而增加文件写入的效率。写入完毕后，须调用 flush 方法，将缓存中的数据存入文件。

4.3.2 读取文件

由于字节流不能直接操作 Unicode 字符，因此 Java 提供了字符流。汉字在文件中占用 2 个字节，如果使用字节流，读取文件不当就会出现乱码，然而采用字符流则可以避免这种情况的发生，因为在 Unicode 字符中，一个汉字被看作一个字符处理。

所有字符输入流类都是 Reader 抽象类的子类，而所有字符输出流都是 Writer 抽象类的子类。

1. FileReader 类

FileReader 是从 Reader 中派生出来的简单输入类。该类的所有方法都是从 Reader 类继承来的。为了创建 FileReader 类的对象，用户可以调用它的构造方法。其语法格式如下。

```
FileReader(String name)：使用给定的文件名 name 创建一个 FileReader 对象。
FileReader (File file)：使用 File 对象创建 FileReader 对象。
```

其中，参数 name 和 file 指定的文件均被称作输入流的源，而输入流通过调用 read 方法读出源中的数据。

创建输入、输出流对象也可能会发生 IOException 异常，所以必须在 try、catch 块语句中创建输入、输出流对象来捕捉异常，保证程序的顽健性。

2. BufferedReader 类

为了提高读写的效率，FileReader 流经常和 BufferedReader 流配合使用；FileWriter 流经常和 BufferedWriter 流配合使用。其中，BufferedReader 流还可以使用提供的方法 String readLine()读取文件中的一行数据。

【例 4-5】 使用 FileInputStream 类读取文件 file1.txt 的内容。

file1.txt 文件内容如下。

ERP 系统是企业资源计划（Enterprise Resource Planning ）的简称，是指建立在信息技术基础上，以系统化的管理思想，为企业决策层及员工提供决策运行手段的管理平台。它对于改善企业业务流程、提高企业核心竞争力具有显著作用。ERP 行业人才稀缺成为 SAP 发展的制约因素之一，鉴于此，国内的 ERP 培训行业逐渐开始发展。

Example4_5Fileinputstream.jsp 的文件代码如下。

```
<%@ page language="java" contentType="text/html;charset=gb2312"%>
<%@ page import="java.io.*"%>
 <html>
```

```
<head>
<title>使用 FileInputStream 类读取文件内容</title>
</head>
<body>
<%
 byte buf[]=new byte[10000];                                    //定义缓存数组
 try{
   String path=request.getRealPath("/");                        //得到当前路径
   File fp=new File(path,"file1.txt");                 //定义一个指向 file1.txt 文件的文件对象
   FileInputStream fistream=new FileInputStream(fp);            //定义输入文件流
   int bytesum=fistream.read(buf,0,10000);                      //将文件内容读入缓存数组
   String str_file=new String(buf,0,bytesum);
   out.println(str_file);                                       //输出文件内容
   fistream.close();
 }catch(IOException e) {
   out.println("文件读取错误！");
 }
%>
</body>
</html>
```

在浏览器地址栏中输入地址“http://localhost:8080/Javawebjsp/Example4_5Fileinputstream.jsp”，按“Enter”键后显示的结果如图 4.6 所示。

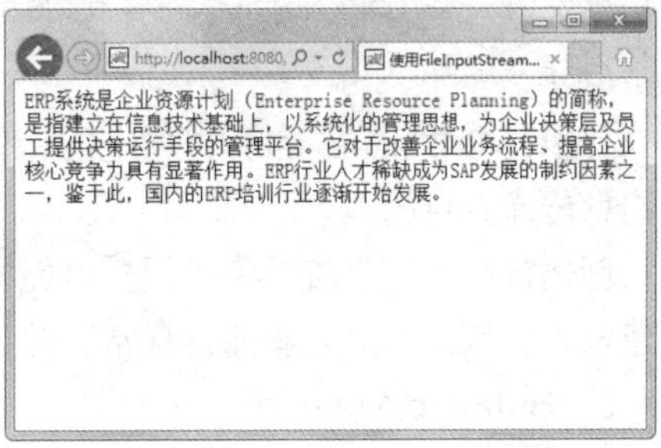

图 4.6　使用 FileInputStream 类读取文件运行结果

【例 4-6】　使用 FileReader 类读取文件内容。

Example4_6Filereader.jsp 的文件代码如下。

```
<%@ page language="java" contentType="text/html;charset=gb2312"%>
<%@ page import="java.io.*"%>
 <html>
<head>
<title>使用 FileReader 类读取文件内容</title>
</head>
<body>
<%
 try{
    String path=request.getRealPath("/");          //得到当前路径
    File fp=new File(path,"file1.txt");            //定义一个指向 file1.txt 文件的文件对象
    FileReader freader=new FileReader(fp);         //定义指向文件对象的输入文件流
    BufferedReader bfdreader=new BufferedReader(freader); //定义 BufferedReader 类对象
    String str_line=bfdreader.readLine();          //整行读入数据
    while(str_line!=null) {                        //循环输入文件数据
      out.println(str_line);
      out.println("<br>");
      str_line=bfdreader.readLine();
    }
    bfdreader.close();
    freader.close();
  }catch(IOException e) {
    out.println("文件读取错误！");
```

```
    }
%>
</body>
</html>
```

在浏览器地址栏中输入地址“http://localhost:8080/Javawebjsp/Example4_6Filereader.jsp”，按“Enter”键后显示的结果和图 4.6 类似，只是在浏览器中的页面标题发生了改变。

4.3.3 写文件

1. FileWriter 类

FileWriter 提供了基本的文件写入能力。除了从 FileWriter 类继承来的方法以外，它还有两个常用的构造方法。它们的语法格式如下。

```
FileWriter(String name)：使用给定的文件名 name 创建一个 FileWriter 对象。
FileWriter (File file)：使用 File 对象创建 FileWriter 对象。
```

其中，参数 name 和 file 指定的文件均被称作输出流的目的地，通过向输出流中写入数据，把信息传递到目的地。

创建输入、输出流对象也同样可能发生 IOException 异常，所以必须在 try、catch 块语句中创建输入、输出流对象来捕捉异常，保证程序的稳定性。

2. BufferedWriter 类

BufferedWriter 流可以使用方法 void write(String s,int off,int length)将字符串 s 的一部分写入文件，并使用 newLine()向文件写入一个行分隔符。

【例 4-7】 服务器将若干内容写入一个文件，然后读取这个文件，并将文件的内容显示给客户端。

该例子实现包括：文件、输入文本框的输入页面文件 Example4_7Filewriter.html 和写文件的处理页面 Example4_7Filewriter.jsp。

Example4_7Filewriter.html 的文件代码如下。

```
<html>
<head>
<title>写入内容到文件</title>
<meta http-equiv="Content-Type" content="text/html;charset=GB2312">
</head>
<body>
<form name="form1" action="Example4_7Filewriter.jsp" method="post">
  <p align="center">请输入：</p>
  <p align="center">
    <textarea name="textarea" cols="50" rows="10"></textarea>
  </p>
  <p align="center">
    <input type="submit" value="提交">
    <input type="reset" value="重填">
  </p>
</form>
</body>
</html>
```

Example4_7Filewriter.jsp 的文件代码如下。

```
<%@ page language="java" contentType="text/html; charset=gb2312"%>
<%@ page import="java.io.*"%>
<html>
<head>
<title>将界面输入内容写入到文件</title>
</head>
<body>
<center>
<%
  String path=request.getRealPath("/");        //得到当前路径
  File fp=new File(path,"file2.txt");          //创建一个指向 file2.txt 的文件对象
  FileWriter fwriter=new FileWriter(fp);
  request.setCharacterEncoding("GBK");
  String str_file=request.getParameter("textarea");      //获取从界面文本框输入的内容
  fwriter.write(str_file);                     //将从界面文本框获取的内容写入 file2.txt 文件
  fwriter.close();
  out.println("已将内容成功写入到文件！");
%>
</center>
</body>
</html>
```

在浏览器地址栏中输入地址“http://localhost:8080/Javawebjsp/Example4_7Filewriter.jsp”，按“Enter”键后显示的结果如图 4.7 所示。输入文字内容，单击“提交”按钮后，显示输入内容写入文件成功后的提示信息，如图 4.8 所示。查询目录下会生成一个 file2.txt 的文本文件，查看该文件内容正是从界面输入的内容。

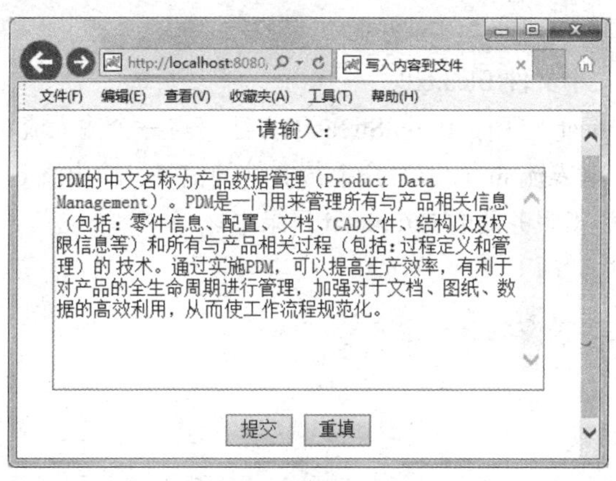

图 4.7 输入内容页面

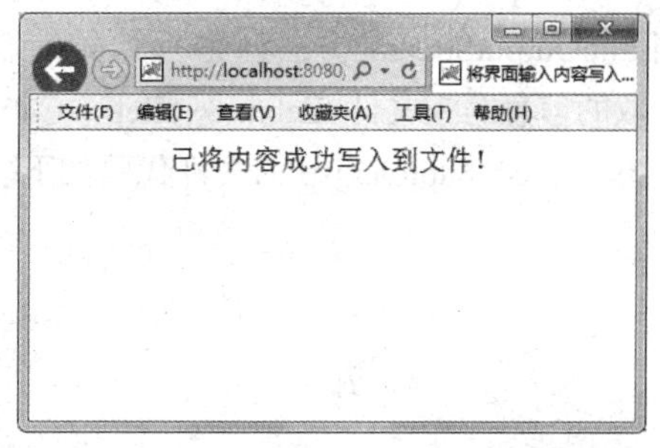

图 4.8 输入内容写入文件成功后提示页面

本例的程序，在向文本文件中写入内容后，会将该文件中原来的内容直接删除。如果想要保留原来的内容，也就是说只是追加内容到文件末尾，则需调用 FileWriter 的另一个构造方法，即：

```
public FileWriter(String fileName,boolean append) throws IOException
```

其中，append 为 true 时，表示采用追加模式写入文件；为 false 时，新加内容会从文件开头写入，并将删除文件原来的内容。

FileReader 与 FileWriter

Java 中的 IO 操作

4.4 文件上传

用户通过指定的 JSP 页面上传文件给服务器时，该 JSP 页面必须含有 File 类型的表单，并且表单必须将 ENCTYPE 的属性值设成“multipart/form-data”。File 类型的表单如下。

```
<Form action="接受上传文件的页面" method="post"
ENCTYPE="multipart/form-data"
<Input Type="File" name="picture">
</Form>
```

JSP 引擎可以让内置对象 request 调用 getInputStream()函数获得一个输入流，并通过这个输入流读入客户上传的全部信息，包括：文件的内容，以及表单域的信息。

文本内容如下。

```
filea.txt:
本章内容是 JSP 文件操作，包括：获取文件信息，创建、删除 Web 服务目录，读写文件等内容。
```

【例 4-8】 用户通过 jsp 页面上传如下的文本文件 filea.txt。

在 Example4_8accept.jsp 页面，内置对象 request 调用 getInputStream()方法获得一个输入流 in；调用 FileOutputStream 方法创建一个输出流 o。输入流 in 读取客户上传文件的信息，输出流 o 再将读取的信息写入文件 fileb.txt。fileb.txt 被存放于服务器的 E:/upload 目录中。

Example4_8upload.jsp 的文件代码如下。

```
<%@ page contentType="text/html;charset=GB2312" %>
<HTML>
<BODY>
<P> 选择要上传的文件：<BR>
<FORM action=" Example4_8accept.jsp" method="post" ENCTYPE="multipart/form-data">
<INPUT type=FILE name="boy" size="38">
<BR>
<INPUT type="submit" name ="g" value=" 提交">
</BODY>
</HTML>
```

Example4_8accept.jsp 的文件代码如下。

```
<%@ page contentType="text/html;charset=GB2312" %>
<%@ page import ="java.io.*" %>
<HTML>
```

```
<BODY>
<%try{ InputStream in=request.getInputStream();        //定义输入流 in
File f=new File("E:/upload","fileb.txt");//定义指向 E 盘 upload 文件夹的 fileb.txt 的文件对象
FileOutputStream o=new FileOutputStream(f);           //定义输出流 o
byte b[]=new byte[1000];
int n;
while((n=in.read(b))!=-1)                            //输入流 in 读取客户上传的信息
{o.write(b,0,n);
}
o.close();                                           //关闭输出流
in.close();                                          //关闭输入流
}
catch(IOException ee){}
out.print(" 文件已上传");
%>
</BODY>
</HTML>
```

为了将文件上传到指定的 E 盘的 upload 文件夹，upload 文件夹必须在 E 盘存在。如果没有，需要提前创建。在浏览器地址栏中输入地址“http://localhost:8080/Javawebjsp/ Example4_8upload.jsp”，按“Enter”键后显示的结果如图 4.9 所示。单击“浏览”按钮，选择用户需要上传的文件“filea.txt”，然后单击“提交”按钮。若文件上传成功，则会出现如图 4.10 所示的显示结果。

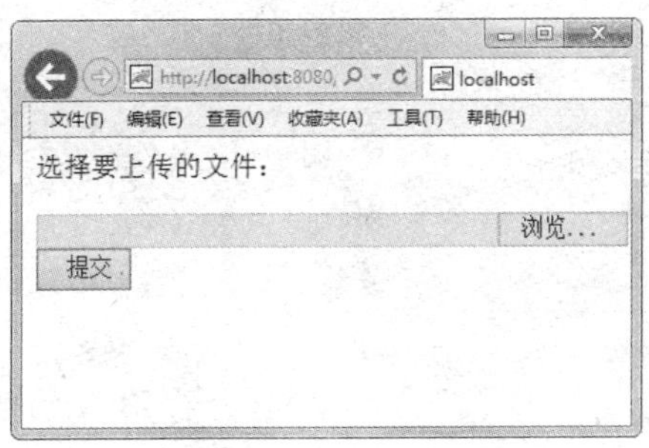

图 4.9　文件上传页面

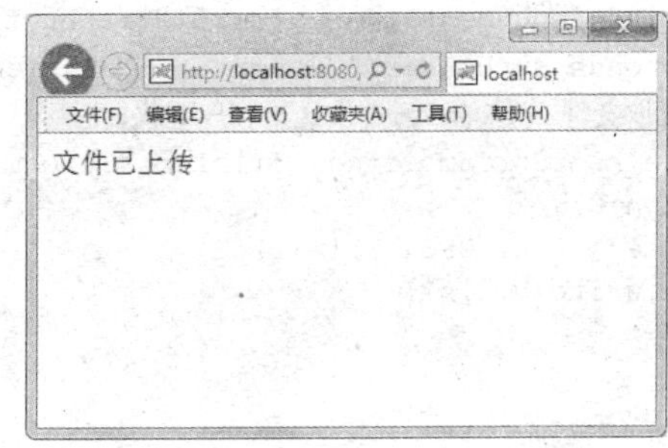

图 4.10　文件上传成功提示信息页面

4.5　文件下载

JSP 内置对象 response 调用方法 getOutputStream()可以获取一个指向客户的输出流。只要服务器将文件写入这个流，客户就可以下载该文件了。

当 JSP 页面提供下载功能时，应当使用 response 对象向客户发送 HTTP 的头信息，说明文件的 MIME 类型，这样客户的浏览器就会调用相应的外部程序打开下载的文件。例如，Ms-Word 文件的 MIME 类型是 application/msword，pdf 文件的 MIME 类型是 application/pdf。单击“资源管理器|工具|文件夹选项|文件类型”命令可以查看文件相应的 MIME 类型。

【例 4-9】　用户在 JSP 页面单击超链接下载一个 zip 文档。

Example4_9down.jsp 的文件代码如下。

```
<%@ page contentType="text/html;charset=GB2312" %>
```

```
<HTML>
<BODY>
<P>单击超级链接下载 Zip 文档 file.Zip
<BR> <A href=" Example4_9loadFile.jsp"> 下载 file.zip
</BODY>
</HTML>
```

Example4_9loadFile.jsp 的文件代码如下。

```
<%@ page contentType="text/html;charset=GB2312" %>
<%@ page import="java.io.*" %>
<HTML>
<BODY>
<% //获得响应客户的输出流:
OutputStream o=response.getOutputStream();
// 输出文件用的字节数组,每次发送 500 个字节到输出流:
byte b[]=new byte[500];
// 下载的文件:
File fileLoad=new File("E:/upload","file.zip");
// 客户使用保存文件的对话框:
response.setHeader("Content-disposition","attachment;filename="+"file.zip");
// 通知客户文件的 MIME 类型:
response.setContentType("application/x-tar");
// 通知客户文件的长度:
long fileLength=fileLoad.length();
String length=String.valueOf(fileLength);
response.setHeader("Content_Length",length);
// 读取文件 book.zip,并发送给客户下载:
FileInputStream in=new FileInputStream(fileLoad);
int n=0;
while((n=in.read(b))!=-1)
{ o.write(b,0,n);
}
%>
</BODY>
</HTML>
```

在浏览器地址栏中输入地址“http://localhost:8080/Javawebjsp/Example4_9down.jsp”，按“Enter”键后显示的结果如图 4.11 所示。单击页面上的超级链接，弹出文件下载提示信息界面，如图 4.12 所示。用户可以自己选择将从服务器下载的文件保存到本地的目录或者直接打开。

图 4.11 下载链接页面

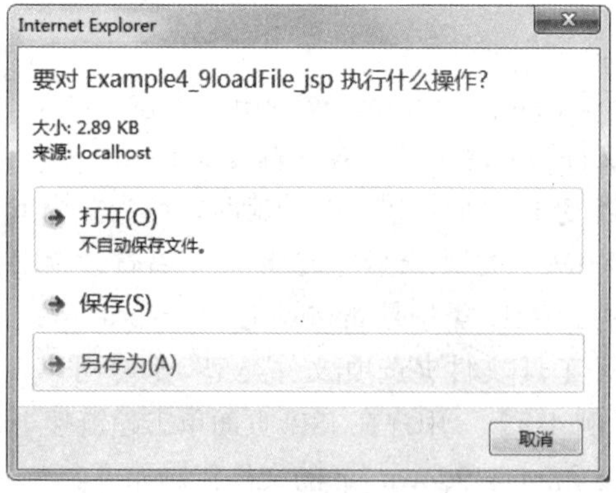

图 4.12 文件下载提示信息界面

如果在 Example4_9loadFile.jsp 中取消下列语句：

```
response.setHeader("Content-disposition","attachment;filename="+"file.zip");
```

那么用户的浏览器将调用相应的外部程序，在当前位置直接打开从服务器下载的文件。

4.6　本章小结

本章主要介绍了 JSP 文件的操作方法，包括：获取文件信息，创建、删除 Web 服务目录，读写文件等内容。此外，还包括：使用文件类的读写文件基本操作，字节流的操作方法，字符流的操作方法，数据流的操作方法，以及文件上传和文件下载等内容。

习　　题

一、选择题

1. Java 提供的流类，从功能上看将数据写入文件的流被称为（　　）。

A. 输入流　　B. 输出流　　C. 字符流　　D. 字节流

2. 下列 File 对象的（　　）方法能够创建一个新文件，如果创建成功就返回 true，否则就返回 false（该文件已经存在）。

A. isFile()　　B. createNewFile()　C. mikdir()　　D. length()

3. 下列 File 对象的（　　）方法能够创建 File 对象对应的路径，如果创建成功就返回 true，否则就返回 false（该目录已经存在）。

A. isFile()　　B. createNewFile()　C. mikdir()　　D. length()

二、填空题

1. Java 中有 4 个“输入/输出”的抽象类，即________、________、________和________。其中，________和________用于做字节流输入/输出操作；________和________用于做字符流输入/输出操作。

2. Word 文件的 MIME 类型是________，Excel 文件的 MIME 类型是________。

三、编程题

编写一个 JSP 程序，名称为“test1.jsp”，要求获取该文件所在目录的所有文件列表。

第 5 章 Java Web 的数据库操作

在 JSP 中经常需要和数据库打交道。可以使用 Java 的 JDBC 技术，来实现对数据库中表记录的查询、修改和删除等操作。JDBC 是 Java DataBase Connectivity 的缩写，在 JSP 开发中占有很重要的地位。JDBC 的任务为与数据库建立连接，向数据库发送 SQL 语句，处理数据库返回的结果。

JDBC 和数据库建立连接的常见方式是建立起一个 JDBC—ODBC 桥接器。由于 ODBC 驱动程序被广泛地使用，因此建立这种桥接器后，JDBC 有能力访问几乎所有类型的数据库。同时，JDBC 也可以直接加载数据库的驱动程序来访问数据库。

5.1 JDBC 技术

5.1.1 JDBC 简介

JDBC 是 Java 程序与数据库系统通信的接口，它定义在 JDK 的 API 中。通过 JDBC 技术，Java 程序可以非常方便地与各种数据库交互。换句话说，JDBC 在 Java 程序与数据库系统之间建立了桥梁。

通过 JDBC 可以方便地向各种关系数据库发送 SQL 语句，也就是说，开发人员不需要为访问不同的数据库而编写不同的应用程序，而只需使用 JDBC 编写一个通用程序就可以向不同的数据库发送 SQL 语句。由于 Java 的平台无关性，使用 Java 编写的应用程序可以运行在任何支持 Java 语言的平台上，而无须针对不同平台编写不同的应用程序。将 Java 和 JDBC 结合起来操作数据库，可以真正实现“一次编写，处处运行”。

JDBC 由一组用 Java 语言编写的类和接口组成。它提供了对数据库操作的基本方法，但是对数据库的细节操作应由数据库厂商实现，且他们通常需要提供数据库的驱动程序，图 5.1 给出了 Java 程序与数据库相交互的示意图。

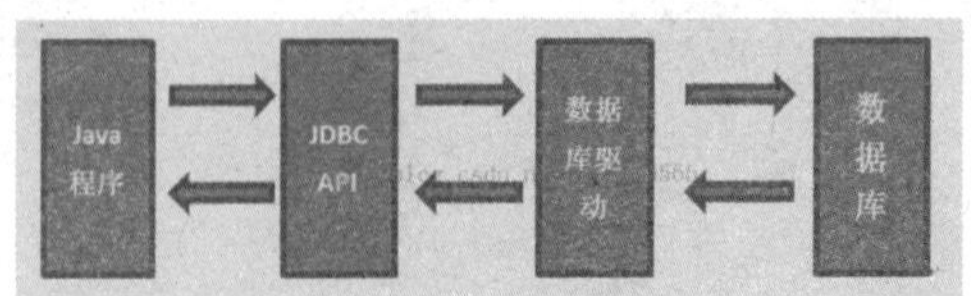

图 5.1　Java 程序与数据库的交互

5.1.2　JDBC 连接数据库的过程

1. 下载驱动包

在 JDK 中，因为没有包含数据库的驱动程序，所以使用 JDBC 操作数据库时，需要下载数据库厂商提供的驱动包，并导入到自己的开发环境中。

2. 注册数据库驱动

使用 JDBC 连接数据库前，要将厂商提供的数据库驱动程序注册到 JDBC 的驱动管理器中。这一过程通常需要使用数据库驱动类加载到 JVM 来实现。

3. 构建数据库连接 URL

URL 由数据库厂商制定。不同数据库的 URL 不完全相同，但都符合一个基本的格式，即“JDBC 协议+IP 地址或域名+端口+数据库名称”。

极客学院
jikexueyuan.com

极客学院在线视频学习网址：
http://www.jikexueyuan.com/course/566_1.html
手机扫描二维码

JDBC 技术简介

5.2　JDBC 的 API

JDBC 是 Java 程序操作数据库的标准,它由一组用 Java 语言编写的类和接口组成。Java 通过 JDBC 可以对多种关系数据库进行统一访问。下面介绍主要类和接口的作用，详细方法请参考 J2SE 的 API。

5.2.1　Connection 接口

用于建立与特定数据库的连接会话，只有获得特定数据库的连接对象，才能访问该数据库，操作其中的数据表、视图和存储过程等。

5.2.2　DriverManager 类

主要作用于用户及驱动程序之间。它是 JDBC 中的管理层，通过它可以管理数据库厂商提供的驱动程序，并建立应用程序与数据库之间的连接。

5.2.3　Statement 接口

Statement 接口封装了执行 SQL 语句和获取查询接口的基本方法。

5.2.4　PreparedStatement 接口

用于将程序中的变量做查询条件的参数等。使用 Statement 接口进行操作过于烦琐且存在安全缺陷，而 PreparedStatement 接口继承 Statement 接口，且对带有参数 SQL 语句的执行操作进行了扩展。应用于 PreparedStatement 接口中的 SQL 语句可以使用占位符“?”来代替 SQL 语句中的参数，然后再对其进行赋值。

5.2.5 ResultSet 接口

ResultSet 对象封装了数据查询的结果集。它包含了符合 SQL 语句的所有行，同时针对 Java 中的数据类型提供了一套 getXXX()的方法，通过这些方法可以获取每一行中的数据。ResultSet 接口还提供了光标的功能，通过光标可以自由定位到某一行中的数据。

5.3 使用 JDBC 连接 MySQL 数据库

在 Java Web 项目的开发过程中，经常会涉及到数据库的操作，需要与数据库建立安全、有效的连接。利用 JDBC，用户便可以安全地访问各种各样的数据库。

5.3.1 下载并安装 MySQL JDBC 驱动

MySQL 官方网站提供的 JDBC 的驱动程序是 Connector/J，其目前的最新版本是 5.1.37。在浏览器地址栏输入 http://www.mysql.com/downloads/connector/j/就可以进入 Connector/J 5.1.37 的下载页面，如图 5.2 所示。

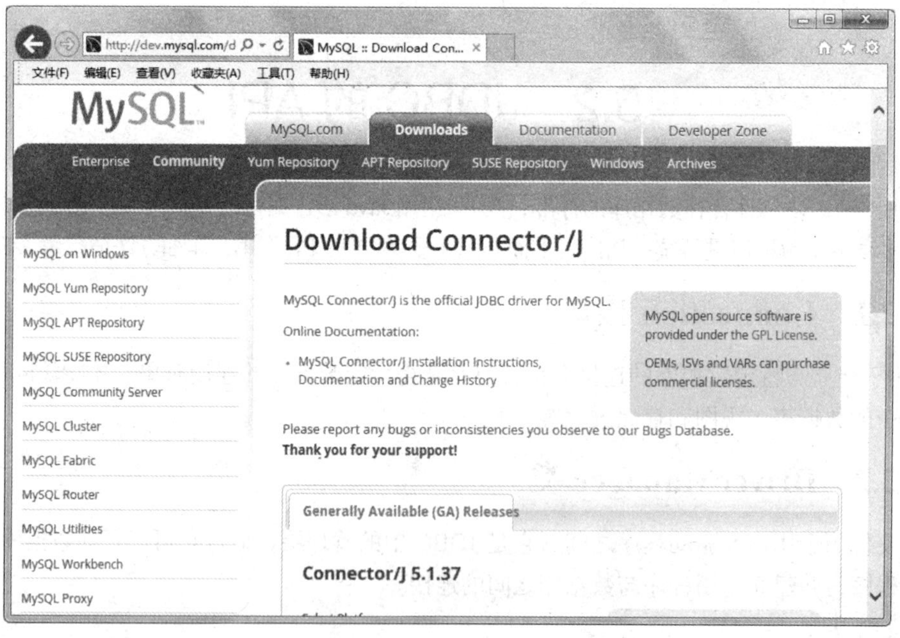

图 5.2 Connector/J 5.1.37 下载页面

在页面上直接单击“Platform Independent (Architecture Independent), ZIP Archive”的列表后面的下载按钮，这样就能够下载可以在 Windows 平台上运行的 mysql-connector-java-5.1.37.zip 文件，同时在解压缩的目录下可以找到 mysql-connector-java-5.1.37-bin.jar 包。JDBC 只有通过这个 JAR 包才能正确地连接到 MySQL 数据库。

5.3.2　Java 程序连接 MySQL 数据库

假设有 student 表，其属性有两个，分别为 studentid 和 studentname，类型都为 String。下面使用 student 表讲述 JDBC 连接数据库的步骤。

（1）调用 Class.forName()方法加载相应的数据库驱动程序

加载 MySQL 的驱动程序的语句如下。

```
Class.forName("com.mysql.jdbc.Driver");
```

（2）定义要连接数据库的地址 URL

注意：不同数据库的连接地址不同。地址 URL 的格式为：jdbc:<子协议>:<子名称>。假设要连接的数据库为 MySQL 数据库，则语句如下。

```
String mysqlURL="jdbc:mysql://host:port/dbName";  //dbName 是数据库名
```

（3）使用适当的驱动程序类建立与数据库的连接

调用 DriverManager 对象的 getConnection()方法，获得一个 Connection 对象。它表示一个打开的连接，其语句如下。

```
Connection conn=DriverManager.getConnection(URL,"数据库用户名","密码");
```

（4）创建语句对象

① 使用 Connection 接口的 CreateStatement 方法创建一个 Statement 语句对象。该对象用于传递不带参数的 SQL 语句给 DBMS 数据库管理系统来执行。其语句如下。

```
Statement stmt=conn.createStatement();
```

② 使用 Connection 接口的 PrepareStatement 方法创建一个 PreparedStatement 语句对象。该对象用于传送带有一个或多个输入参数的 SQL 语句。例如：

```
PreparedStatement psm=conn.prepareStatement("INSERT INTO book(studentid,studentname)
VALUES(12,'刘强强')");
```

③ 使用 Connection 接口的 PrepareCall 方法创建一个 CallableStatement 语句对象。该对象用于调用存储过程。例如：

```
CallableStatement csm=conn.prepareCall("{call validate(?,?)}");
```

其中，validate 是存储过程名。

（5）执行语句

调用 Statement 接口的 executeQuery、executeUpdate 及 execute 三个方法执行 SQL 语句。

其中，executeQuery 方法用于执行 SELECT 查询语句，并返回单个结果集，保存在 ResultSet 对象中。例如：

```
String sql="SELECT * FROM student";
ResultSet rs=stmt.executeQuery(sql);
```

executeUpdate 方法用于执行 SQL 的 INSERT、UPDATE 和 DELETE 等 DML(Data Manipulation Language)语句。此时，返回 SQL 语句执行时操作的数据表中受影响的行数，返回值是一个整数。除此之外 executeUpdate 方法还可用于执行 SQL 的 CREATE TABLE、DROP TABLE 等 DDL（Data Definition Language）数据库定义语言语句。此时，返回值为 0。例如：

```
String sql="DELETE FROM book WHERE sutdentid="+"'37' ";
```

```
int n=stmt.executeUpdate(sql);
```

execute 方法既可以执行查询语句，也可以执行更新语句，常用于动态处理类型未知的 SQL 语句。

（6）对返回的结果集 ResultSet 对象进行处理

ResultSet 对象包含了 SQL 语句的执行结果，使用 get 方法可实现对结果行中每列数据的访问；使用 next 方法用于移动到 ResultSet 的下一行。例如，用来显示结果集中所有记录前两列的文件代码如下。

```
String sql="SELECT * FROM student";
ResultSet rs=stmt. executeQuery(sql);
//对结果集进行迭代
while(rs.next()){
   studentid=rs.getString(1);
   studentname=rs.getString(2);
   System.out.println(studentid+","+studentname);
}
```

（7）关闭连接

操作完成后要关闭所有 JDBC 对象，即关闭结果集、语句对象和连接对象。

归纳起来，使用 JDBC 访问 MySQL 数据库的关键代码如下。

```
String dbDriver = " com.mysql.jdbc.Driver ";                         //声明 MySQL 数据库驱动
String url = " jdbc:mysql://host:port/dbName";                       //声明数据源
Connection conn = null;                                              //声明与数据库的连接
Statement stmt = null;                                               //声明执行 SQL 语句
ResultSet rs = null;                                                 //声明结果集
...
Class.forName(dbDriver);                                             //加载数据库驱动
conn = DriverManager.getConnection(url,"数据库用户名","密码");       //连接数据库
stmt = conn.createStatement();                                       //创建 Statement 对象
rs = stmt.executeQuery("SELECT * FROM tablename");                   //执行查询语句
while(rs.next())
{
...
}
rs.close();
stmt.close();                                                        //关闭连接
conn.close();
```

5.4 JDBC 操作数据库

使用 JDBC 操作数据库包括：添加数据、查询数据、更新数据和删除数据等操作。本节将介绍相关对象的调用方法。

5.4.1 添加数据

使用 SQL 语句为数据表添加新的记录，Statement 对象调用方法如下。

```
public int executeUpdate(String sqlStatement);
```

通过参数 sqlStatement 指定的方式实现向数据库的表中添加新记录，例如，下述语句将向表 students 中添加一条新的数据记录。

```
stmt.executeUpdate("INSERT INTO students (n0,sname,math,English,chinese) VALUES ('201504', 'liuqiangqiang', 97,99,98));
```

5.4.2　查询数据

有了 SQL 语句对象后，就可以调用相应的方法实现对数据库中表的查询，并将查询结果存放在一个 ResultSet 类声明的对象中，也就是说，SQL 语句对数据库的查询操作将返回一个 ResultSet 对象。

```
ResultSet rs=sql.executeQuery("SELECT * FROM 成绩表");
```

ResultSet 对象是由统一形式的列组织的数据行组成。ResultSet 对象一次只能展示一个数据行，并需要使用 next()方法移动到下一数据行。

极客学院
jikexueyuan.com

极客学院在线视频学习网址：

http://www.jikexueyuan.com/course/566_3.html

手机扫描二维码

JDBC 编程之数据查询

5.4.3　修改数据

同样使用 Statement 对象调用方法更新记录中字段的值。该 Statement 对象调用方法如下。

```
public int executeUpdate(String sqlStatement);
```

通过参数 sqlStatement 指定的方式实现对数据库表中记录的字段值的更新，例如,下述语句将表 students 中王名同学的数学字段的值更新为 88。

```
executeUpdate("UPDATE students SET 数学成绩 = 88 WHERE 姓名='王名'");
```

可以使用一个 Statement 对象进行更新和查询操作。需要注意的是，当查询语句返回结果集后，如果没有立即输出结果集的记录，而是接着执行了更新语句，那么结果集就不能输出记录了。若要想再输出记录，就必须重新返回结果集。

极客学院
jikexueyuan.com

极客学院在线视频学习网址：

http://www.jikexueyuan.com/course/566_4.html

手机扫描二维码

JDBC 编程之数据更新

5.4.4 删除数据

可以使用 SQL 语句删除记录，Statement 对象调用方法如下。

```
public int executeUpdate(String sqlStatement);
```

通过参数 sqlStatement 指定的方式删除数据库表中的记录，例如，下述 SQL 语句将删除学号是 201509 的记录：

```
executeUpdate("DELETE FROM students WHERE 学号 ='201509');
```

5.5 JDBC 在 Java Web 中的应用

5.5.1 开发模式

JDBC 支持 B/S 和 C/S 两种模式。API 既支持数据库访问的两层模型（C/S），同时也支持三层模型（B/S）。在两层模型中，JavaApplet 或应用程序将直接与数据库进行对话。这将需要一个 JDBC 驱动程序来与所访问的特定数据库管理系统进行通信。用户的 SQL 语句由模型层直接发送到数据库，而其结果又将被直接送回给用户。执行这一过程的网络可以是 Intranet 或者 Internet。

在三层模型中，命令先是被发送到服务的“中间层”，然后再由它将 SQL 语句发送给数据库。数据库对 SQL 语句进行处理并将结果送回到“中间层”，由它再将结果送回给用户。MIS 主管们都发现三层模型很吸引人，因为可用“中间层”来控制对公司数据的访问和可做的更新种类。“中间层”的优点是：用户可以利用易于使用的高级 API，而“中间层”将把它转换为相应的低级调用。

由于 C 或 C++语言执行速度较快，所以“中间层”通常用它们来编写，然而，随着最优化编译器的引入，可以使用 Java 来实现“中间层”。这使得人们可以充分利用 Java 的诸多优点。JDBC 对于从 Java 的“中间层”来访问数据库非常重要。

5.5.2 分页查询

数据库通常有很多数据，很难在一个页面上展示所有数据，这就需要使用分页查询显示技术。假设总记录数为 m，每页显示数量是 n，那么总页数的计算公式如下。

（1）如果 m 除以 n 的余数大于 0，总页数等于 m 除以 n 的商加 1；

（2）如果 m 除以 n 的余数等于 0，总页数等于 m 除以 n 的商。

即总页数=$(m\%n)==0?(m/n):(m/n+1)$。如果准备显示第 p 页的内容，应当把光标移动到第 $(p-1)*n+1$ 条记录处。

5.5.3 JSP 通过 JDBC 驱动 MySQL 数据库实例

【例 5-1】 使用 JSP 和 JDBC 展示数据库中的图书记录。

开发过程如下。

（1）首先在 MySQL 数据库中建立图书数据库 books，并在该数据库中建立图书数据表 book，然后在该表中插入数据。SQL 语句如下。

```
    create database books;                         //创建 books 数据库
    use books;                                     //设定 books 为当前使用数据库
    create table book(bookId varchar(50),bookName varchar(180),publisher varchar(100),
price float,constraint pk_book primary key(bookId))TYPE=MyISAM,default character set gbk;
                                                   //创建 book 数据表
                                                   //以下 5 条在 book 数据表中插入数据
    insert into book values('TCP-H-JAVA001', 'Java 从入门到精通（第 3 版）（附光盘）','清华大学
工业出版社','37.00');
    insert into book values('TCP-H-JAVA002', 'Java Web 技术整合应用与项目实战(JSP+Servlet+
Struts 2+Hibernate+Spring3) ','清华大学工业出版社','89.00');
    insert into book values('TCP-H-JAVA003', '基于 MVC 的 Java Web 设计与开发','电子工业出版社
','29.00);
    insert into book values('TCP-H-JAVA004','J2EE 应用与 BEA Weblogic Server','电子工业出版
社',46.00)
    insert into book values('TCP-H-JAVA005','精通 EJB','电子工业出版社','49.00);
```

使用 MySQL Workbench 输入上述 SQL 语句，如图 5.3 所示，运行这些 SQL 语句，将创建图书数据库 books 和图书数据表 book。

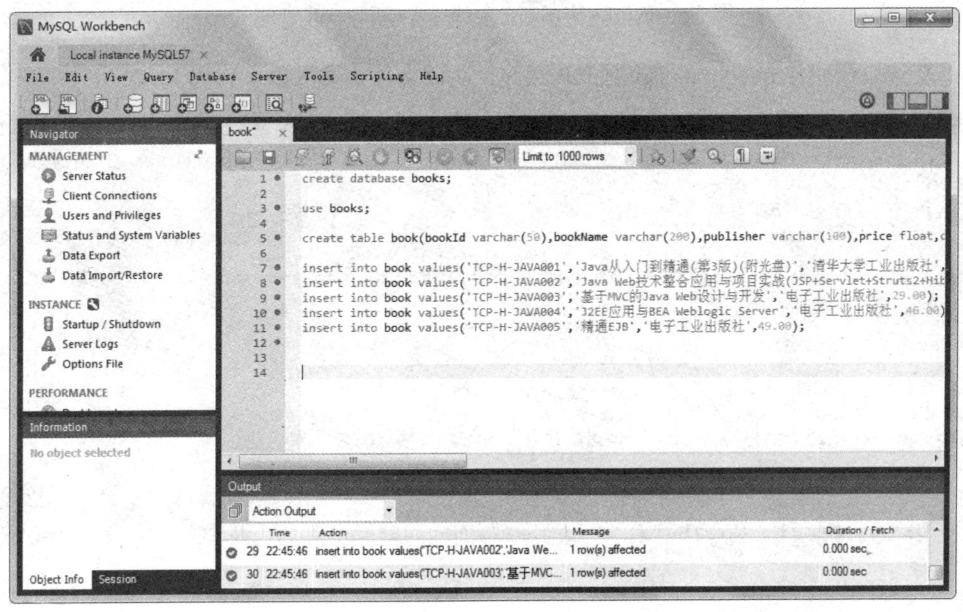

图 5.3　使用 MySQL Workbench 运行建库语句

极客学院
jikexueyuan.com
极客学院在线视频学习网址：
1.http://www.jikexueyuan.com/course/911_3.html
2.http://www.jikexueyuan.com/course/911_4.html
手机扫描二维码
JDBC 编程之数据准备
JDBC 连接 MySQL 数据库

（2）在 Eclipse 中建立一个名为 firstJDBC 的 Dynamic Web Project 项目，如图 5.4 所示。

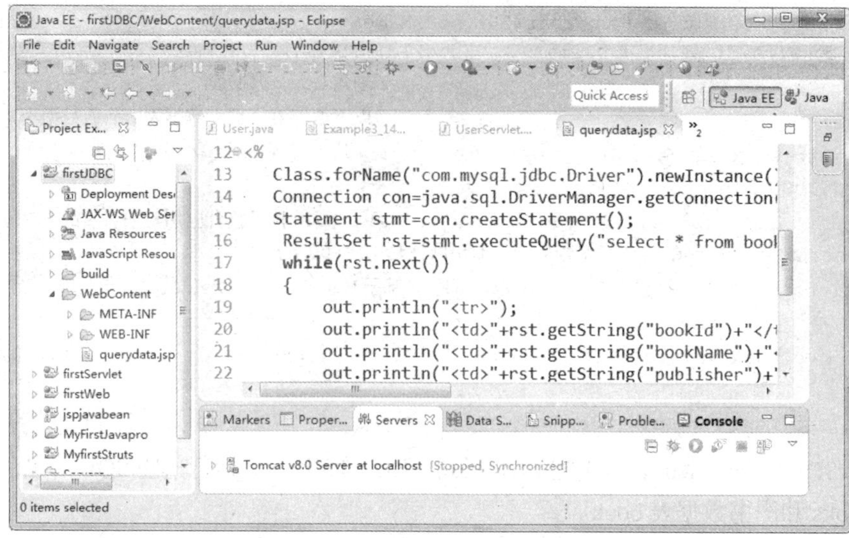

图 5.4 Eclipse 中建立一个名为 firstJDBC 的项目

（3）新建一个叫作 querydata.jsp 的 JSP 文件，在该文件中输入以下代码。

```
<%@ page contentType="text/html; charset=gb2312" language="java" import="java.sql.*"% >
<!DOCTYPE html PUBLIC "-//W3C//DTD HTML 4.01 Transitional//EN" "http://www.w3.org/TR/html4/loose.dtd">
<html>
<head>
<meta http-equiv="Content-Type" content="text/html; charset=gb2312">
<title>图书清单列表</title>
</head>
<body>
<table border=1>
<tr><td>ID</td><td>书名</td><td>出版社</td><td>价格</td></tr>

<%
   Class.forName("com.mysql.jdbc.Driver").newInstance();
   Connection
con=java.sql.DriverManager.getConnection("jdbc:mysql://localhost/Books?useUnicode=true&characterEncoding=GBK","root","123456");
   Statement stmt=con.createStatement();
    ResultSet rst=stmt.executeQuery("select * from book");
    while(rst.next())
    {
        out.println("<tr>");
        out.println("<td>"+rst.getString("bookId")+"</td>");
        out.println("<td>"+rst.getString("bookName")+"</td>");
        out.println("<td>"+rst.getString("publisher")+"</td>");
        out.println("<td>"+rst.getFloat("price")+"</td>");
        out.println("</tr>");
    }
    rst.close();
    stmt.close();
    con.close();
```

```
    %>                                              //关闭连接、释放资源
  </table>
  </body>
  </html>
```

（4）将下载的 JDBC 连接 jar 文件 mysql-connector-java-3.1.10-bin.jar 复制到 Tomcat 安装目录的 lib 目录下，如图 5.5 所示。

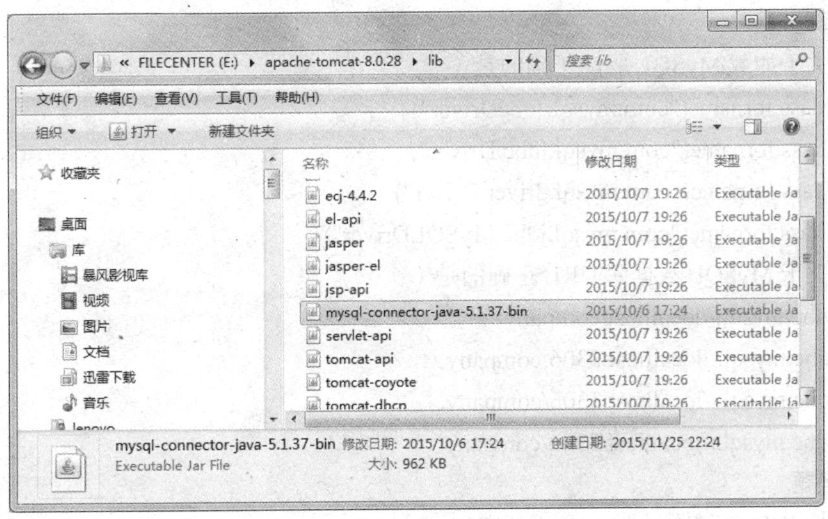

图 5.5　mysql-connector-java-3.1.10-bin.jar 复制到指定目录

（5）在 Eclipse 中运行该 Querydata.jsp 文件或者在浏览器中输入“http://localhost:8080/firstJDBC/querydata.jsp”，按“Enter”键后的运行结果如图 5.6 所示。

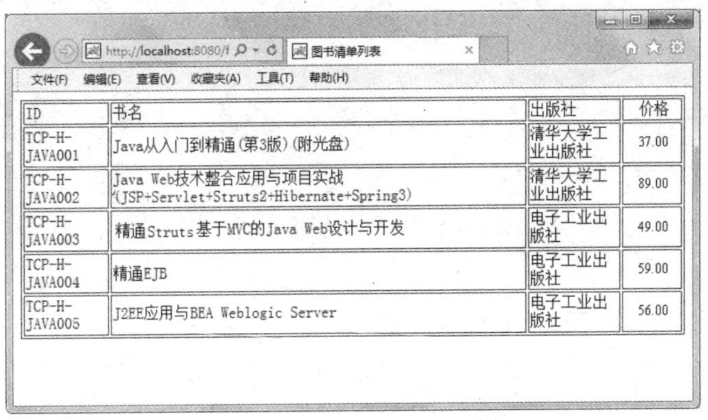

ID	书名	出版社	价格
TCP-H-JAVA001	Java从入门到精通(第3版)(附光盘)	清华大学工业出版社	37.00
TCP-H-JAVA002	Java Web技术整合应用与项目实战(JSP+Servlet+Struts2+Hibernate+Spring3)	清华大学工业出版社	89.00
TCP-H-JAVA003	精通Struts基于MVC的Java Web设计与开发	电子工业出版社	49.00
TCP-H-JAVA004	精通EJB	电子工业出版社	59.00
TCP-H-JAVA005	J2EE应用与BEA Weblogic Server	电子工业出版社	56.00

图 5.6　访问数据库结果列表

5.6　本章小结

本章介绍了 JDBC 技术的基本概念，通过 JDBC 连接 MySQL 数据库的一般步骤，JDBC 常用 API 接口，以及通过 JDBC 操作数据库（添加数据，查询数据，修改数据和删除数据），最后

给出了一个 JSP 通过 JDBC 访问 MySQL 数据库的实例。学习过本章的内容后，读者就可以使用 JDBC 对数据库进行基本编程了。

习　　题

一、选择题

1. 下面关于加载 MySQL 驱动正确的是（　　）。
   A. Class.forname("com.mysql.JdbcDriver")
   B. Class.forname("com.mysql.jdbc.Driver")
   C. Class.forname("com.mysql.driver.Driver")
   D. Class.forname("com.mysql.jdbc.MySQLDriver")
2. 下面关于 MySQL 数据库 URL 正确的是（　　）。
   A. jdbc:mysql://localhost/company
   B. jdbc:mysql://localhost:3306:company
   C. jdbc:mysql://localhost:3306/company
   D. jdbc:mysql://localhost/3306/company

二、简答题

1. 什么是 JDBC？在什么时候会用到它？
2. JDBC 的 Statement 是什么？
3. 简述 execute、executeQuery 和 executeUpdate 的区别。

第 6 章 Struts 基础

从本章开始将主要介绍 JavaEE（Java 1.5 版本前被称为 J2EE）三大框架中经典的 MVC（Model View Controller，是模型—视图—控制器的缩写）框架——Struts 2。Struts 2 是流行的、成熟的基于 MVC 设计模式的 Web 应用程序框架。它是在 Struts 1 和 WebWork 的技术基础上进行了合并后形成的全新框架。本章将首先介绍 MVC 原理，接着介绍 Struts 2 的工作原理、Struts 2 的 MVC 思想及技术优势，然后介绍使用 Struts 2 开发前需要做的准备工作，最后通过一个实例讲解使用 Struts 2 框架进行开发的完整过程。

6.1 Struts 开发基础

本章将从 MVC 概念入手，循序渐进地介绍 Struts 的原理及其开发优势。在进行 Tomcat 服务器及其插件和 Struts 的下载、安装、配置等准备工作完成后，通过实例讲解使用 Struts 框架开发的全过程。

6.1.1 MVC 的基本概念

随着应用系统的功能变得越来越复杂，系统的业务逻辑也变得更为复杂。在这种情况下，如果将系统的所有逻辑处理都放在 JSP 页面中，那么若想修改系统功能，就只能打开那些杂乱冗长的 JSP 脚本程序进行修改，这不但费时、费力还很难保证代码质量。MVC 架构的出现为解决该问题提供了一个优秀的解决方案。

MVC 将一个应用系统的输入、处理和输出流程按照 Model（模型）、View（视图）和 Controller（控制器）三部分进行分离，划分成模型层、视图层和控制层。三层之间以最少的耦合来协同工作，从而提高了应用系统的可扩展性和可维护性。

MVC 思想的核心就是分层。它将系统的各个组件进行分类，不同的组件扮演不同的角色，然后将系统中的组件分隔到不同的层中，这些组件将被严格限制在其所在的层内。各层之间则以松散耦合的方式组合在一起，从而保证了良好的封装性。MVC 三层之间的关系如图 6.1 所示。

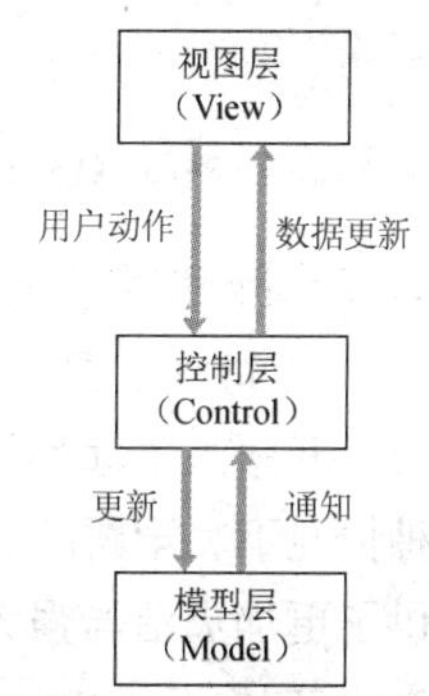

图 6.1 MVC 各层间的关系

1. 模型层

模型层代表的是数据和其对应的业务逻辑。它负责对数据进行处理和更新。通常，模型和现实世界对数据的处理过程类似，业务处理的过程对于视图层和控制层来说是黑箱操作：模型层接受视图层（通过控制层传送到）的请求数据，并返回最终的处理结果，以更新视图层。

2. 视图层

视图层实际上是模型层中各个模型的具体表现形式。它通过模型得到数据，然后再根据需要进行显示。视图层必须保持着与模型层的数据模型一致，即当模型层的数据发生变化时，视图层必须随之变化。

3. 控制层

控制层在 MVC 结构中连接模型层和视图层，起到了纽带的作用。它将视图层的交互信息进行过滤等处理后，再传送到模型层相应的业务逻辑处理程序进行处理。

在 Web 应用中，视图层首先向控制层发送信息，控制层接收到请求后，再把请求信息传递给模型层，告知模型应该做什么处理，接着，模型接收请求数据，并产生最终的处理结果。模型层对应的动作包括：业务处理和模型状态的改变，最后根据模型层产生的结果，控制层将数据反馈给用户，并在浏览器中显示。

总的来说，MVC 有如下特点。

- 低耦合性。MVC 架构通过分层，降低了层与层之间的耦合，提高了程序的可扩展性，有助于程序员灵活地进行编码。
- 一个模型可以对应多个视图。按照 MVC 的设计模式，一个模型对应多个视图，可以提高代码的可维护性。即使模型发生变化，也方便维护。
- 模型返回的数据与显示逻辑分离。模型数据可以应用任何的显示技术，各层只负责自己的任务，而不用去管其他层的任务。
- 有利于工程化管理。MVC 将不同的模型和不同的视图组合在一起进行管理，层与层之间分离，每一层都有各自的特色。由于代码可复用，因此降低了软件开发周期。

MVC 简介

6.1.2 Struts 的工作原理

1. Struts 概述

Struts 1 是真正意义上的 MVC 模式，发布后受到了广大程序开发人员的认可，但是性能高效、松耦合、低侵入永远是开发人员追求的理想状态，而 Struts1 在这些方面又恰恰存在着不足之处。在这种情况下，全新的 Struts 2 框架应运而生。它弥补了 Struts 1 框架中存在的缺陷和不足，并且还提供了更加灵活与强大的功能。

Struts 2 并不是 Struts 1 的升级版，而是一个全新的框架，甚至在体系结构上与 Struts 1 也存在着较大的差距。它将 Struts 技术与 WebWork 技术完美地结合起来，从而拥有非常广阔的使用前景。WebWork 是在 2002 年发布的一个开源 Web 框架，与 Struts 1 相比，其功能更加灵活。

2. Struts 2 工作流程

Struts 2 是一个全新的开发框架，图 6.2 所示为 Struts 2 的体系结构图。

使用 Struts 2 框架处理一个用户请求大致可分为以下步骤。

（1）用户发出一个 HttpServletRequest 请求。

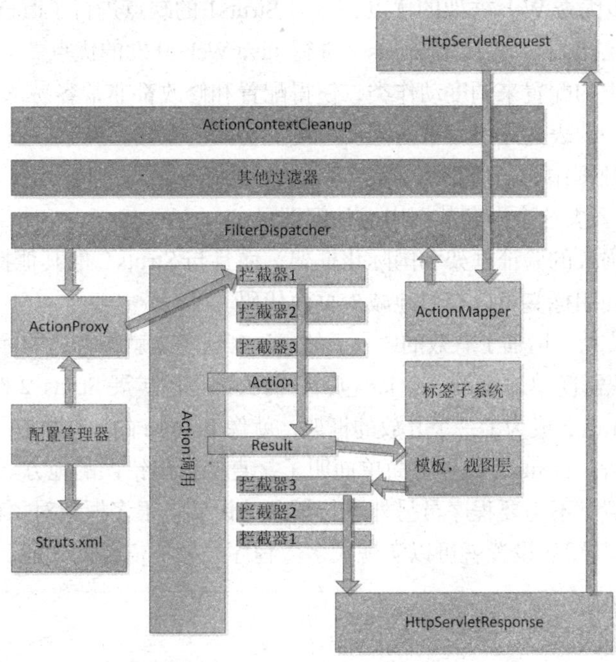

图 6.2　Struts 2 体系结构图

（2）该请求经过一系列的过滤器 Filter 来传送。

（3）调用 FilterDispatcher。FilterDispatcher 是控制器的核心，它通过询问 ActionMapper 来确定该请求是否需要调用某个 Action。如果需要调用某个 Action，则 FilterDispatcher 就把请求转交给 ActionProxy 处理。

（4）ActionProxy 通过配置管理器 Configuration Manager 询问框架的配置文件 Struts.xml，从而找到需要调用的 Action 类。

（5）ActionProxy 创建一个 ActionInvocation 的实例，该实例使用命名模式来调用。在 Action 执行的前后，ActionInvocation 实例根据配置文件加载与 Action 相关的所有拦截器 Interceptor。

（6）一旦 Action 执行完毕，ActionInvocation 实例就根据 Struts.xml 文件中的配置找到相对应的返回结果。返回结果通常是一个 JSP 或者 FreeMarker 的模板。其中，FreeMarker 是一个用 Java 语言编写的模板引擎，它基于模板来生成文本输出。FreeMarker 与 Web 容器无关，即在 Web 运行时，它并不知道 Servlet 或 HTTP。

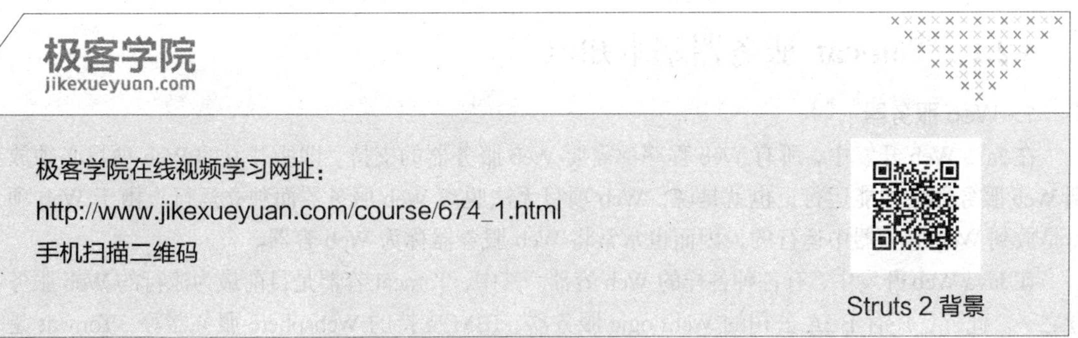

6.1.3 Struts 2 的优点

Struts 2 融合了许多优秀 Web 框架的优点，并对 Struts1 的缺点进行了改进，使得其在开发中具有更大的优势。下面给出了一些使用 Struts 2 进行 Java Web 开发的优点。

- 提供简单、集中的配置来调度动作类，使得配置和修改都非常容易。
- 提供简单、统一的表达式语言来访问所有可供访问的数据。
- 提供内存式的数据中心。所有可供访问的数据都集中存放在内存中，所以在调用时不需要将数据传来传去，只要去这个内存数据中心访问即可。
- 提供标准的、强大的验证框架和国际化框架，而且与 Struts 2 的其他特性紧密结合。
- 强大的标签。使用标签可以有效地减少页面代码。
- 良好的 AJAX 支持。增加了有效的、灵活的 AJAX 标签，就像普通的标准 Struts 标签一样。
- 简单的插件。只需简单地放入一个 jar 包，任何人都可以扩展 Struts 2 框架，而不需要什么特殊的配置。这使得 Struts 2 成为了一个开放的框架，就像 Eclipse 的插件机制一样，简单、易用。
- 明确的错误报告。Struts 2 的异常简单而明了，直接指出错误的地方。
- 智能的默认设置，不需要程序员另外进行烦琐的设置。很多框架对象都有一个默认的值，不用再进行设置，使用其默认设置就可以实现大多数程序开发所需要的功能。

极客学院
jikexueyuan.com

极客学院在线视频学习网址：
http://www.jikexueyuan.com/course/674_2.html
手机扫描二维码

Struts 2 框架的意义

6.2 Struts 开发准备

本节归纳概述了为进行 Struts 2 项目开发需要做的准备工作，包括：Tomcat 及其插件的下载、安装和配置，部署 Struts 2 开发环境的过程等工作。一些具体过程可参考第 2 章 Java Web 开发环境。部署 Struts 2 的开发环境时，首先要下载 Struts 2 开发包，然后将 Struts 2 的类库引入到项目中。为了简化项目开发，还可以使用 Struts 2 的相关插件来辅助开发。

6.2.1 Tomcat 服务器基本知识

1. Web 服务器

在 Java Web 开发中，所有 Web 程序都需要 Web 服务器的支持，即所开发的 Web 项目必须放到 Web 服务器中才能运行，也就是说，Web 项目无法脱离 Web 服务器而独立运行。由于 Web 项目是放到 Web 服务器中运行的，因而也常常将 Web 服务器称为 Web 容器。

在 Java Web 开发中，有各种各样的 Web 容器。其中，Tomcat 容器是目前最为流行的 Web 服务器之一。此外，还有 BEA 公司的 WebLogic 服务器，IBM 支持的 Websphere 服务器等。Tomcat 是

Apache 开源项目中的一个子项目，是一个小型的轻量级的支持 JSP 和 Servlet 技术的 Web 服务器。

2. Web 服务器工作原理

Java Web 应用是基于 B/S（浏览器/服务器）结构的应用。浏览器的功能只能够解析 HTML 代码、CSS 代码、JS 代码等，不能解析 Java Web 应用程序，如 JSP。所以，用户需要将 Web 应用程序部署到 Web 应用服务器，并由 Web 服务器来解析处理。具体工作流程如下。

（1）浏览器发送 HTTP 请求，比如：一个 URL 地址 http：//www.sohu.com。

（2）Web 服务器根据地址解析 Web 程序，解析过程中可能做出一些业务逻辑的处理。

（3）最后，将解析后得到的页面返回给浏览器。

具体工作流程如图 6.3 所示。

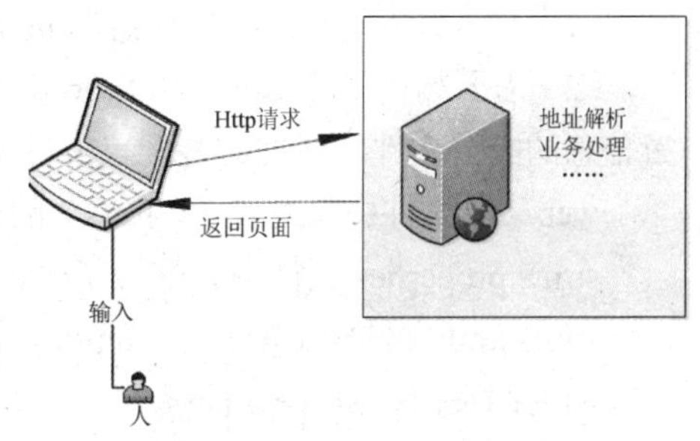

图 6.3 Web 服务器工作流程

6.2.2 下载并安装 Tomcat 服务器

目前，Tomcat 服务器的最高版本是 Tomcat 8.0.28。本书采用的正是该版本的 Tomcat 服务器，也可以登录 Tomcat 官网 http://tomcat.apache.org，下载需要的版本。

极客学院
jikexueyuan.com

极客学院在线视频学习网址：

http://www.jikexueyuan.com/course/2064.html

http://www.jikexueyuan.com/course/2143.html

手机扫描二维码

Tomcat 安装　　Tomcat 启动与停止

6.2.3 在 Eclipse 中部署 Tomcat

Tomcat 服务器下载并在计算机上安装后，需要在开发环境 Eclipse 中部署 Tomcat，在完成 Eclipse 和 Tomcat 服务器的集成之后，需要为开发 Web 项目指定浏览器和指定 Eclipse 中 JSP 页面的编码方式。具体在 Eclipse 中部署 Tomcat 的过程请参考本书的 2.3.3 节内容。

6.3 Struts 开发实例

在本节中将以一个简单实例介绍如果创建自己的 Struts 项目，那么该项目的开发过程是怎样的，从而让读者对 Struts 项目有一个更深刻的了解。

6.3.1 MyfirstStruts 项目概述

MyfirstStruts 项目的设计思路如下：用户单击 index.jsp 链接，发送 HTTP 请求。服务器端接收到 HTTP 请求后，调用 web.xml 文件中配置的过滤器的具体方法。通过一系列的内部处理机制，它判断出这个 HTTP 请求和 HelloAction 类所对应的 Action 对象相匹配，最后调用 HelloAction 对象中的 execute()方法处理后，返回相应的值 SUCCESS，然后 Sruts 2 通过这个值可查找到对应的页面即 success.jsp，最后返回给浏览器。开发过程需要注意以下细节问题。

（1）导入开发 Struts 项目所需的 jar 包，否则会报错。

（2）需要编写 web.xml、struts.properties 和 struts.xml 文件。这些文件是存放 Struts 2 开发的配置信息的配置文件，通过这些配置文件实现控制层（Controller）的功能。具体来说，

web.xml 文件中，配置了 Struts 2 的核心 Filter 以及进入 Web 页面后的首页 index.jsp。

struts.properties 文件中，配置了 Web 页面的默认编码集。

struts.xml 文件中，配置了 Action 和对应请求之间的对应关系，即名为“hello”的 Action 所对应的返回页面是 success.jsp。

（3）index.jsp 和 success.jsp 文件，属于 MVC 架构的视图层（View），二者利用 Struts 2 的标签库来表示信息。

（4）在模型层（Model）设计开发一个类 HelloAction（对应文件为 HelloAction.java）。这个类即 Action“hello”所对应的类，也就是说所有访问名为“hello”的 Action 都将会把信息转到这个类来处理。Struts 2 的 Action 类通常都继承 ActionSupport 基类。

6.3.2 创建 Struts 工程 MyfirstStruts

首先，创建一个工程 MyfirstStruts。单击 Eclipse 菜单的“File|New”选项，然后在弹出的选项菜单中单击“Dynamic Web Project”，弹出“New Dynamic Web Project”对话框，在“Project name”文本框输入“MyfirstStruts”，如图 6.4 所示。

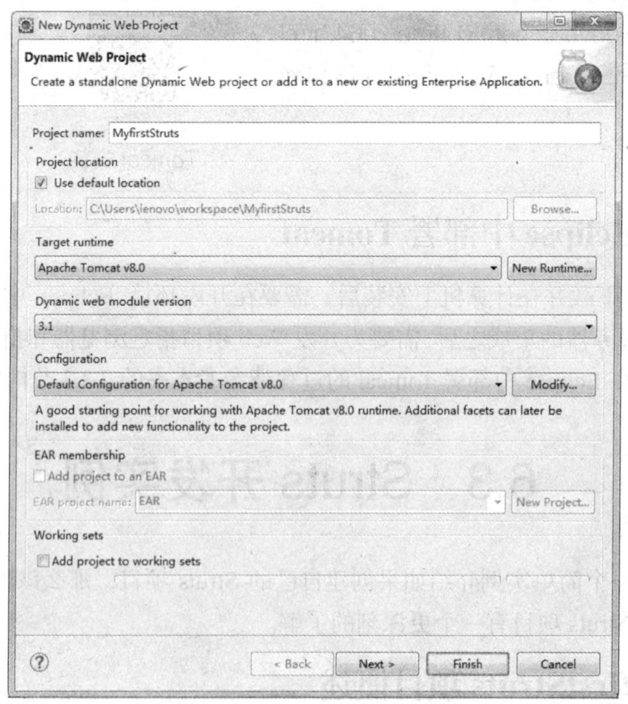

图 6.4 创建工程 MyfirstStruts

6.3.3　在 Eclipse 中部署 Struts 开发包

在 Eclipse 中部署 Struts 开发包的步骤如下。

（1）为了构建 Struts 项目，需要将下载的 Struts 包（从 http://struts.apache.org/官网下载），部署到 Eclipse 项目中。将 Struts 2.2.3.1 压缩包解压后得到的“lib”文件夹打开，得到 Struts 开发中可能用到的所有 jar 包，如图 6.5 所示。选择开发所需要的开发包，如图 6.6 所示，拷贝到自定义路径下。

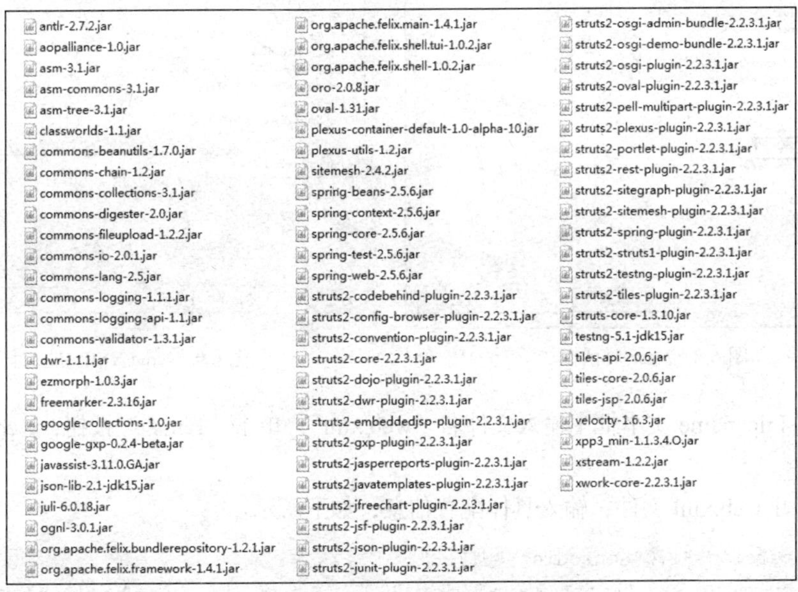

图 6.5　Struts 2 所有的 jar 包

（2）打开 MyfirstStruts 工程，复制图 6.6 中的 jar 包并粘贴到“lib”文件夹中，如图 6.7 所示。

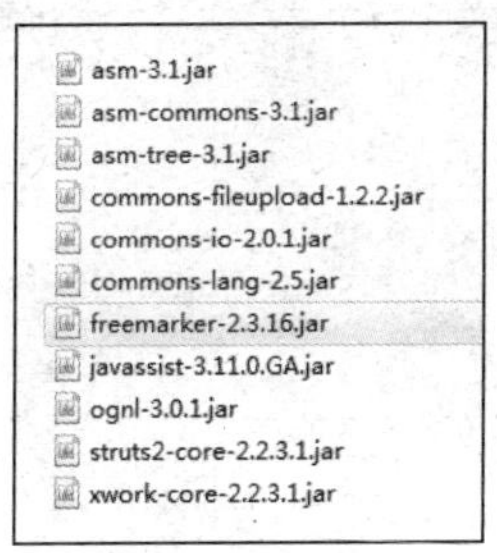

图 6.6　开发所需包

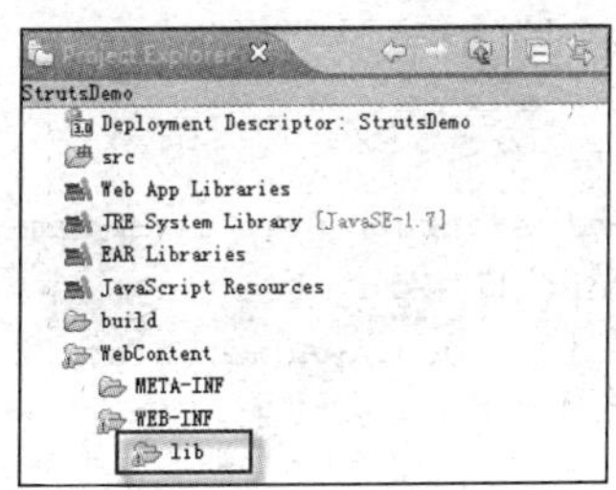

图 6.7　MyfirstStruts 工程

6.3.4　编写工程配置文件 web.xml

部署 Struts 开发包后，下面开始编写工程配置文件，具体步骤如下。

（1）在 WEB-INF 文件夹中创建 web.xml 文件。选中图 6.7 中 MyfirstStruts 工程下的“WEB-INF”节点，右击，在弹出的快捷菜单中依次选择“New|Other”命令，打开“New”对话框，然后在 Wizards 文本框中输入“xml”，如图 6.8 所示。

（2）在图 6.8 中选择“XML File”节点，并单击“Next”按钮，打开“New XML File”对话框，如图 6.9 所示。

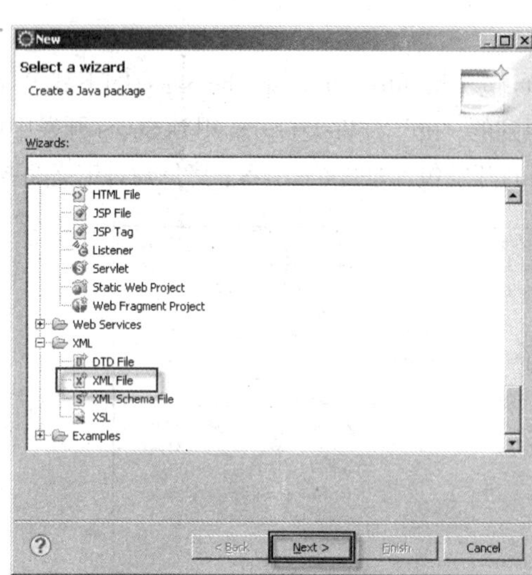

图 6.8　New 对话框

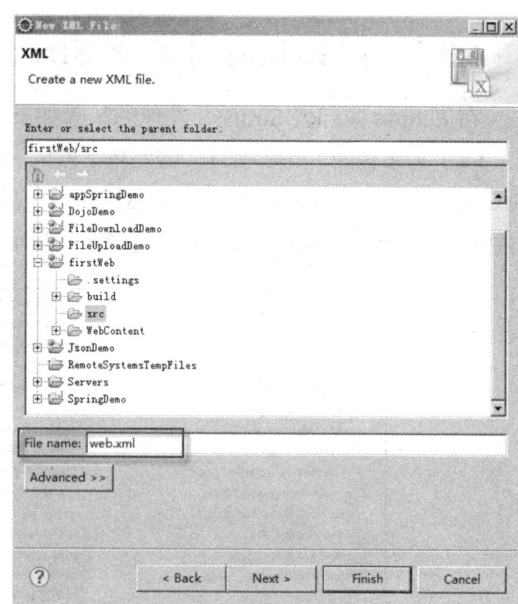

图 6.9　New XML File 对话框

（3）在 File name 文本框中输入文件名“web.xml”，单击“Finish”按钮，web.xml 文件创建成功。

（4）打开 web.xml 文件，输入具体配置信息，如下所示。

```
<?xml version="1.0" encoding="UTF-8"?>
<web-app xmlns:xsi="http://www.w3.org/2001/XMLSchema-instance" xmlns="http://java.sun.
com/xml/ns/j2ee"
 xmlns:javaee="http://java.sun.com/xml/ns/javaee"
xmlns:web="http://java.sun. com/xml/ns/javaee/web-app_2_5.xsd"
xsi:schemaLocation="http://java.sun.com/xml/ns/j2ee http://java.sun.com/xml/ns/j2ee/web-app_2_
4.xsd" id="WebApp_9" version="2.4">
<filter>
  <!-- Filter 名称 -->
  <filter-name>Struts 2</filter-name>
  <!--Filter 入口 -->
  <filter-class>org.apache.Struts 2.dispatcher.ng.filter.StrutsPrepareAndExecute
Filter</filter-class>
</filter>
<filter-mapping>
  <!-- Filter 名称 -->
  <filter-name>Struts 2</filter-name>
  <!-- 截获的所有 URL-->
  <url-pattern>/*</url-pattern>
  </filter-mapping>
<welcome-file-list>
  <!-- 开始页面 -->
    <welcome-file>index.jsp</welcome-file>
  </welcome-file-list>
</web-app>
```

6.3.5　创建 struts.properties 文件

需要为项目添加 Struts 2 中的一个重要配置文件 struts.properties，具体步骤如下。

（1）选中图 6.7 中 MyfirstStruts 工程下的“src”节点，单击鼠标右键，在弹出的快捷菜单中依次选择“New|Other”命令，打开“New”对话框，然后在 Wizards 文本框中输入“file”，如图 6.10 所示。

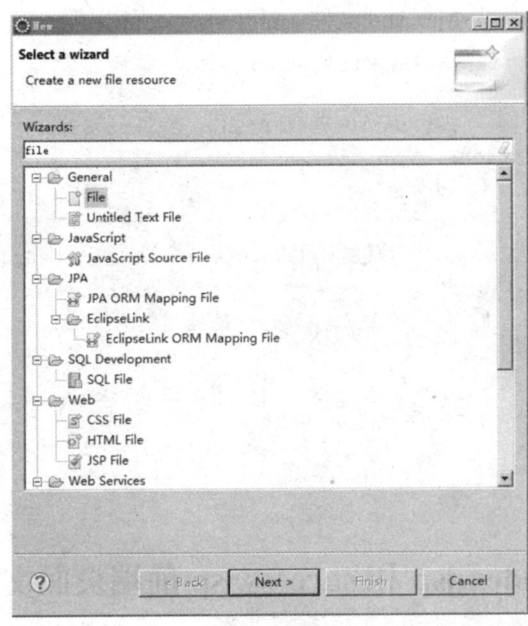

图 6.10　New 对话框

（2）选择“File”节点，单击“Next”按钮，打开“New File”对话框，如图 6.11 所示。

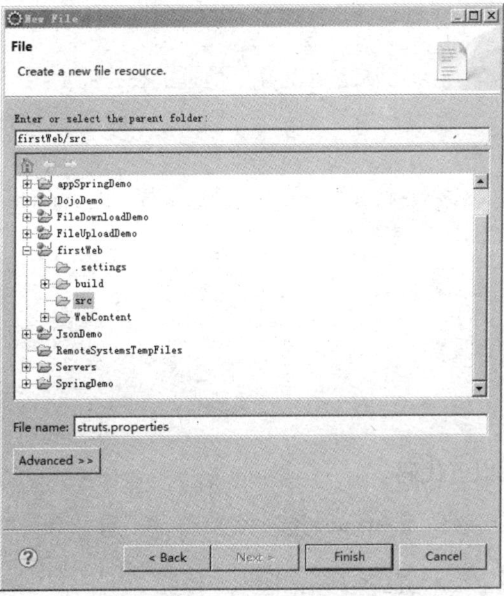

图 6.11　New File 对话框

（3）在图 6.11 所示的 File name 文本框中输入“struts.properties”，单击“Finish”按钮，struts.properties 文件创建成功。

（4）打开 struts.properties 文件，输入如下代码。

```
<struts.i18n.encoding value="UTF-8"/>          <!--设置字符编码常量，防止中文乱码-->
```

6.3.6 编写 struts.xml 控制器文件

在“src”文件夹下创建 struts.xml 文件。打开 struts.xml 文件，输入如下代码。

```
<?xml version="1.0" encoding="UTF-8" ?>
<!DOCTYPE struts PUBLIC
    "-//Apache Software Foundation//DTD Struts Configuration 2.0//EN"
    "http://struts.apache.org/dtds/struts-2.0.dtd">
<!--指定 struts.xml 文件的根元素-->
<struts>
   <!--配置包，包名为 default，该包继承了 Struts 2 框架的默认包 struts-default-->
 <package name="default" namespace="/" extends="struts-default">
 <!--定义名为 hello 的 Action，该 Action 的处理类为 com.action.HelloAction，并映射到
success.jsp 页面-->
<action name="hello" class="com.action. HelloAction ">
          <result>/success.jsp</result>
      </action>
    </package>
</struts>
```

6.3.7 开发 index.jsp 和 success.jsp 前端页面文件

在 MyfirstStruts 工程下的“WebContent”节点下创建文件 index.jsp 和 success.jsp。其中，在 index.jsp 中输入如下代码。

```
<%@ page language="java" contentType="text/html; charset=UTF-8"
    pageEncoding="UTF-8"%>
<%@ taglib prefix="s" uri="/struts-tags"%>
<!DOCTYPE html PUBLIC "-//W3C//DTD HTML 4.01 Transitional//EN" "http://www.w3.org/TR/html4/
loose.dtd">
<html>
<head>
<meta http-equiv="Content-Type" content="text/html; charset=UTF-8">
<title>Insert title here</title>
</head>
<body>
<!--a 标签-->
<s:a action="hello">hello</s:a>
</body>
</html>
```

在 success.jsp 中输入以下代码。

```
<%@ page language="java" contentType="text/html; charset=UTF-8"
    pageEncoding="UTF-8"%>
  <%@ taglib prefix="s" uri="/struts-tags"%>
<!DOCTYPE html PUBLIC "-//W3C//DTD HTML 4.01 Transitional//EN" "http://www.w3.org/TR/html4/
loose.dtd">
```

```
<html>
<head>
<meta http-equiv="Content-Type" content="text/html; charset=UTF-8">
<title>Insert title here</title>
</head>
<body>
    <!--输出 hello 值-->
    <s:property value="hello"/>
</body>
</html>
```

6.3.8　开发后台 Struts 处理程序 HelloAction.java

（1）在 MyfirstStruts 工程下的“src”节点下创建包“com.action”，然后在该包下面创建 HelloAction.java 文件，如图 6.12 所示。

图 6.12　创建 HelloAction.java

（2）打开 HelloAction.java，输入如下代码。

```
package com.action;                    //包名
import com.opensymphony.xwork2.ActionSupport;
public class HelloAction extends ActionSupport{ // HelloAction 从类 ActionSupport 派生
private static final long serialVersionUID=1L;
                                       //Action 属性
private String helo;
                                       //getter 方法
public String getHelo() {
    return helo;
}
                                       //setter 方法
public void setHelo(String helo) {
    this.helo = helo;
}
                                       //重载 execute()方法
public String execute() throws Exception {
    helo="hello,你已经成功地实现了你的第一个 structs 程序！";
    return SUCCESS;
    }
}
```

6.3.9 运行 MyfirstStruts 工程

选择 MyfirstStruts 节点，单击鼠标右键，在弹出的快捷菜单中依次选择“Run As|Run on Server”命令，打开“Run on Server”对话框，最后单击“Finish”按钮，如图 6.13 所示。

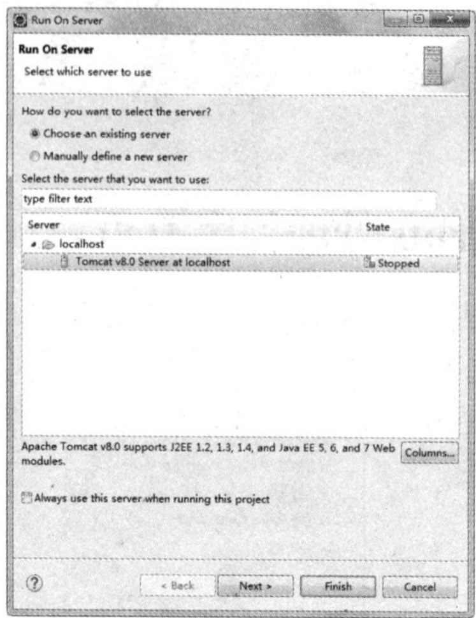

图 6.13 “Run on Server”对话框

运行结果如图 6.14 所示。

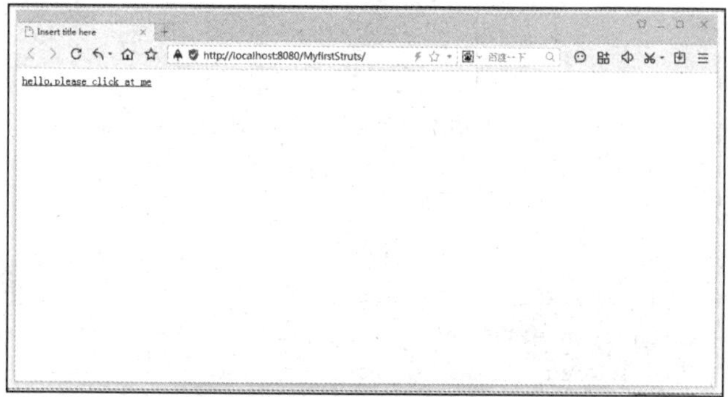

（a）单击前

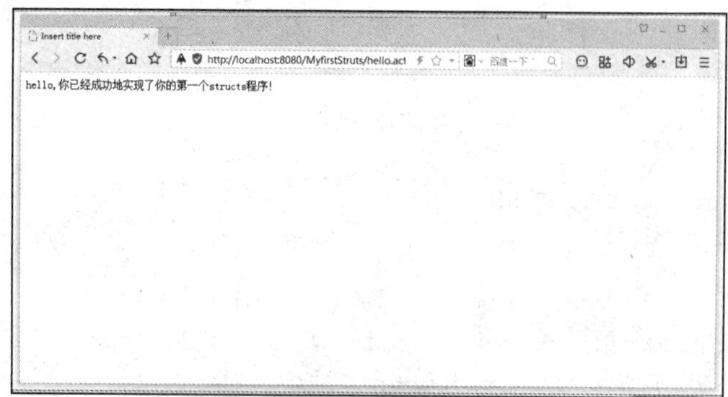

（b）单击后

图 6.14 运行结果

6.4 本章小结

本章介绍了 Struts 2 框架的基础知识,MVC 思想,在 Eclipse 中部署 Tomcat 服务器,以及 Struts 2 项目开发实例。对于本章内容，读者应该重点理解 MVC 思想的基本概念，Tomcat 服务器的应用，Struts 2 项目开发的基本流程。

习 题

一、选择题

1. Struts 2 控制器需要在（　　）配置文件中进行配置。

   A. web.xml

   B. struts.xml

   C. application.porperties

   D. webwork.xml

2. 关于 "#session.persions.{? #this.age>20}" 的 OGNL 代码所表示的意义说法正确的是（　　）。

   A. 从 persons 集合中取出第一个年龄 > 20 的 Person 对象

   B. 从 persons 集合中取出所有年龄 > 20 的 Person 对象子集

   C. 从 persons 集合中取出最后一个年龄 > 20 的 Person 对象

   D. 该代码不符合 OGNL 的语法

3. 对于以下代码，HelloAction 希望把请求转发给 hello.jsp，在 HelloAction 的 execute()方法中如何实现？（　　）

```
<action path = "/HelloWorld" type = "hello.HelloAction"
name = "HelloForm" scope = "request" validate = "true"
input = "/hello.jsp">
<forward name="SayHello" path="/hello.jsp" />
</action>
```

   A. return (new ActionForward(mapping.getInput()))

   B. return (mapping.findForward("SayHello"))

   C. return (mapping.findForward("hello.jsp"))

   D. return(mapping.findBackward("hello.jsp"))

二、填空题

MVC 把应用程序分成 3 个核心模块：________、________、________。

三、简答题

请简述 Struts 的工作原理。

第 7 章 Struts 核心文件

本章主要介绍 Struts 的核心配置文件 web.xml、struts.properties、struts.xml 等的主要作用和关键元素，也介绍了 Struts 的 Action 类文件的 Action 接口和 ActionSupport 基类，Action 与 Servlet API 的关系，ModelDriven 接口的含义和实现机制，以及 Struts 提供的异常处理机制。

7.1 Struts 配置文件之 web.xml

7.1.1 web.xml 的主要作用

web.xml 配置文件是一个 J2EE 的配置文件，并由 servlet 容器决定如何处理元素的 HTTP 请求。严格来说，它不是一个 Struts 2 的配置文件，而是为开展 Struts 2 的工作需要进行配置的文件。

任何 MVC 框架都需要与 Web 应用整合。这离不开 web.xml 文件，因为只有配置在 web.xml 文件中，Servlet 才会被应用加载。

所有的 MVC 框架都需要 Web 应用加载一个核心控制器。对于 Struts 2 框架而言，需要加载 FilterDispatcher，因为只有 Web 应用负责加载了 FilterDispatcher，FilterDispatcher 才会加载 Struts 2 框架。

因为 Struts 2 的核心控制器不是一个普通的 Servlet，而是被设计成 Filter，故为了让 Web 应用加载 FilterDispatcher，需要在 web.xml 文件中配置 FilterDispatcher。

7.1.2 web.xml 关键元素分析

标准配置文件的格式如下。

```
<?xml version="1.0" encoding="UTF-8"?>
<web-app id="WebApp_9" version="2.4" xmlns="http://java.sun.com/xml/ns/j2ee" xmlns:xsi=
"http://www.w3.org/2001/XMLSchema-instance" xsi:schemaLocation="http://java.sun.com/xml/ns/
j2ee http://java.sun.com/xml/ns/j2ee/web-app_2_4.xsd">
    <display-name>Struts Blank</display-name>
    <filter>
    <!-- 配置 Struts 2 核心 Filter 的名字 -->
        <filter-name>Struts 2</filter-name>
        <!-- 配置 Struts 2 核心 Filter 的实现类 -->
        <filter-class>org.apache.Struts 2.dispatcher.FilterDispatcher</filter-class>
          <init-param>
          <!-- 配置 Struts 2 框架默认加载的 Action 包结构，可以没有。-->
```

```
            <param-name>actionPackages</param-name>
            <param-value>org.apache.Struts 2.showcase.person</param-value>
            </init-param>
            <!-- 配置 Struts 2 框架的配置提供者类 -->
            <init-param>
            <param-name>configProviders</param-name>
            <param-value>lee.MyConfigurationProvider</param-value>
            </init-param>
        </filter>
    <!-- 配置 Filter 拦截的 URL -->
        <filter-mapping>
        <!-- 配置 Struts 2 的核心 FilterDispatcher 拦截所有用户请求 -->
            <filter-name>Struts 2</filter-name>
            <url-pattern>/*</url-pattern>
        </filter-mapping>
        <welcome-file-list>
            <welcome-file>index.html</welcome-file>
        </welcome-file-list>
    </web-app>
```

当配置 Struts 2 的 FilterDispatcher 类时，可以指定一系列的初始化参数。其中，有 3 个重要的初始化参数如下。

- config：使用逗号隔开的字符串，每个字符串都是一个 XML 配置文件的位置。Struts 2 的框架将自动加载该属性指定的系列配置文件。
- configProviders：配置自己的 ConfigurationProvider 类。
- actionPackages：使用逗号隔开的字符串，每个字符串都是一个包空间。Struts 2 的框架将扫描这些包空间下的 Action。

开发人员可以配置 Struts 2 常量，每个<init-param>元素配置一个 Struts 2 常量。其中，<param-name>子元素指定了常量 name，而<param-value>子元素指定了常量 value。

在 web.xml 文件中配置了<Filter>元素后，还需要配置该 Filter 拦截的 URL。通常，该 Filter 通过<filter-mapping>元素配置，拦截所有的用户请求。

7.2　Struts 配置文件之 struts.properties

7.2.1　struts.properties 的主要作用

Struts 2 框架有两个核心配置文件：struts.xml 和 struts.properties 文件。

其中，struts.properties 是一个标准的 Properties 文件，包含了一系列的 key-value 对象。每个 key 都是一个 Struts 2 属性，而该 key 对应的 value 就是一个 Struts 2 的属性值。

struts.properties 文件一般都被放在 Web 应用的 WEB-INF/classes 路径下。

7.2.2　struts.properties 关键元素分析

struts.properties 文件里包含哪些有效的 Struts 2 属性？Struts 2 的属性非常多，涉及上传文件、Web 应用编码、Struts 2 是否支持动态方法调用等多个方面。限于篇幅，下面仅列出部分

struts.properties 中定义的 Struts 2 属性：

- struts.configuration：加载 Struts 2 配置文件的配置文件管理器。作为 Struts 2 默认的配置文件管理器，默认值是 org.apache.Struts 2. config.DefaultConfiguration。如果需要实现加载自己的配置管理器，可以实现一个实现 Configuration 接口的类，该类可以自己加载 Struts 2 配置文件。
- struts.i18n.encoding：指定 Web 应用的默认编码集。它对于处理中文请求参数非常有用。若想对于获取中文请求参数值，则应该将该属性值设置为 GBK 或者 GB2312。
- struts.objectFactory：指定 Struts 2 默认的 ObjectFactory Bean，该属性默认值是 spring。
- struts.multipart.saveDir：指定上传文件的临时保存路径，该属性的默认值是 javax.servlet.context.tempdir。
- struts.multipart.maxSize：指定 Struts 2 文件上传中整个请求内容允许的最大字节数。
- struts.enable.DynamicMethodInvocation：设置 Struts 2 是否支持动态方法调用，该属性的默认值是 true。如果需要关闭动态方法调用，则可设置该属性值为 false。
- struts.xslt.nocache：指定 XSLT Result 是否使用样式表缓存。当应用处于产品开发阶段时，该属性值通常被设置为 true；当应用处于产品使用阶段时，该属性值通常被设置为 false。
- struts.configuration.files：指定 Struts 2 框架默认加载的配置文件。如果需要指定默认加载多个配置文件，则多个配置文件的文件名之间以英文逗号隔开。属性的默认值为 struts-default.xml,struts-plugin.xml,struts.xml。

7.3 Struts 配置文件之 struts.xml

7.3.1 struts.xml 的主要作用

struts.xml 文件负责管理应用中的 Action 映射，以及该 Action 包含的 Result 定义等，而 struts.properties 文件则定义了 Struts 2 框架的大量属性。开发人员可以通过改变这些属性来满足应用的需求。

7.3.2 struts.xml 关键元素分析

1. 包配置

Struts 2 框架中的核心组件就是 Action、拦截器等。Struts 2 框架使用包来管理它们。其中的每个包都是多个 Action、多个拦截器、多个拦截器引用的集合。

在 struts.xml 文件中 package 元素用于定义包配置。其中的每个 package 元素都定义了一个包配置。它的常用属性如下。

- name：必填属性，用来指定包的名字。
- extends：可选属性，用来指定该包继承其他包。继承其他包，意味着可以继承其他包中的 Action 定义、拦截器定义等。
- namespace：可选属性，用来指定该包的命名空间。

【例 7-1】 配置一个名为 default 的包，并在该包下定义一个名字叫作 login 的 Action。

代码如下。

```
<!DOCTYPE struts PUBLIC
        "-//Apache Software Foundation//DTD Struts Configuration 2.0//EN"
```

```
        "http://struts.apache.org/dtds/struts-2.0.dtd">
<struts>
    <!-- Struts 2 的 action 必须放在一个指定的包空间下定义 -->
    <package name="default" extends="struts-default">
    <!-- 定义处理请求 URL 为 login.action 的 Action -->
        <action name="login" class="org.qiujy.web.struts.action.LoginAction">
        <!-- 定义处理结果字符串和资源之间的映射关系 -->
            <result name="success">/success.jsp</result>
            <result name="error">/error.jsp</result>
        </action>
    </package>
</struts>
```

2. 命名空间配置

为了避免同一个 Web 应用中可能出现同名 Action，造成不好管理的情况，Struts 2 以命名空间的方式来管理 Action，同一个命名空间不能有同名的 Action。Struts 2 通过为包指定 namespace 属性，来为包下面的所有 Action 指定共同的命名空间。

【例 7-2】 配置一个名为 default 的包，并在该包下定义一个名字叫作 login 的 Action。该包不指定命名空间。之后，再配置一个名为 mypackge 的包，并在该包下定义一个名字叫作 backLogin 的 Action。指定该包的命名空间为/manage。代码如下。

```
<!DOCTYPE struts PUBLIC
        "-//Apache Software Foundation//DTD Struts Configuration 2.0//EN"
        "http://struts.apache.org/dtds/struts-2.0.dtd">
<struts>
    <!-- Struts 2 的 action 必须放在一个指定的包空间下定义 -->
    <package name="qiujy" extends="struts-default">
    <!-- 定义处理请求 URL 为 login.action 的 Action -->
        <action name="login" class="org.qiujy.web.Struts 2.action.LoginAction">
        <!-- 定义处理结果字符串和资源之间的映射关系 -->
            <result name="success">/success.jsp</result>
            <result name="error">/error.jsp</result>
        </action>
    </package>

    <package name="mypackge" extends="struts-default" namespace="/manage">
    <!-- 定义处理请求 URL 为 login.action 的 Action -->
        <action name="backLogin" class="org.qiujy.web.Struts 2.action.LoginAction">
        <!-- 定义处理结果字符串和资源之间的映射关系 -->
            <result name="success">/success.jsp</result>
            <result name="error">/error.jsp</result>
        </action>
</package>
</struts>
```

由 backLogin 的 Action 处理的 URL 为：http://localhost:8080/userlogin_Struts 2/manage/backLogin. action 可知，Struts 2 的命名空间的作用等同于 struts1 里模块的作用。

3. 包含配置

若想在 Struts 2 中可以将一个配置文件分解成多个配置文件，那么我们必须在 struts.xml 中包含其他配置文件。例如：

```
<struts>
    <include file="struts-default.xml"/>
```

```
    <include file="struts-user.xml"/>
    <include file="struts-book.xml"/>
    <include file="struts-shoppingCart.xml"/>

    ...
</struts>
```

其他的关于拦截器的配置见本书第 9 章内容。

7.4 Struts 之 Action 类文件

7.4.1 Action 接口和 ActionSupport 基类

在 Struts 2 中 Action 是核心内容，它包含了对用户请求的处理逻辑，所以也称 Action 为业务控制器。Struts 2 不要求 Action 类继承任何的 Struts 2 的基类或实现 Struts 2 接口。

为了方便实现 Action，大多数情况下都会继承 com.opensymphony.xwork2.ActionSupport 类，并重写此类里的 public String execute() throws Exception 方法。因为此类中实现了很多的实用接口，提供了很多默认方法，如数据校验的方法、获取国际化信息的方法、默认的处理用户请求的方法等等，所以这种机制简化了 Action 的开发过程。

在 Struts 2 中通常直接使用 Action 来封装 HTTP 请求参数，因此，Action 类里还应该包含与请求参数对应的属性，并且为属性提供对应的 getter 和 setter 方法。

使用 Action 实现用户登录的代码如下。

```
package org.qiujy.web.Struts 2.action;
import com.opensymphony.xwork2.ActionSupport;
/**
 *@authorqiujy
 *@version1.0
 */
publicclass LoginAction extends ActionSupport{
   private String userName;
   private String password;

   private String msg; //结果信息属性

   /**
    *@returnthemsg
    */
   public String getMsg() {
      returnmsg;
   }
   /**
    *@parammsgthemsgtoset
    */
   publicvoid setMsg(String msg) {
      this.msg = msg;
   }
   /**
    *@returntheuserName
    */
   public String getUserName() {
      returnuserName;
```

```
    }
    /**
     *@paramuserNametheuserNametoset
     */
    publicvoid setUserName(String userName) {
       this.userName = userName;
    }
    /**
     *@returnthepassword
     */
    public String getPassword() {
       returnpassword;
    }
    /**
     *@parampasswordthepasswordtoset
     */
    publicvoid setPassword(String password) {
       this.password = password;
    }

    /**
     *处理用户请求的 excute()方法
     *@return 结果导航字符串
     *@throwsException
     */
    public String execute() throws Exception{
      if("test".equals(this.userName) &&
"test".equals(this.password)){
             msg = "登录成功，欢迎" + this.userName;
             returnthis.SUCCESS;
      }else{
            msg = "登录失败，用户名或密码错";
            returnthis.ERROR;
      }
    }
}
```

如果往 success.jsp 和 error.jsp 页面中添加 ${msg} EL 表达式来显示结果信息，则最终效果跟以前一样。

7.4.2　Action 与 Servlet API

Struts 2 的 Action 并没有和任何 Servlet API 耦合，这样虽然它的框架更具灵活性，更易测试，但是，对于 Web 应用的控制器而言，不访问 Servlet API 几乎是不可能的，例如：跟踪 HTTP Session 状态等。基于此，Struts 2 框架提供了一种更轻松的方式来访问 Servlet API。

具体来说，Struts 2 提供了一个 ActionContext 类，通过这个类可以访问 Servlet API。该类提供的 8 个常用方法如下。

- public static ActionContext getContext()：获得当前 Action 的 ActionContext 实例。
- public Object get(Object key)：此方法类似于调用 HttpServletRequest 的 getAttribute(String name)方法。
- public void put(Object key, Object value)：此方法类似于调用 HttpServletRequest 的 setAttribute(String name, Object o)。

- public Map getParameters()：获取所有的请求参数。此方法类似于调用 HttpServletRequest 对象的 getParameterMap() 方法。
- public Map getSession()：返回一个 Map 对象。该 Map 对象模拟了 HttpSession 实例。
- public void setSession(Map session)：直接传入一个 Map 实例，并将该 Map 实例里的 key-value 对转换成 session 的属性名—属性值对。
- public Map getApplication()：返回一个 Map 对象，该对象模拟了该应用的 ServletContext 实例。
- public void setApplication(Map application)：直接传入一个 Map 实例，并将该 Map 实例里的 key-value 对转换成 application 的属性名—属性值对。

修改以上用户登录验证示例的 Action 类中的 execute 方法：

```
public String execute() throws Exception{
      if("test".equals(this.userName) && "test".equals(this.password)){
            msg = "登录成功，欢迎" + this.userName;
            //获取 ActionContext 实例，通过它来访问 Servlet API
            ActionContext context = ActionContext.getContext();
            //看 session 中是否已经存放了用户名，如果存放了：说明已经登录了；
//否则说明是第一次登录成功
            if(null != context.getSession().get("uName")){
                  msg = this.userName + "：你已经登录过了!!!";
            }else{
                  context.getSession().put("uName", this.userName);
            }

            returnthis.SUCCESS;
      }else{
            msg = "登录失败，用户名或密码错";
            returnthis.ERROR;
      }
   }
```

Struts 2 通过 ActionContext 来访问 Servlet API，从而让 Action 彻底从 Servlet API 中分离出来。其优势就是可以脱离 Web 容器测试 Action。Struts 2 同时还提供了一个 ServletActionContext 类，Action 只要继承该类，就可以直接访问 Servlet API。

7.4.3 ModelDriven 接口

ModelDriven 背后的机制就是 ValueStack。界面通过 username/age/address 这样的名称，就能够被直接赋值给 user 对象。

Struts 2 将 XWork 对 Ognl 的扩展这一套机制封装起来，用面向对象的方法进行实现，这个对象就是 ValueStack。ValueStack 实际上就是一个容器。它由 Struts 框架创建，当前端页面，如 jsp，发送一个请求时，Struts 的默认拦截器会将请求中的数据进行封装，并入 ValueStack 的栈顶。

ModelDrivenInterceptor 是缺省的拦截器的一部分。当一个请求经过 ModelDrivenInterceptor 的时候，在这个拦截器中，会判断当前要调用的 Action 对象是否实现了 ModelDriven 接口。如果实现了这个接口，则调用 getModel()方法，并把返回值（本例是返回 user 对象）压入 ValueStack。

所谓 ModelDriven，意思是直接把实体类当成页面数据的收集对象。例如，实体类 User 的定义如下。

```
package cn.com.leadfar.Struts 2.actions;
public class User {
    private int id;
    private String username;
    private String password;
    private int age;
    private String address;
    public String getUsername() {
        return username;
    }
    public void setUsername(String username) {
        this.username = username;
    }
    public String getPassword() {
        return password;
    }
    public void setPassword(String password) {
        this.password = password;
    }
    public int getAge() {
        return age;
    }
    public void setAge(int age) {
        this.age = age;
    }
    public String getAddress() {
        return address;
    }
    public void setAddress(String address) {
        this.address = address;
    }
    public int getId() {
        return id;
    }
    public void setId(int id) {
        this.id = id;
    }
}
```

假如要写一个 Action 用来添加 User，可以有三种方式实现该目标。第一种做法是直接在 Action 中定义所有需要的属性，然后在 JSP 中直接用属性名称来提交数据。该做法的缺点是，如果实体类的属性非常多，那么 Action 中也要定义相同的属性。第二种做法是将 User 对象定义到 UserAction 中，然后在 JSP 中通过 user 属性来给 user 赋值。这种做法的缺点是，JSP 页面上表单域中的命名变得过长。第三种做法是利用 ModelDriven 机制，让 UserAction 实现一个 ModelDriven 接口，同时实现接口中的方法 getModel()。代码如下。

```
public class UserAction implements ModelDriven{
    private User user;

    @Override
    public Object getModel() {
        if(user == null){
            user = new User();
        }
        return user;
    }
    public String add(){
```

```
        new UserManager().addUser(user);
        return "success";
    }
    public User getUser() {
        return user;
    }
    public void setUser(User user) {
        this.user = user;
    }
}
```

JSP 的代码如下：

```
<form action="test/user.action" method="post">
    <input type="hidden" name="method:add">
    username:<input type="text" name="username"> <br/>
    password:<input type="text" name="password"> <br/>
    age:<input type="text" name="age"> <br/>
    <input type="submit" name="submit" value="添加用户">
</form> <br/>
```

可见，使用 ModelDriven 机制的第三种做法最好，因为 Action 和 JSP 的实现都比较简单。

7.4.4 异常处理

Struts 提供了一套异常处理机制。通常的做法是在 jsp 页面中获取并输出异常信息，但是，在一些开发情景中，也会有这样一种情况：某 Action 抛出异常之后，并不想跳转到异常页面，而是想把这个异常信息传到另一个 Action 中来处理。首先，看下面这段配置文件的代码。

```
<!--任意 Action-->
<action name="test!*" method="{1}" class="testAction">
    <!--定义一个局部异常映射-->
    <exception-mapping  exception="java.sql.SQLException" result="execption"/>
    <!--跳转到 jsp 页面-->
    <result name="execption">/error.jsp</result>
    <!--跳转到 error 这个 Action 中的 dataException ( ) 方法-->
    <result name="execption" type="chain">error!dataException</result>
</action>
<!-- 异常处理接口 -->
<action name="error!*" method="{1}" class="errorAction">
    <result name="xmlMessage" type="plainText"></result>
</action>

<!-- 跳转使用 -->
<action name="*">
    <result>/{1}.jsp</result>
</action>
```

1. 在 jsp 页面中捕获异常

当 Action 中返回了“exception”的结果时，系统跳转到一个 jsp 页面，然后在该页面中捕获异常。通常采用<s:property value="execption.message"/>来输出异常信息，或用<s:property value=" esceptionStack"/>输出异常跟踪栈信息。

2. 在 Action 中捕获异常

注意配置 type="chain"的位置。其中，chain 的用途是构造成一条动作链，即前一个动作将控制权转交给后一个动作，而前一个动作的状态在后一个动作里仍然保持着。这样一来，在后一个 Action 中就能获取到前一个 Action 中出现的异常信息。那么后一个 Action 怎样得到这个异常信息呢？请看下面的代码。

```
    Exception ex = (Exception) ActionContext.getContext() .getValueStack().findValue
("exception");
```

最后调用 findValue 方法时，传入的参数一定是 exception 才行，这是 struts 框架中的一个默认的 key 值。从 ActionContext 中获取异常信息之后，就可以按照自己的需求使用了。

7.5　本章小结

本章介绍了 web.xml、struts.properties、struts.xml 等文件的主要关键元素，并给出了一些文件实例。此外，还介绍了 Struts 的 Action 类文件的 Action 接口，以及 ModelDriven 接口的含义和实现机制，异常处理机制。其中，web.xml 文件为任何 Web 应用程序提供了一个切入点，而 Struts 2 应用程序的入口点，将是一个部署描述符（web.xml）中定义的过滤器。

习　　题

一、选择题

1. 以下属于 Struts 2 配置文件中的配置元素是（　　）。（多选）

   A.. <package>　　B. <action>

   C. <form-beans>　　D. <action-mappings>

2. 以下关于 ValueStack 说法正确的是（　　）。（多选）

   A. 每个 Action 对象实例拥有一个 ValueStack 对象

   B. 每个 Action 对象实例拥有多个 ValueStack 对象

   C. Action 中封装了需要传入下一个页面的值，这些值封装在 ValueStack 对象中

   D. ValueStack 会在请求开始时被创建，请求结束时消失

3. 关于 Struts 2 配置文件说法正确的是（　　）。

   A. 必须在 WEB-INF/classes 目录下　　B. 名字必须为 struts.xml

   C. 配置 Action 时，必须配置包信息　　D. 使用<forward>元素配置转发

4. 在 Struts 2 配置中用（　　）元素来配置常量。

   A. <const> B.<constants>　　C. <constant>　　D. <constant-mapping>

5. （　　）标签是 Struts 2 中用于循环迭代的。

   A. <s:property>　　B. <s:iterator>　　C. <s:logic>　　D. <s:foreach>

6. Struts 2 的主要核心功能是由（　　）来实现的。

   A. 过滤器　　B. 拦截器　　C. 类型转换器　　D. 配置文件

二、简答题

1. 由控制器来负责转发请求有哪些优点？
2. 什么是 ValueStack？ValueStack 和 ModelDriven 接口有什么关系？

第 8 章 Struts 基本方法和关键技术

本章主要介绍 Struts 2 框架中类型转换，数据校验和国际化的知识。其中，在用户发送请求时，通常会传递一系列的参数，并通过类型转换功能将这些参数转换成相应的指定类型变量；数据校验的目的是对用户输入的信息进行校验，排除错误的输入；国际化是使用一套应用程序在不同的区域环境下显示不同的语言效果，从而为跨区域的应用开发提供了便利。

Struts 2 的很多功能如国际化、转化器，以及数据校验等都是构建在拦截器上的。Struts 2 利用其内建的拦截器（Interceptor）可以完成大部分的操作。换句话说，在使用 Struts 2 框架开发应用的过程中，不可避免地要和拦截器打交道。本章主要介绍拦截器的基本知识，拦截器配置和使用，以及自定义拦截器等内容。

本章将介绍 Struts 2 框架中的 AJAX（Asynchronous JavaScript And XML）技术，包括 AJAX 的基本知识、AJAX 之 XMLHttpRequest、AJAX 之 JSON 插件和文件控制上传和下载等内容。在本章最后给出了使用 Struts 2 实现用户登录的实例。

8.1 Struts 数据校验

Struts 2 框架在处理 HTTP 请求之前，先通过类型转换将 HTTP 请求参数转化成 Java 平台所能识别的类型。Struts 2 框架提供的默认转换可以满足大多数转换过程的需要，当然，开发人员也可以通过配置文件来配置自己定义的类型转换器。

8.1.1 基本类型转换

Struts 2 框架提供了一系列默认的基本类型转换器，可以在字符串类型和其他类型之间互相转换。这些类型的转换器包括如下类型。

- String：实现字符串和字符串类型间的转换。
- int / Integer、float / Float、long / Long、double / Double：实现字符串和整数之间的转换。
- boolean / Boolean：实现字符串和布尔类型之间的转换。
- char / Character：实现字符串和字符之间的转换。
- arrays：实现把每一个字符串的内容转换为不同的对象。
- dates：使用 HTTP 请求对应地域（Locale）的 Short 形式转换字符串和日期类型。
- collections：转换为 Collection 类型，默认为 ArrayList 类型。

此外，Struts 2 还提供了 Enumerations、BigDecimal 和 BigInteger 等在特定环境下使用的类型

转换器。

对于开发者来说，使用这些内置的类型转换器来完成字符串和基本类型的类型转换是十分方便的，不需要手动的配置，就可以直接使用这些基本类型转换器。本节主要介绍集合类型转换器的用法。

下面举例来说明集合类型转换器的用法。

【例 8-1】 使用 Struts 2 框架的基本类型转换器将字符串转换为 ArrayList 类型。

开发过程如下。

（1）在 Eclipse 中创建一个 Java Dynamic Web Project 项目 TypeConvDemo，将 Struts 2 框架所需的支持库添加到 WEB-INF 目录下的 lib 文件夹中，具体内容可参考 6.3.3 节的添加方法，也可以将本书案例 TypeConvDemo 的 WEB-INF 目录下的 lib 文件夹中所有文件拷贝到你自己建立的项目对应目录下。

然后在 WEB-INF 目录下添加 web.xml 文件，并在其中注册过滤器和欢迎页面，具体方法参考 6.3.9 节的内容。

（2）在 src 目录下创建 com.action 和 com.model 包。其中，在 com.action 包下创建 TypeConvAction.java 文件；在 com.model 包下创建 User.java 文件。这两个文件的代码如下所示。

TypeConvAction.java 的文件代码如下。

```
package com.action;
import java.util.List;
import com.model.User;
import com.opensymphony.xwork2.ActionSupport;
public class ListAction extends ActionSupport{
    private static final long serialVersionUID = 1L;
    private List<User> users;                           //users 属性，为 List 类型
                                                        //users 属性的 getter 方法
    public List<User> getUsers() {
        return users;
    }
                                                        //users 属性的 setter 方法
    public void setUsers(List<User> users) {
        this.users = users;
    }
                                                        //重载 execute()方法
    public String execute() throws Exception {
        for (User user : users) {
            System.out.println("Name:"+user.getName()+" Age:"+user.getAge()+" Tel:
"+user.getTel());
        }
        return SUCCESS;
    }
}
```

User.java 的文件代码如下。

```
package com.model;
public class User {
   private String name;                //姓名
   private String Sex;                 //性别
```

```
    private int age;                      //年龄
    private String tel;                   //电话
    private String Address;               //地址
                                          //name 属性的 getter 和 setter 方法
    public String getName() {
     return name;
    }
    public void setName(String name) {
     this.name = name;
   }
                                          //性别属性的 getter 和 setter 方法
    public String getSex() {
     return Sex;
    }
    public void setSex(String Sex) {
     this.Sex = Sex;
   }
                                          //age 属性的 getter 和 setter 方法
    public int getAge() {
     return age;
    }
    public void setAge(int age) {
     this.age = age;
}
                                          //tel 属性的 getter 和 setter 方法
    public String getTel() {
     return tel;
    }
    public void setTel(String tel) {
     this.tel = tel;
    }
                                          //地址属性的 getter 和 setter 方法
    public String getAddress() {
     return Address;
    }
    public void setAddress(String Address) {
     this.Address = Address;
   }
}
```

（3）在 src 目录下创建 struts.xml 文件。

```
<?xml version="1.0" encoding="UTF-8" ?>
<!DOCTYPE struts PUBLIC
   "-//Apache Software Foundation//DTD Struts Configuration 2.0//EN"
   "http://struts.apache.org/dtds/struts-2.0.dtd">
<struts>
    <!--配置包，包名为 default-->
   <package name="default" namespace="/" extends="struts-default">
       <!--配置 Action，其实现类为 com.action. TypeConvAction -->
       <action name="list" class="com.action. TypeConvAction ">
           <result>/success.jsp</result>        <!-- listAction 返回 success.jsp 页面 -->
       </action>
```

```
    </package>
</struts>
```

（4）在 WebContent 目录下创建 index.jsp 和 success.jsp 文件。index.jsp 页面定义了要提交的表单，其表单域的 name 属性都被设置为“Action 属性名[index].属性名”的形式。其中，Action 属性名是 Action 类中包含的属性，在此例中即为 users。index 是 ArrayList 中的索引属性，属性名即 list 中元素对象的属性名。index.jsp 文件的代码如下。

```
<%@ page language="java" contentType="text/html; charset=UTF-8"
    pageEncoding="UTF-8"%>
<%@ taglib prefix="s" uri="/struts-tags"%>
<!DOCTYPE html PUBLIC "-//W3C//DTD HTML 4.01 Transitional//EN" "http://www.w3.org/TR/html4/
loose.dtd">
<html>
<head>
<meta http-equiv="Content-Type" content="text/html; charset=UTF-8">
<title>用户信息录入系统</title>
</head>
<body>
<center>
<s:form action="list">    <!--表单 -->
<!--定义表格 -->
<table >
<!--定义表格中的行 -->
<tr>
   <td></td>              <!--定义表格中的标准单元格 -->
   <td>第一个人: </td>
   <td>第二个人:</td>
</tr>
  <tr>
   <td>姓名:</td>         <!--定义表格中的标准单元格 -->
   <!--设置 list 元素-->
   <td><s:textfield name="users[0].name" theme="simple"/></td>
   <td><s:textfield name="users[1].name" theme="simple"/></td>
  </tr>
   <tr>
    <td>性别:</td>
    <td><s:textfield name="users[0].Sex" theme="simple"/></td>
    <td><s:textfield name="users[1].Sex" theme="simple"/></td>
  </tr>
  <tr>
    <td>年龄:</td>
    <td><s:textfield name="users[0].age" theme="simple"/></td>
    <td><s:textfield name="users[1].age" theme="simple"/></td>
  </tr>
  <tr>
     <td>电话:</td>
     <td><s:textfield name="users[0].tel" theme="simple"/></td>
     <td><s:textfield name="users[1].tel" theme="simple"/></td>
  </tr>
    <tr>
```

```
        <td>住址:</td>
        <td><s:textfield name="users[0].Address" theme="simple"/></td>
        <td><s:textfield name="users[1].Address", theme="simple"/></td>
      </tr>
      <tr>
        <td colspan="3">              <!--colspan 属性规定单元格可横跨的列数 -->
          <s:submit></s:submit>       <!--提交-->
        </td>
      </tr>
    </table>
    </s:form>
    </center>
    </body>
    </html>
```

在提交表单后，Struts 2 框架会构造一个对应的集合实例，即 users，然后为这个实例来添加元素，最后在返回的视图中（success.jsp 文件实现），通过<s:property>标签来访问 Action 的属性。success.jsp 文件的代码如下。

```
    <%@ page language="java" contentType="text/html; charset=UTF-8"
        pageEncoding="UTF-8"%>
       <%@ taglib prefix="s" uri="/struts-tags"%>
    <!DOCTYPE html PUBLIC "-//W3C//DTD HTML 4.01 Transitional//EN" "http://www.w3.org/TR/html4/
loose.dtd">
    <html>
    <head>
    <meta http-equiv="Content-Type" content="text/html; charset=UTF-8">
    <title>Insert title here</title>
    </head>
    <body>
    <center>
        <!--取出 list 中的元素，users[0]代表第一个用户，users[1]代表第二个用户-->
    姓名:<s:property value="users[0].name"/>
    性别:<s:property value="users[0].Sex"/>
    年龄:<s:property value="users[0].age"/>
    电话:<s:property value="users[0].tel"/>
    地址:<s:property value="users[0].Address"/><br/>
    姓名:<s:property value="users[1].name"/>
    性别:<s:property value="users[1].Sex"/>
    年龄:<s:property value="users[1].age"/>
    电话:<s:property value="users[1].tel"/>
    地址:<s:property value="users[1].Address"/>
    </center>
    </body>
    <html>
```

（5）运行程序。在 Eclipse 内嵌的浏览器中的运行结果如图 8.1 所示，输入用户信息提交后显示如图 8.2 所示的页面。

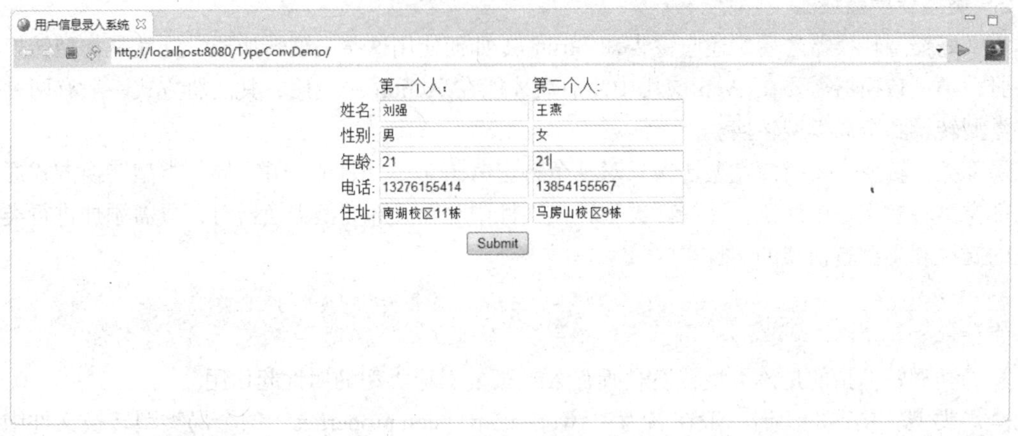

图 8.1　运行结果

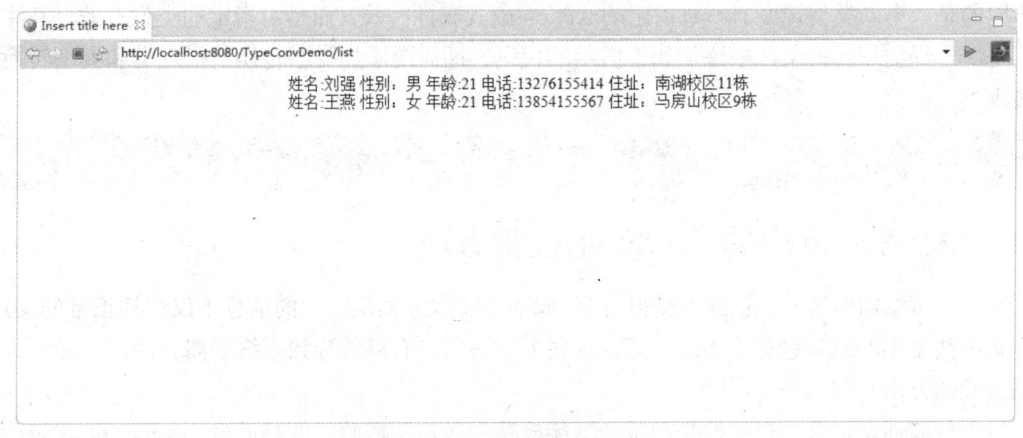

图 8.2　提交后展示的结果

8.1.2　自定义类型转换

对于一些复杂类型，开发人员可以自己来完成类型转换。例如：要将一个字符串转换成一个对象，显然，仅依靠 Struts 2 是不能完成转换的。

自定义类型转换需要两个步骤：首先需定义相应的类型转换器类，然后向 Struts 2 框架注册类型转换器。

1．转换器类

Struts 2 框架提供了转换器类定义的方法，一般有两种方法来定义转换器类。

（1）继承 DefaultTypeConverter 类来定义转换器类。

继承 DefaultTypeConvertor 类来定义转换器类通常须重写其中的 convertValue()方法。

（2）继承 StrutsTypeConverter 类来定义转换器类。

继承 StrutsTypeConverter 类通常需要重写两个方法：convertFromString()和 converToString()。

StrutsTypeConverter 类是 DefaultTypeConverter 类的子类，它简化了类型转换器的实现，不再需要根据 toType 类型来判断转换方向：当需要将字符串类型转换成指定类型时，就重写 convertFromString()方法；反之，当需要将指定类型转换成字符串类型时，就重写 convertToString()方法。这种做法强调了转换方向，且更加方便开发者进行开发。

2. 类型转换器注册

定义好类型转换器之后，还应该告知 Struts 2 如何使用这些类型转换器，这就是类型转换器的注册。类型转换器需要在 Web 应用中注册后才能在 Action 中使用，其注册方式一般有两种：局部类型转换和全局类型转换。

局部类型转换主要指该类型转换只对某个特定 Action 的属性起作用。局部类型转换方式通常在局部类型转换文件中配置，在局部类型转换文件中配置局部类型转换器时，只需添加进行类型转换的属性和类型转换器的实现类。

```
#line 是 Action 属性，com.convertor.LineConvertor 是类型转换器的实现类
line=com.convertor.LineConvertor
```

全局类型转换指的是该类型转换对所有 Action 的对应类型的属性起作用。

全局类型转换器的注册一般在名为“xwork-conversion.properties”的全局类型转换文件中进行。全局类型转换文件的文件名是固定不变的，且该文件被放置在 src 目录下。和局部类型转换器不同的是，全局类型转换器不对指定的 Action 或其属性有效，而是对指定的类型有效。其注册方式是在全局类型转换文件中添加如下所示的代码，即需要添加类型转换的指定类和类型转换器的实现类。

```
# com.model.Line 是具体类，com.convertor.LineConvertor 是类型转换器的实现类
com.model.Line=com.convertor.LineConvertor
```

8.1.3 Action 中的 validate()校验方法

在 Web 应用中，输入信息的校验很重要。原因在于服务器端得到的信息不仅包括正常的信息，也包括一些错误的或是恶意攻击的信息。这些异常的信息有可能导致系统崩溃，因此，必须采取数据校验的方法对数据进行处理。

数据校验通常包含客户端校验和服务器端校验。客户端校验指的是通过 JavaScript 代码检验用户的输入是否正确；服务器端校验指的是在服务器端的程序通过检查 HTTP 请求信息，以校验输入是否正确。客户端校验只能简单地过滤用户输入，而大量的数据校验一般都是在服务器端校验时来完成。

服务器端校验的实现方式有通过 Action 中的 validate()方法实现和使用 XWork 校验框架实现两种。

Struts 2 中提供了一个 com.opensymphony.xwork2.Validateable 接口，该接口只存在一个 validate()方法。Struts 2 通过调用某实现类中的 validate ()方法，校验用户输入信息。

ActionSupport 类就是实现了 Validateable 接口的一个类，因此，如果用户定义的 Action 继承 ActionSupport 类，则在该 Action 中就直接实现 Validateable 接口。ActionSupport 类虽然实现了 Validateable 接口，但是 validate( )方法却是一个空实现。

因此，为了进行数据验证，需要在 Action 中重写 validate()方法。validate()方法可用来进行数据的服务器端的初步校验。它在 execute()方法执行前被执行，即当数据校验正确后，才执行 execute()方法。若校验出错，则将错误添加到 ActionSupport 类的 fieldErrors 域中，再在 JSP 文件中来输出。

【例 8-2】 使用 validate()方法验证输入的年龄 age 值的大小，如果为 10～30，则符合要求，否则返回错误页面。

（1）在 Eclipse 中创建一个 Java Web 项目 DataValidateDemo，将 Struts 2 框架所需的支持库添加到 WEB-INF 目录下的 lib 文件夹中，然后在 WEB-INF 目录下添加 web.xml 文件，并在其中注

册过滤器和欢迎页面 index.jsp。

（2）在目录 src 下创建“com.action”包，并在该包下创建 LoginAction.java 文件，然后打开该文件，编写代码如下。

```
package com.action;
import com.opensymphony.xwork2.ActionSupport;
public class LoginAction extends ActionSupport{
    private static final long serialVersionUID = 1L;
    private String name;                    //name 属性
    private String sex;                     //sex 属性
    private int age;                        //age 属性
    private String tel;                     //telephone 属性
    private String address;                 //address 属性
                                            //name 属性 getter 方法
    public String getName() {
        return name;
    }
                                            //name 属性 setter 方法
    public void setName(String name) {
        this.name = name;
    }
                                            //sex 属性 getter 方法
        public String getSex() {
            return sex;
        }
                                            //sex 属性 setter 方法
        public void setSex(String sex) {
            this.sex = sex;
        }
                                            //age 属性 getter 方法
    public int getAge() {
        return age;
    }
                                            //age 属性 setter 方法
    public void setAge(int age) {
        this.age = age;
    }
                                            //tel 属性 getter 方法
    public String getTel() {
        return tel;
    }
                                            //tel 属性 setter 方法
    public void setTel(String tel) {
        this.tel = tel;
    }
                                            //address 属性 getter 方法
    public String getAddress() {
        return address;
    }
                                            //name 属性 setter 方法
    public void setAddress(String address) {
        this.address = address;
```

```
    }
                                        //重载 execute 方法
    public String execute() throws Exception {
        return "hello";
    }
                                        //log 方法，Action 调用的 method 方法
    public String log()throws Exception{
        System.out.println("log");
        return "hello";
    }
                                        //校验方法
    public void validate() {
        System.out.println("validate");
    }
                                        //log method 的校验方法
   public void validateLog(){
    System.out.println("validatelog");
                                        //age 值必须在 18-26 之间
    if(age<18||age>26)
    {
        addFieldError("年龄", "用户年龄必须在 18 到 26 之间!");
    }
   }
}
```

（3）在 src 目录下创建 struts.xml 文件，打开该文件，编辑代码如下。

```
<?xml version="1.0" encoding="UTF-8" ?>
<!DOCTYPE struts PUBLIC
   "-//Apache Software Foundation//DTD Struts Configuration 2.0//EN"
   "http://struts.apache.org/dtds/struts-2.0.dtd">
<struts>
    <!--配置包-->
<package name="default" namespace="/" extends="struts-default">
        <!--配置 Action，实现类为 com.action.LoginAction -->
        <action name="login" class="com.action.LoginAction">
            <result name="hello">/hello.jsp</result>          <!--返回 hello.jsp -->
            <result name="input">/validateLogin.jsp</result>   <!-- 校验出现问题，返回
validationLogin.jsp -->
        </action>
    </package>
</struts>
```

（4）在 WebContent 目录下分别创建 index.jsp、validateLogin.jsp 和 hello.jsp3 个文件。其中，index.jsp 的文件代码如下。

```
<%@ page language="java" contentType="text/html; charset=UTF-8"
   pageEncoding="UTF-8"%>
<%@ taglib prefix="s" uri="/struts-tags"%>
<!DOCTYPE html PUBLIC "-//W3C//DTD HTML 4.01 Transitional//EN" "http://www.w3.org/TR/html4/
loose.dtd">
<html>
<head>
<meta http-equiv="Content-Type" content="text/html; charset=UTF-8">
```

```
    <title>用户信息录入系统</title>
    </head>
    <body>
    <center>
    <s:form action="login">
    <!--定义文本框-->
    <s:textfield name="name" label="姓名"></s:textfield>
       <s:textfield name="tel" label="性别"></s:textfield>
       <s:textfield name="age" label="年龄"></s:textfield>
       <s:textfield name="tel" label="电话"></s:textfield>
       <s:textfield name="tel" label="地址"></s:textfield>
       <s:submit method="log"></s:submit>       <!--提交按钮-->
    </s:form>
    </center>
    </body>
    <html>
```

hello.jsp 的文件代码如下。

```
    <%@ page language="java" contentType="text/html; charset=UTF-8"
       pageEncoding="UTF-8"%>
      <%@ taglib prefix="s" uri="/struts-tags"%>
    <!DOCTYPE html PUBLIC "-//W3C//DTD HTML 4.01 Transitional//EN" "http://www.w3.org/TR/html4/
loose.dtd">
    <html>
    <head>
    <meta http-equiv="Content-Type" content="text/html; charset=UTF-8">
    <title>Insert title here</title>
    </head>
    <body>
    <center>
     <!--输出值-->
       姓名:<s:property value="name"/><br/>
       性别:<s:property value="sex"/><br/>
       年龄:<s:property value="age"/><br/>
       电话:<s:property value="tel"/><br/>
       住址:<s:property value="address"/><br/>
     </center>
    </body>
    <html>
```

validateLogin.jsp 的文件代码如下。

```
    <%@ page language="java" contentType="text/html; charset=UTF-8"
       pageEncoding="UTF-8"%>
      <%@ taglib prefix="s" uri="/struts-tags"%>
    <!DOCTYPE html PUBLIC "-//W3C//DTD HTML 4.01 Transitional//EN" "http://www.w3.org/TR/html4/
loose.dtd">
    <html>
    <head>
    <meta http-equiv="Content-Type" content="text/html; charset=UTF-8">
    <title>验证输入值</title>
    </head>
```

```
<body>
<center>
验证你的输入值是否正确
<s:property value="age"/> 年龄输入值错误!<br/>            <!--输出值-->
<s:fielderror />                                        <!--输出错误提示信息-->
</center>
</body>
<html>
```

（5）至此程序编写完毕，在 Eclipse 中运行程序，其结果如图 8.3 所示。输入姓名、性别、年龄、电话号码和地址后，单击“submit”按钮提交请求。如果输入的年龄不属于 18～26，则转到 validateLogin.jsp 页面，并给出错误信息，如图 8.4 所示。如果验证成功则跳转到 hello.jsp 页面，并给出用户信息列表，如图 8.5 所示。

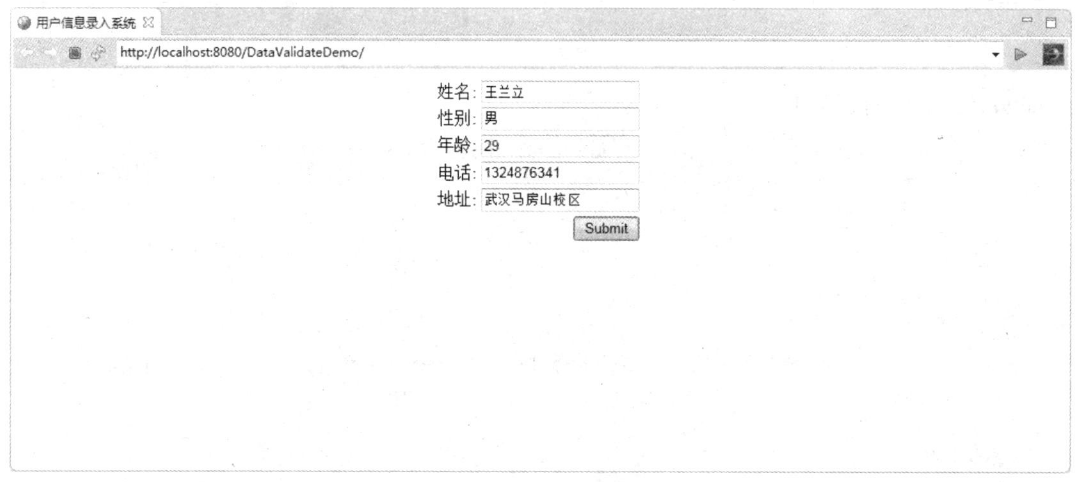

图 8.3　输入用户信息

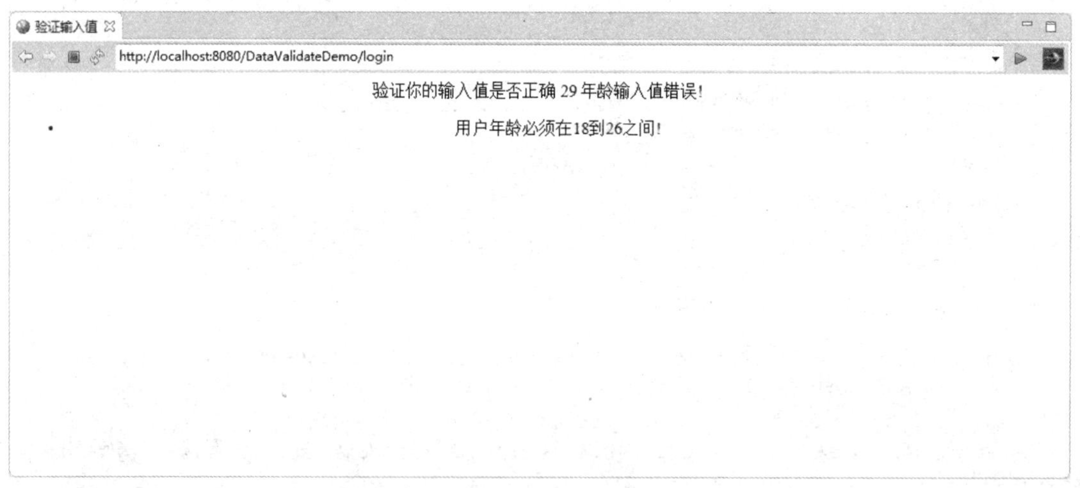

图 8.4　验证发现错误给出错误信息

当校验出错时，调用了一个函数 addFieldError()。实际上，该函数的作用是将一个错误信息 key-value 对放入容器中。在 JSP 文件中通过 key 可将 value 取出来，这里用到了<s:property/>标签，当校验完成后，由于发现输入了错误信息，因此 Struts 2 框架就不会再调用业务逻辑处理了，而是转到 struts.xml 文件中找到该 Action 对应 name 属性为 input 的 result，并进入该元素指向的页面 validateLogin.jsp。

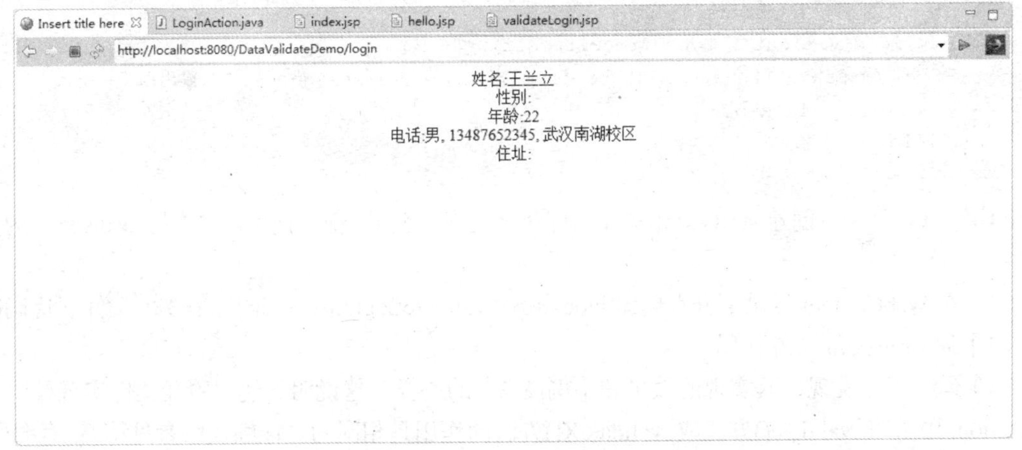

图 8.5　验证通过给出用户信息列表

8.1.4　XWork 校验框架实现方法

使用 validate 方法校验时，虽然实现思路清晰、易懂，但是如果 Web 应用中存在大量 Action 就需要多次重写 validate 方法，这将导致代码非常烦琐。Struts 2 的校验框架本质上是基于 XWork 的 validator 框架，因此可以使用 XWork 的 validator 框架来对 Struts 2 进行数据校验，以减少代码量。

我们通过简单修改后的 DataValidateDemo 项目，介绍 XWork 校验框架的基本用法。

【例 8-3】　使用 XWork 校验框架的方法验证输入年龄 age 值的大小，如果为 10～30，则符合要求，否则返回错误页面。

（1）在 Eclipse 中创建一个 Java Web 项目“DataValidateDemo”，将 Struts 2 框架所需的支持库添加到 WEB-INF 目录下的 lib 文件夹中，然后在 WEB-INF 目录下添加 web.xml 文件，并在其中注册过滤器和欢迎页面 index.jsp。

（2）在目录 src 下创建“com.action”包，并在该包下创建 LoginAction.java 文件，然后打开该文件，编写代码，同【例 8-2】的 LoginAction.java 的代码，然后删除 LoginAction.java 文件中的 validate()方法和 validateLog()方法。

（3）在“com.action”包下创建文件 LoginAction-validation.xml，文件代码如下。

```
    <!DOCTYPE validators PUBLIC"-//OpenSymphony Group//XWork Validator 1.0.2//EN"
"http://www. opensymphony.com/xwork/xwork-validator-1.0.2.dtd">
    <validators>
        <!--age 域 -->
        <field name="age">
            <!--域类型为 int-->
            <field-validator type="int">
                <param name="min">10</param>                       <!--最小值为 10 岁 -->
                <param name="max">30</param>                       <!--最大值为 30 岁-->
                <message>the age must be from 10 to 30!</message>  <!--输出信息-->
            </field-validator>
```

```
    </field>
    <!--name 域 -->
    <field name="name">
     <!--域类型为 requiredstring -->
       <field-validator type="requiredstring">
          <message>the age must be from 18 to 26!</message>  <!--输出信息-->
       </field-validator>
    </field>
</validators>
```

（4）在 src 目录下创建 struts.xml 文件，打开该文件，编辑代码同【例 8-2】的 struts.xml 的文件代码。

（5）在 WebContent 目录下分别创建 index.jsp、validateLogin.jsp 和 hello.jsp3 个文件。代码同【例 8-2】的 struts.xml 文件代码。

（6）运行程序发现，其实现的效果和【例 8-2】的一样，这说明了使用验证文件实现校验与在 Action 中重写 validate()方法或 validateX()方法的作用是相同的。详细代码参见第 8 章源码\DataValidateDemo2。

【例 8-3】其实使用的就是 XWork 框架的数据校验方法。使用 XWork 的 validator 框架实现数据校验，只需编写一个简单的验证文件即可。编写该验证文件时，需要注意以下 3 个关键问题。

1. 命名规则

人们要严格遵守其命名规则。校验文件的命名规则为：actionName-validation.xml。其中，actionName 是指需要校验的 Action 的类名，且该文件总是与 Action 类的 class 文件位于相同的路径下。当用户请求提交后，系统会自动加载该文件完成对用户请求的校验。

为了能够针对 Action 的某一特定业务处理进行数据校验，可以专门定义一个校验文件。该文件的命名规则为：actionName-methodName-validation.xml。其中，actionName 是指需要校验的 Action 的类名；methodName 指 Action 中某个业务处理方法的方法名。

如果使用了 actionName- methodName -validation.xml 校验文件，则可以针对 Action 的某一特定业务处理来进行数据校验，但是，这需要在 struts.xml 文件配置 Action 时，指定其 method 属性值。如果配置 Action 时，未指定 method 属性值，则校验时就针对其默认的 execute()方法进行校验。

在 Struts 2 框架中，进行数据校验的流程图如图 8.6 所示。

（1）Struts 2 框架中的类型转换器对请求的数据进行数据类型转换，得到符合类型的值。

（2）使用 Struts 2 中的 XWork 校验框架进行校验，即根据 actionName-validation.xml 文件和 actionName- methodName -validation.xml 文件校验数据。

（3）调用 validateX()方法来进行数据校验。

（4）调用 validate()方法来进行数据校验。

（5）如果数据校验发生错误，就会返回名为 input 的 result，然后，进入指定的页面而不会调用业务逻辑处理方法；如果数据校验过程中未出现错误，则会调用相应 Action 中的业务逻辑处理方法。

2. 校验配置

Struts 2 框架提供了字段校验配置方式和非字段校验配置方式等两种方式来配置校验文件。两种校验方式都可以达到相同的校验效果，只是各自针对的对象不一样。字段校验方式主要针对字段或属性，该方式在校验时对任何一个字段都能够返回一个明确的消息；而非字段校验方式则是将字段有效地组合在一起，该方式不能对一个字段返回一个明确的消息。

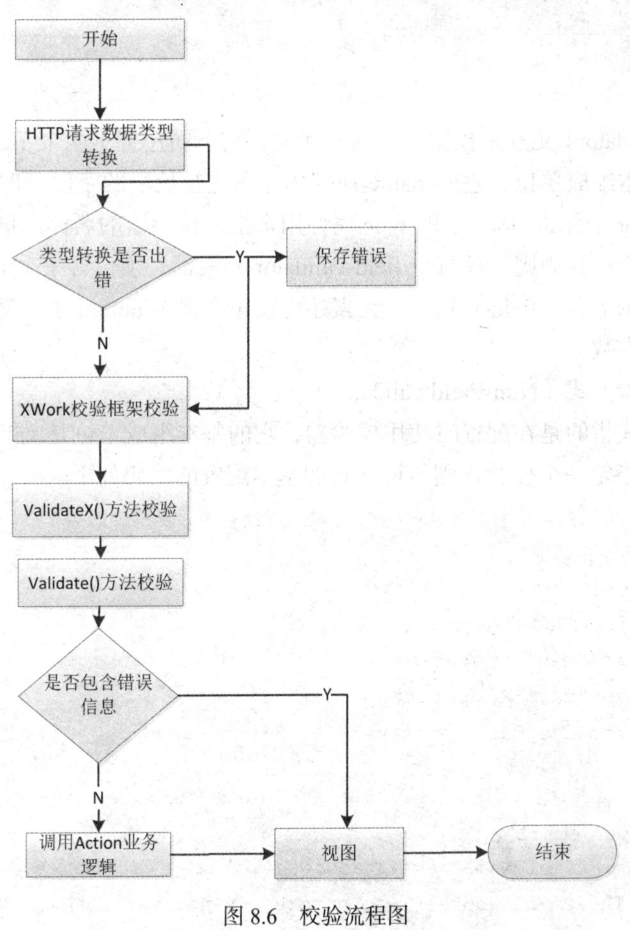

图 8.6　校验流程图

（1）字段校验方式（Field-validator）

采用字段校验方式时，校验文件中将 field 元素作为基本的子元素。例如：校验年龄是否符合要求的代码：

```
<!DOCTYPE validators PUBLIC "-//OpenSymphony Group//XWork Validator 1.0.2//EN" "http://www.opensymphony.com/xwork/xwork-validator-1.0.2.dtd">
<validators>
    <!--age 域-->
    <field name="age">
        <!--域类型为 int-->
        <field-validator type="int">
            <param name="min">18</param>                          <!--最小值为 18 -->
            <param name="max">26</param>                          <!--最大值为 26 -->
            <message>the age must be from 18 to 26!</message>     <!--输出信息-->
        </field-validator>
    </field>
    <!--name 域 -->
    <field name="name">
```

```
        <!--域类型为 requiredstring -->
          <field-validator type="requiredstring">
             <message>the age must be from 18 to 26!</message>   <!--输出信息-->
          </field-validator>
       </field>
    </validators>
```

由此可知，validators 元素是校验文件的根元素，它下面包含了两个 field 子元素。field 子元素是校验文件的基本组成单位，它的 name 属性用来指定被校验的字段。field 元素下面还可以包含多个 field-validator 子元素，该元素的 type 属性用来指定校验器的名称。其中，每个 field-validator 元素都可以指定一个校验规则，且每个 field-validator 元素都必须包含一个 message 元素，用来指定校验出错后的提示信息。field-validator 元素还可以包含多个 param 子元素，该元素用来指定校验过程中使用到的参数。

（2）非字段校验方式（Non-Field validator）

非字段校验方式指的是在配置时使用校验器，它的基本组成单位是 validator 元素。其中，每个 validator 元素都指定一个校验规则。该方式的基本配置的代码如下。

```
    <validators>
     <!--校验类型为 int-->
    <validator type="int">
    <param name="fieldName">age<param>                                  <!--校验域名为 age-->
        <param name="min">18</param>                                    <!--最小值为 18-->
        <param name="max">26</param>                                    <!--最大值为 26-->
        <message>the age must be from 18 to 26!</message>               <!--输出信息-->
    </validator>
    <!--校验类型为 email-->
    <validator type="email">
        <param name="fieldName">email_address</param>    <!--校验域名为 emai_address-->
        <message>The email address you entered is not valid.</message> <!--输出信息-->
     </validator>
    </validators>
```

由此可知，validators 元素为校验文件的根元素，它可以包含多个 validator 子元素。validator 子元素中的 type 属性用来指定校验器的名字。随着 type 的属性值不同，validator 元素也拥有的下一级子元素也可以不相同。validator 元素通常包含子元素<param name= “fieldName”>以指定被校验的 Action 名。

3. 校验器（validator）

Struts 2 框架提供了大量的校验器，使用这些校验器通常能够满足大部分应用的校验需求，但是，并不是所有的校验器都支持上面介绍的两种校验方式。下面介绍 6 种常用的校验器。

（1）required 校验器

该校验器要求指定的字段值必须是非空的，required 字段校验方式的代码如下。

```
    <!--域名-->
    <field name="name">
        <!--域类型-->
        <field-validator type="required">
            <message>the name must not be null!</message>          <!--错误输出-->
       </field-validator>
```

```
</field>
```

（2）requiredstring 校验器

该校验器要求字段值必须非空，而且长度必须大于 0，requiredstring 字段校验方式的代码如下。

```
<!--域名-->
<field name="name">
   <field-validator type="requiredstring">                   <!--校验类型-->
        <message>the name is requred!</message>             <!--错误输出-->
   </field-validator>
</field>
```

（3）int 校验器

该校验器表示整数校验器，要求指定字段的整数值必须在指定的范围内，需要注意 min 和 max 参数。long、short 和浮点数等校验器和 int 校验器类似。int 字段校验方式的代码如下。

```
<!--域名-->
<field name="age">
 <field-validator type="int">                                <!--校验类型-->
        <param name="min">18</param>                         <!--最小值-->
        <param name="max">26</param>                         <!--最大值-->
        <message>the age must be from 18 to 26!</message>    <!--错误输出-->
  </field-validator>
</field>
```

（4）data 校验器

该校验器要求字段的日期必须在指定的范围内，data 字段校验方式的代码如下。

```
<!--域名-->
<field name="birth">
     <field-validator type="data">                           <!--校验类型-->
        <param name="min">1972-08-17</param>                 <!--最小值-->
        <param name="max">2012-3-1</param>                   <!--最大值-->
         <!--错误输出，${min}和${max}值为上面的 1990-01-01 和 2012-3-1-->
        <message>the data must between ${min} and ${max}!</message>
     </field-validator>
</field>
```

（5）email 校验器

该校验器用来校验邮件地址是否合法，email 字段校验方式的代码如下。

```
<!--域名-->
<field name="mail">
      <field-validator type="email">                              <!--校验类型-->
         <message>the address must be valiable! </message>     <!--错误输出-->
      </field-validator>
</field>
```

（6）stringlength 校验器

该校验器用来校验字段的长度必须在指定的范围内，否则校验失败。stringlength 字段校验方式的代码如下。

```
<!--域名-->
```

```
<field name="user">
    <field-validator type="stringlength">                                <!--校验类型-->
        <param name="minLength">4</param>                                <!--最短长度-->
        <param name="maxLength">20</param>                               <!--最长长度-->
        <message>the length must be between 4 and 20! </message> <!--错误输出-->
  </field-validator>
</field>
```


8.2 Struts 2 框架国际化的方法

随着世界各国之间的相互依赖变得越来越紧密，程序国际化是一个必然的发展趋势。Struts 2 的程序国际化支持是以 Java 程序国际化为基础的，主要设计思路为：程序中需要输出国际化信息（语言）的部分，不在页面中直接输出，而是先输出到一个 key 值，该 key 值是针对不同语言的字符串。当程序中需要显示国际化信息时，再根据不同的语言，加载 key 值对应的字符串。

本节将介绍 Struts 2 框架国际化的实现方式、编写国际化资源文件的方法、加载国际化资源文件，以及输出信息等内容。

8.2.1 编写国际化资源文件

Struts 2 框架实现国际化的方式是使用国际化资源文件。对于一个复杂的系统往往会有大量的内容需要实现国际化，为了解决仅有一个国际化资源文件导致的处理过程效率低下的问题，国际化资源文件被分为 4 种，包括：包范围资源文件、类范围资源文件、临时资源文件，以及全局资源文件。

国际化资源文件的后缀都是 properties，它们的内容格式都是 key-value 形式，在需要使用这些信息时，可以通过 key 值得到 value 值。一个中文的国际化资源文件（mess_zh_CN.properties 文件）的格式如下。

```
login=登录
error=错误
success=成功
```

1. 包范围资源文件

该资源文件只允许包下的 Action 访问，且被放在包的根路径下，文件名的格式为 package_language_country.properties。其中，package 固定不变，language 和 country 表示语言和国家，例如：中文国际化资源就是 package_zh_CN.properties。

2. 类范围资源文件

该资源文件能被指定类所对应的 Action 访问，通常被放到 Action 类所在的路径下，其命名格式是 ActionName_language_country.properties。其中，ActionName 指的是 Action 类名。

3. 全局范围资源文件

该资源文件能被所有 Action 和 JSP 访问，一般被放到工程的 src 目录下，其命名格式为 name.properties。其中，name 表示文件名。命名通常采用 BaseName_language_country.properties 的格式。其中，BaseName 自定义。全局范围资源文件的加载不是自动的，必须在 Struts 2 配置文件中加以指定，并在常量 struts.custom.i18n.resources 中进行配置，而该常量的值即为全局范围资源文件的 BaseName。

系统要加载的全局范围资源文件为 globalMessage.properties 或 globalMessage_en_US.properties，可以在 struts.xml 文件中添加如下指定代码。

```
<constant name="struts.custom.i18n.resources" value="globalMessage" />
```

也可在 struts.properties 文件中添加如下代码。

```
struts.custom.i18n.resources=globalMessage
```

配置好 struts.custom.i18n.resources 常量后，应用软件会自动加载全局资源文件。这样，以后 Struts 2 框架就可以直接取出这些国际化资源中的信息了。

4. 临时资源文件

临时资源文件通常只对应一个 JSP 页面，该文件的使用需在 JSP 文件中指定，即只有在 JSP 文件中通过 Struts 2 标签指定该文件后，才能使用该文件信息。

8.2.2 访问国际化资源文件

Struts 2 框架提供 3 种方式来访问国际化资源文件。

（1）通过 ActionSupport 类的 getText( )方法，在 Action 类中访问国际化消息。该方法的 name 参数对应着国际化资源文件中的 key 值，然后再根据 key 值进一步得到对应的 value 值。

（2）在 JSP 页面中使用 Struts 2 框架的<s:text>标签来访问。指定<s:text>标签的 name 属性，该属性对应着国际化资源文件中的 key 值，然后再根据 key 值得到其 value 值。对于临时资源文件的访问，<s:text>标签的使用需要借助<s:i18n>标签作为其父标签，来指定该临时国际化资源文件。

（3）在 JSP 页面中的表单元素中指定一个 key 属性，对应着国际化资源文件中的 key 值，然后再依据 key 值最终就能得到对应的 value 值。

【例 8-4】 Struts 2 框架国际化实现方式及国际资源文件的使用。

（1）在 Eclipse 下创建一个 Java Web 项目“MultiLangDemo”，将 Struts 2 框架所需的支持库添加到 WEB-INF 目录下的 lib 文件夹中，然后在 WEB-INF 目录下添加 web.xml 文件，并在其中注册过滤器和欢迎页面。

（2）在目录 src 下创建“com.action”包，并在该包下创建 LoginAction.java 文件，然后打开该文件，编写如下代码。

```
package com.action;
import com.opensymphony.xwork2.ActionSupport;
public class LoginAction extends ActionSupport{
    private static final long serialVersionUID = 1L;
    private String name;                    //name 属性
    private int age;                        //age 属性
```

```
    private String tel;                          //tel 属性
    //name 属性 getter 方法
    public String getName() {
        return name;
    }
    //name 属性 setter 方法
    public void setName(String name) {
        this.name = name;
    }
    //age 属性 getter 方法
    public int getAge() {
        return age;
    }
    //age 属性 setter 方法
    public void setAge(int age) {
        this.age = age;
    }
    //tel 属性 getter 方法
    public String getTel() {
        return tel;
    }
    //tel 属性 setter 方法
    public void setTel(String tel) {
        this.tel = tel;
    }
    //重载 execute 方法
    public String execute() throws Exception {
        return "hello";
    }
    //log 方法，Action 调用的 method 方法
    public String log()throws Exception{
                return "hello";
    }
}
```

（3）在 src 目录下创建 struts.xml 文件，打开后编写如下代码。

```
<?xml version="1.0" encoding="UTF-8" ?>
<!DOCTYPE struts PUBLIC
    "-//Apache Software Foundation//DTD Struts Configuration 2.0//EN"
    "http://struts.apache.org/dtds/struts-2.0.dtd">
<struts>
    <!--配置包 -->
    <package name="default" namespace="/" extends="struts-default">
        <!--配置 Action，实现类为 com.action.LoginAction -->
        <action name="login" class="com.action.LoginAction">
            <result name="hello">/hello.jsp</result>            <!--返回 hello.jsp -->
        </action>
    </package>
</struts>
```

（4）在 src 目录下创建 login_en_US.properties 和 login_zh_CN.properties 文件，分别打开并编写如下代码。

login_en_US.porperties 文件代码如下。

```
### 设置 error 常量为 Error
error=Error
### 设置 success 常量为 Success
success=Success
### 设置 name 常量为 Name
name=Name
### 设置 tel 常量为 Tel
tel=Tel
### 设置 age 常量为 Age
age=Age
### 设置 welcome 常量为 Welocome to Login!
welcome=Welcome to Login!
```

login_zh_CN.properties 文件代码如下。

```
### 设置 error 常量为错误
error=\u9519\u8BEF
### 设置 success 常量为成功
success=\u6210\u529F
### 设置 name 常量为姓名
name=\u59D3\u540D
### 设置 tel 常量为电话号码
tel=\u7535\u8BDD\u53F7\u7801
### 设置 age 常量为年龄
age=\u5E74\u9F84
### 设置 welcome 常量为欢迎注册
welcome=\u6B22\u8FCE\u6CE8\u518C\uFF01
```

这里读者需要注意，由于编码问题，在输入汉字时，汉字会被转成对应的 ascii 码，如上所示。其实，实际上该文件内容为下面所示的内容。在编辑时，开发者可以先在记事本中编写好对应的代码，然后直接复制、粘贴到 Eclipse 中。

```
erro=错误
success=成功
name=姓名
tel=电话号码
age=年龄
welcome=欢迎注册!
```

（5）在 WebContent 目录下创建文件 index.jsp 和 hello.jsp，分别打开并编写代码如下。

index.jsp 文件核心代码如下。

```
<body>
<center>
<h3>
<s:text name="welcome" />
</h3>
<!--form 标签-->
<s:form action="login">
      <!--定义文本框-->
      <s:textfield name="name" key="name"/>
```

```
        <s:textfield name="age" key="age"/>
        <s:textfield name="tel" key="tel"/>
        <s:submit method="log"></s:submit>          <!--提交按钮-->
    </s:form>
    </center>
    </body>
```

hello.jsp 文件核心代码如下。

```
    <body>
      <center>
        <h3>
          <s:property value="#hel"/>               <!--property标签，输出值-->
        </h3>
      </center>
    </body>
```

（6）运行程序，如图 8.7 所示。由图 8.7 可以看到，在 index.jsp 中通过<s:text>标签和表单方式读取了国际化资源文件中的信息。输入信息，提交后的结果如图 8.8 所示。

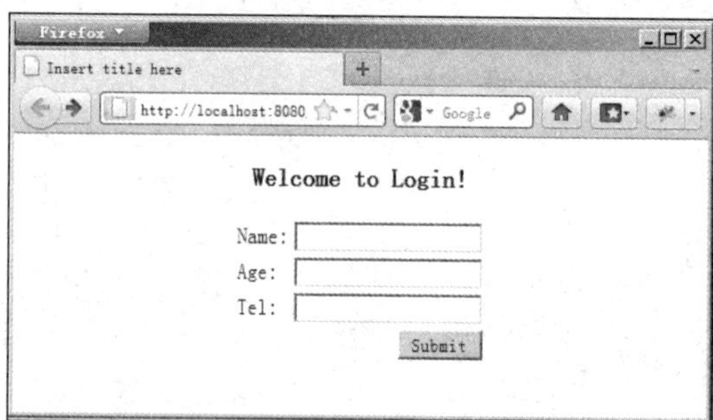

图 8.7 运行结果（一）

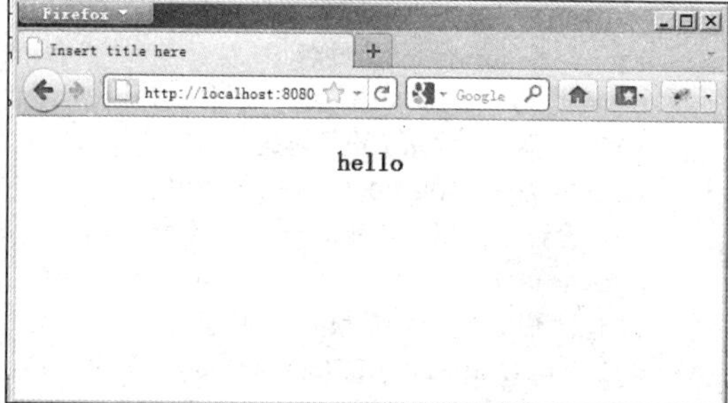

图 8.8 运行结果（二）

（7）修改浏览器语言和区域环境为中文，如图 8.9 所示。此时，再运行程序，将会看到如图 8.10 所示的结果。输入信息，提交后的结果如图 8.11 所示。

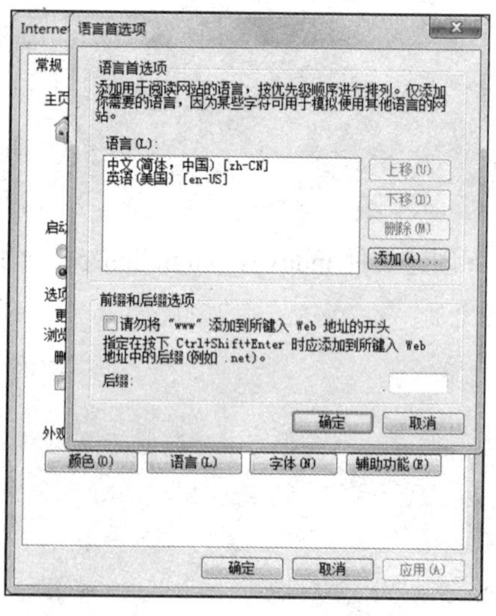

图 8.9 修改语言和区域环境

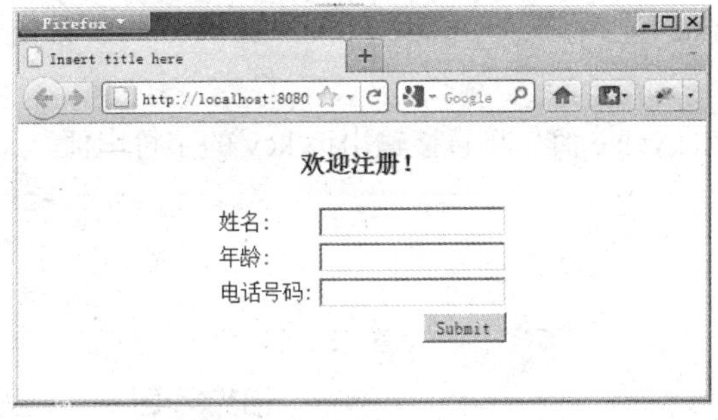

图 8.10　运行结果（一）

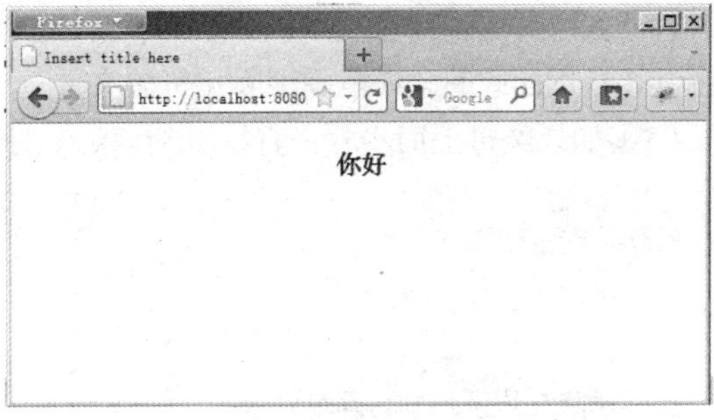

图 8.11　运行结果（二）

8.2.3　资源文件加载过程

Struts 2 框架提供了多种方式来加载国际化资源文件，下面是这些国际化资源文件在不同情况下的加载顺序。

1. 在 JSP 文件中访问时的加载顺序

在 JSP 文件中访问国际化资源文件时其加载顺序有如下两种方式。

（1）对于使用<s:i18n.../>标签作为父标签的<s:text.../>标签或表单标签时，其加载顺序如下。

① 将从<s:i18n.../>标签指定的国际化资源文件中加载指定 key 对应的 value 值；

② 如果在上一步中找不到指定 key 对应的 value 值，则查找 struts.custom.i18n.resources 常量中指定的 baseName 的全局范围国际化资源文件；

③ 如果经过上面步骤一直找不到该 key 对应的 value 值，将直接输出该 key 的字符串值。

（2）如果<s:text.../>标签、表单标签没有使用<s:i18n.../>标签作为父标签，其加载顺序为：

直接加载 struts.custom.i18n.resources 常量指定的 baseName 的全局范围国际化资源文件。如果找不到该 key 对应的 value 值，将直接输出该 key 的字符串值。

2. 在 Action 中访问时的加载顺序

假设在 Action 类中有名为 LoginAction 的方法，且该方法中调用了 getText("login")方法，则 Struts 2 框架会按照以下过程加载资源文件。

（1）加载类范围资源文件，即优先加载系统中和 LoginAction 的类文件保存在相同路径下，且 baseName 为 LoginAction 的系列资源文件。

（2）如果找不到"login"对应的 value 值，即找不到 key 对应的 value 值，且 LoginAction 有父类 ParentAction，则加载系统中保存在和 ParentAction 的类文件相同路径下，且 baseName 为 ParentAction 的系列资源文件。

（3）如果在上一步中找不到指定"login"对应的 value 值，且 LoginAction 有实现接口 ILoginAction，则加载系统中保存在和 IloginAction 的接口文件相同路径下，且 baseName 为 IloginAction 的系列资源文件。

（4）如果在上一步中找不到指定"login"对应的 value 值，且 LoginAction 有实现接口 ModelDriven，则对于 getModel()方法返回的 model 对象，重新执行第（1）步操作。

（5）如果在上一步中找不到指定"login"对应的 value 值，则查找当前包下 baseName 为 package 的包范围国际化资源文件。

（6）如果在上一步中找不到指定"login"对应的 value 值，则沿着当前包上溯，直到最顶层包来查找 baseName 为 package 的包范围国际化资源文件。

（7）如果在上一步中找不到指定 key 对应的 value 值，则查找 struts.custom.i18n.resources 常量中指定 baseName 的全局范围国际化资源文件。

（8）如果经过上面步骤一直找不到该 key 对应的 value 值，将直接输出该 key 的字符串值。

8.3 使用 Struts 2 拦截器

拦截器是 Struts 2 的核心组件，Struts 2 为了支持数据校验、国际化、文件上传和下载等功能，提供了一个强大的拦截器策略。拦截器的主要机制就是，定义一个功能模块。该模块用于在一个 Action 执行的前后来进行一些处理，也可以在一个 Action 执行前阻止其执行。同时它还提供了一种将通用代码模块化的方式。通过该方式，可以把多个 Action 中都需要重复指定的代码提取出来，统一放在拦截器里进行定义，从而更好地实现了代码重用。

图 8.12 给出了拦截器与 Action 之间的关系。具体流程如下。

（1）当外部的请求 HttpServletRequest 到来时。

（2）初始到了 servlet 容器，传递给一个标准的过滤器链。

（3）FilterDispatecher 会去查找相应的 ActionMapper。如果找到了相应的 ActionMapper，它就会将控制权限交给 ActionProxy。

（4）ActionProxy 将会通过 ConfigurationManager 来查找配置 struts.xml。

① 下一步将会通过 ActionInvocation 来负责命令模式的实现（包括在调用 Action 之前调用一些拦截 Interceptor 框架）；

② Interceptor 做一些拦截或者初始的工作。

（5）一旦 Action 返回，会查找相应的 Result。

（6）Result 类型可以是 jsp 或者 freeMark 等。

（7）这些组件和 ActionMapper 一起返回给请求的 URL。

（8）响应的返回是通过用户在 web.xml 中配置的过滤器。

（9）如果 ActionContextCleanUp 是当前使用的，则 FilterDispatecher 将不会清理 sreadlocal ActionContext;如果 ActionContextCleanUp 不使用，则 FilterDispatecher 将会去清理 sreadlocalsActionContext。

由该流程可以看到，使用拦截器后，Action 被拦截器一层层地包围在里面。只有在一层层调用完拦截器处理后，才会调用 Action 中的方法，最后又会按相反顺序调用拦截器。

这个过程有点像我们生活中邮寄信件的过程。假设北京的王强想给深圳的好朋友周光邮寄一封信，这时信是 HTTP 请求，而信中内容可以被看成是请求参数。在邮寄信件时，信件会经过一系列的中间站（北京邮局、深圳邮局、周光单位的门房等），这些中间站就可被看成是拦截器，当信件被寄到周光手中后，周光会回一封信。这时候信件会按相反的顺序，经过刚才的那些中间站，而回信则相当于返回的视图页面。

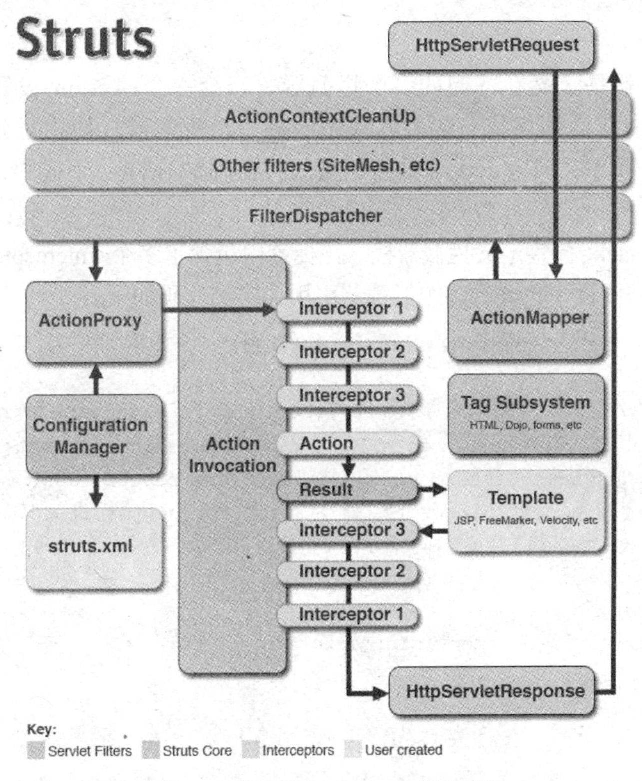

图 8.12　拦截器与 Action 之间关系图

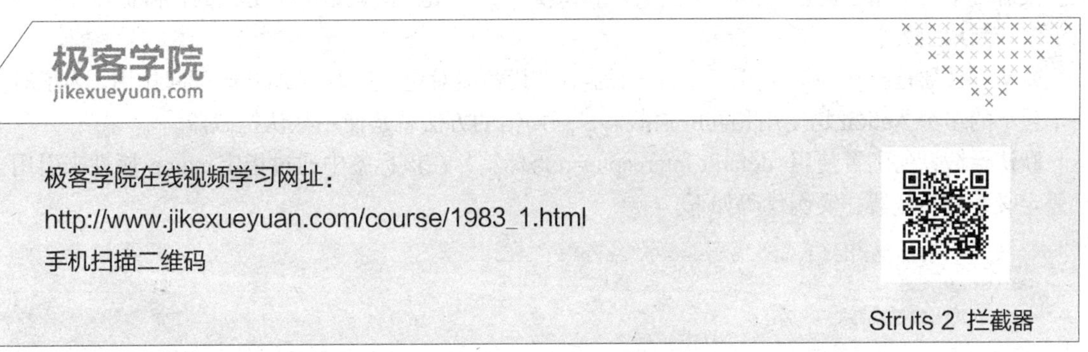

8.3.1　配置 Struts 拦截器

如果要使用拦截器，就需要在 struts.xml 文件中进行配置。struts.xml 文件中以<interceptor>和</interceptor>标签对配置拦截器和拦截器栈。

1．配置拦截器

拦截器的<interceptor>标签有两个属性 name 和 class，分别用来指定拦截器名称及其实现类，即：

```
<interceptor name="interceptorName" class="interceptorClass">
```

在定义拦截器时通常需要传入一些参数，这就用到<param>标签。<param>标签和<interceptor>

标签作为<interceptor>的子标签，一起使用，以达到给拦截器传参的目的，用法如下：

```
<interceptor name="interceptorName" class="interceptorClass">
    <param name="paramName">paramValue</param>
</interceptor>
```

2. 拦截器栈

所谓拦截器栈，就是定义在一起的多个拦截器。当给一个 Action 设置了拦截器栈后，在执行该 Action 之前，必须先执行拦截器栈中的每一个拦截器。使用拦截器栈不仅可以确定多个拦截器的执行顺序，同时，还可以把相关的拦截器放在同一个栈中，从而使得管理也更方便。

使用<interceptor-stack>标签定义拦截器栈。该标签内包含了多个<interceptor-ref >子标签，这些子标签用来定义拦截器栈中包含的多个拦截器引用，实例代码如下。

```
<package name="default" extends="struts-default" >
<interceptors>
       <!--定义两个拦截器，拦截器名分别为 interceptor1, interceptor2 和 interceptor3-->
       <interceptor name="interceptor1" class="interceptorClass"/>
       <interceptor name="interceptor2" class="interceptorClass"/>
       <interceptor name="interceptor3" class="interceptorClass"/>
       <!--定义一个拦截器栈，拦截器栈包含了两个拦截器-->
       <interceptor-stack name="myStack">
         <interceptor-ref name="interceptor1"/>
         <interceptor-ref name="interceptor2"/>
       </interceptor-stack>
  </interceptors>
</package>
```

代码中定义了 interceptor1、interceptor2、interceptor3 三个拦截器和一个 myStack 拦截器栈，该拦截器栈中又引用了已定义的两个拦截器。事实上，拦截器栈就是一个更大的拦截器。

3. 默认拦截器

默认拦截器是指在一个包下定义的拦截器，该拦截器对包下所有的 Action 都起作用。为了对一个包下的多个 Action 均使用相同的拦截器，最简洁的方法就是使用默认拦截器。

默认拦截器的配置使用<default-interceptor-ref>标签，在该标签中通过指定 name 属性来引用已经定义好的拦截器，实例代码如下。

```
<package name="default" extends="struts-default" >
<interceptors>
<!--定义两个拦截器-->
       <interceptor name="interceptor1" class="interceptorClass"/>
       <interceptor name="interceptor2" class="interceptorClass"/>
</interceptors>
<!--配置包下的默认拦截器-->
<default-interceptor-ref name=" interceptor1"/>
 <action name="login"  class="tutorial.Login">
       <result name="input">login.jsp</result>
   </action>
```

需要注意的是，每个包下只能定义一个默认拦截器。

4. 使用拦截器

将拦截器（拦截器栈）定义好以后，就可以使用这些拦截器（拦截器栈）来拦截 Action 了。拦截器或拦截器栈会先拦截并处理用户请求，然后再执行 Action 的 execute 方法。使用拦截器时需要在 Action 中进行配置，通过<interceptor-ref>标签来指定在 Action 中使用的拦截器，实例代码如下。

```
<package name="default" extends="struts-default" >
   <interceptors>
         <!--定义三个拦截器 interceptor1、interceptor2 ->
         <interceptor name="interceptor1" class="interceptorClass"/>
         <interceptor name="interceptor2" class="interceptorClass"/>
               <!--为拦截器 interceptor1 指定参数值-->
               <param name="paramName">paramValue1</param>
         </interceptor>
         <!--定义拦截器栈，并指定其中包含的拦截器-->
        <interceptor-stack name="myStack">
           <interceptor-ref name="interceptor1"/>
           <interceptor-ref name="interceptor2"/>
        </interceptor-stack>
     </interceptors>
   <action name="login"  class="tutorial.Login">
         <result name="input">login.jsp</result>
         <!--在名为 login 的 Action 中使用已定义的拦截器 interceptor1、interceptor2 和
interceptor3-->
         <interceptor-ref name="interceptor1"/>
            <param name="paramName">paramValue1</param>
         <interceptor-ref name="interceptor2"/>
         </interceptor-ref>
         <interceptor-ref name="myStack"/>
     </action>
   </package>
```

可见，在 Action 中使用某个拦截器时，只需在 struts.xml 文件中配置 Action 指定<interceptor- ref>的 name 属性即可。此外，在使用拦截器时，也可以指定参数，而且这个参数将会覆盖该拦截器在定义时指定的参数，如示例代码中的 interceptor1 拦截器。

8.3.2　Struts 2 内置拦截器

Struts 2 中内置了许多拦截器，它们提供了 Struts 2 的许多核心功能和可选的高级特性。Struts 2 中每个拦截器都实现了某一种特定功能，可将它们灵活地组合使用：Struts 2 框架中常用的拦截器及描述如表 8.1 所示。

表 8.1　　常用拦截器及描述

拦截器	名称	描述
Checkbox Interceptor	checkbox	添加了 checkbox 自动处理代码，将没有选中的 checkbox 内容设定为 false，而 html 在默认情况下不提交没有选中的 checkbox
Cookie Interceptor	cookie	指定配置的 name-value 来注入 cookies
Debugging Interceptor	debugging	提供不同调试用的页面来展现内部的数据状况
Alias Interceptor	alias	在不同请求之间将请求参数在相似的名字间转换，请求内容不变

续表

拦截器	名称	描述
Chaining Interceptor	chain	让前一个 Action 的属性可以被当前 Action 访问，一般和 chain 类型的 result（<result type= "chain" >）结合使用
Conversion Error Interceptor	conversionError	从 ActionContext 中添加转换错误到 Action 的属性中
Create Session Interceptor	createSession	自动创建 HttpSession，用来为需要使用 HttpSession 的拦截器服务
Exception Interceptor	exception	处理产生的异常
Executer and Wait Interceptor	execAndWait	在后台执行 Action，同时将用户带到一个中间的等待页面
File Upload Intercepto r	fileUpload	提供文件上传功能
I18n Interceptor	i18n	记录用户选择的 locale
Logger Interceptor	logger	输出 Action 的名字
Message Store Interceptor	store	存储或者访问实现 ValidationAware 接口的 Action 类出现的消息、错误、字段错误等
Multiselect Interceptor	multiselect	像 Checkbox Interceptor 一样检测是否有像<select>标签被选中的多个值，然后添加一个空参数
Model Driven Interceptor	modelDriven	如果一个类实现了 ModelDriven，就将 getModel 得到的结果放在 ValueStack 中
Scoped Model Driven Interceptor	scopedModelDriven	如果一个 Action 实现了 ScopedModelDriven，则这个拦截器会从相应的 Scope 中取出 model，并调用 Action 的 setModel 方法将其放入 Action 内部
Parameters Interceptor	params	将请求中的参数设置到 Action 中去
Prepare Interceptor	prepare	如果 Acton 实现了 Preparable 接口，则该拦截器调用 Action 类的 prepare 方法
Scope Interceptor	scope	将 Action 状态存入 session 和 application 范围
Servlet Config Interceptor	servletConfig	提供访问 HttpServletRequest 和 HttpServletResponse 的方法，并以 Map 的方式访问
Static Parameters Interceptor	staticParams	把 struts.xml 文件中<action>标签的参数内容设置到对应的 Action 中
Roles Interceptor	roles	仅当用户具有 JAAS 指定的 Role 时才被使用，否则 Action 不予执行
Timer Interceptor	timer	输出 Action 执行的时间
Token Interceptor	token	检查 Action 中有效的令牌，防止重复提交表单
Token Session Interceptor	tokenSession	和 Token Interceptor 一样，不过双击的时候把请求的数据存储在 Session 中
Validation Interceptor	validation	和 Token Interceptor 一样，不过双击的时候把请求的数据存储在 Session 中
Workflow Interceptor	workflow	调用 Action 的 validate 方法，一旦有错误，就返回 INPUT 结果
Profiling Interceptor	profiling	通过参数激活 profile

Struts 2 框架中的内置拦截器通常被定义在 struts-default.xml 文件中，它们以 name-class 的方式配置。其中，name 表示该拦截器的名称；class 表示该拦截器对应的处理类。

【例 8-5】 Timer 拦截器的功能展示，该实例可以显示执行某个 Action 方法所需的时间。

Timer 拦截器的功能是输出调用 Action 所需要的时间。它记录了 execute 方法和在 timer 后面定义的其他拦截器的 intercept 方法的执行时间之和，其时间单位为毫秒。

（1）在 Eclipse 中创建一个 Java Web 项目 TimerInterceptorDemo，将 Struts 2 框架所需的支持库添加到 WEB-INF 目录下的 lib 文件夹中，然后在 WEB-INF 目录下添加 web.xml 文件，并在其中注册过滤器和欢迎页面，代码如下。

```
<?xml version="1.0" encoding="UTF-8"?>
<web-app  id="WebApp_9"  version="2.4"  xmlns="http://java.sun.com/xml/ns/j2ee"  xmlns:
xsi="http://www.w3.org/2001/XMLSchema-instance"  xsi:schemaLocation="http://java.sun.com/xml/
ns/j2ee http://java.sun.com/xml/ns/j2ee/web-app_2_4.xsd">
        <!--定义 Filter-->
        <filter>
            <filter-name>Struts 2</filter-name>     <!--指定 Filter 的名字，不能为空-->
            <!--指定 Filter 的实现类，此处使用的是 Struts 2 提供的拦截器类-->
            <filter-class>org.apache.Struts   2.dispatcher.ng.filter.StrutsPrepareAnd
ExecuteFilter</filter-class>
        </filter>
        <!--定义 Filter 所拦截的 URL 地址-->
        <filter-mapping>
            <!--Filter 的名字，该名字必须是 filter 元素中已声明过的过滤器名字-->
            <filter-name>Struts 2</filter-name>
            <url-pattern>/*</url-pattern>     <!--定义 Filter 负责拦截的 URL 地址-->
        </filter-mapping>
        <!--欢迎页面-->
       <welcome-file-list>
          <welcome-file>index.jsp</welcome-file>
       </welcome-file-list>
    </web-app>
```

（2）在 src 目录下创建包“com.action”，并在该包下创建 UserAction.java 文件，然后打开该文件，编辑如下代码。

```
package com.action;
import com.opensymphony.xwork2.ActionSupport;
public class LoginAction extends ActionSupport{
    private static final long serialVersionUID = 1L;
    //处理用户请求的 execute 方法
    public String execute() throws Exception {
        Thread.sleep(200);  //睡眠 200ms
        return SUCCESS;
    }
}
```

（3）在 src 目录下创建 struts.xml 文件，打开该文件，编辑如下代码。

```
<?xml version="1.0" encoding="UTF-8" ?>
<!DOCTYPE struts PUBLIC
    "-//Apache Software Foundation//DTD Struts Configuration 2.0//EN"
    "http://struts.apache.org/dtds/struts-2.0.dtd">
<struts>
    <!--配置包-->
    <package name="default" namespace="/" extends="struts-default">
```

```
        <!--配置 Action-->
        <action name="login" class="com.action.UserAction">
            <!--在 Action 的配置中加入对拦截器的引用，指出该 Action 要使用的拦截器为 timer 拦截器 -->
            <interceptor-ref name="timer" />
            <result>/success.jsp</result>
        </action>
    </package>
</struts>
```

上面代码在 Timer 拦截器后面未定义其他的拦截器，此时 Timer 拦截器只记录 execute()方法的执行时间。

（4）在 WebContent 目录下创建 index.jsp 文件，文件代码如下。

```
<%@ page language="java" contentType="text/html; charset=UTF-8"
    pageEncoding="UTF-8"%>
<%@ taglib prefix="s" uri="/struts-tags"%>
<!DOCTYPE html PUBLIC "-//W3C//DTD HTML 4.01 Transitional//EN" "http://www.w3.org/TR/html4/loose.dtd">
<html>
<head>
<meta http-equiv="Content-Type" content="text/html; charset=UTF-8">
<title>测试 Timer 拦截器的使用</title>
</head>
<body>
<center>
    <!--div 标签-->
    <s:div>
        <s:a action="login.action">单击用户</s:a>   <!--a 标签-->
    </s:div>
</center>
</body>
<html>
```

（5）在 WebContent 目录下创建 success.jsp 文件，文件代码如下。

```
<%@ page language="java" contentType="text/html; charset=UTF-8"
    pageEncoding="UTF-8"%>
  <%@ taglib prefix="s" uri="/struts-tags"%>
<!DOCTYPE html PUBLIC "-//W3C//DTD HTML 4.01 Transitional//EN" "http://www.w3.org/TR/html4/loose.dtd">
<html>
<head>
<meta http-equiv="Content-Type" content="text/html; charset=UTF-8">
<title>Insert title here</title>
</head>
<body>
    <!--控制文本水平居中-->
    <center>
```

```
            登录成功！
        </center>
    </body>
    <html>
```

（6）在 Eclipse 中使用内嵌浏览器运行程序，其运行结果如图 8.13 所示，单击用户的超级链接后，出现图 8.14 所示的成功信息。

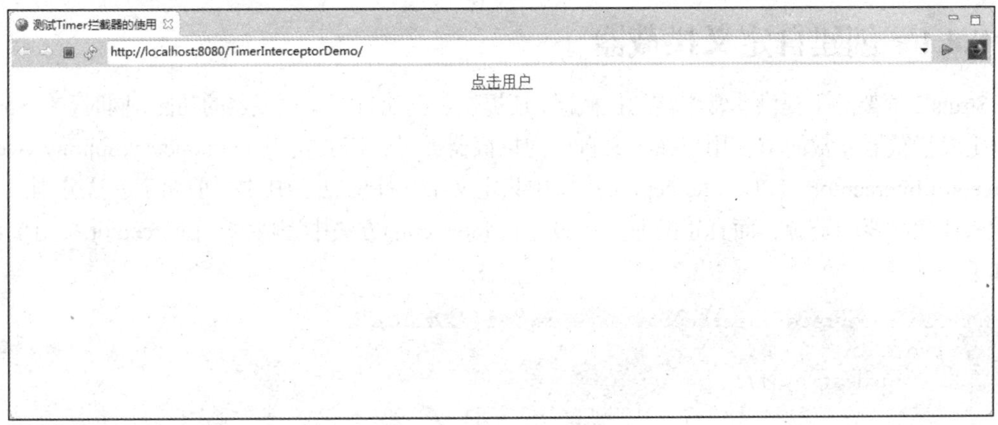

图 8.13　程序运行结果

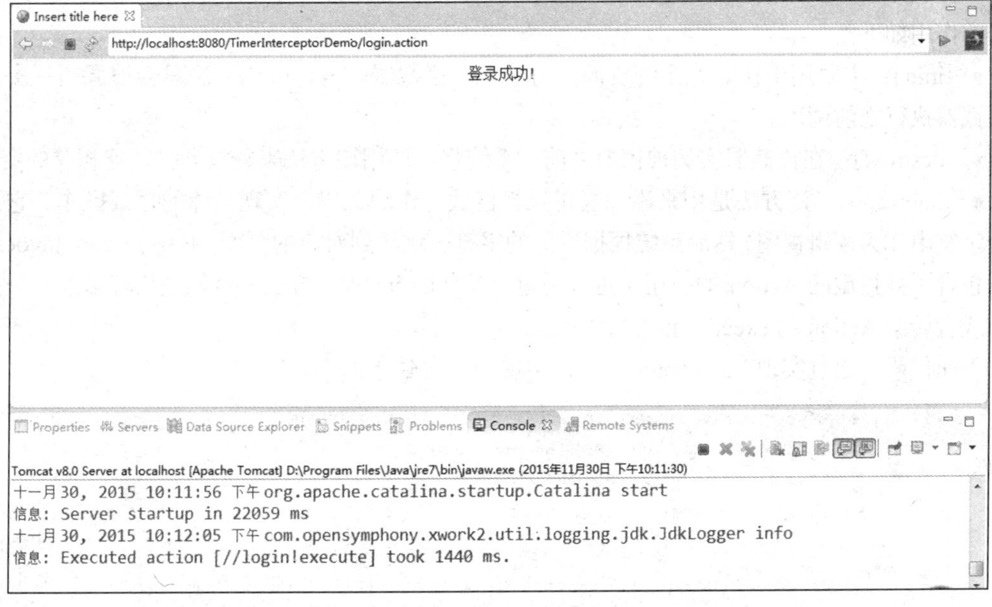

图 8.14　单击链接后的结果

在该程序中的 struts.xml 文件中，配置了叫作 login 的 Action，并在该 Action 中引用了 Timer 拦截器。Timer 拦截器将输出该 Action 调用所花费的时间，并在 Eclipse 控制台（Console）可看到输出信息。如图 8.14 中的数据表明，该 Action 调用花费的时间为 1440ms，这正是拦截器调用的结果。

8.4 自定义拦截器

除了 Struts 2 的内置拦截器，有时候用户需要自己定义拦截器，本节将介绍如何使用 Struts 2 框架来自定义拦截器，以及如何使用自定义拦截器。

8.4.1 创建自定义拦截器

Struts 2 框架除了提供非常丰富的拦截器，还提供了创建自定义拦截器的功能，同时，在 Struts 2 中自定义拦截器非常简单。用户在定义自己的拦截器类时，需要实现 com.opensymphony.xwork2.interceptor.Interceptor 接口。Interceptor 接口中只定义了 3 个方法。其中，前两个方法分别用来初始化和清除必要的资源，而真正的业务逻辑是在 intercept()方法中完成的。Interceptor 接口的源代码如下。

```
Public interface Interceptor extends Serializable{
    void init();
    void destroy();
    string intercept(ActionInvocation invocation)throws Exception;
}
```

3 个方法都只给出声明而未进行定义，因此，要想直接实现该接口的类必须实现这 3 个方法。它们的作用如下。

- init()：主要用于初始化系统资源。对于一个拦截器而言，init()方法只会被调用一次，且在拦截器执行之前调用。
- destroy()：在拦截器实例被销毁之前，系统将会调用该方法来释放和拦截器相关的资源。
- intercept()：该方法是用来添加真正执行拦截工作的代码，实现具体的拦截操作。它返回一个字符串作为逻辑视图，然后系统根据返回的字符串跳转到对应的页面。其中，ActionInvocation 参数包含了被拦截的 Action 的引用，可以通过该参数的 invoke()方法，将控制权转给下一个拦截器，或者转给 Action 的 execute()方法。

下面代码为通过实现 Interceptor 接口，实现一个拦截器。

```
public class MyLoggerInterceptor implements Interceptor{
    private static final long serialVersionUID = 1L;
    public String intercept(ActionInvocation invocation) throws Exception {
        String className = invocation.getAction().getClass().getName(); //拦截器名
        long startTime = System.currentTimeMillis();                      //当前时间
        System.out.println("------before action: " + className);          //输出
        String result = invocation.invoke();                        //调用下一个拦截器
        long endTime = System.currentTimeMillis();                        //当前时间
        //输出调用所用时间
       System.out.println("after action: " + className + " Time taken: " + (endTime
- startTime) + " ms");
       return result;
    }
    //销毁相关资源
    public void destroy() {
```

```
    }
    //初始化资源
    public void init() {

    }
}
```

8.4.2　配置自定义拦截器

自定义拦截器的配置方法是，只需要在<interceptor>的 class 属性中指定自定义的拦截器类就可以。假设有一个自定义的拦截器类为 LoggerInterceptor，其路径为 com.interceptor.LoggerIntercepto r，则其配置方式如下：

```
<interceptor name="logger" class="com.interceptor.LoggerInterceptor"/>
```

上面代码配置了一个名为 logger 的拦截器，其实现通过 LoggerInterceptor 拦截器类来完成。在定义完拦截器后就可以配置其使用了，这和配置内置拦截器的方法是一样的。

8.4.3　拦截器执行顺序分析

Struts 2 的拦截器机制采用了嵌套调用拦截器的方式。每一个拦截器都有一个在 ActionInvocation 接口中包含的 invoke()方法。当在某一个拦截器中调用 invoke()方法时，就会调用下一个拦截器的方法，如此嵌套调用下去。如果当前拦截器是最后一个拦截器，则会调用 Action 的 execute()方法。Action 执行完后，按照与原来相反的顺序返回执行拦截器中的剩余代码，即最后一个拦截器继续执行其剩余代码，然后返回倒数第二个拦截器继续执行其剩余代码，以此类推直到返回到第一个拦截器，最后才回到结果页面。

invoke()方法用来判断是否还有下一个拦截器，若有，则调用下一个拦截器，否则，直接跳到 Action 的 execute()方法去执行。

【例 8-6】　演示 Struts 拦截器和 Action 的执行顺序。

（1）在 Eclipse 中创建一个 Java Web 项目 SeqInterceActionDemo，将 Struts 2 框架所需的支持库添加到 WEB-INF 目录下的 lib 文件夹中，然后在 WEB-INF 目录下添加 web.xml 文件，并在其中注册过滤器和欢迎页面，代码如下。

```
<?xml version="1.0" encoding="UTF-8"?>
<web-app id="WebApp_9" version="2.4" xmlns="http://java.sun.com/xml/ns/j2ee" xmlns:xsi=
"http://www.w3.org/2001/XMLSchema-instance"  xsi:schemaLocation="http://java.sun.com/xml/ns/
j2ee http://java.sun.com/xml/ns/j2ee/web-app_2_4.xsd">
    <!--定义 Filter -->
    <filter>
        <filter-name>Struts 2</filter-name>        <!--指定 Filter 的名字，不能为空-->
            <!--指定 Filter 的实现类，使用 Struts 2 提供的拦截器类-->
            <filter-class>org.apache.Struts 2.dispatcher.ng.filter.StrutsPrepare
AndExecuteFilter</filter-class>
    </filter>
    <!--定义 Filter 所拦截的 URL 地址-->
    <filter-mapping>
        <!--Filter 的名字，该名字必须是 filter 元素中已声明过的过滤器名字-->
        <filter-name>Struts 2</filter-name>
            <url-pattern>/*</url-pattern><!--定义 Filter 负责拦截的 URL 地址-->
```

```
        </filter-mapping>
      <!--欢迎页面-->
    <welcome-file-list>
        <welcome-file>index.jsp</welcome-file>
    </welcome-file-list>
</web-app>
```

（2）在 src 目录下创建包“com.action”，并在该包下创建 Action1.java 文件，然后打开该文件，编辑如下代码。

```
package com.action;
import com.opensymphony.xwork2.ActionSupport;
public class Action1 extends ActionSupport{
    private static final long serialVersionUID = 1L;
    public String execute() throws Exception {
         System.out.println("这是第一个 Aciton（Aciton1）的输出信息");      //打印输出信息
        return SUCCESS;                                                     //返回 success
    }
}
```

（3）在 com.action 包下创建 Action2.java 文件，打开该文件，编辑如下代码。

```
package com.action;
import com.opensymphony.xwork2.ActionSupport;
public class Action2 extends ActionSupport{
    private static final long serialVersionUID = 1L;
    public String execute() throws Exception {
         System.out.println("这是第二个 Aciton（Aciton2）的输出信息");      //打印输出信息
        return SUCCESS;                                                     //返回 success
    }
}
```

（4）在 src 目录下创建包“com.interceptor”，并在该包下创建 Interceptor1.java 文件，然后打开该文件，编辑如下代码。

```
package com.interceptor;
import com.opensymphony.xwork2.ActionInvocation;
import com.opensymphony.xwork2.interceptor.AbstractInterceptor;
public class Interceptor1 extends AbstractInterceptor{
    private static final long serialVersionUID = 1L;
    public String intercept(ActionInvocation invocation) throws Exception {
           System.out.println("    第一个拦截器，在调用下一个拦截器 或 Action 前");   //输出
           String result = invocation.invoke();                       //调用下一个拦截器
           System.out.println("    第一个拦截器，在调用下一个拦截器 或 Action 后");   //输出
           return result;                                             //返回调用结果
    }
}
```

（5）在 com.interceptor 包中创建 Interceptor2.java 文件，Interceptor2 类中的文件代码如下。

```
package com.interceptor;
import com.opensymphony.xwork2.ActionInvocation;
import com.opensymphony.xwork2.interceptor.AbstractInterceptor;
public class Interceptor2 extends AbstractInterceptor{
    private static final long serialVersionUID = 1L;
```

```
    public String intercept(ActionInvocation invocation) throws Exception {
        System.out.println("第二个拦截器，在调用下一个拦截器 或Action 前");  //输出
        String result = invocation.invoke();                    //调用下一个拦截器
        System.out.println("第二个拦截器，在调用下一个拦截器 或Action 后");  //输出
        return result;                                          //返回调用结果
    }
}
```

（6）在 src 目录下创建 struts.xml 文件，打开该文件，编辑如下代码。

```
<?xml version="1.0" encoding="UTF-8" ?>
<!DOCTYPE struts PUBLIC
    "-//Apache Software Foundation//DTD Struts Configuration 2.0//EN"
    "http://struts.apache.org/dtds/struts-2.0.dtd">
<struts>
    <package name="default" namespace="/" extends="struts-default">
    <!--配置拦截器-->
    <interceptors>
        <interceptor name="firstinterceptor" class="com.interceptor.Interceptor1"/>
        <interceptor name="secondinterceptor" class="com.interceptor.Interceptor 2"/>
        <!--配置拦截器栈-->
        <interceptor-stack name="mystack">
            <interceptor-ref name="firstinterceptor"/>
            <interceptor-ref name="secondinterceptor"/>
        </interceptor-stack>
    </interceptors>
        <!--配置名为 Action1 的 Action-->
        <action name="firstaction" class="com.action.Action1">
            <result type="chain">secondaction</result>            <!--拦截器链-->
            <interceptor-ref name="mystack"></interceptor-ref>    <!--使用拦截器-->
        </action>
        <!--配置名为 Action2 的 Action-->
        <action name="secondaction" class="com.action.Action2">
            <result>/success.jsp</result>
        </action>
    </package>
</struts>
```

（7）在 WebContent 目录下创建 index.jsp 文件，文件代码如下。

```
<%@ page language="java" contentType="text/html; charset=UTF-8"
    pageEncoding="UTF-8"%>
<%@ taglib prefix="s" uri="/struts-tags"%>
<!DOCTYPE html PUBLIC "-//W3C//DTD HTML 4.01 Transitional//EN" "http://www.w3.org/TR/html4/
loose.dtd">
<html>
<head>
<meta http-equiv="Content-Type" content="text/html; charset=UTF-8">
<title>拦截器和 Action 的调用顺序</title>
</head>
<body>
```

```
    <center>
        <s:a action="firstaction.action">请求拦截器和拦截器栈（ interceptor stack）</s:a>
<!--a 标签-->
    </center>
    </body>
    </html>
```

（8）在 WebContent 目录下创建 success.jsp 文件，文件代码如下。

```
    <%@ page language="java" contentType="text/html; charset=UTF-8"
       pageEncoding="UTF-8"%>
      <%@ taglib prefix="s" uri="/struts-tags"%>
    <!DOCTYPE html PUBLIC "-//W3C//DTD HTML 4.01 Transitional//EN" "http://www.w3.org/TR/html4/
loose.dtd">
    <html>
    <head>
    <meta http-equiv="Content-Type" content="text/html; charset=UTF-8">
    <title>Insert title here</title>
    </head>
    <body>
        <!--控制文本居中-->
        <center>
            <h2>拦截器和 Action 调用顺序测试成功！</h2>
        </center>
        </body>
    </html>
```

（9）运行程序，其运行结果如图 8.15 所示，单击超级链接后，结果如图 8.16 所示。

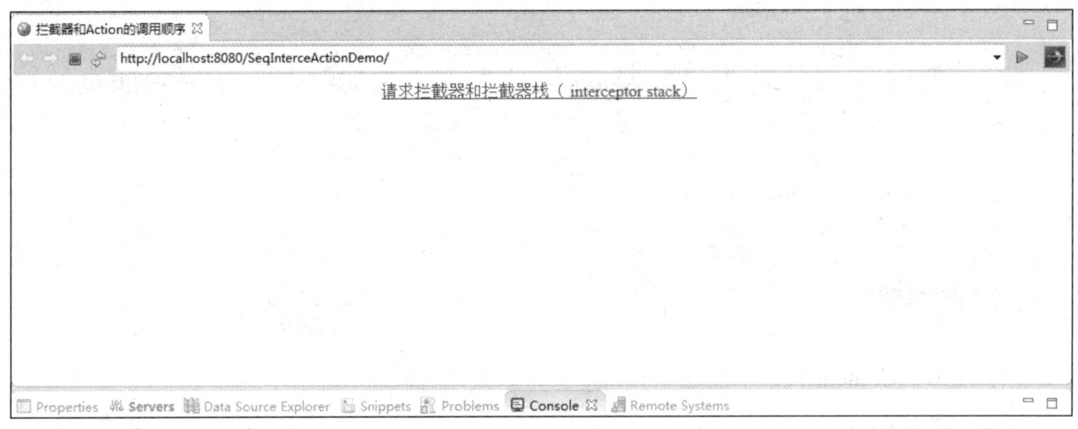

图 8.15　程序运行结果

该例中创建了两个相似的拦截器，这两个拦截器在 struts.xml 文件中按顺序配置为一个拦截器栈，又配置了两个 Action。第一个 Action 执行完后会执行第二个 Action，很显然按照拦截器的执行顺序应该是第一个拦截器先执行，然后调用第二个拦截器，接着是 Action 调用，最后按相反顺序执行拦截器未执行完的代码，在图 8.16 所示的控制台中可以看到输出信息及拦截器和 Action 的执行顺序。

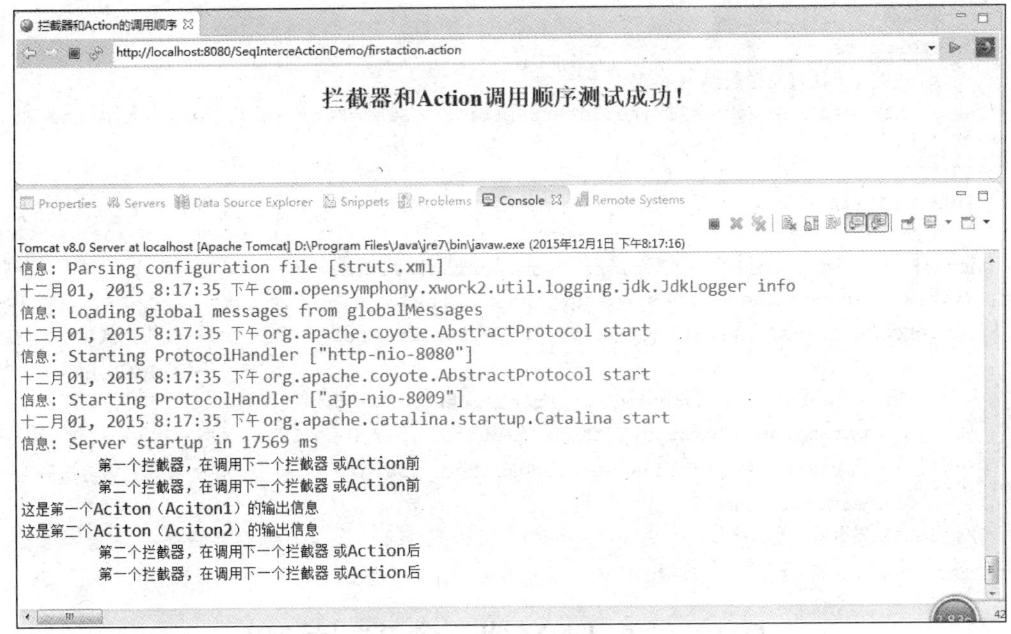

图 8.16　单击链接后的结果

8.4.4　创建和配置方法过滤拦截器

Action 中使用的拦截器默认情况下都是针对 Action 中的所有方法进行拦截的，但是有时候只需要拦截 Action 中某个或某些指定的方法，而不希望拦截整个 Action。方法过滤就是 Struts 2 框架为这种需求提供的解决方法。

Struts 2 框架提供了一个抽象类 MethodFilterInterceptor，该类本身也是一个拦截器类。如果要实现方法过滤的功能只需继承该类即可。MethodFilterInterceptor 抽象类定义了一个 doIntercept() 方法，若想继承 MethodFilterInterceptor 类的子类就必须实现该方法，以用来实现真正的拦截逻辑。

方法过滤拦截器的逻辑实际上和普通的拦截器逻辑是相似的，区别主要是普通的拦截器需要重写 intercept()方法，而方法过滤拦截器要重写的是 doIntercept()方法。

以下代码定义了一个 FirstMethodFilterInterceptor 类，该类继承了 MethodFilterInterceptor 类。

```
// 定义 FirstMethodFilterInterceptor 类，继承了 MethodFilterInterceptor 类
public class FirstMethodFilterInterceptorextends MethodFilterInterceptor {
    //重写 doIntercept 方法
    protected String doIntercept(ActionInvocation invocation) throws Exception {
        String result=invocation.invoke();
               return result;
    }
}
```

配置方法过滤拦截器和配置普通拦截器的方式也是类似的，区别在于方法过滤器的配置中可以加上两个参数：excludeMethods（不被拦截的方法）和 includeMethods（需要被拦截的方法）。

以下代码示例给出了自定义方法过滤器的配置方法。该代码只是指定了单个方法不被拦截或被拦截，如果需指定多个方法则直接使用逗号间隔就可以了。当同一个方法被两个参数同时指定时，该方法默认是需要被拦截的。

```
    <!--拦截器-->
    <interceptors>
        <!--配置方法过滤拦截器-->
         <interceptor  name="FilterInterceptor"  class="com.interceptor.MyMethodFilter
Intercep tor ">
    </interceptor>
    </interceptors>
    <!--配置 Action-->
    <action name="filterAction" class="com.action. FilterAction">
       <result name="success">/success.jsp</result>
       <interceptor-ref name="defaultStack"></interceptor-ref>    <!--使用拦截器-->
                                                                   <!--拦截器引用-->
         <interceptor-ref name="myFilterInterceptor">
            <param name="excludeMethods">method1</param>           <!-- 指定不拦截方法-->
            <param name="includeMethods">method2</param>           <!--指定拦截方法-->
         </interceptor-ref>
    </action>
```

8.5 AJAX 概念和原理

AJAX 结合了 JavaScript、CSS、HTML，以及 XMLHttpRequest 对象和文档对象模型（Document Object Model，DOM）等多种技术，是一种 Web 应用的客户端技术。运行在浏览器的 AJAX 应用程序以一种异步的方式与 Web 服务器通信，可以提供更为丰富的用户体验。

8.5.1 AJAX 概念

AJAX 是指异步 JavaScript 和 XML 技术，是 Web 2.0 中的一项关键技术，也是一种创建交互性更强的 Web 应用程序的技术。有了 AJAX，开发者编写的 JavaScript 便可以在不重载页面的情况下实现与 Web 服务器的数据交换。这是由于 AJAX 在浏览器与 Web 服务器之间使用了异步数据传输，从而减少了网页向服务器请求的信息量，使得每次请求并不需要返回整个页面。

AJAX 处理过程中的第一步是创建 XMLHttpRequest 实例，然后使用 HTTP 方法（GET 或 POST）来处理请求，并将目标 URL 设置到 XMLHttpRequest 对象上。AJAX 技术的主要优势如下。

（1）AJAX 技术成熟，框架稳定。

（2）AJAX 技术是跨平台的。

（3）AJAX 技术能够兼容几乎所有服务器端的语言。

（4）AJAX 技术的采用广泛，包括：google、yahoo、Amazon 和微软等使用者都能从中获益。

AJAX 的缺点是：它可能会破坏浏览器后退按钮的后退行为。在动态更新页面的情况下，用户无法再次返回到前一个页面状态。用户通常希望单击后退按钮就可以取消他们前一次的操作，但是在 AJAX 应用程序中，这却无法实现。

8.5.2 AJAX 原理

在 Web 应用中，常常只是改变页面的一小部分数据，完全没有必要来加载整个页面，并等待服务器读取数据，这就可以通过使用 AJAX 技术解决。AJAX 技术采用了异步交互过程：它在用户和服务器之间引入了一个中间层，使用户与服务器的响应异步化。通过这样的设置，系统可以充分利用客户端闲置的处理能力，减轻服务器的负担，节省了带宽。

用户的浏览器在执行任务时即装载了 AJAX 引擎。AJAX 引擎是使用 JavaScript 语言编写的，通常位于一个隐藏的框架中，它负责编译用户界面和服务器之间的交互。有了 AJAX 引擎，用户与应用软件之间的交互便可以异步进行，即通过 AJAX 引擎，页面导航、数据校验等一些不需要重新载入完整页面的需求就可以交给 AJAX 来执行。图 8.17 给出了 AJAX 应用程序的工作原理。图中的客户端界面和 AJAX 引擎都在客户端运行，这样大部分服务器的工作就可以通过 AJAX 引擎来完成。

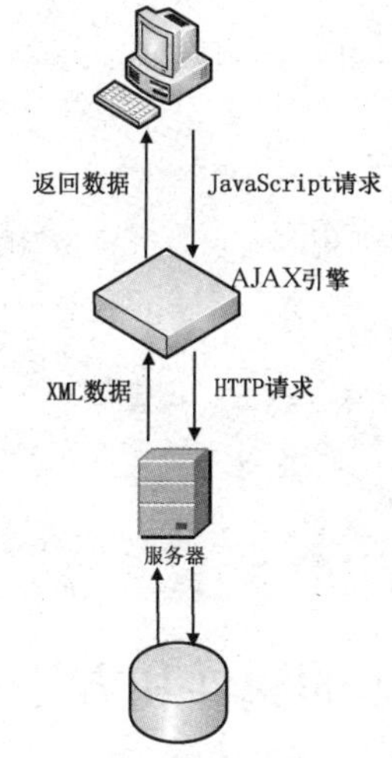

图 8.17　AJAX 应用程序的工作原理

8.6　XMLHttpRequest

XMLHttpRequest 对象是一套可以在 JavaScript、VBScript 等脚本语言中通过 HTTP 协议来传送或接收 XML 及其他数据的 API。使用 XMLHttpRequest 可以只更新网页中的部分内容而不需要刷新整个页面。下面来介绍 XMLHttpRequest 的相关知识。

8.6.1　XMLHttpRequest 基础知识

XMLHttpRequest 是 AJAX 的核心部分，使用它可以在不重新加载页面的条件下完成对页面的更新。XMLHttpRequest 对象实现了 HTTP 协议的完全访问，可以实现同步或异步返回 Web 服务器的响应，并以文本形式或 DOM 文档形式返回数据。

在使用 XMLHttpRequest 对象发送请求和处理响应之前，必须先使用 JavaScript 创建一个 XMLHttpRequest 对象。人们可以采用多种方法来创建 XMLHttpRequest 的实例。为了解决采用不同方法创建 XMLHttpRequest 实例的差别，在 JavaScript 代码中必须包含相关的处理，从而使得使用 ActiveX 或使用本地 JavaScript 对象技术都可以定义 XMLHttpRequest。

在创建 XMLHttpRequest 的实例时，需要检查浏览器是否提供了对 ActiveX 对象的支持。如果浏览器支持 ActiveX 对象，就可以使用 ActiveX 来创建 XMLHttpRequest 对象。否则，就使用本地 JavaScript 对象技术来创建。下面的代码给出了使用 JavaScript 代码来创建 XMLHttpRequest 的实例。

```
/*定义 xmlhttprequest 变量*/
var XHR= false;
 function CreateXHR(){
     try{
             /*检查能否用 activexobject，创建一个全局作用域变量 XHR 来保存 XMLHttpRequest
对象的引用*/
             XHR = new ActiveXObject("msxml2.XMLHTTP");
        }catch(e1){
            try{
               /*检查是否支持 activex 对象*/
               XHR = new ActiveXObject("microsoft.XMLHTTP");
            }catch(e2){
                try{
                    /*检查能否用本地 javascript 对象*/
                    XHR = new XMLHttpRequest();
                }catch(e3){
                    XHR = false;     //创建失败
                }
            }
        }
 }
```

8.6.2 XMLHttpRequest 的属性和方法

XMLHttpRequest 对象提供了各种属性、方法和事件处理，以便于脚本处理和控制 HTTP 请求与响应。如表 8.2 所示列出了 XMLHttpRequest 对象的属性。下面介绍这些属性的含义。

表 8.2　　XMLHttpRequest 对象属性

属性	说明
readyState	请求状态
onreadystatechange	状态改变时都会触发这个事件处理器，指向一个 JavaScript 函数
responseText	服务器的响应，通常为一个字符串
responseXML	服务器的响应，通常为一个 XML，可以解析为一个 DOM 对象
status	服务器的 HTTP 状态代码
statusText	HTTP 状态代码的相应文本

（1）readyState 属性

该属性代表请求的状态，当 XMLHttpRequest 对象把一个 HTTP 请求发送到服务器端时，一直等待直到请求被处理，然后再接收一个响应，这样脚本才能正确地响应各种状态。

（2）onreadystatechange 属性

它是 readyState 属性值改变时的事件触发器，用来指定当 readyState 属性值改变时的处理事件。

（3）responseText 属性

该属性包含接收到的 HTTP 响应的文本内容。当 readyState 值为 0、1、2 时，为一个空字符串。当 readyState 值为 3 时，包含客户端中未完成的响应信息。当 readyState 值为 4 时，包含完整的响应信息。

（4）responseXML 属性

该属性包含接收到的 HTTP 响应的 XML 内容。当服务器以 XML 文档的格式返回响应数据时，responseXML 的属性值才不为 null。

（5）status 属性

该属性描述了 HTTP 状态代码，仅仅当 readyState 值为 3 或 4 时，该属性才有效。

（6）statusText 属性

该属性描述了 HTTP 状态代码文本，仅仅当 readyState 值为 3 或 4 时，该属性才有效。

XMLHttpRequest 对象提供了包括 send()、open()在内的 6 种方法，用来向服务器发送 HTTP 请求，并设置相应的头信息。表 8.3 列出了 XMLHttpRequest 对象提供的方法。

表 8.3　XMLHttpRequest 对象方法

方法	说明
Abort()	停止当前请求
getResponseHeader()	返回指定首部的值
setRequestHeader()	把指定首部设置为所提供的值
getAllResponseHeaders()	将 HTTP 请求的所有响应首部作为 key-value 对返回
open()	建立对服务器的调用
send()	向服务器发送请求

XMLHttpRequest 对象提供的方法的内容如下。

（1）abort()方法

该方法用来暂停与 XMLHttpRequest 对象相联系的 HTTP 请求，从而把该对象复位到未初始化状态。

（2）getResponseHeader（DOMString header）方法

该方法用来得到首部信息。其中，header 参数表示要得到的首部。该方法仅仅当 readyState 值是 3 或 4 时才可调用，否则会返回一个空字符串。

（3）setRequestHeader（DOMString header，DOMString value）方法

该方法用来设置请求的首部信息。其中，header 参数表示要设置的首部，value 参数表示要设置的值。该方法的调用必须在调用 open()方法之后才可以。

（4）getAllResponseHeaders()方法

该方法用来得到所有的响应首部。此时 readyState 的属性值必须为 3 或 4，否则该方法将返回 null 值。

（5）open（DOMString method，DOMString uri， Boolean async，DOMString username，DOMString passward）方法

该方法用来初始化一个 XMLHttpRequest 对象。

（6）send()方法

在调用 open()方法准备好一个请求后，还需要调用 send()方法把该请求发送到服务器。

【例 8-7】　系统用户登录使用 AJAX XMLHttpRequest 对象的实现。

在 index.jsp 页面文件中创建 XMLHttpRequest 对象，然后用该对象来和 Action 交互。注意：Action 的返回值为 null，即不需要返回整个页面，因为这里需要的只是对部分页面的刷新。

（1）在 Eclipse 中创建一个 Java Web 项目，项目名称为 myfirstAJAX，然后将 Struts 2 框架所

需的支持库添加到 WEB-INF 目录下的 lib 文件夹中。由于在该项目中需要用到 HttpServletResponse 类，这个类不在 Struts 2 框架提供的包中，而是在 Tomcat 服务器容器的 lib 文件夹中，因此需要另外配置。

① 在 Eclipse 左侧导航栏中右击“myfirstAJAX”项目，然后在弹出的快捷菜单中选择 Build Path|Configure “Build Path”选项，如图 8.18 所示。

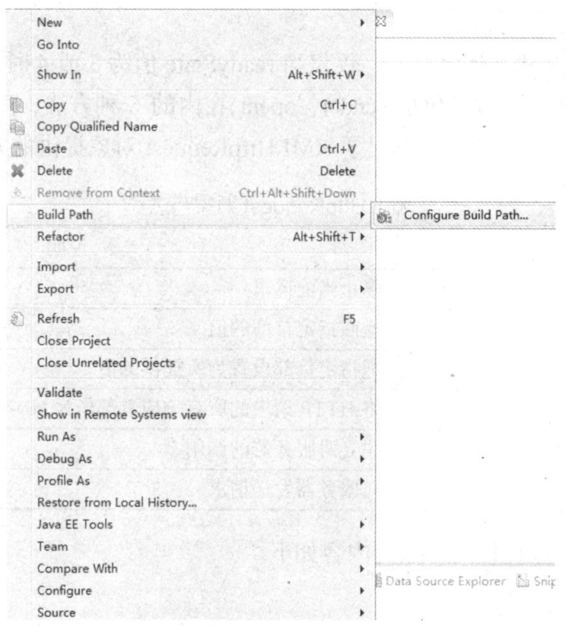

图 8.18　配置项目

② 在弹出的“Properties for myfirstAJAX”对话框中，单击“Add Library”按钮，如图 8.19 所示。

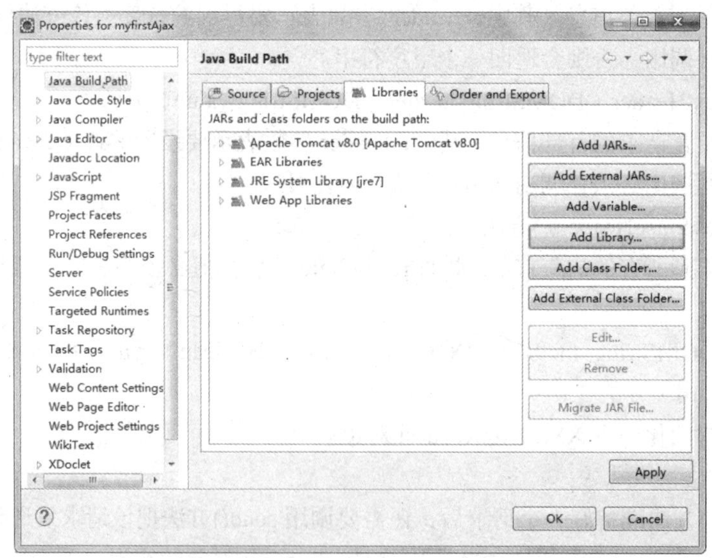

图 8.19　“properties for myfirstAJAX”对话框

③ 在弹出的“Add Library”对话框中，选择“Server Runtime”选项，然后单击“Next”按钮，如图 8.20 所示。

④ 在弹出的“Server Library”对话框中，选择“Apache Tomcat v8.0”选项，然后单击“Finish”按钮，完成添加库的过程，如图 8.21 所示。

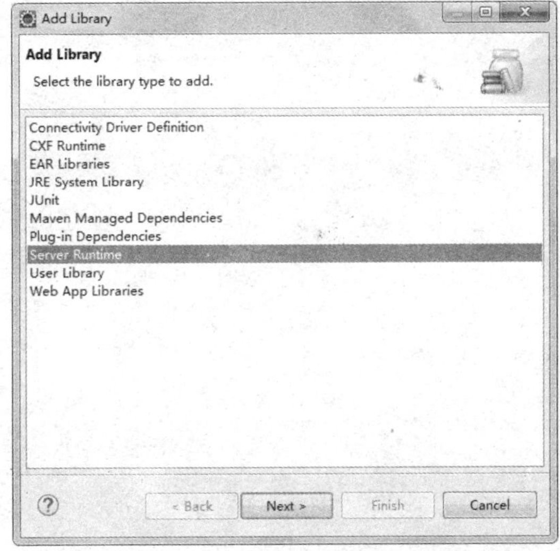

图 8.20 Add Library 对话框

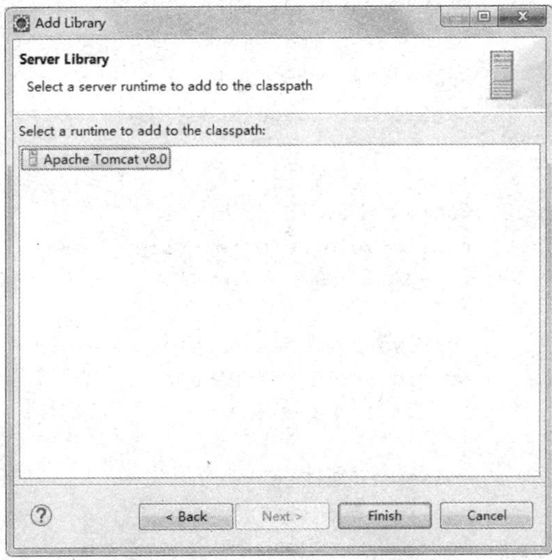

图 8.21 Server Library 对话框

（2）在 WEB-INF 目录下添加 web.xml 文件，并在其中注册过滤器和欢迎页面，代码如下。

```
    <?xml version="1.0" encoding="UTF-8"?>
    <web-app id="WebApp_9" version="2.4" xmlns="http://java.sun.com/xml/ns/j2ee" xmlns:xsi=
"http://www.w3.org/2001/XMLSchema-instance"  xsi:schemaLocation="http://java.sun.com/xml/ns/
j2eehttp://java.sun.com/xml/ns/j2ee/web-app_2_4.xsd">
        <!--配置 Filter-->
        <filter>
              <filter-name>Struts 2</filter-name>         <!--指定 Filter 的名字，不能为空-->
               <!--指定 Filter 的实现类，此处使用的是 Struts 2 提供的拦截器类-->
               <filter-class>org.apache.Struts 2.dispatcher.ng.filter.StrutsPrepareAnd
ExecuteFilter</filter-class>
        </filter>
        <!--定义 Filter 所拦截的 URL 地址-->
        <filter-mapping>
              <!--指定 Filter 的名字，该名字必须是 filter 元素中已声明过的过滤器名字-->
              <filter-name>Struts 2</filter-name>
                    <url-pattern>/*</url-pattern>   <!--定义 Filter 负责拦截的 URL 地址-->
        </filter-mapping>
        <!--配置欢迎页面-->
       <welcome-file-list>
          <welcome-file>index.jsp</welcome-file>
       </welcome-file-list>
    </web-app>
```

（3）在 src 目录下创建包“com.action”，并在该包下创建 LoginAction.java 文件，然后打开该文件，编辑代码如下。

```
    package com.action;
    import javax.servlet.http.HttpServletResponse;
    import javax.swing.plaf.basic.BasicInternalFrameTitlePane.SystemMenuBar;
    import org.apache.Struts 2.ServletActionContext;
```

```
import com.opensymphony.xwork2.ActionSupport;
public class LoginAction extends ActionSupport{
    private static final long serialVersionUID = 1L;
    private String name;                                                    //name 属性
    private String password;                                                //password 属性
    //name 属性 getter 方法
    public String getName() {
        return name;
    }
    //name 属性 setter 方法
    public void setName(String name) {
        this.name = name;
    }
    //password 属性 getter 方法
    public String getPassword() {
        return password;
    }
    //password 属性 setter 方法
    public void setPassword(String password) {
        this.password = password;
    }
    //重载 execute()方法
    public String execute() throws Exception {
        //httpservletresponse 类型变量
        HttpServletResponse response=ServletActionContext.getResponse();
        response.setContentType("text/xml;charset=UTF-8");          //设置返回内容类型
        response.setHeader("Cache-Control", "no-cache");            //禁用 IE 缓存
        response.getWriter().println("success");                    //输出 success
        //检查姓名和密码属性
        if(name.equals("tom")&&password.equals("123"))
        {
            response.getWriter().println("welcome login!");
        }else {
            response.getWriter().println("error,please input again!");
        }
        return SUCCESS;                                             //返回 success
    }
}
```

（4）在 src 目录下创建 struts.xml 文件，打开该文件，编辑如下代码。

```
<?xml version="1.0" encoding="UTF-8" ?>
<!DOCTYPE struts PUBLIC
    "-//Apache Software Foundation//DTD Struts Configuration 2.0//EN"
    "http://struts.apache.org/dtds/struts-2.0.dtd">
<struts>
    <!--配置包-->
    <package name="default" namespace="/" extends="struts-default">
        <!--配置 action-->
        <action name="login" class="com.action.LoginAction">
            <result>/success.jsp</result>          <!--result 返回 success.jsp-->
        </action>
    </package>
```

```
    </struts>
```

（5）在 WebContent 目录下创建 index.jsp 文件，打开该文件，编辑的核心代码如下。

```
    <%@ page language="java" contentType="text/html; charset=UTF-8"
       pageEncoding="UTF-8"%>
    <%@ taglib prefix="s" uri="/struts-tags"%>
    <%@ taglib prefix="sx" uri="/struts-dojo-tags"%>
    <!DOCTYPE html PUBLIC "-//W3C//DTD HTML 4.01 Transitional//EN" "http://www.w3.org/TR/html4/
loose.dtd">
    <html>
    <head>
    <meta http-equiv="Content-Type" content="text/html; charset=UTF-8">
    <title>Insert title here</title>
    <sx:head/>
     <script type="text/javascript">
     var XHR= false;                                          /*定义 XMLHttpRequest 变量*/
     function CreateXHR(){
          try{
                    /*检查能否用 activexobject*/
                    XHR = new ActiveXObject("msxml2.XMLHTTP");
              }catch(e1){
                    try{
                        /*检查能否用 activexobject*/
                        XHR = new ActiveXObject("microsoft.XMLHTTP");
                   }catch(e2){
                        try{
                             /*检查能否用本地 javascript 对象*/
                             XHR = new XMLHttpRequest();
                        }catch(e3){
                             XHR = false;                     //创建失败
                        }
                   }
              }
         }
     function sendRequest(){
        CreateXHR();                                          //创建 XMLHttpRequest 对象
        if(XHR){
            var name=document.getElementById("name").value;   //创建成功，得到 name 的值
            var password=document.getElementById("password").value;    //得到 password 的值
            //要访问的 uri
            varuri="http://localhost:8080/AJAXDemo/login.action?name="+name+"&password="+
password;
            XHR.open("GET",uri,true);                         //访问 open
            XHR.onreadystatechange = resultHander;            //设置事件触发器
            XHR.send(null);                                   //发送请求
        }
     }
      function resultHander(){
     //检查状态
        if (XHR.readyState == 4 && XHR.status == 200){
            alert(XHR.responseText);                          //显示提示框
          }
      }
     </script>
```

```
    </head>
    <body>
        <center>
            Name: <input type="text" id="name" /><br />
            password: <input type="password" id="password" /><br />

            <input type="button" value="ok" onclick="sendRequest();" />  <!-- 单击触发
ajax -->

        </center>
    </body>
    </html>
```

（6）运行项目，其结果如图 8.22 所示，可以看到，当在文本框中输入正确信息后，其结果如图 8.23 所示。

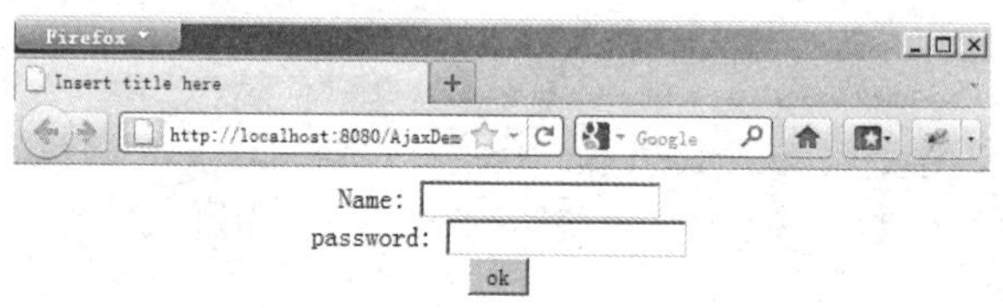

图 8.22　运行结果

图 8.23　输入信息后结果

8.7　AJAX 标签的应用

在 Struts 2 中，还提供了一些常用的 AJAX 标签，利用这些标签可以更方便地进行项目开发。本节将介绍 AJAX 标签的使用方法。

8.7.1　AJAX 标签依赖包

要使用 AJAX 标签，必须添加名为“Struts 2-dojo-plugin-2.2.3.1.jar”的 AJAX 标签依赖包，并在配置文件中添加如下代码。

```
<%@ taglib prefix="sx" uri="/struts-dojo-tags"%>
```

当添加完该代码后，还应在 JSP 文件中添加如下代码。

```
<sx:head/>
```

这样就可以使用 AJAX 标签了。使用 AJAX 标签时其前缀必须为“sx”，这是在 prefix 属性中被指定的。

下面代码展示了使用 AJAX 标签的 JSP 文件的代码样例。

```
<%@ page language="java" contentType="text/html; charset=UTF-8"
   pageEncoding="UTF-8"%>
<%@ taglib prefix="s" uri="/struts-tags"%>                <!--导入 Struts 2 标签库-->
<%@ taglib prefix="sx" uri="/struts-dojo-tags"%>          <!--导入 AJAX 标签库-->
<!DOCTYPE html PUBLIC "-//W3C//DTD HTML 4.01 Transitional//EN" "http://www.w3.org/TR/html4/
loose.dtd">
<html>
<head>
<meta http-equiv="Content-Type" content="text/html; charset=UTF-8">
<title>Insert title here</title>
<sx:head/>
</head>
<body>
<sx:a>…</sx:a>                                            <!--a 标签-->
<sx:autocompleter></sx:autocompleter>                     <!-- automcompleter 标签-->
<sx:bind></sx:bind>                                       <!--binda 标签-->
<sx:datetimepicker></sx:datetimepicker>                   <!--datetimepicker 标签-->
<sx:div></sx:div>                                         <!--div 标签-->
<sx:submit></sx:submit>                                   <!--submit 标签-->
<sx:tabbedpanel id=""></sx:tabbedpanel>                   <!--tabbedpanel 标签-->
<sx:textarea></sx:textarea>                               <!--textarea 标签-->
<sx:tree>                                                 <!---tree 标签-->
    <sx:treenode label="">                                <!--treenode 标签-->
    </sx:treenode>
</sx:tree>
</body>
</html>
```

8.7.2 AJAX 标签的使用

1. AJAX 标签的共有属性

AJAX 标签具有一些共有的特性，这些属性的意义对于所有 AJAX 标签都是类似的，属性说明如表 8.4 所示。

表 8.4　AJAX 标签的共有属性

属性	类型	说明
href	String	要访问的 URL
listenTopics	String	一系列用逗号隔开的 topics 名称，这将会使该标签重载内容或执行 Action
indicator	String	当一个元素正在处理过程中时，具有这个 id 的元素将被显示
notifyTopics	String	一系列用逗号隔开的 topics 名称
showErrorTransportText	Boolean	是否显示错误信息

2. div 标签

<sx:div>标签在页面中生成一个 HTML 的 div 标签，该标签的内容可以通过 AJAX 异步请求

获取。它可以实现页面的局部内容更新。以下代码表示每 2000ms 进行一次自动更新：

```
<s:url id="ajaxTest" value="login.action" />
<sx:div                                  <!--sx:div 标签-->
  href="%{ajaxTest}"                     <!--指定处理 AJAX 请求的 URL 地址-->
  errorText="There was an error"         <!--指定当请求失败时显示的文本信息-->
  loadingText="reloading"                <!--指定加载内容时的提示信息-->
  updateFreq="2000"/>                    <!--指定重新加载的频率-->
```

3. a 标签

<sx:a>标签生成一个 HTML 中的<a>元素。当单击它时，系统会做一个异步访问。以下代码表示将返回的内容显示在<div>元素中。

```
<div id="div1">Div 1</div>                         <!--div 元素,用来定义文档中的分区或节-->
<s:url id="ajaxTest" value="/login.action"/>       <!--s:url 标签，用来生成一个 URL 地址-->
<sx:a id="link1" href="%{ajaxTest}" targets="div1"> <!--sx:a 标签-->
   Update Content
</sx:a>
```

4. submit 标签

<sx:submit>标签用于异步提交表单，submit 标签生成一个提交按钮。如果 submit 标签使用在 form 标签中，则不需要指定 href 属性，此时这个表单将被异步提交；如果在 form 标签以外使用 submit 标签，则需要使用 formId 指定 form 表单，此时还需要使用 href 属性指定异步请求资源的地址。以下代码演示了如何异步提交表单。

```
<s:form id="form" action="login">                              <!--Struts 2 表单标签-->
  <input type="textbox" name="data">
  <sx:submit type="button"  label="Update Content"/> <!--sx:submit标签,生成提交按钮-->
</s:form>
```

5. tree 和 treeNode 标签

<sx:tree>标签用来输出一个树形组件，而<sx:treenode>标签则可以在树形组件里绘制树的节点。这两个标签都包含一个 label 属性：<sx:tree>标签的 label 属性指定树的标题，而<sx:treenode>标签的 label 属性则指定节点的标题。这两个标签使用方式的代码如下。

```
<!--使用 sx:tree 生成树-->
<sx:tree label="all">
     <!--每个 sx:treenode 生成一个树节点-->
     <sx:treenode label="a"/>
     <sx:treenode label="b"/>
     <sx:treenode label="c"/>
     <sx:treenode label="d"/>
     <sx:treenode label="e"/>
     <sx:treenode label="f"/>
</sx:tree>
```

6. tabbedPanel 标签

<sx:tabbedPanel>标签生成一个包含标签页(Tab)的 Panel，Panel 上的标签页可以是静态的，也可以是动态的。如果是静态的，则直接指定标签页中的内容；如果是动态的，则可以用 AJAX 来动态加载标签页的内容。

每个标签页都是一个以 AJAX 为主题的 div 标签，并且作为标签页使用的 div 标签只能在 tabbedPanel 标签中使用，同时还需要使用 label 属性指定标签页的标题。以下代码演示了一个多项标签页的选项卡。其中，一个是静态的，另一个是动态的。

```
<sx:tabbedpanel id="test" >                    <!--Tab 页面-->
    <!--在页面上生成 div 元素-->
    <s:div id="one" label="one" theme="ajax" labelposition="top" >
      This is the first pane<br/>
      <s:form>                                 <!--Struts 2 表单标签-->
          <!--Struts 2 的 textfield 标签，输出一个 HTML 单行文本控件-->
          <s:textfield name="tt" label="Test Text"/> .<br/>
        <s:textfield name="tt2" label="Test Text2"/>
      </s:form>
   </s:div>
   <!--在页面上生成 div 元素-->
   <s:div id="three" label="remote" theme="ajax" href="/AJAXTest.action" >
      This is the remote tab
   </s:div>
</sx:tabbedpanel>
```

7. datetimepicker 标签

<sx:datetimepicker>标签生成一个日期、时间下拉选择框。当使用该选择框选中某个日期或时间时，系统会自动将该选中的日期、时间输入指定的文本框中。该标签的使用代码如下。

```
   <!-- sx:datetimepicker 标签使用-->
   <sx:datetimepicker name="order.date" label="Order Date" />
   <!-- displayFormat 属性指定日期显示格式-->
   <sx:datetimepicker name="delivery.date" label="Delivery Date" displayFormat="yyyy-MM-dd" />
   <!--value 属性指定当前的日期、时间-->
   <sx:datetimepicker name="delivery.date" label="Delivery Date" value="%{date}" />
   <sx:datetimepicker name="delivery.date" label="Delivery Date" value="%{'2015-11-01'}" />
   <sx:datetimepicker name="order.date" label="Order Date" value="%{'today'}"/>
```

8.8　AJAX 的 JSON 插件

本节将介绍 Struts 2 框架中的 JSON 插件，该插件主要用来进行数据交换，并以非常灵活的方式开发 AJAX 应用。

8.8.1　JSON 插件概述

常用的 AJAX 框架有 Dojo、Extjs、GWT、Prototype、JQuery 和 JSON 等。其中，JSON 的全称为 Java Script Object Notation，它是一种与语言无关的数据交换格式。JSON 插件是 Struts 2 的 AJAX 插件，有了 JSON 插件，开发者就可以方便、灵活地利用 AJAX 进行开发。

JSON 插件是一种轻量级的数据交换格式，它提供了一种名为 json 的 Action 结果类型。如果为 Action 指定了该结果类型，则该结果类型不需要映射到任何视图资源，而由 JSON 插件自动地将此 Action 中的数据序列化成 JSON 格式的数据，并返回给客户端页面的 JavaScript。

JSON 插件允许在 JavaScript 中异步地调用 Action，并且在 Action 中不需要指定视图以显示 Action 中的信息，而是由 JSON 插件负责将 Action 里面的信息返回给调用页面。

8.8.2 JSON 插件的使用

要使用 JSON 插件，必须添加名为“Struts 2-dojo-plugin-2.2.3.1.jar”的 JSON 插件依赖包，以及“Struts 2-json-plugin-2.2.3.1”的 JSON 插件包。在开发项目时，将该包复制到项目的 WEB-INF 目录下的 lib 文件夹下即可。下面来介绍如何在 AJAX 中使用 JSON 插件。

1. Action 类中的 JSON 注释

在编写 JSON 插件支持的 Action 类时，会用到 JSON 注释。注意 JSON 注释应添加到 Action 属性的 getter( )方法之上，而不是其属性声明处。JSON 注释支持的 name 属性可以直接更改 Action 的属性名字，代码如下。

```
private String name;  //name 属性
//更新名字为 NEWNAME
@JSON(name="NEWNAME")
public String getName() {
        return name;
}
```

JSON 注释支持的 format 属性可以指定 Action 的日期属性的格式，代码如下。

```
private Date birthday;  //birthday 属性
//指定日期格式
@JSON(format="yyyy-MM-dd")
public Date getBirthday() {
        return birthday;
}
```

2. JSON 的 Action 配置

在使用 JSON 进行 Action 配置时，必须指定 struts.i8n.encoding 的常量为 UTF-8。这主要的原因是 AJAX 中的请求使用的都是 UTF-8 的编码方式。在配置包时，必须继承“json-default”包而不是“struts-default”包，而且 Action 的 Result 返回类型必须指定为 json。JSON 插件会直接将数据发送给客户端，代码如下。

```
<constant name="struts.i18n.encoding" value="UTF-8"></constant>   <!--配置常量-->
<!--配置包，该包继承了 join-default-->
<package name="jsonManager" extends="json-default">
        <!--配置 Action-->
        <action name="userJson" class="com.action.UserAction">
            <result type="json"/>                    <!--指定 Result 返回类型为 json-->
        </action>
</package>
```

3. JSON 的返回对象

当发送 AJAX 请求时，经过 Struts 2 处理后，并在 JSON 插件的辅助下，会返回相应的数据。这些数据必须通过 JSON 插件的解析，才能变为相应的对象。一般使用 JSON.parse（ ）函数来进行解析，代码如下。

```
    function resultHander(){
        //检查状态，XHR是XMLHttpRequest变量
        if (XHR.readyState == 4 && XHR.status == 200){
                var userObj =JSON.parse(XHR.responseText);
                alert("the user name is"+userObj.USER.name); //显示提示框
            }
    }
```

8.8.3　JSON 插件使用实例

下面通过创建一个实例来演示 JSON 插件的应用。

【例 8-8】　JSON 插件的应用。

（1）在 Eclipse 中创建一个 Java Web 项目，项目名称为 AJAXJsonDemo，然后将 Struts 2 框架所需的支持库添加到 WEB-INF 目录下的 lib 文件夹中。

（2）在 WEB-INF 目录下添加 web.xml 文件，并在其中注册过滤器和欢迎页面。

（3）在 src 目录下创建包“com.action”，并在该包下创建 UserAction.java 文件，然后打开该文件，编辑如下代码。

```
package com.action;
import org.apache.Struts 2.json.annotations.JSON;
import com.opensymphony.xwork2.ActionSupport;
public class UserAction extends ActionSupport {
     private static final long serialVersionUID = 1L;
     private User user=new User(); //新建user对象
     //更新名字为USER
    @JSON(name="USER")
     public User getUser() {
     return user;
    }
    //user属性的setter方法
    public void setUser(User user) {
     this.user = user;
    }
    //重载execute方法
    public String execute() throws Exception {
      //设置user对象的属性值
      user.setName("tom");
      user.setAge(20);
      return SUCCESS;
    }
}
```

（4）在“com.action”包下创建 User.java 文件，打开该文件，编辑如下代码。

```
package com.action;
public class User {
     private String name;       //name属性
     private int age;           //age属性
     //name属性的getter方法
     public String getName() {
         return name;
     }
     //name属性的setter方法
```

```
        public void setName(String name) {
            this.name = name;
        }
        //age 属性的 getter 方法
        public int getAge() {
            return age;
        }
        //age 属性的 setter 方法
        public void setAge(int age) {
            this.age = age;
        }
    }
```

（5）在 src 目录下创建 struts.xml 文件，打开该文件，编辑如下代码。

```
    <?xml version="1.0" encoding="UTF-8" ?>
    <!DOCTYPE struts PUBLIC
        "-//Apache Software Foundation//DTD Struts Configuration 2.0//EN"
        "http://struts.apache.org/dtds/struts-2.0.dtd">
    <struts>
        <constant name="struts.i18n.encoding" value="UTF-8"></constant><!--设置常量-->
        <package name="jsonDemo" extends="json-default"> <!--配置包,继承json-default包-->
            <action name="userJson" class="com.action.UserAction">
                <result type="json"/>                        <!--返回类型为json-->
            </action>
         </package>
    </struts>
```

（6）在 WebContent 目录下创建 index.jsp 文件，打开该文件，编辑如下核心代码。

```
    <%@ page language="java" contentType="text/html; charset=UTF-8"
        pageEncoding="UTF-8"%>
    <%@ taglib prefix="s" uri="/struts-tags"%>
    <!DOCTYPE html PUBLIC "-//W3C//DTD HTML 4.01 Transitional//EN" "http://www.w3.org/TR/html4/
loose.dtd">
    <html>
    <head>
    <meta http-equiv="Content-Type" content="text/html; charset=UTF-8">
    <title>Insert title here</title>
    <script type="text/javascript">
    var XHR= false;   /*定义 xmlhttprequest 变量*/
    function CreateXHR(){
        try{
                /*检查能否用 activexobject*/
                XHR = new ActiveXObject("msxml2.XMLHTTP");
            }catch(e1){
                try{
                    /*检查能否用 activexobject*/
                    XHR = new ActiveXObject("microsoft.XMLHTTP");
                }catch(e2){
                    try{
                        /*检查能否用本地 javascript 对象*/
                        XHR = new XMLHttpRequest();
                    }catch(e3){
                        XHR = false;                         //创建失败
                    }
                }
```

```
        }
    }
function sendRequest(){
  CreateXHR();                                          //创建 xmlhttprequest 对象
  if(XHR){
          XHR.open("GET",uri,true);                     //创建成功，访问 open
          XHR.onreadystatechange = resultHander;        //设置事件触发器
          XHR.send(null);                               //发送请求
  }
}
 function resultHander(){
   if (XHR.readyState == 4 && XHR.status == 200){
        var userObj = JSON.parse(XHR.responseText);     //得到 json 对象
        var userStr = "<table border=0>";
        userStr += ('<tr><td><b>Name</b></td><td>' + userObj.USER.name + '</td></tr>');
        userStr += ('<tr><td><b>Age</b></td><td>' + userObj.USER.age + '</td></tr>');
        userStr += "</table>";
        document.getElementById('jsonDiv').innerHTML = userStr;        //插入对象值
    }
 }
</script>
</head>
<body>
<center>
<div id="jsonDiv"></div>
<input type="button" value="OK" onclick="sendRequest();"/>
</center>
</body>
</html>
```

（7）运行工程，其结果如图 8.24 所示，单击链接后的结果如图 8.25 所示。

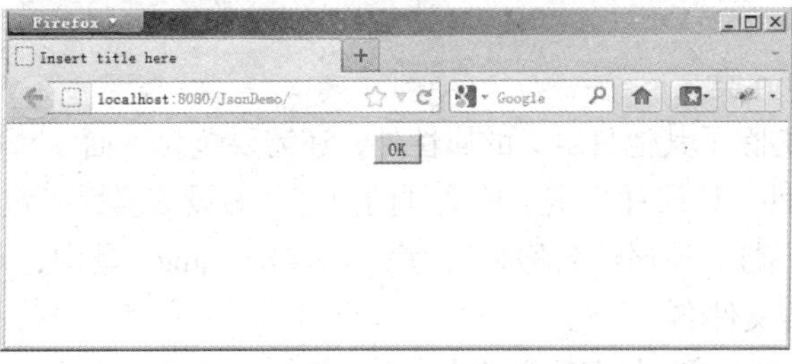

图 8.24　运行结果

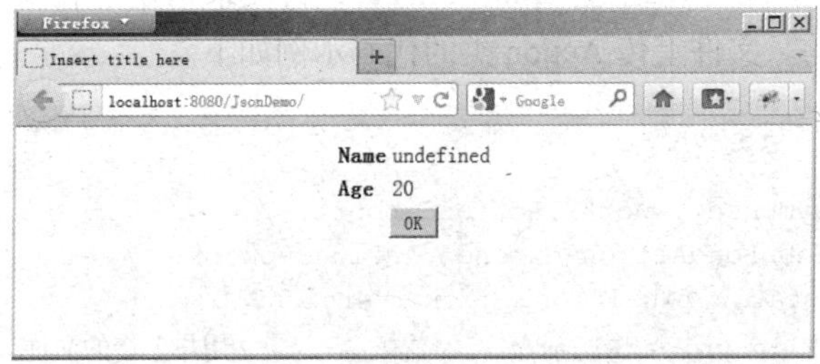

图 8.25　单击链接后结果

AJAX 概述

8.9 文件控制上传和下载

在 Web 项目开发中，通常会碰到文件上传和下载功能的开发，如发送带附件的邮件，保存照片到服务器上等。本节将来介绍应用 Struts 2 框架如何来实现文件上传和下载功能。

8.9.1 文件上传

文件上传的任务是将本地文件上传到服务器指定的目录下。在 Struts 2 框架中，文件上传需要用到<s:file>标签，且该标签要被放在<s:form>标签中，文件上传页面的代码如下。

```
<s:form action="XXX " enctype="multipart/form-data" method="post">
    <s:file/>
    <s:submit/>
</s:form>
```

其中，<s:form>的 enctype 属性一般都被指定为 multipart/form-data；method 属性一般被指定为 post。

1. 文件上传 Action 类

文件上传 Action 类除了其他自定义的属性外，还需要包含下面 3 个类型的属性。

- File 类型的属性，该属性指定上传文件的内容。假设该属性指定为×××。
- String 类型的属性，该属性名称必须为×××FileName。其中，×××为 File 类型的属性名称，该属性指定上传文件名。
- String 类型的属性，该属性名称必须为×××ContentType。该属性指定上传文件的文件类型。

文件上传 Action 类还可以通过 uploadFilePath 属性来指定上传文件目录，该属性值是在 struts.xml 文件中配置的。文件上传 Action 类的代码示例如下。

```
package com.action;
import java.io.File;
import com.opensymphony.xwork2.ActionSupport;
public class FileUpLoadAction extends ActionSupport{
        private static final long serialVersionUID = 1L;
        private File uploadFile;                    //用户上传的文件
        private String uploadFileFileName;          //上传文件的文件名
        private String uploadFileContentType;       //上传文件的类型
        // uploadFile 属性 getter 方法
         public File getUploadFile() {
```

```
            return uploadFile;
        }
        // uploadFile 属性 setter 方法
        public void setUploadFile(File uploadFile) {
            this.uploadFile = uploadFile;
        }
        // uploadFileFileName 属性 getter 方法
        public String getUploadFileFileName() {
            return uploadFileFileName;
        }
        // uploadFileFileName 属性 setter 方法
        public void setUploadFileFileName(String uploadFileFileName) {
            this.uploadFileFileName = uploadFileFileName;
        }
        // uploadFileContentType 属性 getter 方法
        public String getUploadFileContentType() {
            return uploadFileContentType;
        }
        // uploadFileContentType 属性 setter 方法
        public void setUploadFileContentType(String uploadFileContentType) {
            this.uploadFileContentType = uploadFileContentType;
        }
        //重载 execute 方法
        public String execute() throws Exception
       {
          ...//此处省略具体执行方法
          return SUCCESS;
       }
}
```

2. 文件上传 Action 配置

除了和普通 Action 的配置相似，文件上传 Action 中还可以添加一个<param>标签。该标签配置了文件上传后所在的路径，其 name 属性和 Action 类中的路径属性相对应。

此外，还可以在 struts.xml 文件中配置 Action 的文件过滤拦截器。该拦截器在 struts-default 中配置过，但使用时可以重新配置，其名称为 fileUpload。配置时，指定其两个参数：allowedTypes 和 maximumSize。其中，allowedTypes 参数指定允许上传的文件类型，多个文件类型用逗号隔开；maximumSize 参数指定允许上传的文件大小，单位是字节。

文件上传 Action 的配置如下。

```
<package name="Struts 2_DEMO" namespace="/" extends="struts-default">
    <action name="xxx" class="XXX ">
        <result>/success.jsp</result>                                  <!--返回结果-->
        <interceptor-ref name="defaultStack">                          <!--拦截器引用-->
            <param name="fileUpload.maximumSize">100000</param>  <!--文件大小-->
            <!--文件类型-->
        <param name="fileUpload.allowedTypesSet">image/gif,image/jpeg,image/png</par am>
        </interceptor-ref>
    </action>
</package>
```

【例 8-9】 演示文件上传。

（1）在 Eclipse 中创建一个 Java Web 项目，项目名为 AJAXFileUploadDemo，然后将 Struts 2 框架所需的支持库添加到WEB-INF 目录下的 lib 文件夹中。之后，在 WEB-INF 目录下添加 web.xml 文件，并在其中注册过滤器和欢迎页面。

（2）在 src 目录下创建包"com.action"，并在该包下创建 FileUploadAction.java 文件，然后打开该文件，编辑如下代码。

```
package com.action;
import java.io.File;
import com.opensymphony.xwork2.ActionSupport;
public class FileUpLoadAction extends ActionSupport{
        private static final long serialVersionUID = 1L;
        private File uploadFile;                                    //用户上传的文件
        private String uploadFileFileName;                          //上传文件的文件名
        private String uploadFileContentType;                       //上传文件的类型
        //uploadFile 属性的 getter 方法
         public File getUploadFile() {
             return uploadFile;
         }
         //uploadFile 属性 setter 方法
         public void setUploadFile(File uploadFile) {
             this.uploadFile = uploadFile;
         }
         //uploadFileFilename 属性 getter 方法
         public String getUploadFileFileName() {
             return uploadFileFileName;
         }
         //uploadFileFilename 属性 setter 方法
         public void setUploadFileFileName(String uploadFileFileName) {
             this.uploadFileFileName = uploadFileFileName;
         }
         // uploadFileContentType 属性 getter 方法
         public String getUploadFileContentType() {
             return uploadFileContentType;
         }
         //uploadFileContentType 属性 setter 方法
         public void setUploadFileContentType(String uploadFileContentType) {
             this.uploadFileContentType = uploadFileContentType;
         }
         //重载 execute 方法
         public String execute() throws Exception
        {
            if (uploadFile!= null)
            {
                 String dataDir = "d:\\upload\\";                   //上传文件存放的目录
                 File savedFile = new File(dataDir, uploadFileFileName);  //上传文件
在服务器具体的位置
                 //将上传文件从临时文件复制到指定文件
                 uploadFile.renameTo(savedFile);
            }
```

```
            else
            {
                return INPUT;
            }
            return SUCCESS;
        }
}
```

（3）在 src 目录下创建 struts.xml 文件，打开该文件，编辑如下代码。

```
<?xml version="1.0" encoding="UTF-8" ?>
<!DOCTYPE struts PUBLIC
    "-//Apache Software Foundation//DTD Struts Configuration 2.0//EN"
    "http://struts.apache.org/dtds/struts-2.0.dtd">
<struts>
<!-- 配置 package 包，继承 struts-default -->
<package name="Struts 2_AJAX_DEMO" namespace="/" extends="struts-default">
    <!--定义文件上传 Action -->
    <action name="fileupload" class="com.action.FileUpLoadAction">
        <result>/success.jsp</result>
        <!--使用拦截器设置上传文件大小类型 -->
        <interceptor-ref name="defaultStack">
            <!--设置文件大小-->
            <param name="fileUpload.maximumSize">1000000000</param>
            <!--设置文件类型-->
            <param   name="fileUpload.allowedTypesSet">image/jpg,image/jpeg,image/
png</param>
        </interceptor-ref>
    </action>
</package>
</struts>
```

（4）在 WebContent 目录下创建 index.jsp 文件，打开该文件，编辑如下核心代码。

```
<body>
<center>
  <s:form action="fileupload.action" enctype="multipart/form-data" method="post">
      <s:file name="uploadFile" label="选择文件"/>
        <s:submit/>
  </s:form>
</center>
</body>
```

（5）在 WebContent 目录下创建 success.jsp 文件，打开该文件，编辑如下核心代码。

```
<body>
    <center>
        <h2>
        文件名：<s:property value="uploadFileFileName"/><br/>
         文件类型：<s:property value="uploadFileContentType"/>
        </h2>
    </center>
</body>
```

（6）运行项目，其结果如图 8.36 所示，选择文件提交后的结果如图 8.27 所示。

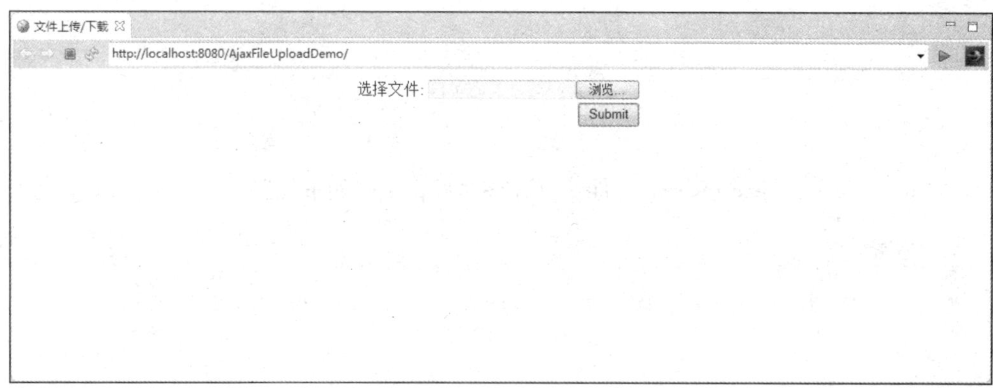

图 8.26　运行结果

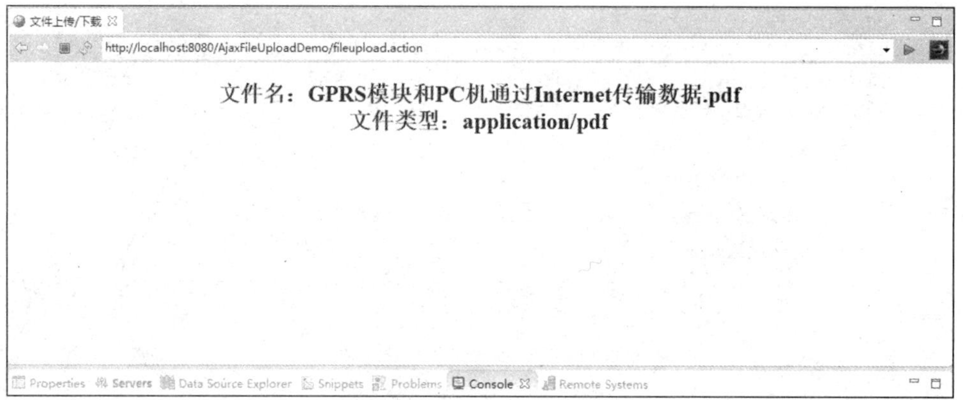

图 8.27　提交后的结果

（7）在“D:\\upload”路径下可以看到上传的文件，如图 8.28 所示。

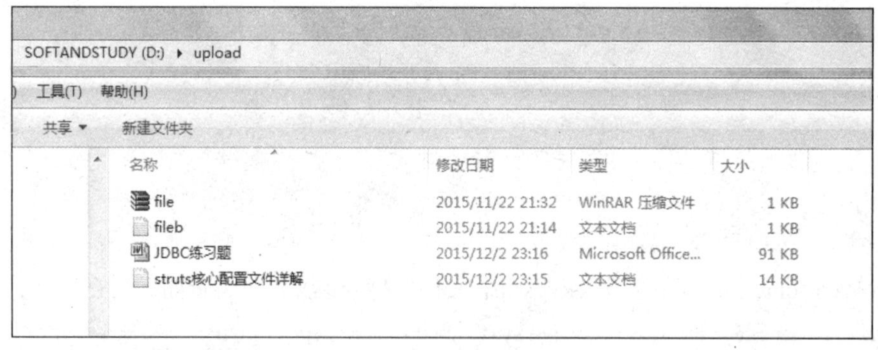

图 8.28　上传文件

8.9.2　文件下载

文件下载是将文件从服务器上下载到本地机器上，该过程是一个 GET 过程。一般情况下，直接在页面上使用<s:a>标签，并在<s:a>标签的 href 属性中指定下载文件名就可以实现文件的下载，但是，如果要下载的文件名为中文名，就会导致文件下载失败。在 Struts 2 框架中提供了对文件下载功能的支持。

1. 文件下载 Action 类

实现文件下载的 Action 类和普通 Action 类区别不大，只是实现文件下载的 Action 类中添加了一个新方法。该方法的返回值为一个 InputStream 流，它代表了被下载文件的入口。实现文件下载的 Action 类中新添加的方法是实现文件下载的关键，其一般代码如下。

```
public class DownloadAction extends ActionSupport{
    private String path;                    //path 属性
    //path 属性的 getter 和 setter 方法
    public String getPath() {
        return path;
    }
    public void setPath(String path) {
        this.path = path;
    }
    //定义了返回 InputStream 的方法，该方法作为被下载文件的入口
    public InputStream getTargetFile()throws Exception {
        //返回 inputstream 流
        return ServletActionContext.getServletContext().getResourceAsStream(getPat h());
    }
    public String execute() throws Exception {
            return SUCCESS;                 //返回 success
}
}
```

另外，文件下载 Action 类中可以指定一个文件所在路径的属性。该属性在 struts.xml 文件中进行配置，且和文件上传 Action 类中的文件上传路径相似。

2. 文件下载 Action 配置

文件下载 Action 的配置和普通 Action 的配置相似，不过在文件下载 Action 中可以添加一个<param>标签。该标签配置了下载时文件所在的路径，其 name 属性和 Action 类中的路径属性相对应。

除此之外，文件下载 Action 的返回值类型必须配置为 stream。该 stream 类型的结果将使用文件下载来响应，而不是返回一个视图页面。返回结果可以指定如下 6 个属性。

- contentType：该属性指定下载文件的文件类型，默认为 text/plain。
- contentLength：该属性指定下载文件的流长度。
- contentDisposition：该属性指定下载文件的文件名。
- inputName：该属性指定下载文件的入口输入流方法，默认为 1024 字节。
- bufferSize：该属性指定下载文件时的缓冲大小。
- allowCaching：该属性指定下载文件时是否缓冲，默认为 true。

文件下载 Action 的一般配置如下。

```
<action name="download" class="com.action.DownloadAction">
<result name="success" type="stream">
    <param name="contentType">image/jpeg</param>                <!--文件类型-->
    <param name="inputName">imageStream</param>                 <!--输入流-->
    <param name="contentDisposition">attachment;filename="document.pdf"</param>
                                                                <!--指定文件名-->
```

```
        <param name="bufferSize">1024</param>                          <!--文件大小-->
    </result>
```

极客学院
jikexueyuan.com

极客学院在线视频学习网址：

http://www.jikexueyuan.com/course/2224.html

http://www.jikexueyuan.com/course/2224_3.html

手机扫描二维码

AJAX 文件上传

利用 XMLHttpRequestlevel 2 实现异步上传

8.10 Struts 开发实战

本节给出一个使用纯 Struts 2 实现登录的实例。

【例 8-10】 Struts 2 实现用户登录。

具体开发过程如下。

（1）在 Eclipse 中创建一个 Java Web 项目，项目名为 Struts 2login，然后将 Struts 2 框架所需的支持库添加到 WEB-INF 目录下的 lib 文件夹中。之后在 WEB-INF 目录下添加 web.xml 文件，并在其中注册过滤器和欢迎页面。最后，在 WebContent/WEB-INF/lib 下导入需要的相关库，创建的工程项目树如图 8.29 所示。

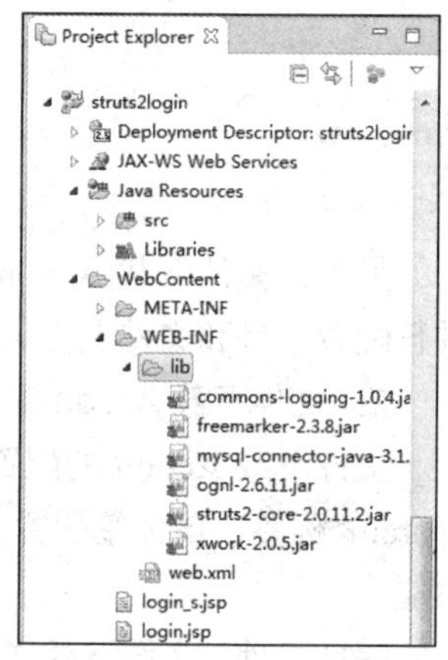

图 8.29　Struts 2login 项目树

配置文件 web.xml 的代码如下。

```
<?xml version="1.0" encoding="UTF-8"?>
<web-app version="2.4"
  xmlns="http://java.sun.com/xml/ns/j2ee"
  xmlns:xsi="http://www.w3.org/2001/XMLSchema-instance"
  xsi:schemaLocation="http://java.sun.com/xml/ns/j2ee
  http://java.sun.com/xml/ns/j2ee/web-app_2_4.xsd">

  <!-- 配置 Struts 2 的过滤器 -->
  <filter>
     <filter-name>Struts 2</filter-name>
     <filter-class>
        org.apache.Struts 2.dispatcher.FilterDispatcher
     </filter-class>
  </filter>
   <filter-mapping>
      <filter-name>Struts 2</filter-name>
      <url-pattern>/*</url-pattern>
  </filter-mapping>
```

```
<welcome-file-list>
    <welcome-file>login.jsp</welcome-file>
  </welcome-file-list>
</web-app>
```

（2）创建登录页面和登录成功页面。其中，登录页面 login.jsp 的代码如下：

```
<%@ page pageEncoding="utf-8"%>
<%@ taglib prefix="s" uri="/struts-tags" %>
<!DOCTYPE HTML PUBLIC "-//W3C//DTD HTML 4.01 Transitional//EN">
<html>
  <head>
   <title>Struts 2 Person Login Test</title>
  </head>

  <body>
   <s:form action="UserLogin">
      <s:textfield name="per.username" label="username"></s:textfield>
      <s:password name="per.password" label="password"></s:password>
      <s:submit></s:submit>
    </s:form>
  </body>
</html>
```

登录成功页面 login_s.jsp 的代码如下。

```
<%@ page language="java" pageEncoding="UTF-8"%>
<%
String path = request.getContextPath();
String basePath = request.getScheme()+"://"+request.getServerName()+":"+request.get
ServerPort()+path+"/";
String username = (String)session.getAttribute("user");
%>
<!DOCTYPE HTML PUBLIC "-//W3C//DTD HTML 4.01 Transitional//EN">
<html>
  <head>
   <base href="<%=basePath%>">
   <title>Struts 2 Person Login Result</title>
  </head>

  <body>
   Hi:<br>
   <%=username%><br>
   Welcome... <br>
  </body>
</html>
```

（3）在 src 目录下创建包“com.action”，并在该包下创建 PersonAction 类，PersonAction.java 代码如下。

```
package com.greatwqs.action;
import java.util.Map;
 import com.greatwqs.dao.PersonDao;
import com.greatwqs.entity.Person;
import com.opensymphony.xwork2.ActionContext;
import com.opensymphony.xwork2.ActionSupport;
```

```
/* @date  2015-1-10  */
public class PersonAction extends ActionSupport {

  private Person per;

  private static final long serialVersionUID = 1L;

  public String execute() throws Exception {
    PersonDao dao = new PersonDao();
    boolean flag = dao.isPersonCanLogin(per.getUsername(), per.getPassword());
    if(flag){
        Map session=(Map)ActionContext.getContext().get(ActionContext.SESSION);
        session.put("user", per.getUsername());
        return SUCCESS;
    } else {
        return INPUT;
    }
  }
    public Person getPer() {
     return per;
    }
      public void setPer(Person per) {
        this.per = per;
    }
}
```

在 src 目录下创建包“com.entity”，并在该包下创建实体类 Person，Person.java 代码如下。

```
package com.entity;
public class Person {
     private String username;
     private String password;
    public String getUsername() {
      return username;
    }
    public void setUsername(String username) {
      this.username = username;
    }
    public String getPassword() {
      return password;
    }
    public void setPassword(String password) {
       this.password = password;
    }
}
```

在 src 目录下创建包“com.dao”，并在该包下创建数据库持久层类 PersonDao，PersonDao.java 代码如下。

```
package com.dao;
/* @date  2015-1-10  */
public class PersonDao {
   /* 根据用户名和密码,判断用户是否能登录!  */
   public boolean isPersonCanLogin(String username, String password) {
     return username.equals(password);
   }
}
```

（4）在 Java resources 的 src 目录下建立 struts 配置文件 struts.xml。代码如下。

```
<?xml version="1.0" encoding="UTF-8" ?>
<!DOCTYPE struts PUBLIC
  "-//Apache Software Foundation//DTD Struts Configuration 2.0//EN"
  "http://struts.apache.org/dtds/struts-2.0.dtd">
<struts>
  <!-- 改变 url 现实的后缀,默认是 action -->
  <constant name="struts.action.extension" value="xhtml" />
  <package name="Struts 2login" extends="struts-default">
     <!-- 这里的 Class 是由 Spring 里面制定的 ID,如果单独用 Struts 2,则这里是包名+类名 -->
     <action name="UserLogin" class="com.action.PersonAction">
        <result name="success" >/login_s.jsp</result>
        <result name="input">/login.jsp</result>
      </action>
  </package>
</struts>
```

运行工程，或者在浏览器输入 http://localhost:8080/Struts 2login/，弹出图 8.30 所示的登录界面，输入用户名和密码，则会成功登录，否则会提示用户和密码错误信息。

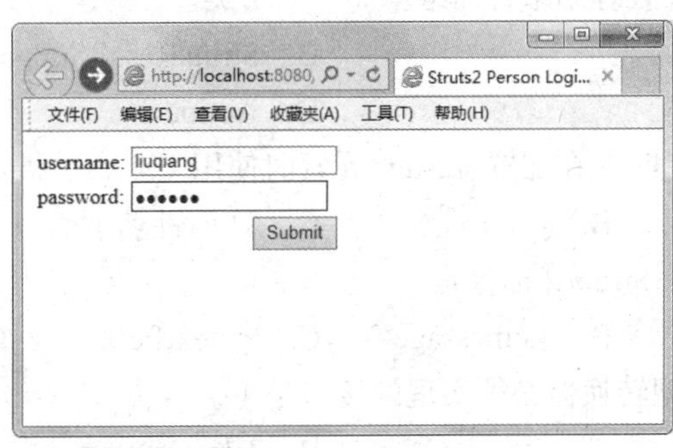

图 8.30　Struts 2login 项目树

8.11　本章小结

本章主要介绍了 Struts 的基本方法和关键技术，包括：类型转换、数据校验和国际化，拦截器和过滤器、AJAX 技术，以及文件的上传和下载等内容。

其中，类型转换部分介绍了基本的类型转换器和自定义的类型转换器；数据校验部分介绍了在 Action 中直接调用 validate()或 validateX()方法来进行数据校验，以及使用 XWork 框架来进行校验的两种方式；国际化部分主要介绍了该文件及访问该文件的方法。

拦截器的配置和使用方法是学习 Struts 2 必须掌握的知识。拦截器的配置是在 struts.xml 文件中来配置的，跟拦截器配置有关的元素有<interceptors>、<interceptor>和<interceptor-stack>三个标签。自定义拦截器主要通过 Interceptor 接口或 AbstractInterceptor 抽象类来定义。

拦截器和过滤器的概念类似。拦截器是 Struts 2 框架中特有的，只能应用于 Sturts 2 中，而过滤器则普遍存在于整个 Java Web 中，即在所有 Web 工程中都能配置过滤器。在 Struts 2 工程中，如果希望一个过滤器生效，则要在 web.xml 文件中首先配置该过滤器，然后再进行其他 Struts 2

的配置。

在 AJAX 部分，侧重介绍了 AJAX 的基本应用和 XMLHttpRequest 对象的使用，并详细讲解了常用 AJAX 标签的属性和使用方法。JSON 插件是 Struts 2 的 AJAX 插件，通过 JSON 插件可以灵活地开发 AJAX 应用。此外。本章给出实例演示了文件的上传和下载功能的实现过程。本章最后还给出了一个使用 Struts 2 实现用户登录的实例。

习　题

一、选择题

1. 下面（　　）可以实现 Struts 2 的数据校验功能。

   A. 普通 Action 类

   B. 继承自 Action 接口

   C. 继承自 ActionSupport 类

   D. 继承自 ActionValidate 类

2. 如果要实现自定义处理结果，需继承（　　）类。

   A.. Dispathcer　　B. StrutsResultSupport

   C. Support　　D. Action

3. 实现动态返回结果时，在配置<result>元素时使用（　　）指定视图资源。

   A. ${属性名}　　B. @{属性名}　　C. ${'属性名'}　　D. ${"属性名"}

4. 用于实现国际化的 Struts 2 标签是（　　）。

   A. <s:text>　　B. <s:message>　　C. <s:textfield>　　D. <s:resource>

5. Struts 2 自定义类型转换器必须实现的接口是（　　）。

   A. Convert　　B. TypeConverter

   C. StrutsTypeConverter　　D. StrutsConvert

6. 自定义拦截器类的方式有（　　）。（多选）

   A. 实现 Interceptor 接口　　B. 实现 AbstractInterceptor 接口

   C. 继承 Interceptor 类　　D. 继承 AbstractInterceptor 类

7. 在 struts.xml 文件中，使用（　　）元素定义拦截器。

   A. <interceptor-ref>　　B. <interceptor>

   C. <intercep>　　D. <default-interceptor-ref>

8. Struts 2 的主要核心功能是由（　　）实现的。

   A. 过滤器　　B. 拦截器　　C. 类型转换器　　D. 配置文件

9. Struts 2 中，以下配置文件上传拦截器只允许上传 bmp 图片文件的代码，正确的是（　　）。

   A. <param name="allowedTypes">image/bmp</param>

   B. <param name="allowedTypes">*.bmp</param>

   C. <param name="allowedTypes">bmp</param>

   D. <param name="allowedTypes">image/*.bmp</param>

二、简答题

1. 简述 Action 中的 validate()校验方法是如何实现的。

2. 简述 XWork 校验框架的校验过程。

3. 简述 Alias Interceptor 和 Servlet Config Interceptor 拦截器的功能。

4. 如何自定义一个拦截器?

三、编程题

尝试编写一个 Session 过滤用的拦截器，该拦截器查看用户 Session 中是否存在特定的属性（LOGIN 属性）。如果不存在，中止后续操作定位到 LOGIN，否则执行原定操作。

第9章 Hibernate 开发基础

本章开始将介绍主流的持久化技术框架——Hibernate 的基础知识，包括：Java 对象持久化和持久层的概念、软件的分层体系结构及 Hibernate 在分层结构中的位置、Hibernate 的工作原理、Hibernate 开发前的开发环境准备，最后以一个开发实例来让读者全面了解 Hibernate 的完整开发过程。

9.1 Hibernate 入门

9.1.1 持久层概述

在软件工程中，为了更好地控制软件质量和分解开发任务，引出了分层结构的思想。持久层就是基于软件的三层体系结构，以解决对象和关系这两大领域之间存在的不匹配问题为目标，为对象—关系数据库之间提供了一个成功的映射解决方案。

1. 持久化对象概念

持久化（Persistent）指的是将计算机内存中的数据保存到磁盘等存储设备中。持久化的实现过程大多是通过各种关系型数据库来完成的。持久化对象是指已经存储到数据库或磁盘中的业务对象。为了长久保存对象的状态，并在需要时能够方便地从设备上提取对象数据，就需要对它们进行持久化操作。在 Java 中对对象持久化的方式以下 3 种。

- 将对象序列化存入文本文件。
- 将对象持久化到 XML 文档。
- 将对象持久化到数据库。

2. 持久层的产生

经典的软件应用体系结构有 3 层：表示层、业务逻辑层和数据库层，如图 9.1 中左边部分所示。

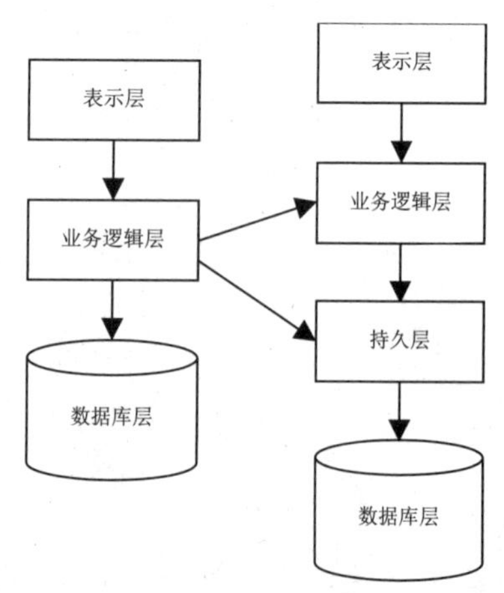

图 9.1 从三层结构到四层结构

各层主要负责的功能如下。

- 表示层：实现用户操作界面，展示数据。
- 业务逻辑层：处理表示层提交的请求，并将要保存的数据提交给数据库。
- 数据库层：存储需要持久化的业务数据。

在该体系结构中，业务逻辑层除了处理业务逻辑外，还要处理数据库的相关操作。如果将数据访问从业务逻辑中分离开来，就会形成一个单独的持久化层。增加了持久层以后，3 层的软件体系结构就变成了 4 层，如图 9.1 右边所示。

持久层将应用开发人员从底层操作中解放出来，而且业务逻辑也更加清晰。对于大多数应用系统而言，数据的持久化都是必不可少的功能。

3. 持久层的实现和 ORM

持久层的实现是和数据库紧密相连的。Java 通常使用 JDBC 访问数据库。近年来又涌现出了许多新的持久层框架。其中，主流的持久层框架包括：Hibernate、myBatis、JDO 等。这些框架都对 JDBC 进行了封装，简化了持久层的开发。

为了将面向对象与关系数据库之间的差别屏蔽掉，使得开发人员可以用面向对象的思想来操作关系数据库，对象—关系映射组件（Object/Relation Mapping，ORM）就应运而生了。ORM 实现了 Java 应用中的对象到关系数据库中表的自动持久化。

9.1.2　Hibernate 简介

Hibernate 是一个开源的 ORM 框架，它对 JDBC 进行了轻量级封装。开发人员可以使用面向对象的编程思想来进行持久层的开发，操作数据库，还可以使用 Hibernate 提供的 HQL（Hibernate Query Languag）直接从数据库中获得 Java 对象。

2001 年年末，Hibernate 发布了第一个正式版本。2005 年 3 月 Hibernate 3 发布。Hibernate 3 的技术文档更加丰富，对各种数据库的支持更加完备，性能也更加优良。这使得 Hibernate 无疑已经占据了持久层设计领域的主导地位。

在使用 Hibernate 进行开发时，需要一个配置文件 hibernate.properties。该文件用于配置 Hibernate 和底层数据库的连接信息，同时，还需要一个或多个 XML 映射文件，用来完成持久化类和数据表之间的映射关系。

9.1.3　Hibernate 的工作原理

Hibernate 开发过程中会用到 5 个核心接口，分别为：Configuration 接口、Session 接口、SessionFactory 接口、Transaction 接口和 Query 接口。Hibernate 就是通过这些接口对持久化对象进行操作，并进行事务控制。Hibernate 的工作原理如图 9.2 所示，具体工作过程如下。

（1）初始化，创建 Configuration 对象，读取 XML 配置文件和映射文件的信息到 Configuration 对象的属性中，包括如下内容。

① 从 Hibernate 配置文件 Hibernate.cfg.xml 中读取配置信息，并存放到 Configuration 对象中。

② 根据配置文件中的 mapping 元素加载所有实体类对应的映射文件到 Configuration 对象中。

（2）创建 SessionFactory 实例，通过 Configuration 对象读取到的配置文件信息创建 SessionFactory，即将 Configuration 对象内的配置信息存入 SessionFactory 的内存中。SessionFactory 充当数据存储源的代理，并负责创建 Session 对象。得到 SessionFactory 对象后，Configuration 对象的使命就结束了。

（3）创建 Session 实例，建立数据库连接，Session 通过 SessionFactory 打开，创建一个 Session 对象，这就相当于与数据库建立了一个新的连接。Session 对象被用来操作实体对象，并把这些操作转换成对数据库中数据的增、删、查、改等操作。

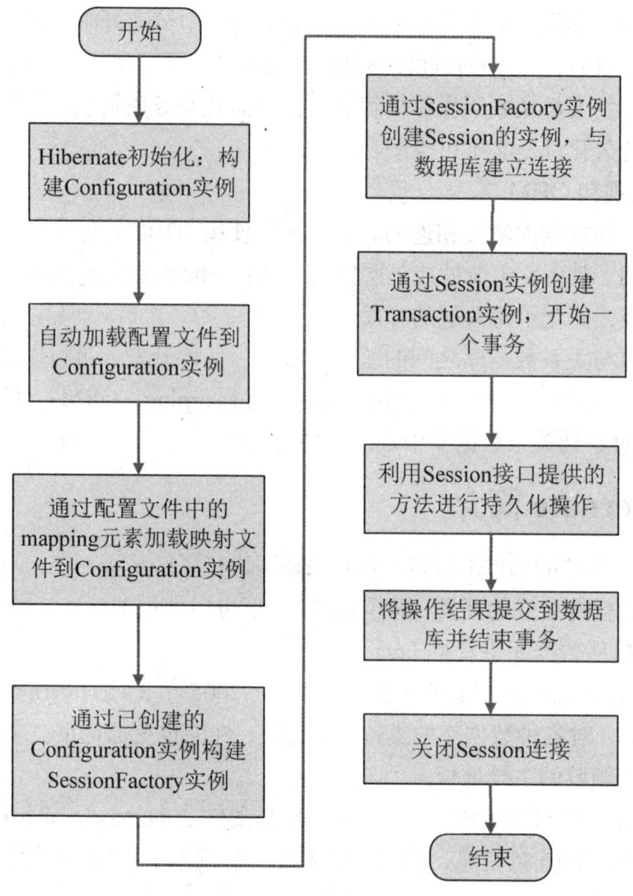

图 9.2　Hibernate 工作原理图

（4）创建 Transaction 实例，开始一个事务，Transaction 用于事务管理，一个 Transaction 对象对应的事务可以包括多个操作。在使用 Hibernate 进行增、删改操作时，必须先创建 Transaction 对象。

（5）利用 Session 的方法进行持久化操作，将实体对象持久化到数据库中。

（6）提交操作结果并结束事务。对实体对象的持久化操作结束后，必须提交事务。

（7）关闭 Session，与数据库断开连接。

9.2　Hibernate 开发准备

使用 Hibernate 开发之前，需要先搭建配置好 Hibernate 的开发环境。为了简化开发过程，可以使用 Hibernate 的相关插件来辅助开发。

9.2.1　Hibernate 开发包的下载

目前，Hibernate 的最新稳定版本是 5.5.1Final，本书有关代码也是基于该版本测试通过的。用户可以登录 http://hibernate.org/search/downloads/下载 Hibernate 的发布版，并可以根据界面上的指导进行操作，如图 9.3 所示。

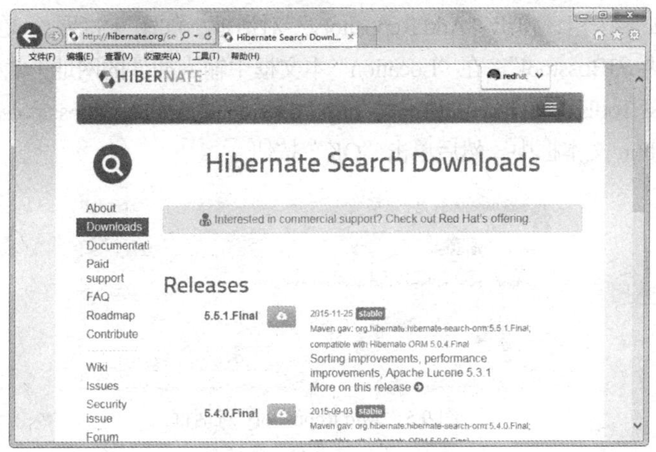

图 9.3　Hibernate 下载地址

9.2.2　在 Eclipse 中部署 Hibernate 开发环境

在 Eclipse 中使用 Hibernate 时，可以借助于 Hibernate Tools、Synchronizer 等一些插件来进行辅助开发，这样就可以提高开发效率。

Hibernate Tools 是由 JBoss 推出的一个 Eclipse 集成开发工具插件。该插件提供了 project wizard，可以方便，快捷地创建 Hibernate 所需的各种配置文件，简化开发工作。

Hibernate Tools 插件可以进行在线安装或离线安装。其中，在线安装适合网络环境比较好的用户，且可以选择最新版本进行安装，离线安装则需要先下载 Hibernate Tools 的安装包，并确保下载的插件版本与 Eclipse 版本能够兼容。下面分别详述这两种安装方式：

1. Hibernate Tools 的在线安装方式

在 Eclipse 中配置 Hibernate Tools 插件的步骤如下。

（1）运行 Eclipse，选择主菜单 Help-Install New Software 选项，弹出 Install 对话框，如图 9.4 所示。

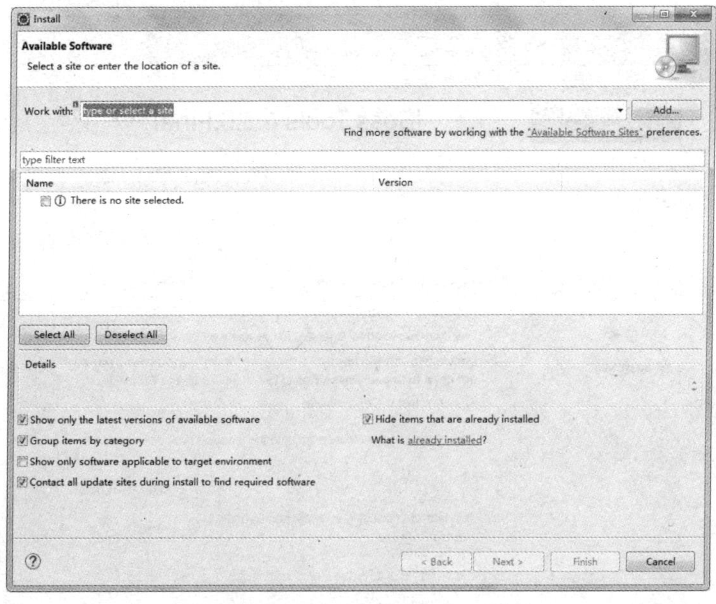

图 9.4　Install 窗口

（2）单击“Add”按钮，弹出“Add Repository”对话框，如图 9.5 所示。在 Name 文本框中输入插件名，此处命名为“JBosstool”。在“Location”本文框中输入插件的网址，此处选择与 Eclipse Mars 4.5 配套的版本 JBoss Tools 4.3.0.Final，地址为“http://download.jboss.org/jbosstools/mars/stable/updates/”，并把它输入到 Location 文本框中，然后单击“OK”按钮。

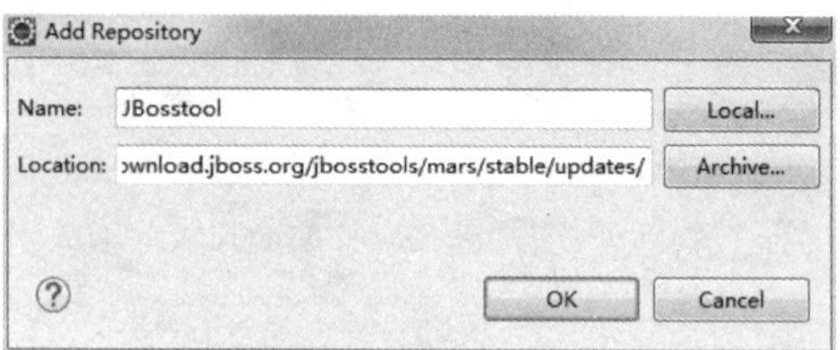

图 9.5　Add Repository 对话框

（3）返回图 9.4 所示对话框，在空白处显示插件的所有可安装的功能列表，如图 9.6 所示，根据需要选择相关功能。此处勾选 JBoss Tools 4.3.0.Final 下的“Hibernate Tools”选项，单击“Next”按钮，并接受协议，开始安装，安装完毕后会提示重新启动 Eclipse。

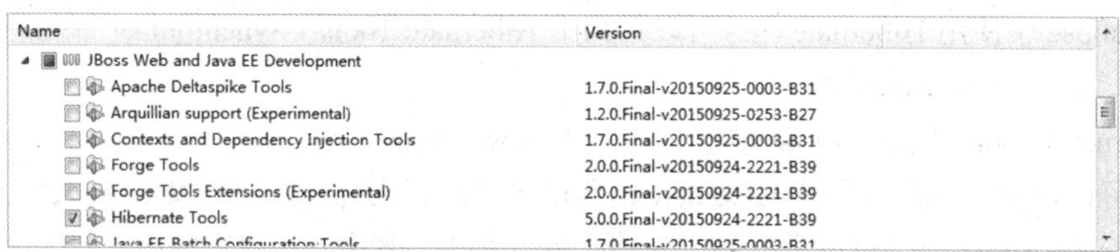

图 9.6　JBoss Tools 4.3.0.Final 安装功能选择列表

2. Hibernate Tools 的手动安装方式

Hibernate Tools 的手动安装的步骤如下。

（1）进入下载页面 http://tools.jboss.org/downloads/jbosstools/mars/4.3.0.Final.html#zips 进行下载，这是 Hibernate Tools 当前最新版本的下载地址，如图 9.7 所示。

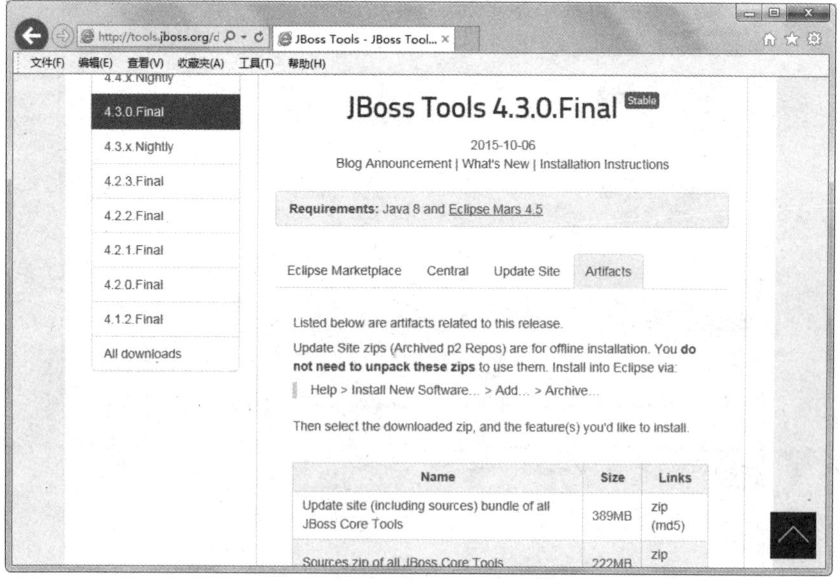

图 9.7　Hibernate Tools 下载页面

（2）下载完成后，选择主菜单“Help-Install New Software”选项，弹出“Install”对话框，如图 9.4 所示，单击“Add”按钮，弹出“Add Repository”对话框，如图 9.5 所示。在 Name 文本框中输入插件名，此处命名为“jBosstool”。单击“Archive…”按钮，在弹出的对话框中选择下载的 jbosstools-4.3.0.Final-updatesite-core.zip 文件。确认后，文件名自动显示到 Location 本文框中，如图 9.8 所示。之后，单击“OK”按钮，弹出如图 9.6 所示的界面，根据需要选择相关功能。此处勾选 JBoss Tools 4.3.0.Final 下的 Hibernate Tools 选项，单击 Next 按钮，并接受协议，开始安装。

（3）安装完毕后会提示重新启动 Eclipse。重新启动 Eclipse 后，在“File|New|Other”下，可以看到图 9.9 中的 Hibernate 配置项，则表示 Hibernate Tools 已安装成功。

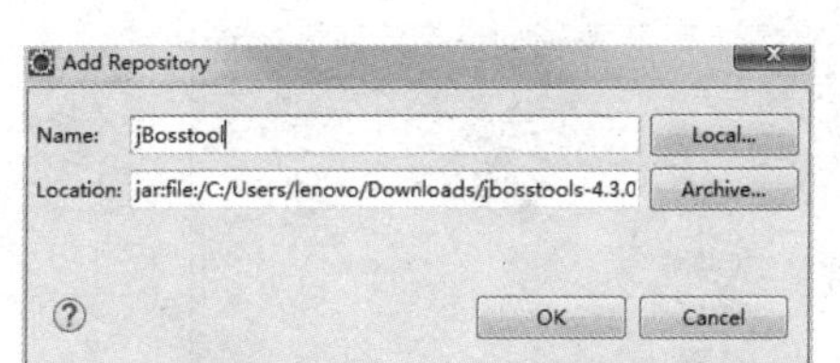

图 9.8　手工安装 Hibernate（选择下载文件后）

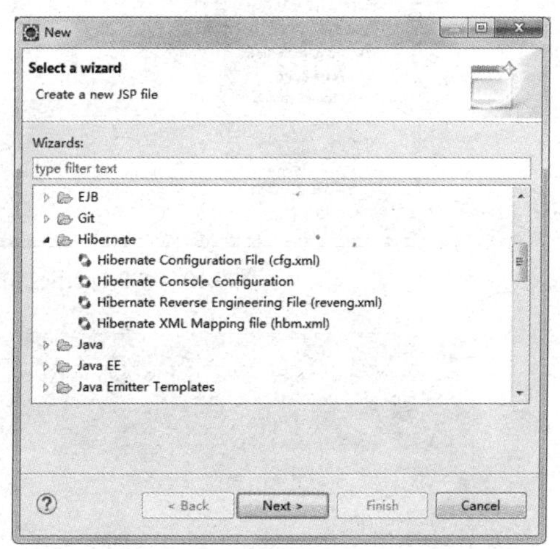

图 9.9　显示 Hibernate 配置项

需要注意的是，无论在线安装还是手动方式安装，一定要保证 Hibernate Tools 与 Eclipse 版本的兼容性，否则可能导致插件安装失败。

9.2.3　安装部署 MySQL 驱动

在 2.4.2 节中已经介绍过 MySQL JDBC 驱动 mysql-connector-java-5.1.37.zip 的下载方法。为了使用 Hibernate 实现持久层，需要在 Eclipse 的项目中安装部署 MySQL JDBC 驱动。具体步骤如下。

（1）将下载解压后获得的 mysql-connector-java-5.1.37-bin.jar 包拷贝到需要连接 MySQL 数据库的项目的 WebContent\WEB-INF\lib 目录下。同时，在 Web App Libraries 文件夹下面也会出现新添加的 JAR 包。

（2）在 Eclipse 中 YourProject 上单击鼠标右键，在弹出的快捷菜单中选择“Build Path|Configure Build Path…”菜单项，弹出“Properties for YourProject”对话框，如图 9.10 所示。

（3）在“Properties for YourProject”对话框的“Java Build Path”界面中选择“Libraries”选项卡，单击“Add External JARs…”按钮，弹出“JAR Selection”对话框。在该对话框中指定 mysql-connector-java-5.1.37-bin.jar 包所在的位置，并单击“打开”按钮，返回“Properties for YourProject”对话框。之后若单击“OK”按钮，则将 JAR 包所在路径写入类路径下，如图 9.11 所示，这样就在 Eclipse 的项目中成功安装部署了 MySQL 的驱动。

需要注意的事，仅仅只将 JAR 包复制到项目的 WebContent\WEB-INF\lib 目录下，Eclipse 并不会自动将此 JAR 包添加到类路径中，必须通过上面的步骤才能将 JAR 包添加到类路径中。此时，JAR 包才能被项目所使用。

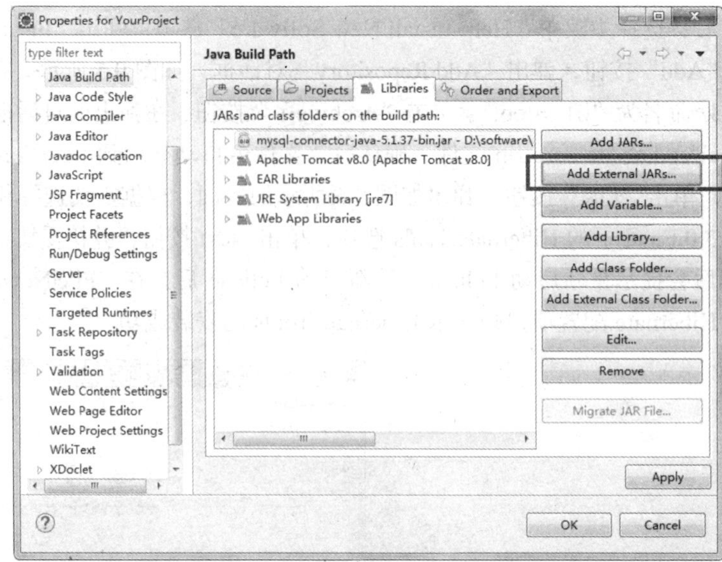

图 9.10 “Properties for YourProject”对话框

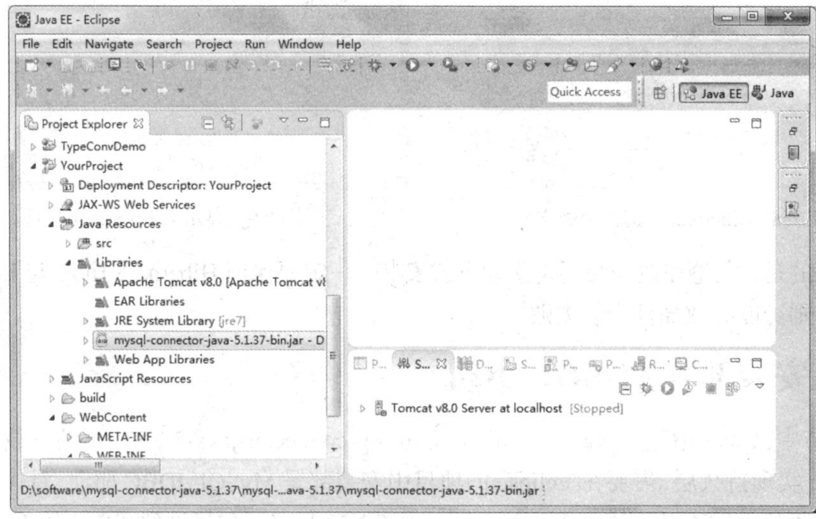

图 9.11 部署驱动后的 YourProject 项目

9.3 MyfirstHibernate 项目开发

本节将介绍如何开发 Hibernate 项目，实例项目使用 Hibernate 向 MySQL 数据库中插入一条用户记录。下面先介绍使用 Hibernate 开发项目的完整流程，接着分小节介绍每个开发步骤。

9.3.1 开发 Hibernate 项目的完整流程

使用 Hibernate 开发数据库的应用项目时，具体步骤如下。

（1）准备开发环境，创建 Hibernate 项目。

（2）在数据库中创建数据表。

（3）创建持久化类。

（4）设计映射文件，使用 Hibernate 映射文件将 POJO 对象映射到数据库。

（5）创建 Hibernate 的配置文件 Hibernate.cfg.xml。

（6）编写辅助工具类——HibernateUtils 类，用来实现对 Hibernate 的初始化，并提供获得 Session 的方法。此步可根据情况取舍。

（7）编写 DAO 层类。

（8）编写 Service 层类。

（9）编写测试类，测试对数据库的操作（增、删、改）。

9.3.2　创建 MyfirstHibernate 项目

在 Eclipse 中创建一个项目，名称为 MyfirstHibernate，具体过程如下。

（1）使用 Eclipse 创建 Dynamic Web Project 模板，并新建一个名为“MyfirstHibernate”的项目。

（2）使用 9.2.3 节介绍的方法将 MySQL 驱动部署在 MyfirstHibernate 项目中。

（3）将 Hibernate Tools 引入项目。在 MyfirstHibernate 项目中右击，并在快捷菜单中选择“New|Other”，弹出选择向导对话框。在该对话框中单击 Hibernate 节点前的“+”号，展开 Hibernate 节点，该节点下有 4 个选项，如 9.2.2 节的图 9.9 所示。

（4）选择“Hibernate Configuration File (cfg.xml)”选项，单击“Next”按钮，进入如图 9.12 所示新建配置文件对话框。Enter or select the parent folder 文本框用于设置配置文件的保存位置，常常保存在 src 文件夹下，然后在 File name 对话框中输入配置文件的名字，一般使用默认的 hibernate.cfg.xml 即可。

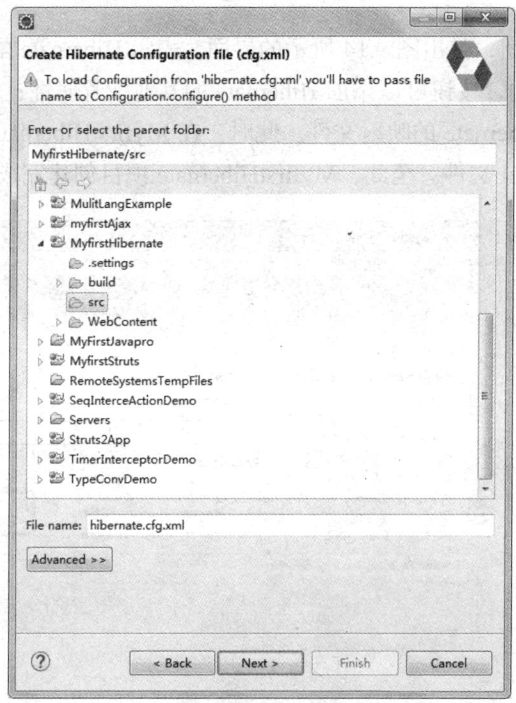

图 9.12　新建 Hibernate 配置文件

（5）单击“Next”按钮，进入如图 9.13 所示的对话框。在该对话框中设置 Hibernate 配置文件的各项属性，hibernate.cfg.xml 文件就是根据这些属性生成的。Database dialect 选项指的是项目中所选用的是何种数据库。

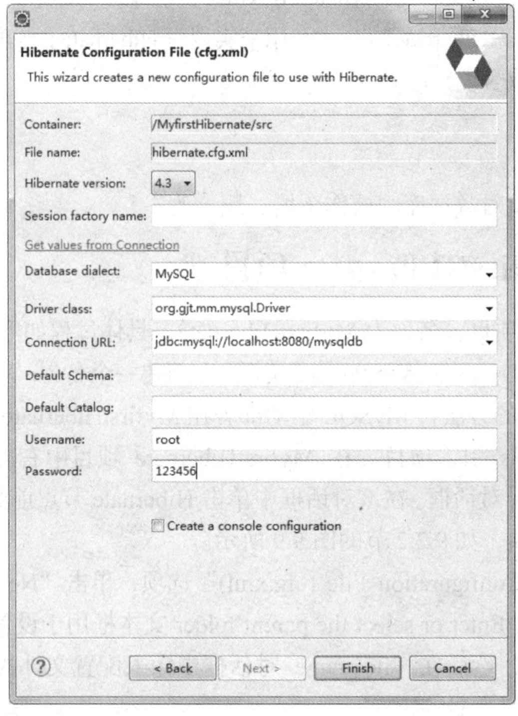

图 9.13　设置 Hibernate 配置文件属性

（6）单击“Finish”按钮，弹出图 9.14 所示的界面，表示 Hibernate 配置文件成功创建。单击 Properties 标签下的“Add…”按钮可以添加 Hibernate 的其他配置属性；单击 Mappings 标签下的“Add…”按钮可以添加 Hibernate 的映射文件。此时，在 MyfirstHibernate 项目的 src 节点下就出现了新建的 hibernate.cfg.xml 文件。至此，MyfirstHibernate 项目创建完成。

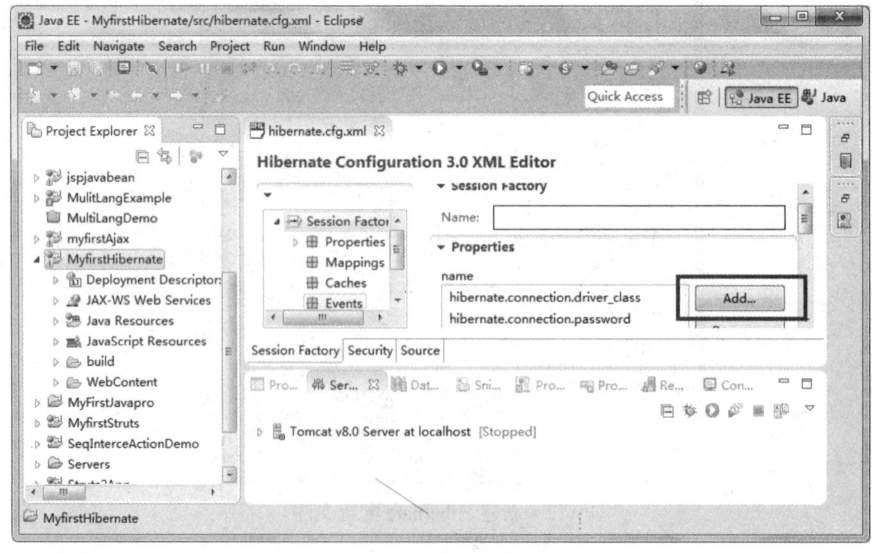

图 9.14　hibernate.cfg.xml 文件的配置界面

9.3.3　创建数据表 USER

假设有一个 mysqldb 数据库，该库中有一张表名为 USER 的数据表。这张表的各个字段的含义和主键如表 9.1 所示。

表 9.1　　USER 表结构

字段名	字段含义	数据类型	是否主键
USER_ID	用户 ID	int(11)	是
NAME	用户姓名	varchar(20)	否
PASSWORD	用户密码	varchar(12)	否
TYPE	用户类型(管理员、普通用户等)	varchar(6)	否

在 MySQLWORKBENCH 中创建 USER 表的语句如下。

```
CREATE TABLE USER (
USER_ID int(11),                                  --定义 USER_ID 字段
NAME varchar(20),                                 --定义 NAME 字段
PASSWORD varchar(12),                             --定义 PASSWORD 字段
TYPE varchar(6), PRIMARY KEY (USER_ID));          --定义 TYPE 字段，指定主键为 USER_ID
```

向 USER 表中插入 5 条用户数据。

```
insert into USER(USER_ID,NAME,PASSWORD,TYPE) values(101,'王强','123456','COMMON');
insert into USER(USER_ID,NAME,PASSWORD,TYPE) values(102,'刘畅','123456','COMMON');
insert into USER(USER_ID,NAME,PASSWORD,TYPE) values(103,'汪芳','123456','COMMON');
insert into USER(USER_ID,NAME,PASSWORD,TYPE) values(104,'张跃林','123456','COMMON');
insert into USER(USER_ID,NAME,PASSWORD,TYPE) values(105,'唐小凯','123456','Admin');
```

使用 SQL 语句查询 USER 表中数据，如图 9.15 所示。

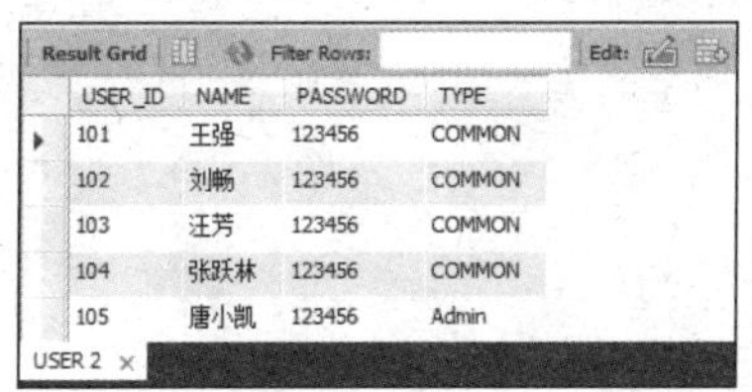

图 9.15　MySQL 中的 USER 表数据

9.3.4　POJO 映射类 User.java

持久化类是应用程序中的业务实体类。持久化指的是类的对象能够被持久化，持久化类的对象会被保存到数据库中。

Hibernate 使用普通的 Java 对象 POJO（Plain Old Java Objects）的编程模式来进行持久化。POJO 类不用继承任何类，也无须实现任何接口。和 JavaBean 类似，POJO 类中包含与数据库表中相对应的各个属性，这些属性通过 getter 和 setter 方法来访问。以下代码给出了用户 User 的持久化映射类。

```
package org.hibernate.entity;
public class User implements java.io.Serializable {
```

```
    // User类的属性
    private int id;                                     //用户 ID
    private String name;                                //用户姓名
    private String password;                            //用户密码
    private String type;                                //用户类型
    //默认构造方法
    User()
    { }
    //获得用户 ID
    public int getId() {
        return this.id;
    }
    //设置用户 ID
    public void setId(int id) {
        this.id = id;
    }
    //获得用户姓名
    public String getName() {
        return this.name;
    }
    //设置用户姓名
    public void setName(String name) {
        this.name = name;
    }
    //获得用户密码
    public String getPassword() {
        return this.password;
    }
    //设置用户密码
    public void setPassword(String password) {
        this.password = password;
    }
    //获得用户类型
    public String getType() {
        return this.type;
    }
    //设置用户类型
    public void setType(String type) {
        this.type = type;
    }
}
```

9.3.5 映射文件 User.hbm.xml

为了完成对象到关系数据库的映射，Hibernate 需要知道持久化类的实例应该被如何存储和加载，且可以使用 XML 文件来设置它们之间的映射关系。在 MyfirstHibernate 项目中，创建了一个 User.hbm.xml 映射文件，并在该文件中定义了 User 类的属性如何映射到 USER 表的列上。之后，将这个文件同 User.java 一起放到包 org.hibernate.entity 中。其中，hbm 后缀是 Hibernate 映射文件的命名惯例。以下给出了映射文件 User.hbm.xml 的代码。

```
<?xml version="1.0" encoding="UTF-8"?>
<!DOCTYPE hibernate-mapping PUBLIC "-//Hibernate/Hibernate Mapping DTD 3.0//EN"
"http://hibernate.sourceforge.net/hibernate-mapping-3.0.dtd">
<hibernate-mapping>
     <!--name 指定持久化类的类名，table 指定数据表的表名-->
    <class name=" org.hibernate.entity.User" table="USER">
      <!--将 User 类中的 id 属性映射为数据表 USER 中的主键 USER_ID-->
      <id name="id" type="java.lang.Integer" column="USER_ID" >
          <generator class="increment" />
      </id>
      <!--映射 User 类的 name 属性-->
      <property name="name" type="java.lang.String" column="NAME" length="20">
      </property>
      <!--映射 User 类的 password 属性-->
      <property name="password" type="java.lang.String" column ="PASSWORD"length ="12">
      </property>
      <!--映射 User 类的 type 属性-->
      <property name="type" type="java.lang.String" column ="TYPE" length="6">
      </property>
    </class>
</hibernate-mapping>
```

通过映射文件，Hibernate 可知，User 类用于为数据库中的 USER 表持久化。根据映射文件，Hibernate 可以为生成 User 类的实例进行插入、更新、删除和查询所需要的 SQL 语句。

9.3.6　hibernate.cfg.xml 配置文件

Hibernate 配置文件被用来配置数据库连接，以及 Hibernate 运行时的各个属性的值。Hibernate 配置文件的格式有两种：hibernate.properties 和 hibernate.cfg.xml。两种格式的配置文件是类似的，可以自由选择。若两个文件同时存在，则 hibernate.cfg.xml 文件会覆盖 hibernate.properties 文件。

XML 格式的配置文件更易于修改，配置能力更强。当改变底层应用配置时，不需要改变和重新编译代码，只需要修改配置文件的相应属性就可以了。而且，它可以由 Hibernate 自动加载。

前面使用 Hibernate 的配置文件向导，生成了一个 Hibernate 的配置文件 hibernate.cfg.xml。该配置文件的代码如下。

```
<?xml version="1.0" encoding="UTF-8"?>
<!DOCTYPE hibernate-configuration PUBLIC
        "-//Hibernate/Hibernate Configuration DTD 3.0//EN"
        "http://www.hibernate.org/dtd/hibernate-configuration-3.0.dtd">
<hibernate-configuration>
<session-factory>
<!--数据库连接设置-->
<!--配置数据库 JDBC 驱动-->
<property name="hibernate.connection.driver_class"> com.mysql.jdbc.Driver </propert y>
<!--配置数据库连接 URL-->
<property name="hibernate.connection.url">jdbc:mysql://localhost:3306/mysqldb</proper ty>
<!--配置数据库用户名-->
<property name="hibernate.connection.username">root</property>
<!--配置数据库密码-->
<property name="hibernate.connection.password">123456</property>
```

```
<!--配置 JDBC 内置连接池-->
<property name="connection.pool_size">1</property>
<!--配置数据库方言-->
<property name="dialect">org.hibernate.dialect.MySQLDialect</property>
<!--输出运行时生成的 SQL 语句-->
<property name="show_sql">true</property>
<!--列出所有的映射文件-->
<mapping resource="org/hibernate/entity/User.hbm.xml"/>
</session-factory>
</hibernate-configuration>
```

在 hibernate.cfg.xml 配置文件中设置了数据库连接的相关属性，以及其他一些常用属性。

（1）Hibernate JDBC 属性

在访问数据库之前，首先要获得一个 JDBC 连接。要获得 JDBC 连接，则需要向 Hibernate 传递一些 JDBC 的连接属性。所有的 Hibernate 属性名及其语义都在 org.hibernate.cfg.Environment 类中定义。JDBC 连接配置中最重要的一些属性，如表 9.2 所示。

表 9.2　　Hibernate JDBC 属性

Property name	Purpose
hibernate.connection.driver_class	JDBC 驱动类
hibernate.connection.url	JDBC URL
hibernate.connection.username	数据库用户名
hibernate.connection.password	数据库用户密码
hibernate.connection.pool_size	最大的池连接数

（2）hibernate.dialect 属性

该属性用于与建立数据库连接时所使用的方言。为了使 Hibernate 能够针对不同类型的数据库生成适合的 SQL 语句，就要选择适合的数据库方言。

（3）hibernate.show_sql 属性

该属性可以将 SQL 语句输出到控制台。它的作用主要是方便调试，可以在控制台中看到 Hibernate 执行的 SQL 语句。

（4）映射文件列表

除了以上属性以外，在配置文件中还列出了所有的映射文件。为了 Hibernate 能够处理对象的持久化，因此需要将对象的映射信息加入到 Hibernate 的配置文件中。加入的方法为在配置文件中添加如下语句。

```
<mapping resource="包名 /User.hbm.xml"/>
```

其中，resource 属性用于指定映射文件的位置和名称。如果项目中有多个映射文件，则需要使用多个 mapping 元素来分别指定每个映射文件的位置和名称。

在配置文件中指定了项目中所有的映射文件后，每次 Hibernate 启动时就可以自动装置映射文件了，而无需手动处理。

9.3.7　辅助工具类 SessionFactory.java

要启动 Hibernate，就必须创建一个 org.hibernate.SessionFactory 对象。org.hibernate.Session

Factory 是一个线程安全的对象，只能被实例化一次。针对此，可以创建一个辅助类 HibernateUtil，负责 Hibernate 的启动，以及完成存储和访问 SessionFactory 的工作，这是一种通用的模式。

在 HibernateUtil 类中，首先需要编写一个静态代码块来启动 Hibernate，这个块只在 HibernateUtil 类被加载时执行一次。在应用程序中第一次调用 HibernateUtil 时会加载该类，建立 SessionFactory。通过 HibernateUtil 类，若想访问 Hibernate 的 Session 对象就可以从 HibernateUtil.getSessionFactory().openSession()中获取到。以下为 HibernateUtil 类的实现代码。

```
    package org.hibernate.entity;
    import org.hibernate.*;
    import org.hibernate.cfg.*;
    import org.hibernate.service.ServiceRegistry;
    import org.hibernate.service.ServiceRegistryBuilder;
    public class HibernateUtil {
    private static SessionFactory sessionFactory;
    //创建线程局部变量 threadLocal，用来保存 Hibernate 的 Session
    private static final ThreadLocal<Session> threadLocal = new ThreadLocal<Session>();
    //使用静态代码块初始化 Hibernate
    static {
    try
    {
       Configuration cfg=new Configuration().configure();     //创建 Configuration 的实例
    //sessionFactory=cfg.buildSessionFactory();               //创建 SessionFactory
    //注意：buildSessionFactory()函数已经在 hibernate 4 以后废弃，需要使用 serviceRegistry 的方法实现
       ServiceRegistry serviceRegistry = new ServiceRegistryBuilder().applySettings(cfg.
getProperties()).buildServiceRegistry();
       sessionFactory = cfg.buildSessionFactory(serviceRegistry);
    }
    catch (Throwable ex)
    {
        throw new ExceptionInInitializerError(ex);
    }
    }
    //获得 SessionFactory 实例
      public static SessionFactory getSessionFactory() {
    return sessionFactory;
    }
    //获得 ThreadLocal 对象管理的 Session 实例.
    public static Session getSession() throws HibernateException {
        Session session = (Session) threadLocal.get();
        if (session == null || !session.isOpen()) {
             if (sessionFactory == null) {
                 rebuildSessionFactory();
             }
             //通过 SessionFactory 对象创建 Session 对象
             session = (sessionFactory != null) ? sessionFactory.openSession(): null;
             //将新打开的 Session 实例保存到线程局部变量 threadLocal 中
             threadLocal.set(session);
             }
             return session;
    }
    //关闭 Session 实例
    public static void closeSession() throws HibernateException {
```

```
    //从线程局部变量 threadLocal 中获取之前存入的 Session 实例
    Session session = (Session) threadLocal.get();
            threadLocal.set(null);
            if (session != null) {
                session.close();
            }
        }
    private static String CONFIG_FILE_LOCATION = "./hibernate.cfg.xml";
    private static Configuration configuration = new Configuration();
    private static String configFile = CONFIG_FILE_LOCATION;
    //重建 SessionFactory/*
    public static void rebuildSessionFactory() {
          try {
          configuration.configure(configFile);
              ServiceRegistry  serviceRegistry  =  new  ServiceRegistryBuilder().apply
Settings(configuration.getProperties()).buildServiceRegistry();
              sessionFactory = configuration.buildSessionFactory(serviceRegistry);

              } catch (Exception e) {
                    System.err.println("Error Creating SessionFactory ");
                    e.printStackTrace();
              }
    }
    //关闭缓存和连接池
    public static void shutdown() {
          getSessionFactory().close();
    }
    }
```

该工具类首先创建了 Configuration 的实例。通常一个应用程序只创建一个 Configuration 实例。创建的 Configuration 实例的作用如下。

（1）读取 hibernate.cfg.xml 文件信息

读取配置文件是由 Configuration 的 configure()方法完成的。

（2）创建 SessionFactory 实例

在 Hibernate 3.0 版本中，创建 SessionFactory 实例的工作由 Configuration 的 buildSessionFactory()方法来完成。在 Hibernate4.0 中，废弃了 buildSessionFactory()方法，给出了使用 ServiceRegistry 的方法拿到 sessionFactory 的方式。

SessionFactory 实例是全局唯一的，它对应着应用程序中的数据源，通过 SessionFactory 可以获得多个 Session 实例。换句话说，SessionFactory 就是生成 Session 实例的工厂。

Hibernate4.0 使用 ServiceRegistry 的方法拿到 sessionFactory 的主要代码如下。

```
          Configuration configuration = new Configuration();
          //new SchemaExport(new AnnotationConfiguration().configure()).create(false,true);
          //sessionFactory=new AnnotationConfiguration().configure().buildSessionFacto ry();
          ServiceRegistry serviceRegistry =
          newServiceRegistryBuilder().applySettings(configuration.getProperti   es()).
buildSer viceRegistry();
          SessionFactory  sessionFactory  =  configuration.buildSessionFactory(service
Registry);
```

9.3.8 DAO 接口类 UserDAO.java

DAO 指的是数据库访问对象，使用 DAO 设计模式可以将底层的数据访问逻辑和上层的业务逻辑隔离开，这样可以更加专注于数据访问代码的编写工作。一个 DAO 的实现需要：一个 DAO 接口、一个实现 DAO 接口的具体类、一个 DAO 工厂类，以及数据传递对象或成值对象（POJO）4 个组件。

DAO 接口中定义了添加、修改、删除和查找等数据库操作。DAO 实现类负责实现 DAO 接口，也就是实现了 DAO 接口中所有的抽象方法。在 DAO 实现类中是通过数据库的连接类来操作数据库的，可以不创建 DAO 工厂类，但此时必须通过创建 DAO 实现类的实例来完成对数据库的操作。

通过 DAO 模式对各个数据库对象进行了封装，这样就对业务层屏蔽了数据库访问的底层实现。对于业务逻辑的开发人员而言，面对的就是一个简洁的逻辑实现结构，这使得业务层的开发和维护变得更加简单。以下代码的创建给出了用于数据库访问的 DAO 接口 UserDAO.java。

```
package org.hibernate.dao;
import java.util.List;
import org.hibernate.entity.User;
//创建 UserDAO 接口
public interface UserDAO {
    void save(User user);                    //添加用户
    void delete(User user);                  //删除用户
    void update(User user);                  //修改用户信息
    User findById(int id);                   //根据用户标识查找指定用户
}
```

9.3.9　DAO 接口实现类 UserDAOImpl.java

完成了持久化类的定义及配置工作后，下面的代码给出了 DAO 层实现类 UserDAOImpl.java。在该类中实现了 UserDAO 接口中定义的四个抽象方法，实现了对用户的添加、查找、删除和修改操作。

```
package org.hibernate.dao;
import org.hibernate.*;
import org.hibernate.entity.*;
public class UserDAOImpl implements UserDAO {
//添加用户
public void save(User user){
    Session session= HibernateUtil.getSession();    //生成 Session 实例
    Transaction tx = session.beginTransaction();    //创建 Transaction 实例
try{
    session.save(user);          //使用 Session 的 save 方法将持久化对象保存到数据库
    tx.commit();                                    //提交事务
    } catch(Exception e){
    e.printStackTrace();
    tx.rollback();                                  //回滚事务
}finally{
    HibernateUtil. closeSession();                  //关闭 Session 实例
        }
}
//根据用户标识查找指定用户
public User findById(int id){
    User user=null;
```

```
        Session session= HibernateUtil.getSession();    //生成 Session 实例
        Transaction tx = session.beginTransaction();    //创建 Transaction 实例
    try{
        user=(User)session.get(User.class,id);          //使用 Session 的 get 方法获取指定 id
的用户到内存中
        tx.commit();                                    //提交事务
      } catch(Exception e){
        e.printStackTrace();
        tx.rollback();                                  //回滚事务
                 }finally{
        HibernateUtil. closeSession();                  //关闭 Session 实例
                      }
    return user;
    }
    //删除用户
    public void delete(User user){
        Session session= HibernateUtil.getSession();    //生成 Session 实例
        Transaction tx = session.beginTransaction();    //创建 Transaction 实例
    try{
        session.delete(user);                      //使用 Session 的 delete 方法将持久化对象删除
        tx.commit();                                    //提交事务
      } catch(Exception e){
        e.printStackTrace();
        tx.rollback();                                  //回滚事务
    }finally{
        HibernateUtil. closeSession();                  //关闭 Session 实例
          }
    }
    //修改用户信息
    public void update(User user){
        Session session= HibernateUtil.getSession();    //生成 Session 实例
        Transaction tx = session.beginTransaction();    //创建 Transaction 实例
    try{
        session.update(user);                      //使用 Session 的 update 方法更新持久化对象
        tx.commit();                                    //提交事务
      } catch(Exception e){
        e.printStackTrace();
        tx.rollback();                                  //回滚事务
                }finally{
        HibernateUtil. closeSession();                  //关闭 Session 实例
                      }
                 }
    }
```

9.3.10 测试类 UserClientTest.java

JUnit 是一种进行单元测试的常用方法，本节将使用 Eclipse 中集成的 JUnit 4。对测试 UserDAOImpl 类的四个方法中的保存数据（save 方法）进行测试，即在前面建立的 USER 数据表中插入测试的步骤如下。

（1）建立测试用例，将 JUnit4 单元测试包引入项目中。在 MyfirstHibernate 项目单击鼠标右键，选择“Properties”菜单项，弹出如图 9.16 所示的属性窗口。在属性窗口左侧选择“Java Build Path”节点，再在右侧对应的 Java Build Path 栏目下选择“Library”选项卡，然后单击右侧的“Add Library...”按钮，在弹出的“Add Library”对话框中选择“Junit”，最后单击“Next”按钮。

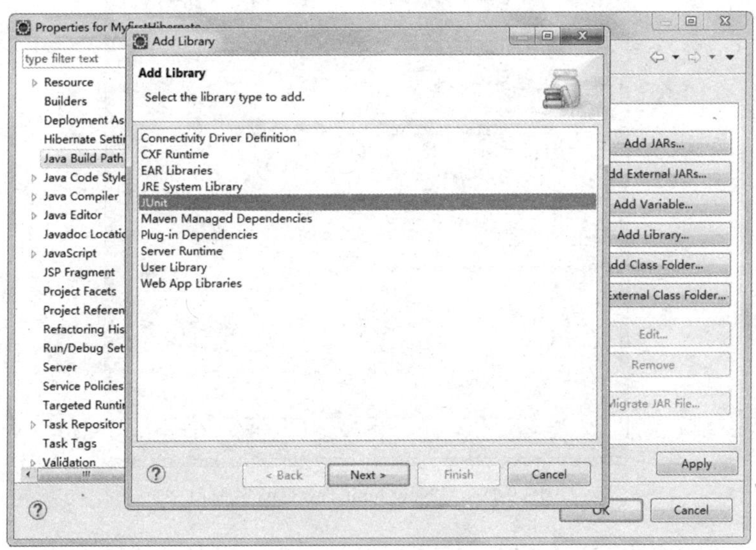

图 9.16　属性窗口

（2）进入选择 JUnit 版本的界面，如图 9.17 所示，选择“JUnit 4”。之后，单击“Finish”按钮退出，并在属性窗口中单击“OK”按钮，JUnit 4 包便被导入到项目中了。

图 9.17　“Add Library”对话框

（3）在 org.hibernate.test 包上单击鼠标右键，再在弹出的菜单中选择“New|Junit Test Case”菜单项。之后，在“New Junit Test Case”窗口的 Name 文本框中填写测试用例的名称，此处填写“UserClientTest，”并在“Class under test”文本框中填写要进行测试的类，此处填写 org.hibernate.dao.UserDAOImpl。其他采用默认设置即可，如图 9.18 所示。最后，单击“Next”按钮进行下一步配置。

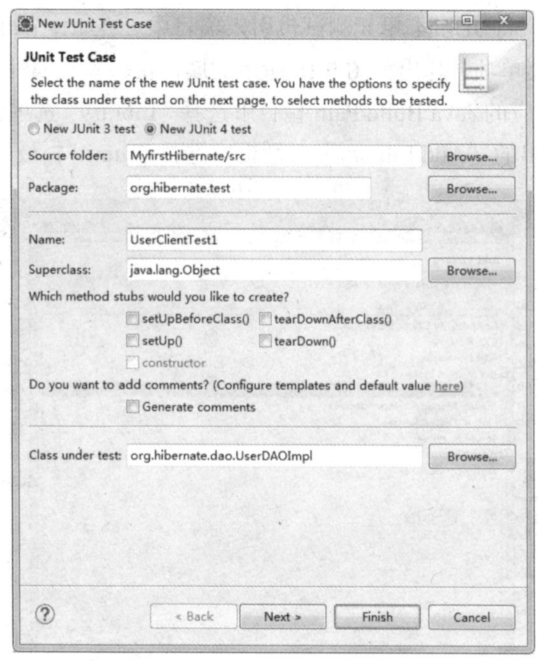

图 9.18 “New Junit Test Case”窗口

（4）在对话框中选择 UserDAOImpl 需要测试的方法，此处选择“save(User) ”方法，单击“Finish”按钮。

（5）配置完成后，系统会自动生成类 UserClientTest1 的框架，里面包含一些空的方法，以将该类补充完整。

UserClientTest.java 文件中包含了@Before、@Test 等注解。其中，@Before 注解的 setup 方法为初始化方法，该方法为空。在测试类中，可以使用注解@Test 来标明哪些方法是测试方法。本例子中的 testSave()方法为测试方法。

在 testSave()方法中使用 User 类的 setters 方法设置 user 对象的各个属性值，然后调用 UserDAO 接口的实现类 UserDAOImpl 的 save()方法，将该 user 对象持久化到数据库中。UserClientTest.java 的代码如下。

```
package org.hibernate.test;
import org.hibernate.dao.*;
import org.hibernate.entity.User;
import org.junit.Before;
import org.junit.Test;
//测试用例
public class UserClientTest {
     @Before                              //@Before 注解表明 setUp 方法为初始化方法
     public void setUp() throws Exception {
     }
//测试 save 方法
     @Test                                //使用@Test 注释表明 testSave 方法为一个测试方法
     public void testSave() {
          UserDAO userdao=new UserDAOImpl();
          try{
               User user=new User();      //创建 User 对象
```

```
            //设置 User 对象中的各个属性值
             user.setId(9.6);
             user.setName("张小涛");
             user.setPassword("111111");
             user.setType("common");
              userdao.save(user);          //使用 UserDAOImpl 的 save 方法将 User 对象存入数据库
          }catch(Exception e){
          e.printStackTrace();
          }
    }
```

在“UserClientTest.java”节点上单击鼠标右键，再在弹出的快捷菜单中选择“Run As|JUnit Test”选项来运行测试，测试结果如图 9.19 所示。进度条为绿色表明结果正确。

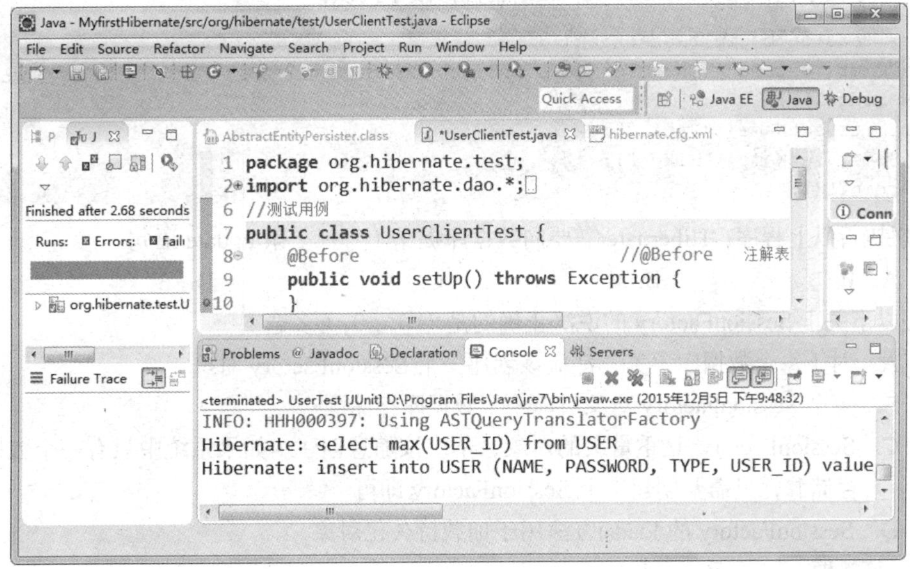

图 9.19　测试结果

以上使用 JUnit 4 框架测试类对 UserDAOImpl 的 save 方法进行了测试。测试程序执行后，再使用 MySQLWorkbench 工具查询 USER 数据表中的数据，查询结果如图 9.20 所示。因此可见插入成功。

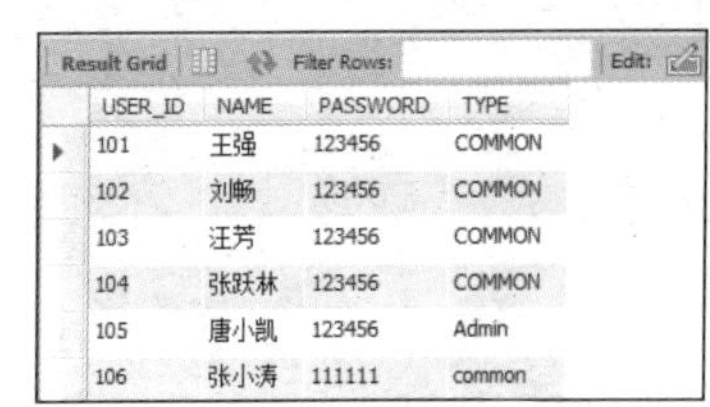

USER_ID	NAME	PASSWORD	TYPE
101	王强	123456	COMMON
102	刘畅	123456	COMMON
103	汪芳	123456	COMMON
104	张跃林	123456	COMMON
105	唐小凯	123456	Admin
106	张小涛	111111	common

图 9.20　USER 表中的数据

在 Hibernate 中所有的 SQL 语句都是在运行时由 Hibernate 自动产生的，对数据库的一系列操作也都是由 Hibernate 来完成的，因此并不能在代码或映射文件中查看到 SQL 语句。

9.4　本章小结

本章主要介绍了持久层的概念，以及使用 Hibernate 进行持久层开发的基础知识，然后还介绍了在 Eclipse 中部署 Hibernate 的开发环境以及使用 MySQL 驱动的方法和过程。最后，以一个实例 MyfirstHibernate 介绍了使用 Hibernate 进行项目开发的完整流程。

习　　题

一、选择题

1. 一般情况下，关系数据模型与对象模型之间有（　　）匹配关系。

   A. 表对应类

   B. 记录对应对象

   C. 表的字段对应类的属性

   D. 表之间的参考关系对应类之间的依赖

2. 以下程序代码对 Customer 的 name 属性修改了两次。

```
tx = session.beginTransaction();
Customer customer=(Customer)session.load(Customer.class,
new Long(1));
customer.setName(\"Jack\");
customer.setName(\"Mike\");
tx.commit();
```

若想执行以上程序，Hibernate 需要向数据库提交（　　）条 update 语句。

   A. 0　　　B. 1　　　C. 2　　　D. 3

3. 以下关于 SessionFactory 的说法正确的是（　　）。（多选）

   A. 对于每个数据库事务，都应该创建一个 SessionFactory 对象

   B. 一个 SessionFactory 对象对应一个数据库存储源

   C. SessionFactory 是重量级的对象，不应该随意创建。如果系统中只有一个数据库存储源，只需要创建一个 SessionFactory 即可

   D. SessionFactory 的 load()方法用于加载持久化对象

二、简答题

简述使用 Hibernate 完成持久化操作的 3 个准备和 7 个步骤。

第 10 章 Hibernate 核心文件和接口

本章将对 hibernate.cfg.xml 文件中的各元素、Hibernate 的多种关联关系映射和核心接口做一个详细的描述。主要内容包括：配置文件 hibernate.cfg.xml 解析，映射文件*.hbm.xml 解析，Hibernate 关联关系映射，Hibernate 核心接口，Hibernate 项目实例开发。

10.1 配置文件 hibernate.cfg.xml 解析

持久层与映射文件的连接信息被包含在 Hibernate 配置文件中。Hibernate 配置文件是一个 XML 文本，默认名字为 hibernate.cfg.xml，一般将其放在项目的 WEB-INF/classes 路径下。下面是一个典型的 hibernate.cfg.xml 配置文件代码。

```
<?xml version="1.0" encoding="UTF-8"?>
<!--配置文件的 DTD 信息-->
<!DOCTYPE hibernate-configuration PUBLIC
        "-//Hibernate/Hibernate Configuration DTD 3.0//EN"
        "http://hibernate.sourceforge.net/hibernate-configuration-3.0.dtd">
<!--配置文件的根元素-->
<hibernate-configuration>
<session-factory>
    <!--配置连接数据库的 JDBC 驱动-->
    <property name="hibernate.connection.driver_class">com.mysql.jdbc.Driver</prope rty>
    <!--配置数据库连接 URL-->
    <propertyname="hibernate.connection.url">jdbc:mysql://localhost:3306/mysqldb</pr
    operty>
    <!--配置数据库用户名-->
    <property name="hibernate.connection.username">root</property>
    <!--配置数据库密码-->
    <property name="hibernate.connection.password">123456</property>
    <!--配置数据库方言-->
    <property name="hibernate.dialect">org.hibernate.dialect.MySQLDialect</proper ty>
    <!--配置 JDBC 内置连接池-->
    <property name="connection.pool_size">1</property>
    <!--配置数据库方言-->
<property name="dialect">org.hibernate.dialect.MySQLDialect</property>
    <!--输出运行时生成的 SQL 语句-->
```

```
        <property name="show_sql">true</property>
        <!--列出所有的映射文件 -->
        <mapping resource="org/hibernate/entity/User.hbm.xml"/>
    </session-factory>
    </hibernate-configuration>
```

Hibernate 配置文件的根元素是 hibernate-configuration，该根元素包含的子元素是 session-factory。session-factory 中又可以包含很多 property 元素，这些 property 元素用来对 Hibernate 连接数据库的一些重要信息进行配置。在上面的 hibernate.cfg.xml 配置文件中可以看到使用了多个 property 元素配置了数据库的 JDBC 驱动、URL、用户名、密码，以及数据库方言等信息。

Hibernate 支持很多种数据库，可以使用数据库的方言属性指定连接的数据库，如上面的 dialect 属性配置数据库方言为 org.hibernate.dialect.MySQLDialect，可知 Hibernate 项目中使用的数据库是 MySQL 数据库。

在实际项目中，Hibernate 数据库的连接就在 hibernate.cfg.xml 文件中配置，只要掌握一些简单的属性，就可以完成数据库连接的配置。下面详细介绍在 Hibernate 中如何配置 MySQL 数据源信息。

1. JDBC 连接

程序在访问数据库之前，首先要获得一个 JDBC 连接。Hibernate 定义了几个用于配置 JDBC 连接的属性。这些属性的属性名及其语义都在 org.hibernate.cfg.Environment 类中被定义。

表 10.1 列出了 JDBC 连接配置中的一些重要属性。如果在配置文件 hibernate.cfg.xml 或 hibernate.properties 中设置了这些属性，Hibernate 就会使用 java.sql.DriveManager 来获得或缓存这些连接。

表 10.1 JDBC 连接属性

属性名	用途
hibernate.connection.driver_class	JDBC 驱动类
hibernate.connection.url	JDBC URL
hibernate.connection.username	数据库用户名
hibernate.connection.password	数据库用户密码
hibernate.connection.pool_size	数据库连接池的最大连接数

在 Java 应用中常常使用连接池来缓存连接，每个需要与数据库交互的应用程序都从连接池中请求一个连接，待所有操作执行完毕后再将此连接返回给连接池。连接池负责维护连接，并将打开和关闭连接的代价降到最低。

2. 配置 C3P0 连接池

C3P0 框架（http://sourceforge.net/projects/c3p0/）是一个优秀的开源数据库连接池，能够高效地管理数据源。Hibernate 的插件结构可以集成包括 C3P0 在内的任何连接池软件。Hibernate 内嵌对 C3P0 连接池的支持，使其在 Hibernate 中可以直接被配置和使用。

配置 C3P0 连接池有两种方法：一种方法是在 hibernate.cfg.xml 文件中配置；另一种方法是先在项目的类路径下创建一个 hibernate.properties 文件，再在该文件中进行配置。

在 hibernate.cfg.xml 文件中配置 C3P0 连接池的例子如下。

```
<!--设置 C3P0 连接池的最大连接数-->
<property name="hibernate.c3p0.max_size">20</property>
<!--设置 C3P0 连接池的最小连接数-->
<property name="hibernate.c3p0.min_size">1</property>
<!--设置 C3P0 连接池中连接的超时时间，超时则抛出异常，单位为毫秒-->
<property name="hibernate.c3p0.timeout">1000</property>
<!--设置 C3P0 缓存 Statement 的数量-->
<property name="hibernate.c3p0.max_statements">50</property>
```

使用 hibernate.properties 文件配置 C3P0 连接池的例子。

```
#实际操作数据库时的 SQL
hibernate.connection.driver_class = com.mysql.jdbc.Driver
#jdbc 的 url
hibernate.connection.url = jdbc:mysql://localhost:3306/hibernate
#数据库用户名
hibernate.connection.username = root
#数据库方言，这里是 mysql
hibernate.dialect = org.hibernate.dialect.MySQLDialect
#设置 C3P0 连接池的最小连接数
hibernate.c3p0.min_size = 1
#设置 C3P0 连接池的最大连接数
hibernate.c3p0.max_size = 20
#设置 C3P0 连接池中连接的超时时长
hibernate.c3p0.timeout = 1000
#设置 C3P0 缓存 Statement 的数量
hibernate.c3p0.max_statements = 50
#设置每间隔 150 秒检查连接池中的空闲连接
hibernate.c3p0.idle_test_period = 150
hibernate.show_sql = true
hibernate.format_sql = true
```

对于 C3P0 连接池的更多配置选项可以参考 Hibernate 的 etc 子目录中的 properties 文件。

3. 配置 JNDI 数据源

Java 命名与目录接口（Java Naming and Directory Interface）简称"JNDI"，常用于数据源和 JMS（Java Message Service）的配置。在 Hibernate 中，除了可以通过 JDBC 连接数据库以外，还可以通过 JNDI 配置数据源。JNDI 数据源的常用连接属性及用途，如表 10.2 所示。

表 10.2　　　JNDI 数据源的属性及用途

属性名	用途
hibernate.connection.datasource	数据源 JNDI 名称
hibernate.connection.username	数据库用户名（该属性可选）
hibernate.connection.password	数据库连接密码（该属性可选）
hibernate.jndi.url	JNDI 提供者的 URL（该属性可选）
hibernate.jndi.class	JNDI InitialContextFactory 的实现类（该属性可选）

4. 可选的配置属性

除了前面介绍的一些 Hibernate 配置属性以外，还有其他一些属性可以控制 Hibernate 的运行方式。表 10.3 所示列出了这些可选属性。

表 10.3　Hibernate 可选配置属性

属性名	用途
hibernate.dialect	Hibernate 方言名
hibernate.show_sql	在控制台上显示 SQL 语句
hibernate.default_schema	在生成的 SQL 语句中，将 schema 或表空间名附加到非完全限定表名上
hibernate.default_catalog	在生成的 SQL 语句中，将 catalog 附加到非限定表名上
hibernate.session_factory_name	SessionFactory 创建后，将自动使用这个名字绑定到 JNDI 中
hibernate.max_fetch_depth	为单向关联(一对一，多对一)的外连接抓取树设置最大深度。值为 0 表示关闭默认的外连接抓取。建议值为 0～3
hibernate.default_batch_fetch_size	为 Hibernate 的批量抓取设置默认值。建议值为 4、8、16
hibernate.default_entity_mode	为所有由 SessionFactory 打开的 Session 实例设置默认的实体表示模式
hibernate.order_updates	强制 Hibernate 按照更新项的主键值对 SQL 更新排序。这会减少高并发系统中的事务死锁的出现
hibernate.generate_statistics	启用后，Hibernate 将收集用于性能调优的统计信息
hibernate.use_identifier_rollback	启用后，当对象删除时，其对应的标识属性将重新被设置为默认值
hibernate.use_sql_comments	启用后，Hibernate 将在 SQL 中生成有助于调试的注释信息, 默认值为 false
hibernate.id.new_generator_mappings	该属性与@GeneratedValue 相关，被用来指定新的主键生成策略是否用于 AUTO、TABLE 和 SEQUENCE

5. Hibernate 缓存属性

Hibernate 共有两级缓存：第一级缓存是 Session 级的缓存，由 Hibernate 自动管理；第二级缓存是进程级缓存，由 SessionFactory 管理。其中，二级缓存可以在 hibernate.cfg.xml 配置文件中进行配置和更改，而且可以动态加载和卸载。表 10.4 列出了配置 Hibernate 二级缓存所需要的属性和用途。

表 10.4　Hibernate 二级缓存配置属性和用途

属性名	用途
hibernate.cache.provider_class	指定 CacheProvider 的类名
hibernate.cache.use_minimal_puts	以更频繁的读操作为代价，将写操作减到最少，从而达到优化二级缓存的目的。该属性对集群缓存更有效
hibernate.cache.use_query_cache	设置是否启用查询缓存。个别查询需要设置该属性
hibernate.cache.use_second_level_cache	可以使用该属性完全禁用二级缓存。对映射文件中指定<cache>元素的类，默认启用二级缓存
hibernate.cache.query_cache_factory	指定 QueryCache 接口的实现类类名，默认值为内建的 StandardQueryCache
hibernate.cache.region_prefix	设置二级缓存区的名称前缀
hibernate.cache.use_structured_entries	设置是否强制 Hibernate 以更人性化的方式在二级缓存中存储数据

6. Hibernate 事务属性

Hibernate 本身并没有提供事务管理的功能，它依赖于 JDBC 或 JTA（Java Transaction API）

的事务管理功能。在事务管理层，Hibernate 将事务委托给底层的 JDBC 或 JTA。Hibernate 默认使用 JDBC 的事务管理，可以在配置文件中配置 hibernate.transaction.factory_class 属性来指定 Transaction 的工厂类别。与 Hibernate 事务相关的属性和用途如表 10.5 所示。

表 10.5　　　　Hibernate 事务的配置属性和用途

属性名	用途
hibernate.transaction.factory_class	指定 Hibernate Transaction API 使用的 TransactionFactory 的类名，默认类名为 JDBCTransactionFactory
jta.UserTransaction	JTATransactionFactory 从应用服务器获取 JTA UserTransaction 时，所使用的 JNDI 名称
hibernate.transaction.manager_lookup_class	TransactionManagerLookup 类名。当打开 JVM 级缓存或在 JTA 环境下使用 hilo 主键生成策略时，需要该类名
hibernate.transaction.flush_before_completion	指定在事务完成后是否自动刷新 Session
hibernate.transaction.auto_close_sessionI	指定在事务完成后是否自动关闭 Session

使用 JDBC 的事务处理机制：

```
<property  name="hibernate.transaction.factory_class" >
     net.sf.hibernate.transaction.JDBCTransactionFactory </property>
```

使用 JTA 的事务处理机制：

```
<property  name="hibernate.transaction.factory_class" >
     net.sf.hibernate.transaction.JTATransactionFactory </property>
```

7. 其他属性

其他的常见 Hibernate 配置属性和用途如表 10.6 所示。

表 10.6　　　　其他的 Hibernate 配置属性和用途

属性名	用途
hibernate.current_session_context_class	为当前的 Session 提供一个自定义策略
hibernate.query.factory_class	选择 HQL 查询解析器
hibernate.query.substitutions	将 Hibernate 查询转换为 SQL 查询时需要进行的符号替换
hibernate.hbm2ddl.auto	指定当 SessionFactory 创建时，是否根据映射文件自动验证数据库表结构或自动创建、自动更新数据库表结构。当 SessionFactory 显式关闭后，如果该参数取值为 create-drop，则删除刚创建的数据表。该参数取值为：validate、update、create 和 create-drop
hibernate.bytecode.use_reflection_optimizer	指定是否使用字节码操作代替运行时反射。该属性为系统级属性，不能在 hibernate.cfg.xml 中设置
hibernate.bytecode.provider	指定字节码生成包使用 javassist 还是 cglib，默认使用 javassist

10.2　映射文件*.hbm.xml 解析

O/R 映射是 ORM（Object Relational Mapping）框架中最重要、最关键的部分，在开发中也是最常用的。持久化类的对象与关系数据库之间的映射关系通常用一个 XML 文档来定义，这个 XML 文档就是映射文件，其默认名为*.cfg.xml，其中，*表示持久化类的类名，通常将类的映射文件与这个类放在同一目录下。映射文件易读且可以手工修改，也可以使用一些工具来辅助 XML 映射文件的生成。下面介绍*.cfg.xml 映射文件的结构。

10.2.1 文件结构

映射文件用于向 Hibernate 提供将对象持久化到关系数据库中的相关信息。其中，每个 Hibernate 映射文件的结构基本都是相同的：根元素都为 hibernate-mapping 元素。hibernate-mapping 元素下面又可以包含多个 class 子元素，每个 class 子元素都对应一个持久化类的映射。

1. hibernate-mapping 元素

位于映射文件顶层的是<hibernate-mapping>元素，该元素定义了映射文件的基本属性，即它所定义的属性在映射文件的所有节点中都有效。

< hibernate-mapping >元素可以包含的属性及说明如下。

```
<hibernate-mapping
    schema="schemaName"                              <!--指定数据库 scheme 名，可选-->
    catalog="catalogName"                            <!--指定数据库 catalog 名，可选-->
    default-cascade="cascade_style"                  <!--指定默认级联方式，可选，默认为空-->
    default-access="field|property|ClassName"        <!--指定默认属性访问策略，可选，默认为
                                                     property-->
    default-lazy="true|false"                        <!--指定是否延迟加载,可选,默认为 true-->
    auto-import="true|false"                         <!--指定是否可以在查询语言中使用非全限定
                                                     类名，可选-->
    package="package.name"                           <!--指定包前缀，可选-->
/>
```

部分属性说明如下。

- default-access 属性：用于指定 Hibernate 默认的访问属性时所使用的策略，可以通过实现 PropertyAccessor 接口来自定义属性的访问策略。该属性可选，默认值为 property。当 default-cascade= “property” 时，使用 getter 和 setter 方法访问成员变量；当 default-cascade= “field” 时，使用反射访问成员变量。
- default-lazy 属性：指定 Hibernate 默认所采用的延迟加载策略。该属性可选，默认值为 true。
- auto-import 属性：指定是否可以在查询语言中使用非全限定类名，仅限于该映射文件中的类。该属性可选，默认值为 true。
- package 属性：为映射文件中的类指定一个包前缀，用于非全限定类名。该属性可选。

2. class 元素

<class>元素被用来声明一个持久化类，它是 XML 配置文件中的主要配置内容。通过它可以定义 Java 持久化类与数据表之间的映射关系。<class>元素可以包含的属性如下。

```
<class
    name="ClassName"                          <!--指定类名，可选-->
    table="tableName"                         <!--指定映射的表名，可选-->
    discriminator-value="discriminator_value" <!--指定区分不同子类的值，可选，默认为类名-->
    mutable="true|false"                      <!--指出该持久化类的实例是否可变-->
    schema="owner"                            <!--指出数据库的 schema 名字，可选-->
    catalog="catalog"                         <!--数据库 catalog 名称，可选-->
    proxy="ProxyInterface"                    <!--延迟加载指定一个接口-->
    dynamic-update="true|false"           <!--指定用于 UPDATE 的 SQL 语句是否在运行时动态生成-->
```

```
        dynamic-insert="true|false"     <!--指定用于 INSERT 的 SQL 语句是否在运行时动态生成-->
        select-before-update="true|false"   <!--该属性指定除非确定对象已经发生了改变，否则不要执行 SQL 的 UPDATE 操作-->
        polymorphism="implicit|explicit"    <!--指定是隐式还是显式的使用 Hibernate 多态查询，可选，默认值为 implicit-->
        where="arbitrary sql where condition"   <!--为 SQL 查询指定一个附加的 WHERE 条件，可选-->
        persister="PersisterClass"          <!--指定一个 ClassPersister，可选 -->
        batch-size="1"                      <!--设置按标识属性抓取类实例时的批量抓取数量，可选，默认为 1-->
        optimistic-lock="none|version|dirty|all"    <!--指定 Hibernate 的乐观锁定策略-->
        lazy="true|false"                   <!--指定是否使用延迟加载，可选，默认值为 false-->
        entity-name="EntityName"    <!-- Hibernate3 允许一个类映射为多个不同的数据表-->
        check="arbitrary sql check condition"   <!--指定一个 SQL 语句，该语句用于为自动生成的 schema 生成多行约束检查-->
        rowid="rowid"                       <!--指定是否可以使用 ROWID，可选-->
        subselect="SQL expression"          <!--将一个不可变的只读实体映射到一个数据库的子查询中，可选-->
        abstract="true|false"           <!--用于在联合子类中标识抽象超类，可选-->
    />
```

部分属性说明如下。

- proxy 属性：延迟加载指定一个接口，该接口作为延迟加载的代理使用。
- dynamic-update 属性：指定用于 UPDATE 的 SQL 语句是否在运行时动态生成。如果 dynamic-update=true，则用于 UPDATE 的 SQL 语句应该在运行时动态生成，并且只更新那些值发生过变化的字段。该属性可选，默认值为 false。
- dynamic-insert 属性：指定用于 INSERT 的 SQL 语句是否在运行时动态生成。如果 dynamic-insert=true，则用于 INSERT 的 SQL 语句应该在运行时动态生成，并且只包含那些值非空的字段。该属性可选，默认值为 false。
- select-before-update 属性：该属性指定除非确定对象已经发生了改变，否则不要执行 SQL 的 UPDATE 操作。当 select-before-update=true 时，Hibernate 会在 UPDATE 之前执行一次额外的 SQL SELECT 操作来确定对象是否发生了更改，以决定是否需要执行 UPDATE 操作。该属性可选，默认值为 false。
- optimistic-lock 属性：指定 Hibernate 的乐观锁定策略。该属性可选，默认值为 version（版本检查）。
- entity-name 属性：Hibernate3 允许一个类映射为多个不同的数据表，也允许使用 Map 或 XML 表示 Java 层级的实体映射。此时，应该为实体提供一个明确的名称。该属性可选，默认为类名。
- check 属性：指定一个 SQL 语句，该语句用于为自动生成的 schema 生成多行约束检查。该属性可选。

10.2.2 标识属性

标识属性在映射文件中用<id>元素来描述。它映射到持久化类对应的数据表中的主键列。通过配置标识属性，Hibernate 就可以知道数据表产生主键的首选策略。

<id>元素包含的属性如下。

```
    <id>
        name="propertyName"             <!--持久化类中标识属性的名称，可选-->
        type="typename"                 <!--持久化类中标识属性的的数据类型，可选-->
```

```
        column="column_name"                    <!--数据表中主键列的名称，可选-->
        unsaved-value="null|any|none|undefined|id_value"    <!--判断某个实例是否已持久化过，可选-->
        access="field|property|ClassName"       <!--Hibernate 对标识属性的访问策略，默认为property-->
        <generator class="generatorClass"/>     <!--可选的<generator>子元素 -->
    </id>
```

部分属性说明如下。

- type 属性：该类型可用 Hibernate 内建类型表示，也可以用 Java 类型表示。当使用 Java 类型表示时，需使用全限定类名。该属性可选。
- unsaved-value 属性：判断某个实例是已被持久化过的持久对象，还是尚未被持久化的内存临时对象。该属性可选。
- access 属性：若此处指定了 access 属性，则会覆盖<hibernate-mapping>元素中指定的 default-access 属性。该属性可选。

除上述 5 个属性以外，<id>元素还可以包含一个可选的<generator>子元素。generator 元素指定了主键的生成方式。Hibernate 需要知道生成主键的首选策略。

主键不能为 null 或不确定的值。如果表的主键值改变了，所有参照它的表的外键都要做出相应改变。另外，自然主键常常是组合了几个属性的复合主键。复合主键虽然在表示多对多关系时非常方便，但它在维护、进行某些查询和应对数据库模式变化方面都较难处理。

由于上述的原因，Hibernate 在选择数据库主键时，推荐不要选择自然主键，而选择代理主键。代理主键没有实际意义，它是由数据库或应用程序产生的一些唯一值。代理主键的值对用户是透明的，即用户不能访问，只能供系统使用。如果一个表没有合适的列作为主键，此时则必须人为地添加一个代理主键。Hibernate 提供了主键生成器来产生代理主键的值。

Hibernate 中可以通过<generator>元素来指定主键的生成方式，为持久化类的实例生成一个唯一标识。如果这个生成器实例需要某些初始化参数或配置值，则使用<param>元素进行传递。

所有的生成器都实现了 org.hibernate.id.IdentifierGenerator 接口。Hibernate 内置的几个主键生成器策略如表 10.7 所示。

表 10.7　Hibernate 内置的主键生成器策略

主键生成器名称	描述
increment	为 long、short 或 int 型主键生成唯一标识。仅当没有其他进程向同一张表中插入数据时才可以使用。不能在集群环境下使用
identity	采用底层数据库本身提供的主键生成机制。在 DB2、MySQL、MS SQL Server、Sybase 和 HypersonicSQL 数据库中可以使用该生成器，这些数据库中都支持自增长（identity）的属性列。该生成器要求在数据库中把主键定义为自增长类型。返回的标识符类型为 long、int 或 short
sequence	在 DB2、PostgreSQL、interbase、Oracle 和 SAP DB 等支持序列（sequence）的数据库中可以使用该生成器创建唯一标识。返回的标识符类型为 long、short 或 int
hilo	使用高/低位算法高效地生成 long、short 或 int 类型的标识符。它需要给定一个表和字段（默认的表和字段分别为 hibernate_unique_key 和 next_hi）作为高位值的来源。高/低位算法产生的标识符仅在特定数据库中是唯一的
seqhilo	使用高/低位算法高效地生成 long、short 或 int 类型的标识符。它需要给定一个已命名的数据库 sequence，并使用该 sequence 来产生高位值

续表

主键生成器名称	描述
uuid	使用一个 128 位的 UUID 算法产生字符串类型的标识符,该标识符在网络中是唯一的。UUID 被编码为一个长度为 32 位的十六进制字符串
guid	使用由数据库生成的 GUID 字符串。在 MS SQL Server 和 MySQL 中可使用此生成器
native	依据底层数据库的能力在 identity、sequence 或 hilo 三种生成器中选择一种。适合跨数据库平台的开发
assigned	让应用程序在 save()方法调用前为对象分配一个标识符。如果不指定 id 元素的 generator 属性，则默认使用该主键生成器策略
select	使用数据库触发器生成主键，主要用于早期数据库的主键生成机制中
foreign	使用另一个关联对象的标识属性。常用在 1-1 主键关联映射中

对主键生成器策略的说明如下。

- 在支持 identity 列的数据库，如 DB2、MySQL、MS SQL Server、Sybase 和 HypersonicSQL 中可以使用 identity 策略来生成主键。例如：

```
<id name="id" type="long" column="user_id" unsaved-value="0">
    <generator class="identity"/>                <!--指定 identity 主键生成器-->
</id>
```

- 在支持 sequence 的数据库，如 DB2、PostgreSQL、Interbase、Oracle 和 SAP DB 中可以使用 sequence 主键生成器。例如：

```
<id name="id" type="long" column="user_id">
<generator class="sequence">                          <!--指定 sequence 主键生成器-->
    <param name="sequence">user_id_sequence</param>       <!--指定序列名-->
</generator>
</id>
```

上面代码调用了数据库的 sequence 策略，此时要在<param>元素中指定序列名，否则 Hibernate 无法找到该序列。这两个生成器策略都需要两条 SQL 查询语句才能将一个新对象插入到数据库表中。

- 在多平台（交叉平台）的开发过程中，可以使用 native 策略，该策略可以依据底层数据库的能力在 identity、sequence 或 hilo 三种生成器中进行选择。
- assigned 生成器

如果想自己在应用程序中分配标识符，而不想由 Hibernate 来生成，此时可以使用 assigned 生成器。该生成器使用了持久化对象的标识属性值作为标识符的值。当主键为自然主键时常常使用该生成器。如果缺省<generator>元素，则默认使用该生成器策略。

除了内建的主键生成策略，只要实现 Hibernate 的 IdentifierGenerator 接口，就可以创建自己的主键生成器。

10.2.3　使用 property 元素映射普通属性

通常情况下，Hibernate 属性映射定义一个 POJO 属性名、一个数据库列名和一个 Hibernate 类型名，而类型名常常被省略。Hibernate 通过<property>元素将持久化类中的普通属性映射到数据库表的对应字段上，代码如下。

```
<!-- 属性/字段映射配置-->
<property
    name="pname"
    column="Name"
    type="java.lang.String"/>
```

上面的代码中，pname 指定映射类中的属性名；column 指定数据表中的字段名；type 指定映射字段的数据类型。详细的属性描述如下。

```
<property
    name="propertyName"                    <!--持久化类的属性名-->
    column="column_name"                   <!--该持久化类属性映射到的数据库表的列名-->
    type="typename"                        <!--指出持久化类属性映射到的数据列的数据类型-->
    update="true|false"                    <!--指定 SQL 的 UPDATE 语句中是否包含映射列-->
    insert="true|false"                    <!--指定 SQL 的 INSERT 语句中是否包含映射列-->
    formula="arbitrary SQL expression"     <!--定义一个 SQL 语句来计算派生属性的值-->
    access="field|property|ClassName"      <!-- Hibernate 访问该持久化类属性值所使用的策略-->
    lazy="true|false"                      <!—指定当持久化类的实例首次被访问时，是否对该属
                                           性使用延迟加载-->
    unique="true|false"                    <!--是否对映射列产生一个唯一性约束-->
    not-null="true|false"                  <!--是否允许映射列为空-->
    optimistic-lock="true|false"           <!--指定持久化类属性在更新操作时是否需要获得乐观锁
                                           定-->
    generated="never|insert|always"        <!—指定持久化类属性值是否实际上由数据库自动生成-->
        node=element-name|@attribute-name|element/@attribute|.
    index="index_name"                     <!--指定一个字符串的索引名称-->
/>
```

下面解释<property>元素中各个属性的功能。

（1）name：持久化类的属性名。

（2）column：该持久化类属性映射到的数据库表的列名。该属性可选，默认值为属性名。

（3）type：指出持久化类属性映射到的数据列的数据类型。该属性可选。

（4）update：指定 SQL 的 UPDATE 语句中是否包含映射列。该属性可选，默认值为 true。

（5）insert：指定 SQL 的 INSERT 语句中是否包含映射列。该属性可选，默认值为 true。

（6）formula：定义一个 SQL 语句来计算派生属性的值。派生属性在数据库中没有对应的列，即派生属性不会映射到数据库中的任何列上。

（7）access：Hibernate 访问该持久化类属性值所使用的策略。该属性可选，默认值为 property。若此处指定了 access 属性，则会覆盖<hibernate-mapping>元素中指定的 default-access 属性。

（8）lazy：指定当持久化类的实例首次被访问时，是否对该属性使用延迟加载。该属性可选，默认值为 false。

（9）unique：是否对映射列产生一个唯一性约束。该属性可选，常在产生 DDL 语句或创建数据库对象时使用。

（10）not-null：是否允许映射列为空。该属性可选。

（11）optimistic-lock：指定持久化类属性在更新操作时是否需要获得乐观锁定。该属性可选，默认值为 true。

（12）generated：指定持久化类属性值是否实际上由数据库自动生成。该属性可选，默认值为

never。generated= “never” 时，表示该属性值不是从数据库中生成时；generated= “insert” 时，表示该属性值在插入时被生成，但不会在随后的 update 时被重新生成；generated= “always” 时，表明该属性值在 insert 和 update 时都会被生成。

（13）index：指定一个字符串的索引名称。当系统需要 hibernate 自动创建表时，用于为该属性所映射的数据列创建唯一索引。

在使用 property 属性时，还有以下两点需要注意。

- 如果没有在<property>元素中指定字段类型，Hibernate 会使用反射机制自动获得正确的 Hibernate 类型，并可以使用 access 控制 Hibernate 在运行时访问持久化类属性的方式。默认情况下（access="property"），Hibernate 会调用持久化类中定义的 setter 和 getter 方法来访问该类中的属性。如指定 access="field"，则 Hibernate 会直接通过反射来访问持久化类中的属性。此外，还可以自定义属性的访问策略，只要定义一个实现 org.hibernate.property.PropertyAccessor 接口的类即可。
- 持久化类的某些属性值要在运行过程中计算得出，这样的属性被称为派生属性。用户可以利用<property>元素的 formula 属性来设置一个 SQL 表达式，然后 Hibernate 根据该 SQL 表达式来计算派生属性的值。下面的代码显示了 formula 属性的使用方法。

```
<!--formula 属性用法-->
<property name="totalPrice"
    formula="( SELECT AVG(2012-DATA) AS AVG_AGE FROM STUDENT"/> <!--指定 SQL 语句 -->
```

上面的代码表示，在 formula 属性中设置了一个 SQL 语句，该语句的作用是用来从 STUDENT 表中查询出所有学生的平均年龄。其中，DATA 是每个学生的入学日期。

当持久化类中某个属性的 lazy 属性值为 true 时，该持久化类中的属性不会被立即加载，而只有在读取该属性值的时候，其值才会从数据库中读取出来。延迟加载在处理大字段时非常有用。例如，在商品信息表中有一个叫“商品描述”的大字段，通常情况下都不需要显示或处理该字段，为避免每次读取大字段导致效率降低，可以将其 lazy 属性值设置为 true。

10.2.4　映射集合属性

本节介绍 Hibernate 中对 Java 集合类的映射方式。

1. Java 集合类简介

Java 的集合类用于存储一组对象，其中的每个对象被称为一个元素。Java 集合类的定义都位于 java.util 包中。经常使用的 Java 集合类有：ArrayList、Hashset、HashMap，以及 HashTable 等。这些类都是 java.util.Collection 和 java.util.Map 接口的实现类。

位于 Java 集合框架最顶层的接口是 java.util.Collection 和 java.util.Map。接口 java.util.List、java.util.Set、java.util.StoreSet 都继承自 Collection 接口，而程序中经常使用的集合类 java.util.LinkedList、java.util.ArrayList、java.util.HashSet、java.util.TreeSet 等则是这三个子接口的实现类。java.util.Map 接口只有一个子接口 java.util.SortedMap。常用的实现类有 java.util.HashMap、java.util.TreeMap 等。图 10.1 描述了 Java 的集合类框架。

值得说明的是，Java 集合中并不存放对象本身，而是存放对象的引用。为表达上的方便，也常把集合中对象的引用称为集合中的对象。Java 集合分成以下 3 种类型。

- Set：集合中的元素不按某一指定的方式排序，并且没有重复对象。Set 的一些实现类能对集合中的元素按指定方式排序。

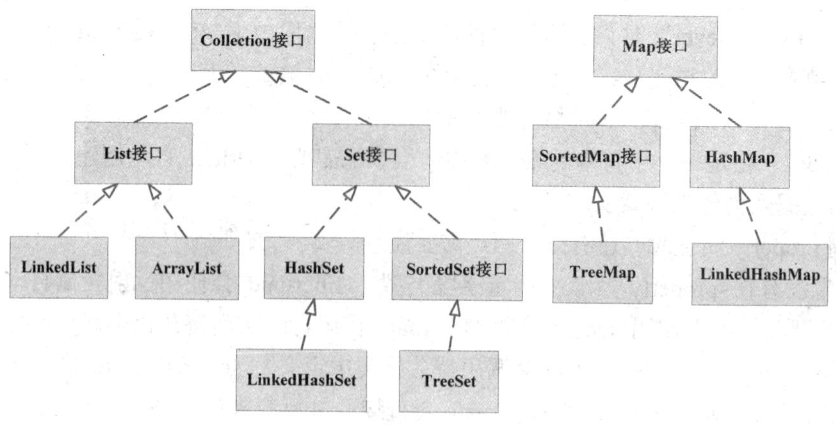

图 10.1　Java 集合类框架

- List：集合中的元素按索引位置排序，可以有重复对象。支持按照元素在集合中的索引位置查询元素。
- Map：集合中的每一个元素包含一对键对象和值对象。集合中没有重复的键对象，而值对象可以重复。

关于这 3 种集合的详细说明可以查阅 Java 的 API 文档。

2. 持久化集合类

Hibernate 中要求持久化集合属性时必须将其声明为接口，比如，下面的代码定义了一个持久化类 Student，该类中包含一个集合属性 score，在类定义中将 score 声明为 Set 接口。

```
public class Student{
    private String Id;
    private Set score = new HashSet();          //声明集合字段 score
    //属性的 getter 和 setter 方法
    public Set getScore() { return score; }
    void setScore (Set score) { this. score= score; }
    public String getId() { return Id; }
    void setId(String strId) { Id=strId; }
}
```

在声明集合属性时使用的接口可以是 java.util.Set、java.util.Collection、java.util.List、java.util.Map、java.util.SortedSet、java.util.SortedMap，或者自定义的接口。自定义的接口要求实现 org.hibernate.usertype.UserCollectionType 接口。

集合类实例具有一般值类型的通常行为特征。当它们被持久化对象引用后，会被自动持久化；当撤销持久化对象的引用时，这些集合属性会被自动删除。如果集合类实例从一个持久化对象传递到了另一个持久化对象，则其元素可能会从一个表转换到另一个表中。两个实体（持久化对象）不能共享同一个集合类实例的引用。

3. 集合映射

映射集合类的 Hibernate 映射元素根据集合的类型不同而不同，如：映射 Set 类型的属性时使用<set>元素，代码如下。

```
<class name="Student">
    <id name="Id" column="studentId"/>
    <set name="score">
        <key column="studentId" not-null="true"/>
```

```
        <one-to-many class="Score"/>
    </set>
</class>
```

根据 Java 集合类的特点，Hibernate 中可以分为如下 5 种集合类映射。

- <set>：无序，通常用于一对多或多对多关联关系映射。
- <list>：有序，必须要有一个索引字段。
- <map>：无序，必须要有一个映射关键字字段。
- <bag>：有序，必须要有一个索引字段。
- <array>：有序，必须要有一个索引字段。

不同的集合类接口对应不同的 Hibernate 集合类映射元素，如表 10.8 所示。

表 10.8　集合类接口及其对应的 Hibernate 集合类映射元素

集合类接口	常用实现类	映射元素
Java.util.Set	Java.util.HashSet	<set>
Java.util.Collection	Java.util.HashSet Java.util.ArrayList	<set> <list>
Java.util.Map	Java.util.HashMap Java.util.Hashtable	<map>
Java.util.StoreSet	Java.util.TreeSet	<set>
Java.util.StoreMap	Java.util.TreeMap	<map>

下面以<map>为例介绍集合类映射时可以配置的属性。

```
<map
    name="propertyName"
    table="table_name"
    schema="schema_name"
    lazy="true|extra|false"
    inverse="true|false"
    cascade="all|none|save-update|delete|all-delete-orphan|delete-orphan"
    sort="unsorted|natural|comparatorClass"
    order-by="column_name asc|desc"
    where="arbitrary sql where condition"
    fetch="join|select|subselect"
    batch-size="N"
    access="field|property|ClassName"
    optimistic-lock="true|false"
    mutable="true|false"
    node="element-name|."
    embed-xml="true|false"
>
    <key .... />
    <map-key .... />
    <element .... />
</map>
```

下面解释各个属性的功能。

（1）name：指定集合属性的名称。

（2）table：由于 Hibernate 会将集合属性单独保存到一个数据表中，因此该属性指定了用来保存集合属性的数据表的表名。该属性可选，表名默认与集合属性名相同。

（3）schema：保存集合属性数据表的 schema 名称。该属性可选，如果定义了该属性，则会覆盖根元素中定义的 schema 属性。

（4）lazy：指定是否启用延迟加载。该属性可选，默认值为 true。

（5）inverse：表示该集合作为双向关联关系中的方向一端。该属性可选，默认值为 false。

（6）cascade：指定是否让操作级联到子实体。该属性可选，默认值为 none。

（7）sort：指定集合排序的顺序，可以为自然顺序（natural），也可以使用给定的排序类（该类实现了 java.util.Comparator 接口）来排序。该属性可选。

（8）order-by：该属性用来配置使用数据库对集合元素进行排序。该属性可选，且仅适用于 JDK1.4 及以上版本。该属性可以指定按照表的一个或几个字段排序。其中，若按某字段升序，则在字段名后面跟上 asc；若按某字段降序，则在字段名后面跟上 desc。

（9）where：指定 SQL 语句的 where 条件。在加载或删除给定集合元素时，使用该条件过滤不满足条件的集合元素。该属性可选。

（10）fetch：设置数据抓取策略。该属性可选，默认值为 select。

（11）batch-size：指定每次通过延迟加载所取得的集合元素的数量。该属性可选，默认值为 1。

（12）access：指定 Hibernate 对集合属性的访问策略。该属性可选，默认值为 property。

（13）optimistic-lock：指定改变集合状态时是否需要获得乐观锁定。该属性可选，默认值为 true。

（14）mutable：指定集合中的元素是否可变。该属性可选，默认值为 true。

在实际使用中，并不是每次使用集合类时其所有属性都需要配置，一般来说，大部分属性都直接使用默认值即可。<set>、<list>、<bag>和<array>的属性定义与<map>类似。

4. 集合外键

包含集合属性的实体在数据库中对应着一张数据表，该表中必然包含一个外键列。正是通过这个外键列，才能区分出不同的集合实例具体属于哪一个实体对象。此外键列通过<key>元素映射。

<key>元素可以指定如下属性。

- column：指定外键列的列名。
- on-delete：指定外键约束是否将打开数据库级别的级联删除。
- property-ref：表明外键引用的字段不是原表的主键。
- not-null：指定外键列是否具有非空约束。
- update：指定外键列是否可以被更新。
- unique：指定外键列是否具有唯一性约束。

对单向一对多关联而言，外键列默认情况下可以为空。此时，在定义<key>元素时就需要指明 not-null= “true”。

```
<key column=" studentId " not-null="true"/>
```

如果希望对外键列使用数据库级的级联删除约束，则在定义<key>元素时需要指定 on-delete 属性。

```
<key column=" studentId " on-delete="cascade"/>
```

5. 集合元素的数据类型

在 Hibernate 中集合元素的数据类型几乎可以是任何数据类型，包括：所有基本类型、自定义类型、复合类型及对其他实体的引用。

当集合元素为基本类型、自定义类型、复合类型时，集合中的对象可以根据“值”的语义进行操作，这些对象的生命周期完全取决于集合所有者。此时使用<element>或<composite-element>元素，分别用于映射基本类型和复合类型。

当集合元素为引用时，则这些集合元素都具有自己的生命周期，它们与集合所有者的关系只能通过对象之间的“连接”来表达。此时，使用<one-to-many>或<many-to-many>来映射实体间的关联关系。

6. 索引集合类

除了 set 和 bag 以外，所有的集合映射都需要指定一个索引字段。该索引字段用于对应到数组的索引、List 的索引或 Map 的关键字上。在 Hibernate 中配置集合类索引的方式有如下 4 种。

- <map-key>元素：使用该元素可以映射任何基础类型的索引及 Map 集合索引。
- <map-key-many-to-many>元素：该元素用于映射 Map 集合和实体引用的索引字段。
- <list-index>元素：该元素用于映射 List 集合和数组的索引字段。
- <composite-map-key>元素：该元素用于映射 Map 集合和复合类型的索引字段。

7. 集合类映射

集合类映射的定义如下。

```
<集合类映射元素>                    <!--set、map、list 等标记-->
    <集合外键>                      <!--对应于集合实体的主键的外键-->
    <集合索引字段/>                 <!--除 set 和 bag 以外的集合映射需要映射索引值或字段-->
    <集合元素/>                     <!--映射保存集合元素的数据列-->
</集合类映射元素>
```

下面定义一个 CollectionMapping 类，该类位于 com.hibernate 包中，并在该类中定义了数组、Set、List 和 Map 四种集合属性。代码如下。

```
package com.hibernate;
import java.util.List;
import java.util.Map;
import java.util.Set;
public class CollectionMapping {
  private int id;
  private String name;
  private Set sets;                                       //Set 集合属性
  private List lists;                                     //List 集合属性
  private String[] arrays;                                //数组属性
  private Map maps;                                       //Map 集合属性
//id 属性的 getter 和 setter 方法
Public int getId() {
        Return id;
}
Public void setId(int id) {
        this.id = id;
}
//name 属性的 getter 和 setter 方法
Public String getName() {
        Return name;
}
Public void setName(String name) {
```

```
        this.name =name;
    }
    //arrays 属性的 getter 和 setter 方法
    Public String[] getArrays(){
        Return arrays;
    }
    Public void setArrays(String[] arrays){
        this.arrays=arrays;
    }
    //lists 属性的 getter 和 setter 方法
    Public List getLists(){
        Return lists;
    }
    Public void setLists(List lists){
        this.lists=lists;
    }
    //maps 属性的 getter 和 setter 方法
    Public Map getMaps(){
        Return maps;
    }
    Public void setMaps(Map maps){
        this.maps=maps;
    }
    //sets 属性的 getter 和 setter 方法
    Public Set getSets() {
        Return sets;
    }
    Public void setSets(Set sets){
        this.sets=sets;
    }
    }
```

下面是持久化类 CollectionMapping 的映射文件。该映射文件将 com.hibernate 包中的 CollectionMapping 类映射到数据表 collection 上，并将 CollectionMapping 类中的各个属性分别映射到数据库中对应的表或列上，代码如下。

```
<?xml version="1.0" encoding="UTF-8"?>
<!DOCTYPE hibernate-mapping PUBLIC
  "-//Hibernate/Hibernate Mapping DTD 3.0//EN"
  "http://hibernate.sourceforge.net/hibernate-mapping-3.0.dtd">
<hibernate-mapping>
  <class name="com.hibernate.CollectionMapping" table="collection">
      <id name="id">
     <generator class="native"/>                    <!--指定主键生成策略-->
</id>
<property name="name"/>                             <!--映射 name 属性-->
<!--映射 Set 集合属性-->
<set name="sets" table="t_sets">
      <key column="set_id"/>                        <!--映射集合属性数据表的外键列-->
      <element type="string" column="set_value"/><!--映射保存集合元素的数据列-->
</set>
<!--映射 List 集合属性-->
<list name="lists" table="t_lists">
```

```
            <key column="list_id"/>                  <!--映射集合属性数据表的外键列-->
            <list-index column="list_index"/>        <!--映射集合属性数据表的集合索引列-->
        <element type="string" column="list_value"/><!--映射保存集合元素的数据列-->
    </list>
    <!--映射数组属性-->
    <array name="arrays" table="t_arrays">
    <key column="array_id"/>                         <!--映射集合属性数据表的外键列-->
          <list-index column="array_index"/>         <!--映射集合属性数据表的集合索引列-->
          <element type="string"column="array_value"/> <!--映射保存集合元素的数据列-->
    </array>
    <!--映射 Map 集合属性-->
    <map name="mapValues"table="t_maps">
    <key column="map_id"/>                           <!--映射集合属性数据表的外键列-->
    <map-key type="string" column="map_key"/>        <!--映射集合属性数据表的 Map key 列-->
    <element type="string" column="map_value"/>      <!--映射保存集合元素的数据列-->
    </map>
   </class>
</hibernate-mapping>
```

10.3 Hibernate 关联关系映射

关联关系反映了不同类的对象之间存在的结构关系。对象之间往往需要相互引用以实现交互，这种对象之间的相互访问就是关联关系。

在 Hibernate 中对象间的关联关系表现为数据库中表与表之间的关系。数据库中的两个表之间可以通过外键进行关联。Hibernate 中的关联操作可以减少多表连接时的代码量，并保持表之间数据的同步。

Hibernate 关联关系可分为单向关联和双向关联两大类。其中，单向关联可以分为一对一、一对多、多对一和多对多四种关联方式，而多向关联可以分为一对一、一对多和多对多三种关联方式。下面将依次介绍这几种关联关系的映射方法。

10.3.1 单向的一对一关联

有两个持久化类（假设为用户 user 和地址 address），它们之间存在着一对一的关系，即为一对一关联。如果一方总是随着另一方改变，则被称为单向关联。一对一关联又可以分为两类，分别是通过主键关联和通过外键关联。

1. 通过主键关联

通过主键关联的两张表的主键值是相同的。一张表（从表）的主键同时也是外键，该外键必须参照另一张表（主表）的主键。

一对一的关联可以使用主键关联，但基于主键关联的持久化类（其对应的数据表被称为从表）却不能拥有自己的主键生成策略，从表的主键必须由关联类（其对应的数据表被称为主表）来生成。此外，要在被关联的持久化类的映射文件中添加 one-to-one 元素来指定关联属性，并为 one-to-one 元素指定 constrained 属性值为“true”，以此表明从表的主键由关联类生成。

下面通过 user 表与 address 两张表来介绍一对一映射关系的实现。

首先，在数据库中创建两张表——user 表和 address 表，它们的结构分别如表 10.9 所示。

表 10.9　（a）user 表

Field	Type	Null	Key	Default	Extra
userid	int(11)	NO	PRI	NULL	auto_increment
name	varchar(20)	YES		NULL	
password	varchar(12)	YES		NULL	

（b）address 表

Field	Type	Null	Key	Default	Extra
addressid	int(11)	NO	PRI	NULL	auto_increment
addressinfo	varchar(255)	YES		NULL	

它们之间的关联关系如图 10.2 所示。

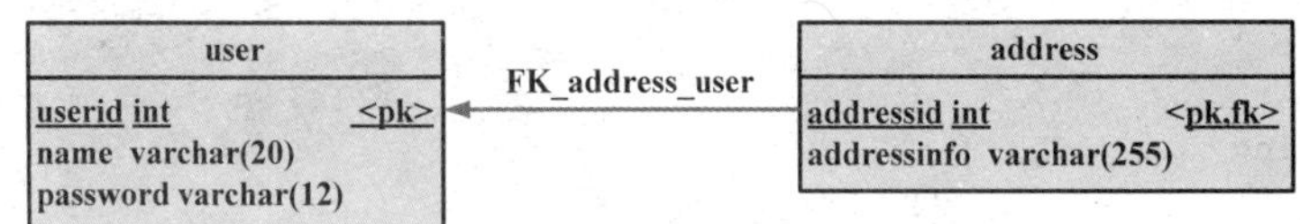

图 10.2　user 表和 address 表的一对一主键关联关系

接下来创建两张表对应的持久化类。

user 表的持久化类为 User，每个 User 类的对象都对应着一个 Address 类的对象，因此在 User 类中应该定义一个 Address 类型的属性，以便可以从 User 一端访问到 Address。User 类的代码如下。

```
public class User {
    private int userid;                    //User 类的标识属性
    private String name;                   //name 属性
    private String password;               //password 属性
    private Address address;               //User 类的关联实体属性
    //以下为构造方法和 getter、setter 方法，从略
}
```

由于现在是单向一对一关联，也就是说，Address 一端无须访问 User，因此在 Address 类中就不需要添加 User 类型的属性。表 address 的持久化类 Address 的代码从略。

User 的主键由关联类 Address 来生成。User 类的映射文件中需要添加 one-to-one 属性，代码如下。

```
<?xml version="1.0"?>
<!DOCTYPE hibernate-mapping PUBLIC "-//Hibernate/Hibernate Mapping DTD 3.0//EN"
"http://hibernate.sourceforge.net/hibernate-mapping-3.0.dtd">
<hibernate-mapping>
    <class name="User" table="USER">
//部分代码从略
<!--基于主键关联时，将主键生成策略设置为 foreign，表明必须由关联类来生成主键-->
     <generator class="foreign">
        <param name="property">address</param>          <!--关联持久化类的属性名-->
```

```
        </generator>
//部分代码从略
        <!--基于主键的 1 对 1 关联映射-->
            <one-to-one name="address" class="Address" constrained="true">
            </one-to-one>
        </class>
</hibernate-mapping>
```

Address 类的映射文件并无特别，在此从略。

2. 通过外键关联

通过外键关联时两张数据表的主键是不同的，所以需要在一张表中添加另外的外键列来保持一对一的关系。这时，映射文件中需要使用 many-to-one 元素，并且在 many-to-one 元素中增加 unique="true"属性。由此表明，外键关联的一对一关系实际上只是多对一关系的特例。

通过外键关联仍然使用 User 类和 Address 类来进行说明。其中，User 类和 Address 类的定义与使用主键关联的一对一关系中的定义完全相同。

User 类映射到数据库中的 user 表，Address 类映射到数据库中 address 表。user 表和 address 表在数据库中的表结构分别如表 10.10 所示。

表 10.10　（a）user 表

Field	Type	Null	Key	Default	Extra
userid	int(11)	NO	PRI	NULL	auto_increment
name	varchar(20)	YES		NULL	
password	int(12)	YES			
address_id	int(11)	YES	MUL	NULL	

（b）address 表

Field	Type	Null	Key	Default	Extra
addressid	int(11)	NO	PRI	NULL	auto_increment
addressinfo	varchar(255)	YES		NULL	

它们之间的关联关系如图 10.3 所示。

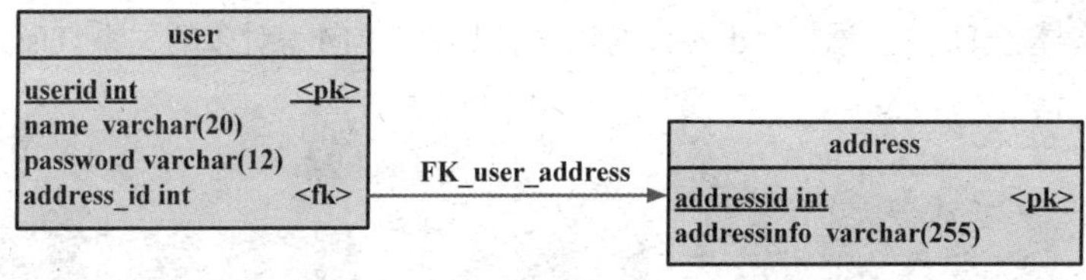

图 10.3　user 表和 address 表的一对一外键关联关系

为实现一对一的映射关系，User 类的配置文件代码如下。

```
<?xml version="1.0"?>
<!DOCTYPE hibernate-mapping PUBLIC "-//Hibernate/Hibernate Mapping DTD 3.0//EN"
"http://hibernate.sourceforge.net/hibernate-mapping-3.0.dtd">
<hibernate-mapping>
        <class name="User" table="USER">        <!--指定持久化类 User 映射的表名-->
```

```
            <!--映射标识属性 userid，使用 identity 主键生成器策略 -->
            <id name="userid" type="int" access="field">
             <column name="USERID" />
             <generator class="identity"/>
          </id>
          //部分代码从略
    <!--映射关联实体 Address，将其 address 属性映射为 address 表中的外键 address_id，unique 指定为
一对一映射-->
          <many-to-one name="address" class="Address" unique="true">
                <column name="ADDRESS_ID"/>
          </many-to-one>
       </class>
    </hibernate-mapping>
```

由于是单向关联，Address 类的配置文件并无特别，在此从略。

10.3.2 单向的一对多关联

单向的一对多关联映射关系主要是通过外键来关联的。一对多的关联映射是在表示“多”的一方的数据表中增加一个外键，并由“一”的一方指向“多”的一方。

假设用户表 user 和地址表 address 在数据库中的表结构分别如表 10.11 所示。

表 10.11 （a）user 表

Field	Type	Null	Key	Default	Extra
userid	int(11)	NO	PRI	NULL	auto_increment
name	varchar(20)	YES		NULL	
password	varchar(12)	YES			

（b）address 表

Field	Type	Null	Key	Default	Extra
addressid	int(11)	NO	PRI	NULL	auto_increment
addressinfo	varchar(255)	YES		NULL	
user_id	int(11)	NO	MUL	NULL	

其中，address 表中的 user_id 为外键列，它表示一个用户可以拥有多个地址。

下面需要在实体类 User 里添加 Address 的集合，以形成单向一对多的关系。User 类的代码如下。

```
  import java.util.HashSet;
  import java.util.Set;
  public class User {
      private int userid;                                              //User 类的标识属性
      private String name;                                             //name 属性
      private String password;                                         //password 属性
      private Set<Address> addresses=new HashSet<Address>();           //使用集合属性保存关
联实体
      //部分代码从略
  }
```

address 表的持久化类为 Address，其代码从略。

建立一对多关联时，需要在“一”端的映射文件中使用 one-to-many 元素来映射关联实体。

User 类映射文件代码如下。

```
<?xml version="1.0"?>
<!DOCTYPE hibernate-mapping PUBLIC "-//Hibernate/Hibernate Mapping DTD 3.0//EN"
"http://hibernate.sourceforge.net/hibernate-mapping-3.0.dtd">
<hibernate-mapping>
    <class name="User" table="USER">                        <!--指定持久化类 User 映射的表名-->
        <!--映射标识属性 userid，使用 identity 主键生成器策略 -->
        <id name="userid" type="int" access="field">
            <column name="USERID" />
            <generator class="identity" />
        </id>
        //部分代码从略
<!--映射集合属性,inverse="false"表示由User一方来维护关联关系,lazy="true"表示采用延迟加载-->
        <set name="addresses" table="ADDRESS" inverse="false" lazy="true">
            <key>
                <column name="USER_ID" />              <!--确定关联的外键列-->
            </key>
            <one-to-many class="Address" />                   <!--用以映射到关联类属性-->
        </set>
    </class>
</hibernate-mapping>
```

Address 类的映射文件并无特别，在此从略。

10.3.3　单向的多对一关联

单向的多对一关联映射关系也是通过外键来关联的。多对一的映射方式类似于一对多的映射方式，不过它的映射关系是由“多”的一方指向“一”的一方，即在表示“多”的一方的数据表中增加一个外键来指向表示“一”的一方数据表。其中，“一”的一方作为主表，而“多”的一方作为从表。

假设“多”的一方为用户表，即多个用户对应一个地址，则 user 表和 address 表的结构分别如表 10.12 所示。

表 10.12　　　　(a) user 表

Field	Type	Null	Key	Default	Extra
userid	int(11)	NO	PRI	NULL	auto_increment
name	varchar(20)	YES		NULL	
password	varchar(12)	YES		NULL	
address_id	int(11)	YES	MUL	NULL	

(b) address 表

Field	Type	Null	Key	Default	Extra
addressid	int(11)	NO	PRI	NULL	auto_increment
addressinfo	varchar(255)	YES		NULL	

User 类的代码如下：

```
public class User {
    private int userid;                    //User 类的标识属性
    private String name;                   //name 属性
    private String password;               //password 属性
    private Address address;               //User 类的关联实体属性
    //以下省略
}
```

需要在“多”一端的映射文件中使用 many-to-one 元素来完成单向的多对一映射。

User 类的映射文件代码如下。

```
<?xml version="1.0"?>
<!DOCTYPE hibernate-mapping PUBLIC "-//Hibernate/Hibernate Mapping DTD 3.0//EN"
"http://hibernate.sourceforge.net/hibernate-mapping-3.0.dtd">
<hibernate-mapping>
    <class name="User" table="USER">              <!--指定持久化类 User 映射的表名-->
        <id name="userid" type="int" access="field"> <!--映射标识属性 userid，使用
identity 主键生成器策略 -->
            <column name="USERID" />
            <generator class="identity"/>
        </id>
        //property 元素从略
        <!--用来映射多对一关联实体，column 属性指定外键列列名-->
        <many-to-one name="address" class="Address" fetch="join">
            <column name="ADDRESS_ID"/>
        </many-to-one>
    </class>
</hibernate-mapping>
```

Address 类的映射文件并无特别，在此从略。

10.3.4 单向的多对多关联

多对多关系在数据库中也是比较常见的，它利用中间表将两个主表关联起来。中间表的作用是将两张表的主键作为其外键，通过外键建立这两张表之间的映射关系。

在多对多关联中，假设有多个用户（User）对应多个地址（Address），即每个用户可以拥有多个地址，反过来，每个地址也可以对应多个用户。在单向的多对多关联中，需要在主控端的类定义中增加一个 Set 集合属性，使得被关联一方的类的实例以集合的形式存在。

沿用前面的例子，中间表 user_address、user 表和 address 表的结构分别如表 10.13 所示。

表 10.13　　　　（a）中间表 user_address

Field	Type	Null	Key	Default	Extra
addressid	int(11)	NO	PRI	NULL	
userid	int(11)	NO	PRI	NULL	

（b）user 表

Field	Type	Null	Key	Default	Extra
userid	int(11)	NO	PRI	NULL	auto_increment
name	varchar(255)	YES		NULL	
password	varchar(20)	YES		NULL	

（c）address 表

Field	Type	Null	Key	Default	Extra
addressid	int(11)	NO	PRI	NULL	auto_increment
addressinfo	varchar(255)	YES		NULL	

在单向多对多关联中，User 类的代码如下。

```
import java.util.HashSet;
import java.util.Set;
public class User {
      private int userid;                                  //User 类的标识属性
      private String name;                                 //name 属性
      private String password;                             //password 属性
      private Set<Address> addresses=new HashSet<Address> ();
                                                           //addresses 属性，对应 set 集合
//以下省略
}
```

为表示多对多的映射关系，需要在主控一方的映射文件中使用 many-to-many 元素来完成单向的多对多映射。User 类的映射文件代码如下。

```
<?xml version="1.0"?>
<!DOCTYPE hibernate-mapping PUBLIC "-//Hibernate/Hibernate Mapping DTD 3.0//EN"
"http://hibernate.sourceforge.net/hibernate-mapping-3.0.dtd">
<hibernate-mapping>
   <class name="User" table="USER">                    <!--指定持久化类 User 映射的表名-->
      <!--映射标识属性 userid，使用 identity 主键生成器策略 -->
      <id name="userid" type="int" access="field">
         <column name="USERID" />
         <generator class="identity" />
      </id>
      //property 元素从略
        <!--映射 User 类中的集合属性，USER_ADDRESS 是中间表表名-->
      <set name="addresses" table="USER_ADDRESS" inverse="false" lazy="true">
         <key>
            <column name="USERID" />             <!--指定 USER 表关联到中间表的外键列名-->
         </key>
         <!--指定关联 USER 表的 Address 对象的主键在中间表中的列名-->
         <many-to-many class="Address" column="ADDRESSID"/>
      </set>
   </class>
</hibernate-mapping>
```

由于是单向关联，Address 类的映射文件并无特别，在此从略。

10.3.5 双向的一对一关联

双向的关联与相应的单向关联关系类似，只是在双方的映射文件中都需要指出与对方的关联。

1. 通过主键关联

通过主键关联的双向一对一映射，需要在一方的配置文件中将主键生成策略配置成 foreign，

即表示需要根据另一方的主键来生成自己的主键，而该实体本身不具有自己的主键生成策略。

下面以用户和地址的对应关系为例，来说明通过主键关联的双向一对一映射。假设一个用户对应一个地址，反过来，一个地址也对应着一个用户。用户表 user 和地址表 address 的表结构分别如表 10.14 所示。

表 10.14　（a）user 表

Field	Type	Null	Key	Default	Extra
userid	int(11)	NO	PRI	NULL	auto_increment
name	varchar(20)	YES		NULL	
password	varchar(12)	YES		NULL	

（b）address 表

Field	Type	Null	Key	Default	Extra
addressid	int(11)	NO	PRI	NULL	auto_increment
addressinfo	varchar(255)	YES		NULL	

双向的一对一关联需要修改 User 和 Address 两个持久化类的代码，在类定义中增加新属性以引用关联实体，同时提供该属性的 getter 和 setter 方法。下面给出 User 和 Address 类，其中省略了构造方法和各个属性的 getter 和 setter 方法。

User.java 的代码如下。

```
public class User {
        private int userid;                                 //User 类的标识属性
        private String name;                                //name 属性
        private String password;                            //password 属性
        private Address address;                            //address 属性
        //以下省略
}
```

Address.java 的代码如下。

```
public class Address {
        private int addressid;                         //addressid 属性
        private String addressinfo;                    //addressinfo 属性
        private User user;                             //user 属性
        //以下省略
}
```

User 类的映射文件代码如下。

```
<?xml version="1.0"?>
<!DOCTYPE hibernate-mapping PUBLIC "-//Hibernate/Hibernate Mapping DTD 3.0//EN"
"http://hibernate.sourceforge.net/hibernate-mapping-3.0.dtd">
<hibernate-mapping>
    <class name="User" table="USER">                        <!--指定持久化类 User 映射的表名-->
     //部分代码省略
        <!--映射关联属性 address 。cascade="all"表示级联保存 User 对象关联的 Address 对象-->
        <one-to-one name="address" class="Address" cascade="all">
        </one-to-one>
    </class>
```

```
</hibernate-mapping>
```

Address 类的映射文件代码如下。

```
<?xml version="1.0"?>
<!DOCTYPE hibernate-mapping PUBLIC "-//Hibernate/Hibernate Mapping DTD 3.0//EN"
"http://hibernate.sourceforge.net/hibernate-mapping-3.0.dtd">
<hibernate-mapping>
    <class name="Address" table="ADDRESS">        <!--指定持久化类 Address 映射的表名-->
     //部分代码省略
        <!--映射关联属性 user。constrained= "true"表示在 address 表中存在一个外键约束-->
        <one-to-one name="user" class="User" constrained= "true">
        </one-to-one>
    </class>
</hibernate-mapping>
```

2. 通过外键关联

通过外键关联的双向一对一映射，外键可以被放在任意一方。在存放外键一方的映射文件中，需要添加 many-to-one 元素，并为该元素添加 unique="true"属性；另一方的配置文件中要添加 one-to-one 元素，并使用其 name 属性来指定关联属性名。此时，存放外键的一方对应的数据表为从表，而另一方对应的数据表变为主表。

一对一外键关联是一对多外键关联的特例，只是在多的一方加了个唯一性约束。

以用户和地址的对应关系为例，用户表 user 和地址表 address 的表结构。分别如表 10.15 所示。

表 10.15　　(a) user 表

Field	Type	Null	Key	Default	Extra
userid	int(11)	NO	PRI	NULL	auto_increment
name	varchar(20)	YES		NULL	
password	varchar(12)	YES		NULL	

(b) address 表

Field	Type	Null	Key	Default	Extra
addressid	int(11)	NO	PRI	NULL	auto_increment
addressinfo	varchar(255)	YES		NULL	
user_id	int(11)	YES	MUL	NULL	

在 address 表中，user_id 是外键，它的值要参照 user 表中主键 userid 的取值。

双向的一对一关联需要修改 User 和 Address 两个持久化类的代码，在类定义中增加新属性以引用关联实体，同时提供该属性的 getter 和 setter 方法。下面给出 User 和 Address 类，其中省略了构造方法和各个属性的 getter 和 setter 方法。

User.java 的代码如下。

```
public class User {
        private int userid;                     //userid 属性
        private String name;                    //name 属性
        private String password;                //password 属性
        private Address address;                //address 属性
        //以下省略
```

```
}
```

Address.java 的代码如下。

```
public class Address {
    private int addressid;                        //addressid 属性
    private String addressinfo;                   //addressinfo 属性
    private User user;                            //user 属性
    //以下省略
}
```

User 类的映射文件代码如下。

```
<?xml version="1.0" encoding="utf-8"?>
<!DOCTYPE hibernate-mapping PUBLIC "-//Hibernate/Hibernate Mapping DTD 3.0//EN"
"http://hibernate.sourceforge.net/hibernate-mapping-3.0.dtd">
<hibernate-mapping>
    <class name="User" table="user">              <!--指定持久化类 User 映射的表名-->
        //部分代码省略
        <!--映射关联属性 address。在保存 User 类的对象时，级联保存该对象所关联的 address 对象-->
        <one-to-one name="address" cascade="all" />
    </class>
</hibernate-mapping>
```

Address 类的映射文件代码如下。

```
<?xml version="1.0" encoding="utf-8"?>
<!DOCTYPE hibernate-mapping PUBLIC "-//Hibernate/Hibernate Mapping DTD 3.0//EN"
"http://hibernate.sourceforge.net/hibernate-mapping-3.0.dtd">
<hibernate-mapping>
    <class name="Address" table="ADDRESS"> <!--指定持久化类 Address 映射的表名-->
        //部分代码省略
        <!--使用 many-to-one 映射一对一关联实体-->
        <many-to-one name="user" class="User" fetch="select" unique="true">
            <column name="USER_ID"> </column><!-- column 属性指定用来进行关联的外键列列名-->
        </many-to-one>
    </class>
</hibernate-mapping>
```

10.3.6 双向的一对多关联

双向的一对多关联在“多”的一方要增加新属性以引用关联实体，在“一”的一方则增加集合属性，且在该集合中包含“多”一方的关联实体。

双向的一对多关联和双向的多对一关联实际上是完全相同的，见 10.3.7 节所述。

10.3.7 双向的多对一关联

1. 通过主键关联

通过主键关联的双向一对一映射，需要在一方的配置文件中将主键生成策略配置成 foreign，即表示需要根据另一方的主键来生成自己的主键，而该实体本身不具有自己的主键生成策略。

下面以用户和地址的对应关系为例，来说明通过主键关联的双向一对一映射。假设一个用户对应一个地址，反过来，一个地址也对应着一个用户。用户表 user 和地址表 address 的表结构分别如表 10.16 所示。

表 10.16

（a）user 表

Field	Type	Null	Key	Default	Extra
userid	int(11)	NO	PRI	NULL	auto_increment
name	varchar(20)	YES		NULL	
password	varchar(12)	YES		NULL	

（b）address 表

Field	Type	Null	Key	Default	Extra
addressid	int(11)	NO	PRI	NULL	auto_increment
addressinfo	varchar(255)	YES		NULL	

双向的一对一关联需要修改 User 和 Address 两个持久化类的代码，在类定义中增加新属性以引用关联实体，同时提供该属性的 getter 和 setter 方法。下面给出 User 和 Address 类，其中省略了构造方法和各个属性的 getter 和 setter 方法。

User.java 的代码如下。

```
public class User {
    private int userid;                    //User 类的标识属性
    private String name;                   //name 属性
    private String password;               //password 属性
    private Address address;               //address 属性
    //以下省略
}
```

Address.java 的代码如下。

```
public class Address {
    private int addressid;                 //addressid 属性
    private String addressinfo;            //addressinfo 属性
    private User user;                     //user 属性
    //以下省略
}
```

User 类的映射文件代码如下。

```
<?xml version="1.0"?>
<!DOCTYPE hibernate-mapping PUBLIC "-//Hibernate/Hibernate Mapping DTD 3.0//EN"
"http://hibernate.sourceforge.net/hibernate-mapping-3.0.dtd">
<hibernate-mapping>
  <class name="User" table="USER">            <!--指定持久化类 User 映射的表名-->
    <!--映射标识属性 userid，使用 identity 主键生成器策略-->
    <id name="userid" type="int" access="field">
      <column name="USERID" />
      <generator class="identity"/>
    </id>
    //property 元素省略
    <!--映射关联属性 address 。cascade="all"表示级联保存 User 对象关联的 Address 对象-->
```

```
        <one-to-one name="address" class="Address" cascade="all">
        </one-to-one>
    </class>
</hibernate-mapping>
```

Address 类的映射文件代码如下。

```
<?xml version="1.0"?>
<!DOCTYPE hibernate-mapping PUBLIC "-//Hibernate/Hibernate Mapping DTD 3.0//EN"
"http://hibernate.sourceforge.net/hibernate-mapping-3.0.dtd">
<hibernate-mapping>
    <class name="Address" table="ADDRESS">          <!--指定持久化类Address映射的表名-->
        <!--映射标识属性addressid，使用identity主键生成器策略-->
        <id name="addressid" type="int" access="field">
            <column name="ADDRESSID" />
            <!--一对一主键映射中，使用另外一个相关联的实体的标识属性 -->
            <generator class="foreign">
              <param name="property">user</param>
            </generator>
        </id>
        //省略property代码
        <!--映射关联属性user。constrained= "true"表示在address表中存在一个外键约束-->
        <one-to-one name="user" class="User" constrained= "true">
        </one-to-one>
    </class>
</hibernate-mapping>
```

2. 通过外键关联

通过外键关联的双向一对一映射，外键可以被放在任意一方。在存放外键一方的映射文件中，需要添加 many-to-one 元素，并为该元素添加 unique="true"属性；另一方的配置文件中要添加 one-to-one 元素，并使用其 name 属性来指定关联属性名。此时，存放外键的一方对应的数据表为从表，而另一方对应的数据表变为主表。

一对一外键关联是一对多外键关联的特例，只是在多的一方加了个唯一性约束。

针对前面的例子，双向的多对一与单向的多对一关联不同之处是：在 Address 类和映射文件中同样增加了对 User 类和 user 表的引用。读者可以参考 10.3.3 节中的内容自行分析，在此不再赘述。

10.3.8 双向的多对多关联

在双向的多对多关联中，两端都要添加 Set 集合属性。要实现双向的多对多关联，必须使用中间表来实现两个实体间的关联关系。

在多对多双向关联中，假设多个用户（User）会对应多个地址（Address），即每个用户可能拥有多个地址，反过来，每个地址也可以对应多个用户。

例如：用户表 user、地址表 address 和中间表 user_address 的表结构分别如表 10.17 所示。

表 10.17　　（a）user 表

Field	Type	Null	Key	Default	Extra
userid	int(11)	NO	PRI	NULL	auto_increment
name	varchar(20)	YES		NULL	
password	varchar(12)	YES		NULL	

（b）address 表

Field	Type	Null	Key	Default	Extra
addressid	int(11)	NO	PRI	NULL	auto_increment
addressinfo	varchar(255)	YES		NULL	

（c）user_address 表

Field	Type	Null	Key	Default	Extra
addressid	int(11)	NO	PRI		
userid	int(11)	NO	PRI		

User.java 的文件代码如下。

```
import java.util.HashSet;
import java.util.Set;
public class User{
      private int userid;                                                 //userid 属性
      private String name;                                                //name 属性
      private String password;                                            //password 属性
      private Set<Address> addresses=new HashSet<Address>(); //addresses 属性，Set 集合
      //部分代码省略
}
```

Address.java 的文件代码如下。

```
import java.util.HashSet;
import java.util.Set;
public class Address {
      private int addressid;                                              //addressed 属性
      private String addressinfo;                                         //addressinfo 属性
      private Set<User> users = new HashSet<User>();                      //users 属性，Set 集合
      //以下省略
}
```

User 类的映射文件代码如下。

```
<?xml version="1.0"?>
<!DOCTYPE hibernate-mapping PUBLIC "-//Hibernate/Hibernate Mapping DTD 3.0//EN"
"http://hibernate.sourceforge.net/hibernate-mapping-3.0.dtd">
<hibernate-mapping>
   <class name="User" table="USER">                         <!--指定持久化类 User 映射的表名-->
    //省略部分代码
      <!--映射集合属性，关联到持久化类，table="user_address "指定了中间表的名字-->
       <set name="addresses" table="USER_ADDRESS" inverse="true">
          <key>
             <column name="USERID" />   <!--column 属性指定中间表中关联当前实体类的列名-->
          </key>
          <!--column 属性指定中间表中关联本实体的外键-->
          <many-to-many class="Address" column="ADDRESSID"/>
       </set>
   </class>
</hibernate-mapping>
```

Address 类的映射文件代码如下。

```
<?xml version="1.0"?>
<!DOCTYPE hibernate-mapping PUBLIC "-//Hibernate/Hibernate Mapping DTD 3.0//EN"
"http://hibernate.sourceforge.net/hibernate-mapping-3.0.dtd">
<hibernate-mapping>
<class name="Address" table="ADDRESS"> <!--指定持久化类 Address 映射的表名-->
    //省略部分代码
        <!--映射集合属性，关联到持久化类，table 属性指定了中间表的名字-->
        <set name="users" table="USER_ADDRESS">
            <key>
                <column name="ADDRESSID" /><!--column 属性指定中间表中关联当前实体类的列名-->
            </key>
            <!--column 属性指定中间表中关联本实体的外键-->
            <many-to-many class="User" column="USERID"/>
        </set>
    </class>
</hibernate-mapping>
```

10.4 Hibernate 核心接口

Hibernate 的体系结构主要是由一系列的核心类和接口实现的，包括如下 6 种。

- Configuration 类。
- SessionFactory 接口。
- Session 接口。
- Transaction 接口。
- Query 接口。
- Criteria 接口。

10.4.1 Configuration 类

Configuration 类的作用是对 Hibernate 进行配置、启动 Hibernate 并连接数据库系统。在启动 Hibernate 的过程中，Configuration 实例首先确定 Hibernate 映射文件的位置，然后读取相关的配置，最后创建一个唯一的 SessionFactory 实例。这个唯一的 SessionFactory 实例负责进行所有的持久化操作。Configuration 对象只存在于系统的初始化阶段。

在 Hibernate 启动过程中，Configuration 类的实例首先找到默认的 XML 配置文件 hibernate.cfg.xml，并读取相关的配置信息，然后创建出一个 SessionFactory 对象。

调用 Hibernate 的 API 时，首先要创建 Configuration 实例。只有将 Configuration 实例化后，其他对象才能被创建。Configuration 实例是启动时期的对象，它将 SessionFactory 创建完成后，就完成了自己的使命。

10.4.2 SessionFactory 接口

SessionFactory 接口负责 Hibernate 的初始化。它作为数据存储源的代理，负责建立 Session 对象。SessionFactory 实例在 Hibernate 中实际上起到了一个缓冲区的作用，Hibernate 自动生成的 SQL

语句、映射数据以及某些可重复利用的数据都可被放在这个缓冲区中。同时它还保存了对数据库配置的所有映射关系，维护了当前的二级数据缓存和 Statement Pool。

一般情况下，一个项目只需要一个 SessionFactory，但当项目中要操作多个数据库时，则必须为每个数据库指定一个 SessionFactory。

为 SessionFactory 中配置完数据库后，就可以用 SessionFactory 创建出来的 session 在相应的数据库中完成各种数据库的操作了。下面我们将讲述如何用 session 完成各种数据库操作。

10.4.3 Session 接口

Session 对象提供了一系列与持久化相关的操作，如读取、创建和删除相关实体对象的实例，这一系列的操作最终将被转换为对数据库中数据的增加、修改、查询和删除操作，因此，Session 也被称为持久化管理器。Session 对象的生命周期以 Transaction 对象的事务开始和结束为边界。

Session 对象包含如下典型方法：

1. save()方法

save()方法主要完成下面的一系列任务。

（1）将对象加入到缓存中，同时标识为 Persistent 状态。

（2）根据映射文件中的配置信息生成实体对象的唯一标识符。

（3）生成计划执行的 INSERT 语句。

在此并不会立刻执行 INSERT 语句，而是要到事务结束，或者此操作为后续操作的前提情况下，才会执行 INSERT 语句。

2. update()方法

update()方法的主要作用是根据对象的标识符更新持久化对象相应的数据。宏和执行数据库的 UPDATE 语句是类似的。对象的标识符通常指的是对象的 id 属性，与相应的数据库表中的 id 字段相对应。id 字段仅仅为了表示主键，而没有实际的含义，即它是一个代理主键。在插入数据时，Hibernate 会自动生成主键。另外，Hibernate 对复合主键的操作很复杂，容易出错，此时使用一个 id 字段来表示主键会更加方便。

Session 实例的 update( )方法主要完成以下任务。

（1）将 user 对象加入到缓存中，并且标识为 Persistent 状态。

（2）生成计划执行的 UPDATE 语句。

在调用 update()方法后，被保存的对象不是立刻就同步到数据库中。与 save()方法类似，只有当事务结束的时候，才会将实体对象当前的属性值更新到数据库中。

3. saveOrUpdate( )方法

saveOrUpdate( )方法可以根据不同情况对数据库执行 INSERT 或者 UPDATE 操作。根据实体对象的状态由 Hibernate 来决定到底是执行 save()方法，还是 update()方法。

当传入的实体对象是 Transient 状态时，执行 save()操作；当传入的实体对象是 Detached 状态时，则执行 update()操作；当传入的实体对象是 Persistent 状态时，直接返回，不进行任何操作。

当用户的 id 属性为空时，saveOrUpdate 方法将执行 save（ ）操作。这时，user 对象被当作是 Transient（瞬时）状态的；当从数据库获取的对象的 id 不为空时，saveOrUpdate 将执行 update（ ）操作。

4. delete( )方法

delete()方法的作用是删除实例所对应的数据库中的记录。它相当于执行数据库中的 DELETE

语句。Session 的 delete()方法主要完成了以下任务。

（1）如果传入的实体对象不是 Persistent 状态，那么将需要删除的对象与 Session 实例相关联，使其转变为 Persistent 状态。

（2）生成计划执行的 DELETE 语句。

delete()方法和前面介绍的 save()方法一样，并不是立刻执行 DELETE 语句来删除数据库中的记录，而是在必须要执行的时候才会执行。

在执行删除操作时，应该注意其执行顺序，尤其是在有外键关联的情况下。要避免删除父对象，而没有先删除子对象的情况，否则会引发约束的冲突。

5. get()方法

get()方法是通过标识符得到指定类的持久化对象。如果对象不存在，则返回值为空。

6. load()方法

load()方法和 get()方法一样，都是通过标识符得到指定类的持久化对象，但是要求持久化对象必须存在，否则将会产生异常。

7. contains( )方法

contains()方法可以被用来判断一个实体对象是否与当前的 Session 对象相关联，也可以判断一个实体对象是否处于 Persistent 状态。contains()方法只包含一个参数，该参数是要查询的实体对象。若要查询的对象在当前 Session 的缓存中则返回 true，否则返回 false。

8. evict()方法

evict()方法被用来管理 Session 的缓存。当 Session 打开时间过长或载入数据过多时，会占用大量内存，导致性能下降，甚至可能抛出 OutOfMemoryException 异常。此时，便可调用 evict()方法来清除指定的对象。

9. clear()方法

clear()方法可以清空 Session 的缓存。

10. createQuery( )方法

createQuery()方法用于建立 Query 查询接口的实例。该实例可以使用 HQL(Hibernate Query Language)进行数据库的查询操作。具体用法我们将在讲解 Query 接口时再详细介绍。

11. createCriteria( )方法

createCriteria( )方法用于建立 Criteria 查询接口的实例。该实例可以通过设置条件，来执行对数据库的查询操作。

Session 实例通过 createCriteria()方法创建了 Criteria 实例，Criteria 的具体用法将在“Criteria 接口”部分讲解。

12. createSQLQuery( )方法

createSQLQuery( )方法用于建立 SQLQuery 查询接口的实例。查询接口通过标准的 SQL 语句来执行数据的查询操作。

13. createFilter( )方法

createFilter()方法用于一个持久化集合或者数组的特殊查询。查询字符串中可以使用"this"关键字来引用集合中的当前元素。

10.4.4 Query 接口

Hibernate 的 3 种检索方式分别为：HQL 检索方式、QBC 检索方式和 SQL 检索方式。其中，传统的 SQL 查询语言是结构化的查询方法，这种方法并不适用于查询以对象形式存在的数据。

HQL（Hibernate Query Language）查询语言与 SQL 查询语言有些相似，但是 HQL 查询语言是面向对象的。它不像 SQL 查询语言那样引用表名及表的字段名，而是引用类名及类的属性名。在 Hibernate 中，是通过 Query 接口来执行 HQL 查询的，即通过 Query 接口，可以使用 HQL 来执行一系列的数据库操作。

Query 接口在使用 HQL 语句对数据库进行操作时主要包括以下 3 个步骤。

（1）创建 Query 实例。通过 Session 实例的 CreateQuery()方法创建一个 Query 的实例。CreateQuery()方法需要传入一个 HQL 查询语句作为参数，同时它也支持原生的 SQL 语句。

（2）设置动态参数。如果查询语句中包含参数，那么就需要对参数值进行设置。Query 接口提供了一系列的 setter 方法，可以满足参数设置的需要。

（3）执行查询语句，返回查询结果。执行完查询语句后，查询结果可以采用不同的方式进行返回，既可以返回唯一的对象，也可以返回 List 对象。

Query 接口有如下常用操作。

1．setter 方法

Query 接口提供了一系列的 setter 方法用于设置查询语句中的参数。针对不同的数据类型需要用到不同的 setter 方法，具体用法如表 10.18 所示。

表 10.18　Query 接口的 setter 方法

方法	含义
setBigDecimal()	设置映射类型为 big_decimal 的参数值
setBigInteger()	设置映射类型为 big_integer 的参数值
setBinary()	设置映射类型为 binary 的参数值
setBoolean()	设置映射类型为 boolean 的参数值
setByte()	设置映射类型为 byte 的参数值
setCalendar()	设置映射类型为 calendar 的参数值
setCalendarDate()	设置映射类型为 calendar_date 的参数值
setDate()	设置映射类型为 date 的参数值
setEntity()	设置映射实体类型的参数值
setFloat()	设置映射类型为 float 的参数值
setInteger()	设置映射类型为 int 或 integer 的参数值
setLocale()	设置映射类型为 locale 的参数值，配置当前程序使用的本地化信息
setLong()	设置映射类型为 long 的参数值
setProperties()	设置 Bean 中的属性值，属性的名字和参数的名字必须相同
setShort()	设置映射类型为 short 的参数值
setString()	设置映射类型为 string 的参数值
setText()	设置映射类型为 text 的参数值
setTime()	设置映射类型为 time 的参数值
setTimestamp()	设置映射类型为 timestamp 的参数值

2. list()方法

list()方法用于执行查询语句，并将查询结果以 List 类型返回。Hibernate 会将所有结果集中的数据转换成 Java 的实体对象，可以从任意位置读取结果，但会占据很大的内存空间。

3. iterator()方法

iterator()方法也用于执行查询语句，且返回的结果是一个 Iterator 对象。在读取时只能按照顺序方式读取，它仅把使用到的数据转换成 Java 的实体对象。其缺点是只能按照顺序读取结果集中的数据，而且不知道结果集中记录的数目。

4. uniqueResult()方法

uniqueResult()方法用于返回唯一的结果。在确保最多只有一个记录满足查询条件的情况下，可以使用该方法。该方法可以将返回的结果直接转换成相应的对象。

5. executeUpdate()方法

executeUpdate()方法支持 HQL 语句的更新和删除操作，建议更新时采用此方法。

6. setFirstResult()方法

setFirstResult()方法可以设置所获取的第一个记录的位置，从 0 开始计算。该方法可传入一个整数表示开始选取记录的范围，例如：传入 10，就表示从结果集的第 11 个（从第 0 个开始）开始读取，直到最后一个。

7. setMaxResults()方法

该方法设置结果集的最大记录数，可以与 setFirstResult ()方法结合使用，在实现分页功能时非常有用。

10.4.5 Criteria 接口

Criteria 接口完全封装了基于字符串形式的查询语句，它更擅长于执行动态查询。Criteria 接口对原生的 SQL 语句进行了对象化的封装，Hibernate 在运行时会把 Criteria 指定的查询条件恢复成相应的 SQL 语句。简单地说，Criteria 查询可以被看成是传统 SQL 语言的对象化表示。

使用 Criteria 接口进行条件查询的主要步骤可以总结如下。

（1）利用 Session 实例的 createCriteria(Class clazz)方法创建一个 Criteria 条件查询实例。

（2）设定查询条件。通过 Expression 类或 Restrictions 类创建查询条件的实例，即 Criterion 实例。

（3）调用 Criteria 的 list()方法执行查询语句。该方法返回 List 类型的查询结果，在 List 集合中存放了符合查询条件的持久化对象。

Criteria 接口提供的操作方法如下。

1. add()方法

add()方法是最为常用的方法，它被用来设置查询的条件，可以根据查询条件的个数，追加任意个 add()方法。

2. addOrder()方法

addOrder()方法被用来设置查询结果集的排序规则，相当于 SQL 语句中的 order by 子句。其参数为 Order 类的实例，Order 是专门用于排序的类。

3. createCriteria()方法

当需要从多张表中联合查询时，可使用 createCriteria()方法。该方法可以创建新的 Criteria 实例，以实现对多张表进行查询。

4. list()方法

list()方法用于执行数据查询，并将查询结果返回。每个条件查询的最后都会用到该方法。

5. scroll()方法

与 list()方法类似，也是用于执行数据库查询，只不过是将查询结果以 ScrollableResults 类型返回。

6. setFetchModel()方法

该方法用于设置抓取策略。抓取策略（fetching strategy）是指，当应用程序需要在关联关系间进行导航时，Hibernate 如何获取关联对象的策略。Hibernate 3 定义了如下 4 种抓取策略。

（1）连接抓取（Join fetching）：Hibernate 在 SELECT 语句中使用 OUTER JOIN（外连接），以获取对象的关联实例或者关联集合。

（2）查询抓取（Select fetching）：另外发送一条 SELECT 语句抓取当前对象的关联实体或集合。

（3）子查询抓取（Subselect fetching）：另外发送一条 SELECT 语句抓取在前面查询到（或者抓取到）的所有实体对象的关联集合。

（4）批量抓取（Batch fetching）：是对查询抓取采用的优化方案。通过指定一个主键或者外键列表，Hibernate 可以使用单条 SELECT 语句来获取一批对象实例或集合。

7. setFetchSize()方法

该方法被用来指定 JDBC 一次从数据库中所提取数据的数量大小，可通过调用 Statement.setFetchSize()方法来实现。如果用于分页功能时，每次取固定的行数，则建议使用 setMaxResults()方法。

8. setMaxResults()方法

setMaxResults()方法用于设置从数据库中取得的记录的最大行数。在实现分页功能时，将每页可显示数据的数目作为参数传入该方法即可。

9. setFirstResult()方法

setFirstResult()方法可以设置所获取的第一个记录的位置，位置从 0 开始计算。该方法可以与 setMaxResults()方法结合起来使用，以限制结果集的范围，还常常用于对查询结果进行分页显示。

10. setProjection()方法

setProjection()方法主要完成一些聚合查询和分组查询。Hibernate 中使用 Projections 的对象来进行聚合操作。Projections 对象中包含了很多聚合方法，如 rowCount()、avg()、max()、min()、sum()，以及 property()等，通过调用 setProjection()方法并使用 Projections 对象可完成一个聚合查询。Hibernate 中还提供了一个 Projection 类的子类——ProjectionList 类，该类的对象中可以包含多个条件分组与统计功能，通过这种方式就可以一次实现多个条件查询。

11. uniqueResult()方法

使用该方法可以得到唯一的查询结果，该结果为一个对象。使用此方法时，必须保证最多只有一个满足条件的查询结果。

以上就是 Criteria 接口的一些常用方法。只要掌握了这些方法，基本上就可以满足一般的数据库操作的需求。

10.4.6 Transaction 接口

事务（Transaction）是工作中的基本逻辑单位，在修改数据时被用来确保数据库中数据的正确性和完整性。事务具备原子性（Atomicity）、一致性（Consistency）、隔离性（Isolation）和持久性（Durability）4 个特性，简称 ACID。

（1）A：将事务中所做的操作捆绑成一个原子单元，即对于事务所进行的数据修改等操作，要么全部执行，要么全部不执行。

（2）C：事务在完成时，必须使所有的数据都保持其一致状态，而且在相关数据中，所有规则都必须应用于事务的修改，以保持所有数据的完整性。事务结束时，所有的内部数据结构都应该是正确的。

（3）I：由并发事务所做的修改必须与任何其他事务所做的修改相隔离。事务查看数据时数据所处的状态，要么是被另一并发事务修改之前的状态，要么是被另一并发事务修改之后的状态，即事务不会查看由另一个并发事务正在修改的数据。这种隔离方式也叫可串行性。

（4）D：事务完成之后，它对系统的影响是永久的，即使出现系统故障也是如此。

Transaction 接口主要用于管理事务，是 Hibernate 的数据库事务接口。它对底层的事务接口进行了封装，这些底层事务接口包括：JDBC API、JTA（Java Transaction API）、CORBA（Common Object Request Broker Architecture）API。用户可以利用 Transaction 对象来定义自己的原子操作。Transaction 的常用操作有事务提交（commit）和事务回滚（rollback）。

数据库向用户提供保存当前程序状态的方法叫事务提交（commit）；当事务执行过程中，使数据库忽略当前的状态，并回到前面保存的状态的方法叫事务回滚（rollback）。

Session 执行完数据库操作后，只有使用 Transaction 进行事务提交后，才能真正将数据操作同步到数据库中。当发生异常时，需要使用 rollback()方法进行事务回滚，取消之前进行的数据操作，以避免数据发生错误，因此，在持久化操作结束后，必须调用 Transaction 的 cmmit()方法和 rollback()方法。

10.5 Hibernate 项目实例

本节介绍一个 Hibernate 项目实例，使用 Eclipse 开发环境创建。本书使用的 Eclipse 版本为 eclipse-jee-mars，可在 Eclipse 官方网站下载。

10.5.1 搭建 Hibernate 项目环境

搭建 hibernate 项目环境主要有两个步骤：创建数据库和创建 Java 项目。

1. 创建数据库

在 MySQL Workbench 中创建名为 ssh_demo 的数据库，然后创建表 stock。其结构如图 10.4 所示。

2. 创建项目

接下来创建 HibernateStock 项目。

（1）启动 Eclipse 后，依次选择 Eclipse 菜单中“File|New”命令，然后在弹出的选项菜单中选择“Java Project”选项，弹出“Create a Java Project”对话框，如图 10.5 所示。

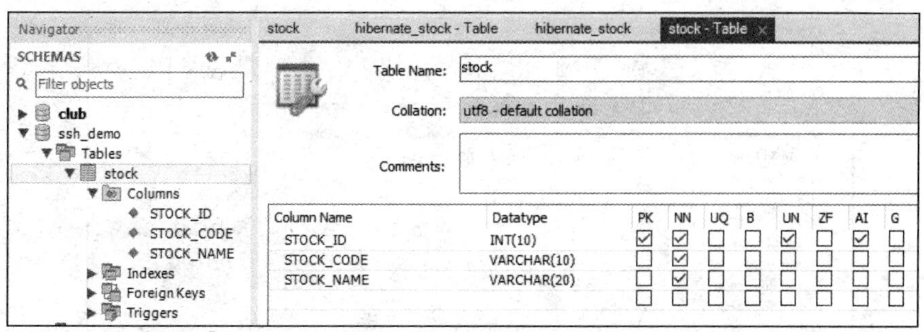

图 10.4　创建数据库和数据表

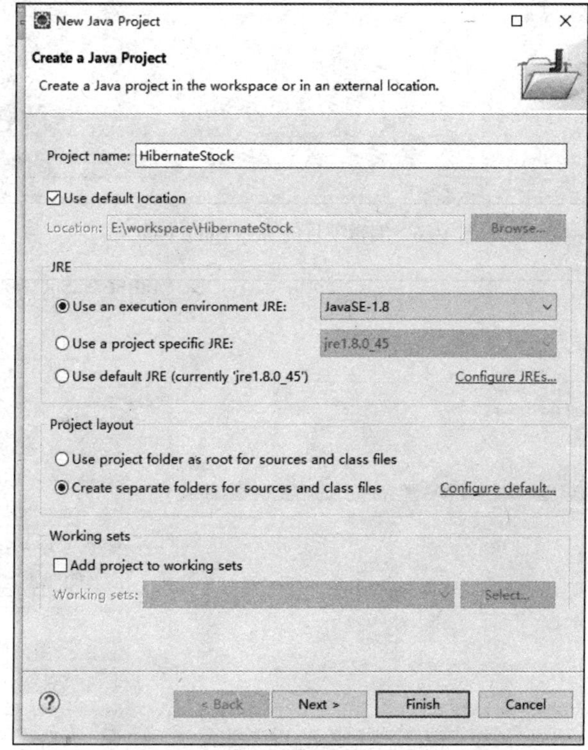

图 10.5　新建 Java 工程

（2）在 Project name 文本框中输入项目名称“HibernateStock”，单击“Finish”按钮，项目就创建成功了。此时，可以在 Eclipse 左侧的“Project Explorer”窗口中看到已经创建的 Java 项目——HibernateStock。

10.5.2　添加 Hibernate 开发包

我们要将 Hibernate 项目开发所需的 jar 包全部添加到项目 HibernateStock 的库中。为方便以后使用，可将 Hibernate 包定义成一个用户库。步骤如下。

（1）右击项目名，在弹出菜单中将鼠标移至“Java Build Path”项，然后再在出现的下一级菜单中选择“Configure Build Path...”菜单项，打开图 10.6 所示的对话框，选择 Libraries 页。

（2）在图 10.6 所示的对话框中选择“Add Library...”按钮，打开图 10.7 所示的对话框，然后选择“User Library”项。

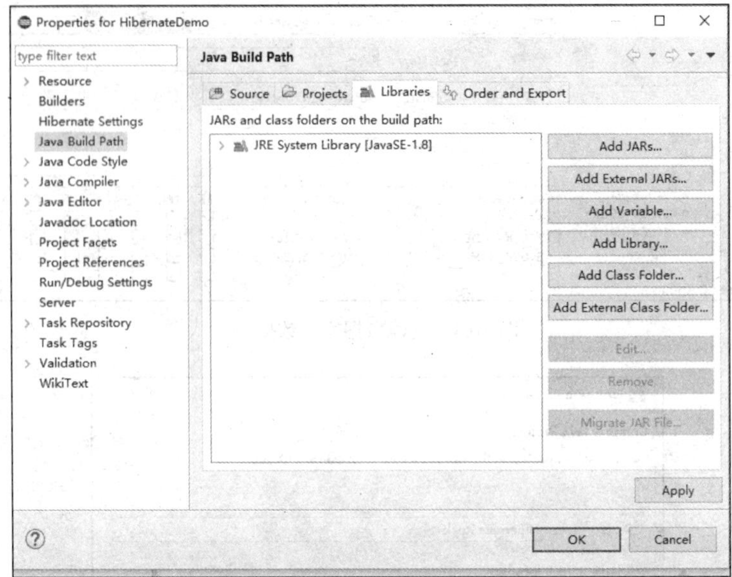

图 10.6　编辑项目的 Java Build Path

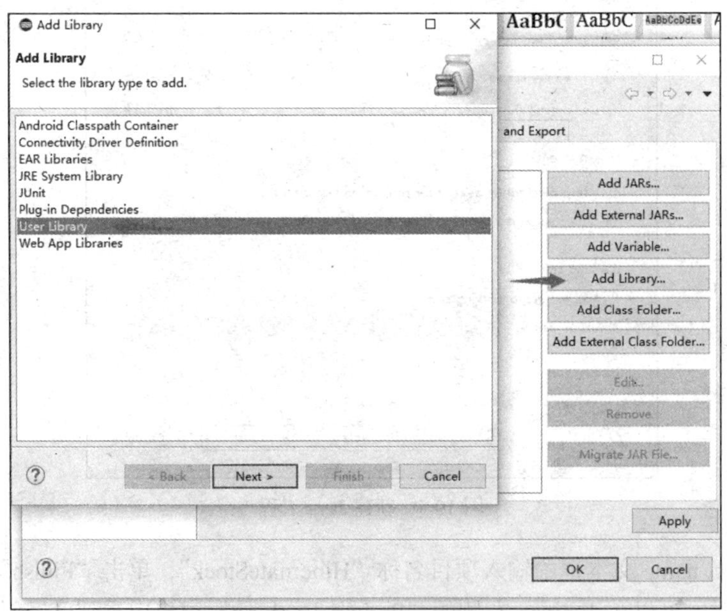

图 10.7　添加用户库

（3）单击图 10.7 中的“Next”按钮，将打开图 10.8 所示的对话框。依次单击图 10.8 中的 1、2 两处，并在 3 处填写库名称，然后单击 4 处的“OK”按钮。这时，就创建了一个新的用户库。

（4）创建的用户库被叫作 hibernate_lib，这个名字以后还可以自行更改。接下来，向用户库中添加所需的 jar 包文件，如图 10.9 所示。选中刚刚创建的用户库，单击“Add External JARs...”按钮。

在打开的文件浏览器中选中 Hibernate 开发所需的所有 jar 文件，因为需要连接 mysql 数据库，所以别忘了添加数据库的连接驱动 jar 文件，然后依次单击确定，直至返回到 Eclipse 主界面。至此，就准备好了 HibernateStock 项目开发的基础框架，如图 10.10 所示。

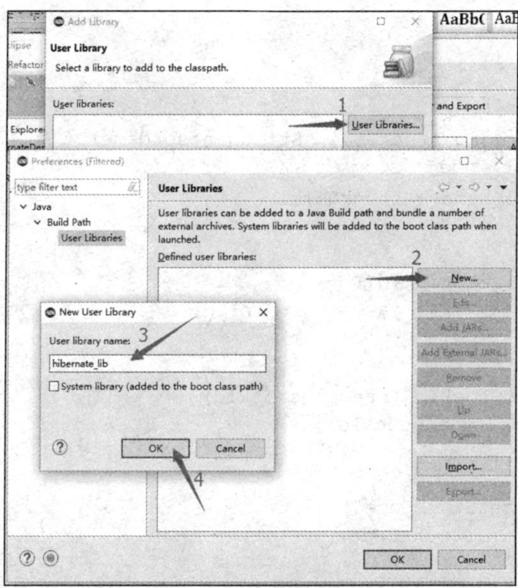

图 10.8 创建新的用户库

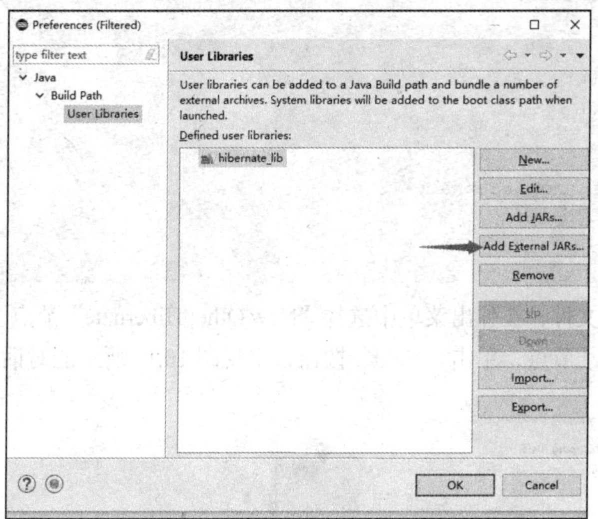

图 10.9 添加所需的 jar 包

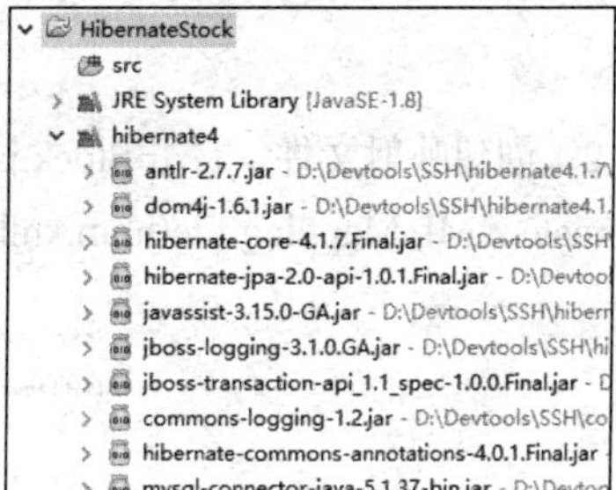

图 10.10 Hibernate 开发的基础框架

10.5.3 创建项目基础代码和 Hibernate 配置文件

（1）根据数据表字段，创建一个普通的 java 类 Stock.java，作为 Hibernate 的持久化类，代码如下。

```
package com.stock;

/**
 * Model class for Stock
 */
public class Stock {

    private Integer stock_Id;
    private String stock_Code;
    private String stock_Name;
```

```
    public Stock() {
    }

    public Stock(String stockCode, String stockName) {
        this.stock_Code = stockCode;
        this.stock_Name = stockName;
    }

    public Integer getStockId() {
        return this.stock_Id;
    }

    public void setStockId(Integer stockId) {
        this.stock_Id = stockId;
    }

    public String getStockCode() {
        return this.stock_Code;
    }

    public void setStockCode(String stockCode) {
        this.stock_Code = stockCode;
    }

    public String getStockName() {
        return this.stock_Name;
    }

    public void setStockName(String stockName) {
        this.stock_Name = stockName;
    }
}
```

（2）创建映射文件。右击 Stock.java 文件，在弹出菜单中选择“New|Other|Hibernate”节点下的“Hibernate XML Mapping file(hbm.xml)”子节点，单击“Next”按钮，出现图 10.11 所示的对话框。

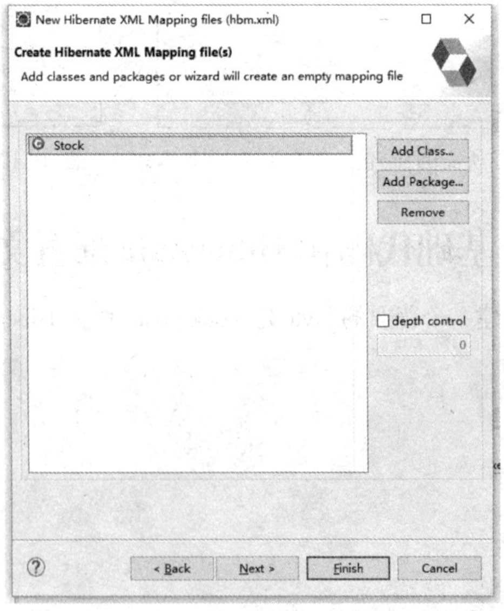

图 10.11　选择持久化类

在对话框中选择持久化类 Stock，然后单击“Finish”按钮，就会自动生成一个 Stock 类的默认映射文件，代码如下。

```
<?xml version="1.0"?>
<!DOCTYPE hibernate-mapping PUBLIC "-//Hibernate/Hibernate Mapping DTD 3.0//EN"
"http://hibernate.sourceforge.net/hibernate-mapping-3.0.dtd">
<hibernate-mapping>
    <class name="com.stock.Stock" table="STOCK">
        <id name="stock_Id" type="java.lang.Integer" access="field">
            <column name="STOCK_ID" />
            <generator class="identity" />
        </id>
        <property name="stock_Code" type="java.lang.String" access="field">
            <column name="STOCK_CODE" />
        </property>
        <property name="stock_Name" type="java.lang.String" access="field">
            <column name="STOCK_NAME" />
        </property>
    </class>
</hibernate-mapping>
```

因为 stock_id 在数据库中是自增属性，所以需将<generator class="*assigned*" />改为<generator class="*identity*" />。

（3）创建 Hibernate 配置文件。右击 HibernateStock 项目名的节点，在弹出菜单中依次选择“New|Others...”菜单项，然后在出现的对话框中单击“Hibernate”节点，并选中“Hibernate Configuration File(cfg.xml)”项，最后单击“Next”按钮，将出现图 10.12 所示的对话框。

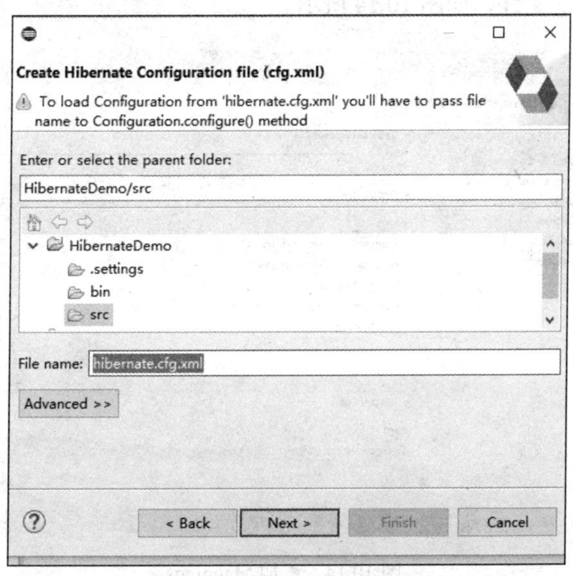

图 10.12　新建 hibernate.cfg.xml 文件

（4）默认的配置文件名为 hibernate.cfg.xml，存放路径为 src。在图 10.12 中不做更改，直接单击“Next”按钮，出现图 10.13 所示的对话框，然后在其中正确选择和填写数据库方言、数据库驱动、数据库连接 URL、用户名及密码等信息。

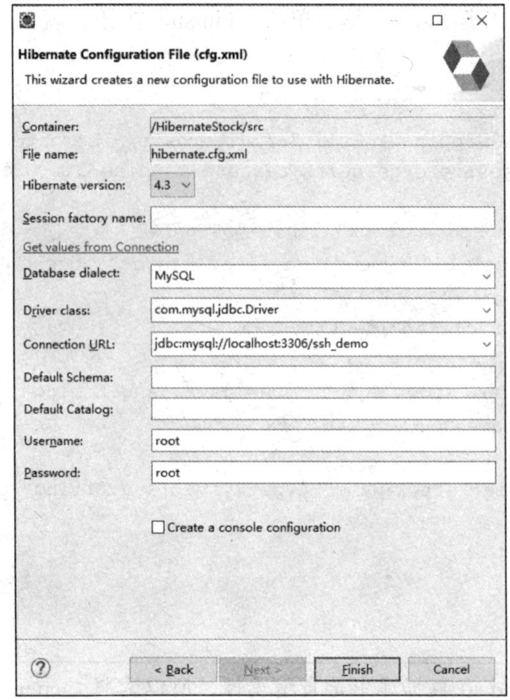

图 10.13 设置 Hibernate 配置文件信息

（5）最后单击图 10.13 中的“Finish”按钮，就自动生成了一个 hibernate.cfg.xml 文件了。如果还需要增加其他配置属性，可以手动编辑该文件。在 Eclipse 中可以使用可视化工具，打开配置文件，在代码编辑器下面选择“Session Factory”页，然后在 Mappings 部分选择“Add...”按钮，添加 Stock 类的 mapping 文件，如图 10.14 所示。

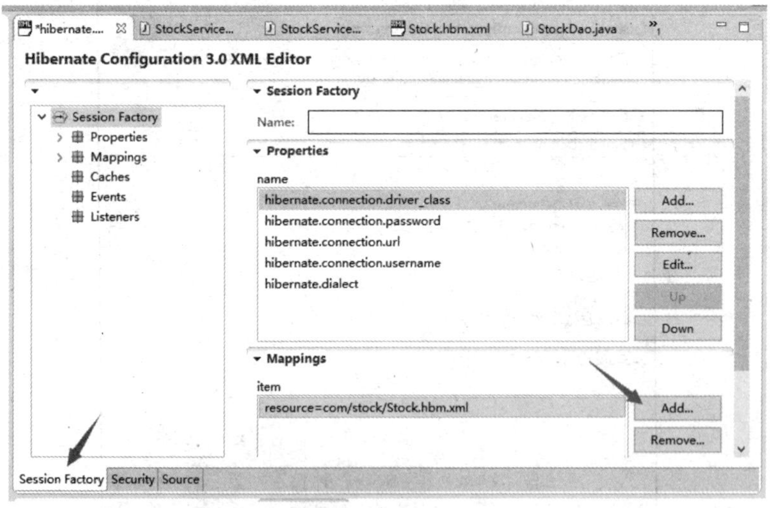

图 10.14 添加 Mappings

最后生成的配置文件代码如下。

```
    <?xml version="1.0" encoding="UTF-8"?>
    <!DOCTYPE hibernate-configuration PUBLIC "-//Hibernate/Hibernate Configuration DTD
3.0//EN"
```

```
"http://www.hibernate.org/dtd/hibernate-configuration-3.0.dtd">
<hibernate-configuration>
 <session-factory>
 <property name="hibernate.connection.driver_class">com.mysql.jdbc.Driver</property>
 <property name="hibernate.connection.password">root</property>
 <property name="hibernate.connection.url">jdbc:mysql://localhost:3306/ssh_demo</property>
 <property name="hibernate.connection.username">root</property>
 <property name="hibernate.dialect">org.hibernate.dialect.MySQLDialect</property>
 <mapping resource="com/stock/Stock.hbm.xml"/>
 </session-factory>
</hibernate-configuration>
```

10.5.4　开发 DAO 层代码

在项目开发中，DAO 层主要指数据访问对象（Data Access Objects）层。该层中的类主要用于数据访问、添加、更新等操作。在 HibernateStock 项目中，新建一个 StockDao 类，用于得到所有股票以及添加股票。下面是其主要代码。

```
package com.stock.dao;

import java.util.List;
import org.hibernate.Criteria;
import org.hibernate.Session;
import org.hibernate.SessionFactory;
import org.hibernate.Transaction;
import org.hibernate.cfg.Configuration;
import org.hibernate.criterion.Order;
import org.hibernate.service.ServiceRegistry;
import org.hibernate.service.ServiceRegistryBuilder;

import com.stock.Stock;

public class StockDao {
    private static SessionFactory sessionFactory;

    @SuppressWarnings("unchecked")
    static public List<Stock> getStocks() {
            // 获取配置信息
            Configuration configuration = new Configuration().configure();
            ServiceRegistry serviceRegistry = new ServiceRegistryBuilder().applySettings
(configuration.getProperties())
                        .buildServiceRegistry();
           // 创建 SessionFactory
           sessionFactory = configuration.buildSessionFactory(serviceRegistry);
           Session session = sessionFactory.openSession();
           try {
               Criteria criteria = session.createCriteria(Stock.class);
                                                           // 创建 criteria
               criteria.addOrder(Order.asc("stock_Id"));      // 结果按照 stock_Id 升序
               List<Stock> listStocks = criteria.list();      // 查询结果
               session.close();                               // 关闭 session
               return listStocks;                             // 返回结果
```

```
            } catch (Exception e) {
                e.printStackTrace();
            }
            return null;
        }

        static public void addStock(String newStockCode, String stockName) {

                Session session = sessionFactory.openSession();    // 获取 session
                try {
                    Stock stock = new Stock();                     // 创建 member 对象
                    stock.setStockCode(newStockCode);
                    stock.setStockName(stockName);
                    Transaction txTransaction = session.beginTransaction(); // 事务开始
                    session.save(stock);                           // 保存
                    txTransaction.commit();                        // 提交事务
                    session.flush();                               // 刷新 session
                    session.close();                               // 关闭 session
                } catch (Exception e) {
                    e.printStackTrace();
                }
            }
    }
```

可以看到，该类中有两个方法 getStocks ()和 addStock()。其中，前者返回现有所有数据库中的 Stock 对象；后者用于根据传入股票名和密码来添加一个新股票。

10.5.5 开发 Service 层代码

在项目开发中，Service 层是面向具体业务功能的，不直接和数据库打交道。UI 层首先把请求交给 Service 层，然后 Service 层将这一个业务分解成许多步骤，调用下面的 DAO 层来完成数据操作。

在项目中创建 StockService 类，用来添加股票和显示添加前后数据库中的所有股票。主要代码如下。

```
    package com.stock.service;

    import java.util.List;
    import com.stock.Stock;
    import com.stock.dao.StockDao;

    public class StockService {
        public static void implStock(String newStockCode,String newStockName) {
            System.out.println("添加前所有 stock 列表: ");            //输出
            List<Stock> list=StockDao.getStocks();                   //得到所有用户
            //list 遍历
            for (Stock stock : list) {
                System.out.println(stock.getStockName()+"("+stock.getStockCode()+
")");
            }
            StockDao.addStock(newStockCode, newStockName);           //添加用户
            System.out.println("添加后所有用户: ");                   //输出
```

```
            list=StockDao.getStocks();                              //得到所有用户
            //list 遍历
            for (Stock stock : list) {
                System.out.println(stock.getStockName()+"("+stock.getStockCode()+
")");
            }
        }
    }
```

可以看到，在上面代码中，首先将从数据库得到的所有股票的列表，然后添加一个股票，接着重新得到数据库中的股票，最后输出股票。

10.5.6　开发测试代码

在 StockService 类的同一包下建立一个 JUnit Test Case，类名为 StockServiceTest，如图 10.15 所示。

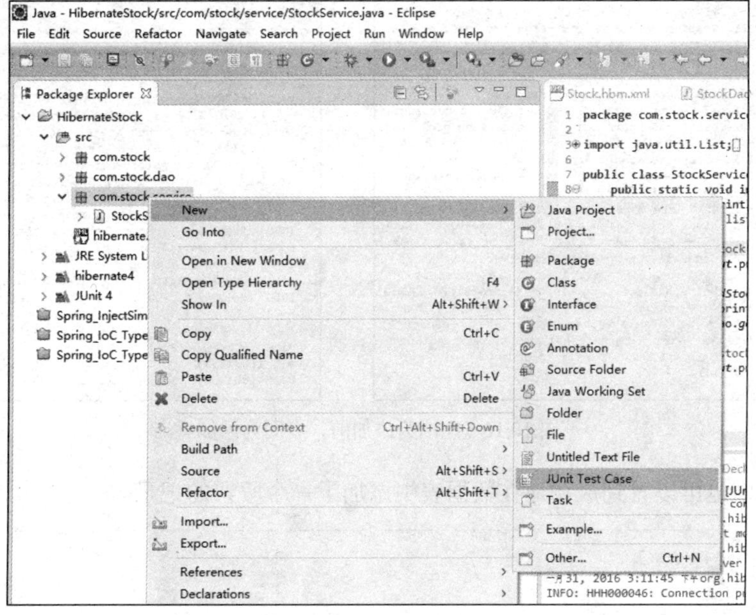

图 10.15　建立测试类

StockServiceTest.java 文件主要是被用来调用 Service 层的 StockService 类的 implStock()方法，其具体代码如下。

```
package com.stock.service;

//import static org.junit.Assert.*;

import org.junit.Test;

public class StockServiceTest {

    @Test
    public void test() {
//          fail("Not yet implemented");
            StockService.implStock("001238", "明日新科");//添加一支股票
    }
```

```
}
```

可以看到，该代码调用了 StockService 类中的 implStock ()方法，完成了整个工程编码的最后一步。

10.5.7 查看测试结果

在 StockServiceTest 上单击鼠标右键，运行这个 JUnit Test，控制台显示如图 10.16 所示。

```
Problems @ Javadoc Declaration Console
<terminated> StockServiceTest [JUnit] C:\Program Files\Java\jre1.8.0_45\bin\
添加前所有stock列表:
一月 31, 2016 3:11:45 下午 org.hibernate.annotations.common.Version
INFO: HCANN000001: Hibernate Commons Annotations {4.0.1.Final}
一月 31, 2016 3:11:45 下午 org.hibernate.Version logVersion
INFO: HHH000412: Hibernate Core {4.1.7.Final}
一月 31, 2016 3:11:45 下午 org.hibernate.cfg.Environment <clinit>
INFO: HHH000206: hibernate.properties not found
一月 31, 2016 3:11:45 下午 org.hibernate.cfg.Environment buildBytec
INFO: HHH000021: Bytecode provider name : javassist
一月 31, 2016 3:11:45 下午 org.hibernate.cfg.Configuration configur
INFO: HHH000043: Configuring from resource: /hibernate.cfg.xml
一月 31, 2016 3:11:45 下午 org.hibernate.cfg.Configuration getConfi
INFO: HHH000040: Configuration resource: /hibernate.cfg.xml
一月 31, 2016 3:11:45 下午 org.hibernate.cfg.Configuration addResou
INFO: HHH000221: Reading mappings from resource: com/stock/Stoc
一月 31, 2016 3:11:45 下午 org.hibernate.internal.util.xml.DTDEntity
WARN: HHH000223: Recognized obsolete hibernate namespace http:/
一月 31, 2016 3:11:45 下午 org.hibernate.cfg.Configuration doConfig
INFO: HHH000041: Configured SessionFactory: null
一月 31, 2016 3:11:45 下午 org.hibernate.service.jdbc.connections.i
INFO: HHH000402: Using Hibernate built-in connection pool (not
一月 31, 2016 3:11:45 下午 org.hibernate.service.jdbc.connections.i
INFO: HHH000115: Hibernate connection pool size: 20
一月 31, 2016 3:11:45 下午 org.hibernate.service.jdbc.connections.i
INFO: HHH000006: Autocommit mode: false
一月 31, 2016 3:11:45 下午 org.hibernate.service.jdbc.connections.i
INFO: HHH000401: using driver [com.mysql.jdbc.Driver] at URL [j
一月 31, 2016 3:11:45 下午 org.hibernate.service.jdbc.connections.i
INFO: HHH000046: Connection properties: {user=root, password=**
一月 31, 2016 3:11:45 下午 org.hibernate.dialect.Dialect <init>
INFO: HHH000400: Using dialect: org.hibernate.dialect.MySQLDial
一月 31, 2016 3:11:45 下午 org.hibernate.engine.transaction.interna
INFO: HHH000399: Using default transaction strategy (direct JDB
一月 31, 2016 3:11:45 下午 org.hibernate.hql.internal.ast.ASTQueryT
INFO: HHH000397: Using ASTQueryTranslatorFactory
Hibernate科技(601234)
今日科技(001235)
```

```
添加后所有用户:
一月 31, 2016 3:11:46 下午 org.hibernate.cfg.Configuration
INFO: HHH000043: Configuring from resource: /hibernate.
一月 31, 2016 3:11:46 下午 org.hibernate.cfg.Configuration
INFO: HHH000040: Configuration resource: /hibernate.cf
一月 31, 2016 3:11:46 下午 org.hibernate.cfg.Configuration
INFO: HHH000221: Reading mappings from resource: com/st
一月 31, 2016 3:11:46 下午 org.hibernate.internal.util.xml.
WARN: HHH000223: Recognized obsolete hibernate namespa
一月 31, 2016 3:11:46 下午 org.hibernate.cfg.Configuration
INFO: HHH000041: Configured SessionFactory: null
一月 31, 2016 3:11:46 下午 org.hibernate.service.jdbc.conne
INFO: HHH000402: Using Hibernate built-in connection p
一月 31, 2016 3:11:46 下午 org.hibernate.service.jdbc.conne
INFO: HHH000115: Hibernate connection pool size: 20
一月 31, 2016 3:11:46 下午 org.hibernate.service.jdbc.conne
INFO: HHH000006: Autocommit mode: false
一月 31, 2016 3:11:46 下午 org.hibernate.service.jdbc.conne
INFO: HHH000401: using driver [com.mysql.jdbc.Driver] a
一月 31, 2016 3:11:46 下午 org.hibernate.service.jdbc.conne
INFO: HHH000046: Connection properties: {user=root, pas
一月 31, 2016 3:11:46 下午 org.hibernate.dialect.Dialect <i
INFO: HHH000400: Using dialect: org.hibernate.dialect.M
一月 31, 2016 3:11:46 下午 org.hibernate.engine.transaction
INFO: HHH000399: Using default transaction strategy (di
一月 31, 2016 3:11:46 下午 org.hibernate.hql.internal.ast.A
INFO: HHH000397: Using ASTQueryTranslatorFactory
Hibernate科技(601234)
今日科技(001235)
明日新科(001238)
```

图 10.16 左图为添加前，右图为添加后

在数据库中也可以看到成功地在数据表中添加了一个股票的记录。

极客学院
jikexueyuan.com

极客学院在线视频学习网址：

http://www.jikexueyuan.com/course/851.html
http://www.jikexueyuan.com/course/1469.html
http://www.jikexueyuan.com/course/1476.html
http://www.jikexueyuan.com/course/1868.html

手机扫描二维码

第一个 Hibernate 应用 helloapp

Hibernate 关联映射

Hibernate 对集合属性的操作

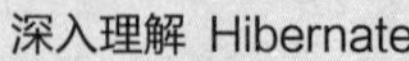

深入理解 Hibernate

10.6　本章小结

本章首先介绍了 Hibernate 配置文件 hibernate.cfg.xml 中包含的元素，每个元素的功能及其包含的属性，然后介绍了 Hibernate 的映射文件，并详述其中的各种元素。映射文件主要被用来向 Hibernate 提供如何将对象持久到数据库中的相关信息。其中，主要详细介绍了 Hibernate 中常用的关联映射方式。接下来简要介绍了 Hibernate 中的各个核心接口的功能。

本章最后通过一个完整的示例，详细讲解了在 Eclipse 开发工具中创建和运行 Hibernate 项目的步骤和技巧。

习　题

一、选择题

1. 下面（　　）不是 Hibernate 映射文件中包含的内容。
   A. 数据库连接信息　　B. 数据表字段名
   C. 主键生成策略　　D. 属性数据类型
2. 在 Hibernate 中，不属于 Session 接口的方法是（　　）。
   A. save()　　B. open()　　C. update()　　D. delete()
3. Hibernate 配置文件中，不包含下面的（　　）。
   A. “对象-关系映射”信息　　B. 配置事务属性
   C. show_sql 等参数的配置　　D. 数据库连接信息
4. 以下不属于 Cascade 的属性取值的有（　　）。
   A. all　　B. save　　C. delete　　D. save-update
5. Hibernate 对象从临时状态到持久状态转换的方式有（　　）。
   A. 调用 session 的 save 方法　　B. 调用 session 的 close 方法
   C. 调用 session 的 clear 方法　　D. 调用 session 的 evict 方法

二、简答题

1. 简述 Session 的特点。
2. Hibernate 常用的接口有哪些?
3. 简述 Hibernate 操作数据库的步骤。
4. hbm.xml 中的主键生成策略有哪些?
5. 在 hibernate.cfg.xml 文件中显示 SQL，格式化 SQL 需要设置哪些属性?

第11章 Spring基础

本章在介绍Spring框架基本概念和运行机制的基础上，讲解Spring框架开发包的获取和配置，最后通过一个简单的实例介绍使用Spring开发的步骤。主要内容包括：Spring框架基本知识，Spring框架开发准备，Spring框架开发实例。

11.1 Spring基本概念

Spring框架为应用程序的开发提供了全面的基础设施支持，且未强制使用任何特定的编程模式。Spring框架不限于服务器端的开发，其核心功能适用于任何Java应用。

Spring框架的优势可以总结为如下6点。

（1）Spring框架能够有效地将现有的中间层框架（例如：Struts和Hibernate框架）组织起来。

（2）Spring框架实现了真正意义上的面向接口编程，可实现组件之间的高度解耦。

（3）Spring所秉承的设计思想就是，让使用Spring创建的那些应用都尽可能少地依赖于它的API。

（4）使用Spring构建的应用程序易于进行单元测试。

（5）Spring提高了代码的可重用性。

（6）Spring为数据存取提供了一个一致的框架，简化了底层数据库的访问方式。

1. Spring的主要特征

（1）控制反转

传统POJO开发中，通常由调用者来创建被调用者的实例，但在Spring框架中，调用者不负责创建被调用者的实例，而是通过开发者的配置来判断实例的类型。被调用者的实例创建后再“注入”调用者，这一过程被称为控制反转（Inversion of Control，IoC）或依赖注入（Dependency Injection，DI）。

Spring框架通过控制反转的方式来管理各个对象，这种动态而灵活的方式使得各个对象之间的依赖关系和具体实现更容易被理解，也便于开发者对项目的管理。

（2）面向切面编程（AOP）

AOP（Aspect-Oriented Programming）是面向对象编程（OOP）的补充和完善。在OOP中通过封装、继承和多态性等概念建立起了多个对象之间的层次结构，但当需要为这些分散的对象加入一些公共行为时，OOP就显得力不从心了。AOP利用了一种被称为“横切”的技术，将封装好的对象剖开，找出其中对多个对象产生影响的公共行为，并将其封装为一个可重用的模块。这个模块被命名为“切面”（Aspect）。切面将那些与业务无关，却被业务模块共同调用的逻辑提取并封装起来，减少了系统中的重复代码，降低了模块间的耦合度，同时提高了系统的可维护性。

（3）日志

日志主要被用来监控代码中变量的变化，跟踪代码运行的轨迹，在开发环境中担当调试器，向控制台或文件输出信息。在 Spring 框架中，日志记录是必不可少的，如果没有对应的依赖包，就会产生错误。

2. Spring 框架

Spring 框架由总共 20 多个模块组成，包括：核心容器（Core Container）、数据访问/集成（Data Access/Integration）、Web（MVC/Remoting）、AOP 等，如图 11.1 所示。

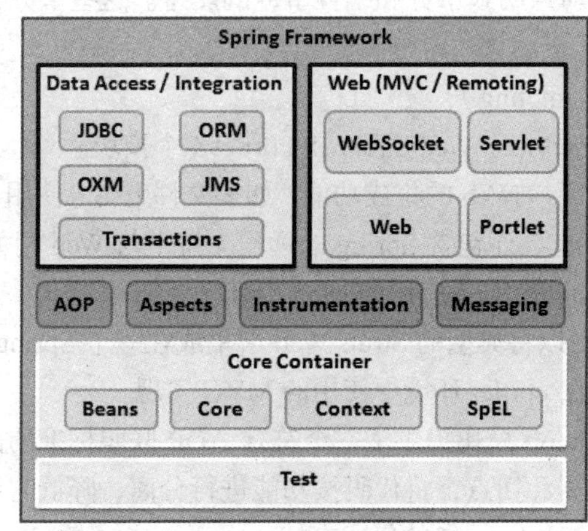

图 11.1 Spring 框架

这些模块为我们提供了开发企业级应用所需要的一切资源。它们在开发过程中并不都是必须的，可以针对具体的应用自由选择所需要的模块。此外，还可以将 Spring 与其他框架或库进行集成，使得开发过程更有针对性。下面依次介绍这些模块。

（1）核心容器（Core Container）

位于 Spring 结构图最底层的是其核心容器 Core Container。Spring 的核心容器由 Beans、Core、Context 和 SPEL 四个模块组成，其他模块都是建立在核心容器基础之上的。

其中，Beans 和 Core 模块实现了 Spring 框架的最基本功能，规定了创建、配置和管理 Bean 的方式，提供了控制反转（IoC）或依赖注入（DI）的特性。

核心容器中的主要组件是 BeanFactory 类，它通过 IoC 将应用程序的配置及依赖性规范与实际的程序代码相分离。

Context 模块负责向 Spring 框架提供了上下文信息。它扩展了 BeanFactory 类，添加了对国际化（I18N）的支持，提供了资源加载和校验等功能，并支持与模板框架（如 Velocity、FreeMarker）的集成。

SPEL（Spring Expression Language）模块提供了一种强大的表达式语言，来访问和操纵运行时的对象。该表达式语言是在 JSP 2.1 中规定的统一表达式语言的延伸，支持设置和获取属性值、方法调用、访问数组、集合和索引、逻辑和算术运算、命名变量，以及根据名称从 IoC 容器中获取对象等功能。

（2）数据访问/集成模块（Data Access/Integration）

数据访问/集成模块由 JDBC、ORM、OXM、JMS 和 Transactions 这几个模块组成。其中，在编写 JDBC 代码时常常需要一套程式化的代码，Spring 的 JDBC 模块对这些程式化的代码进行抽象，提供了一个 JDBC 的抽象层，这样就大幅度地减少了开发过程中对数据库操作代码的编写。

ORM 模块为主流的对象关系映射（object-relative mapping）API 提供了集成，这些主流的对象关系映射 API 包括了：JPA、JDO、Hibernate 和 IBatis。

OXM 模块为支持 Object/XML 映射的实现提供了一个抽象层，这些支持 Object/XML 映射的实现包括：JAXB、Castor、XMLLBeans、JiBX 和 XStream。

JMS（Java Messaging Service）模块包含发布和订阅消息的特性。

Transaction 模块提供了对声明式事务和编程事务的支持。这些事务类必须实现特定接口，并且对所有的 POJO 都适用。

（3）Web 模块（MVC/Remoting）

Web 模块包括：Web、Servlet、Wed Struts 和 Portlet 4 个模块。

Web 模块提供了基本的面向 Web 的集成功能，如多文件上传、使用 servlet 监听器初始化 IoC 容器和面向 Web 的应用上下文，还包含 Spring 的远程支持中与 Web 相关的部分。

Servlet 模块提供了 Spring 的 Web 应用的 MVC 实现。

Wed Struts 模块提供了可以将典型的 Struts Web 层集成在一个 Spring 应用程序中的支持类。

Portlet 模块提供了一个在 portlet 环境中使用的 MVC 实现。

（4）AOP 和 Instrumentation 模块提供了一个符合 AOP 联盟标准的面向切面编程的实现。使用该模块可以定义方法拦截器和切点，将代码按功能进行分离，降低它们之间的耦合性。

（5）Aspects 模块提供了对 AspectJ 的集成支持。

（6）Instrumentation 模块提供了对 class instrumentation 的支持和 classloader 实现。

（7）Messaging 是 Spring 4 新增加的模块，为集成 Messaging api 和消息协议提供支持。

（8）Test 模块支持使用 JUnit 和 TestNG 对 Spring 组件进行测试，它提供一致的 ApplicationContexts 并缓存这些上下文。

11.2 Spring 下载及配置

11.2.1 下载 Spring 开发包

目前 Spring 框架的开发包的最新 RELEASE 是 4.2.4。读者可以去 Spring 官网（http://spring.io）下载源代码进行编译，官网建议采用 Maven 或 Gradle 进行项目编译。为方便起见，建议直接下载编译好的二进制压缩包，下载地址为 http://repo.springsource.org/libs-release-local/org/springframework/spring/。

1. 下载 Spring framework

打开下载地址页，目录列表如图 11.2 所示。

在图 11.2 所示的 spring 框架下载列表中选择链接 4.2.4.RELEASE，进入下载文件列表。下载 spring-framework-4.2.4.RELEASE-dist.zip 文件，如图 11.3 所示。

4.1.2.RELEASE/	11-Nov-2014 08:47	-
4.1.3.RELEASE/	09-Dec-2014 10:45	-
4.1.4.RELEASE/	30-Dec-2014 13:16	-
4.1.5.RELEASE/	20-Feb-2015 12:07	-
4.1.6.RELEASE/	25-Mar-2015 16:40	-
4.1.7.RELEASE/	30-Jun-2015 17:31	-
4.1.8.RELEASE/	15-Oct-2015 09:55	-
4.1.9.RELEASE/	17-Dec-2015 09:02	-
4.2.0.RELEASE/	31-Jul-2015 09:25	-
4.2.1.RELEASE/	01-Sep-2015 11:36	-
4.2.2.RELEASE/	15-Oct-2015 12:57	-
4.2.3.RELEASE/	15-Nov-2015 16:55	-
4.2.4.RELEASE/	17-Dec-2015 09:25	-

图 11.2 Spring 框架下载列表

Name	Last modified	Size
../		
spring-framework-4.2.4.RELEASE-dist.zip	17-Dec-2015 09:05	63.96 MB
spring-framework-4.2.4.RELEASE-dist.zip.asc	17-Dec-2015 09:05	183 bytes
spring-framework-4.2.4.RELEASE-dist.zip.asc.md5	17-Dec-2015 09:05	32 bytes
spring-framework-4.2.4.RELEASE-dist.zip.asc.sha1	17-Dec-2015 09:05	40 bytes
spring-framework-4.2.4.RELEASE-dist.zip.md5	17-Dec-2015 09:05	32 bytes
spring-framework-4.2.4.RELEASE-dist.zip.sha1	17-Dec-2015 09:05	40 bytes
spring-framework-4.2.4.RELEASE-docs.zip	17-Dec-2015 09:05	33.19 MB
spring-framework-4.2.4.RELEASE-docs.zip.asc	17-Dec-2015 09:05	183 bytes
spring-framework-4.2.4.RELEASE-docs.zip.asc.md5	17-Dec-2015 09:05	32 bytes
spring-framework-4.2.4.RELEASE-docs.zip.asc.sha1	17-Dec-2015 09:05	40 bytes
spring-framework-4.2.4.RELEASE-docs.zip.md5	17-Dec-2015 09:05	32 bytes
spring-framework-4.2.4.RELEASE-docs.zip.sha1	17-Dec-2015 09:05	40 bytes
spring-framework-4.2.4.RELEASE-schema.zip	17-Dec-2015 09:04	328.29 KB
spring-framework-4.2.4.RELEASE-schema.zip.asc	17-Dec-2015 09:04	183 bytes
spring-framework-4.2.4.RELEASE-schema.zip.asc.md5	17-Dec-2015 09:04	32 bytes
spring-framework-4.2.4.RELEASE-schema.zip.asc.sha1	17-Dec-2015 09:04	40 bytes
spring-framework-4.2.4.RELEASE-schema.zip.md5	17-Dec-2015 09:04	32 bytes
spring-framework-4.2.4.RELEASE-schema.zip.sha1	17-Dec-2015 09:04	40 bytes

图 11.3 spring framework 下载文件列表

2. 下载 commons-logging 包

Spring 框架要求必须要有日志记录的依赖包。common-logging 是 Apache 提供的一个通用的日志接口，其内部有一个 Simple logger 的简单实现，但是功能很弱。用户可以自由选择第三方的日志组件作为具体实现，像 log4j，或者 jdk 自带的 logging。common-logging 会通过动态查找的机制，在程序运行时自动找出真正使用的日志库。使用它的好处就是，代码依赖是 common-logging 而非 log4j，从而避免了和具体的日志方案直接耦合。在 Spring 框架中，通常都是 common-logging 配合 log4j 来使用。

（1）登录站点“http://commons.apache.org/proper/commons-logging/download_logging.cgi”，单击页面中的“commons-logging-1.2-bin.zip”超链接下载压缩包，如图 11.4 所示。

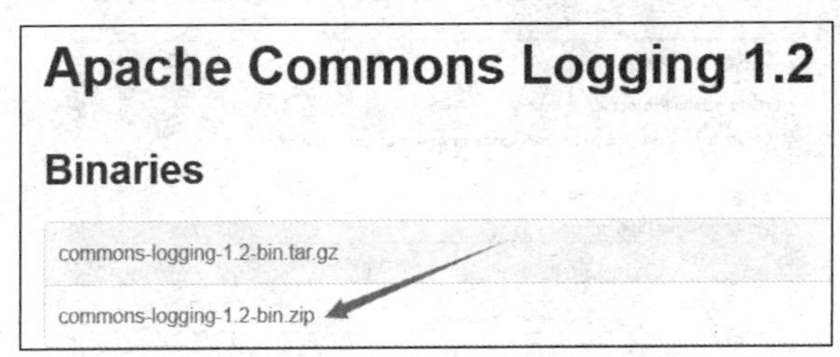

图 11.4 下载 commons-logging 压缩包

（2）将下载的压缩包解压缩到自定义的文件夹中。

11.2.2 Spring 开发包准备

在下载完 Spring 框架开发所需要的开发包后，下面介绍 Spring 框架的配置。

（1）将下载的压缩包解压，可以看到如图 11.5 所示的目录。

（2）打开 libs 文件夹，可以看到 Spring 开发所需的 JAR 包，如图 11.6 所示。这些包各自对应着 Spring 框架的某一模块，选择所有包，并将其拷贝到自定义文件夹下，例如："d:/spring-4.2.4/"。

（3）打开 commons-logging 压缩包解压缩目录，可以看到其所有文件，如图 11.7 所示。

（4）将图 11.7 所示目录下的 commons-logging-1.2.jar 文件复制到自定义的 Spring 文件夹中，则所有 Spring 开发所需要的包就组织好了。

名称	修改日期	类型
docs	2015/12/17 0:59	文件夹
libs	2015/12/17 0:59	文件夹
schema	2015/12/17 0:59	文件夹
license	2015/12/17 0:43	文本文档
notice	2015/12/17 0:43	文本文档
readme	2015/12/17 0:43	文本文档

图 11.5 Spring 开发包目录

名称	修改日期	类型
spring-aspects-4.2.4.RELEASE-sources.jar	2015/12/17 0:57	Executable Jar
spring-beans-4.2.4.RELEASE.jar	2015/12/17 0:44	Executable Jar
spring-beans-4.2.4.RELEASE-javadoc.jar	2015/12/17 0:57	Executable Jar
spring-beans-4.2.4.RELEASE-sources.jar	2015/12/17 0:57	Executable Jar
spring-context-4.2.4.RELEASE.jar	2015/12/17 0:45	Executable Jar
spring-context-4.2.4.RELEASE-javadoc.jar	2015/12/17 0:57	Executable Jar
spring-context-4.2.4.RELEASE-sources.jar	2015/12/17 0:57	Executable Jar
spring-context-support-4.2.4.RELEASE.jar	2015/12/17 0:45	Executable Jar
spring-context-support-4.2.4.RELEASE-javadoc.jar	2015/12/17 0:57	Executable Jar
spring-context-support-4.2.4.RELEASE-sources.jar	2015/12/17 0:57	Executable Jar
spring-core-4.2.4.RELEASE.jar	2015/12/17 0:44	Executable Jar
spring-core-4.2.4.RELEASE-javadoc.jar	2015/12/17 0:57	Executable Jar
spring-core-4.2.4.RELEASE-sources.jar	2015/12/17 0:57	Executable Jar
spring-expression-4.2.4.RELEASE.jar	2015/12/17 0:44	Executable Jar
spring-expression-4.2.4.RELEASE-javadoc.jar	2015/12/17 0:57	Executable Jar
spring-expression-4.2.4.RELEASE-sources.jar	2015/12/17 0:57	Executable Jar
spring-instrument-4.2.4.RELEASE.jar	2015/12/17 0:44	Executable Jar
spring-instrument-4.2.4.RELEASE-javadoc.jar	2015/12/17 0:57	Executable Jar
spring-instrument-4.2.4.RELEASE-sources.jar	2015/12/17 0:57	Executable Jar
spring-instrument-tomcat-4.2.4.RELEASE.jar	2015/12/17 0:48	Executable Jar

图 11.6 Spring 开发 JAR 包

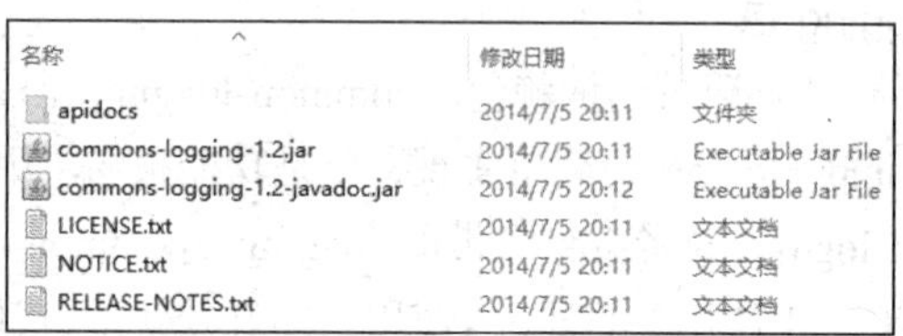

名称	修改日期	类型
apidocs	2014/7/5 20:11	文件夹
commons-logging-1.2.jar	2014/7/5 20:11	Executable Jar File
commons-logging-1.2-javadoc.jar	2014/7/5 20:12	Executable Jar File
LICENSE.txt	2014/7/5 20:11	文本文档
NOTICE.txt	2014/7/5 20:11	文本文档
RELEASE-NOTES.txt	2014/7/5 20:11	文本文档

图 11.7 commons-logging 文件目录

11.2.3 在项目中配置 Spring

（1）打开 Eclipse，新建一个 Java Project 工程，名为“SpringDemo”，如图 11.8 所示。

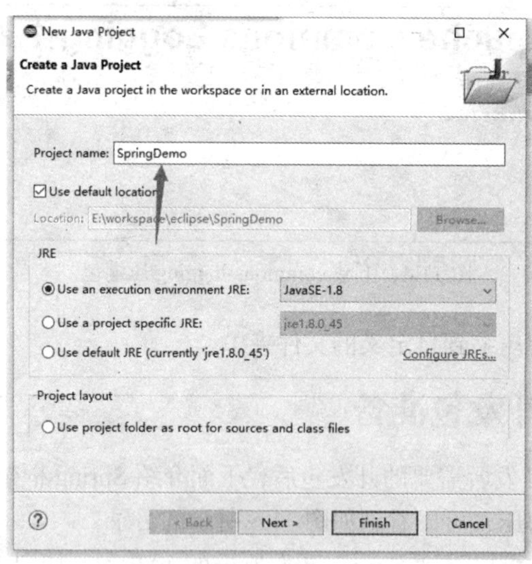

图 11.8 新建 SpringDemo 工程

（2）下面为项目添加 Spring 支持。在 Eclipse 左侧导航栏中新建的工程“SpringDemo”上右击，然后在弹出的快捷菜单中选择“Build Path|Add Libraries”菜单项，操作过程如图 11.9 所示。

（3）在弹出的“Add Library”对话框中，选择“User Library”选项，单击“Next”按钮，进入下一步，如图 11.10 所示。

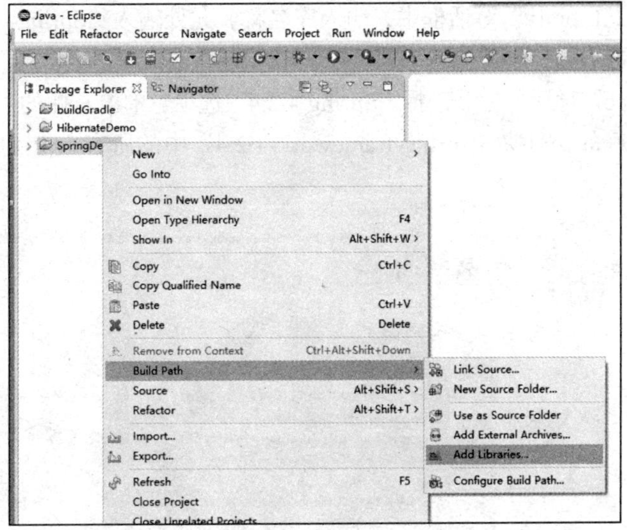

图 11.9　添加类库

（4）在“User Library”对话框中，单击“User Libraries”按钮配置用户库，如图 11.11 所示。

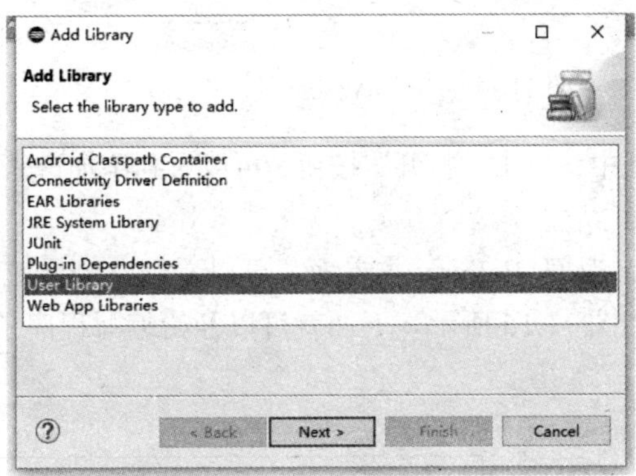

图 11.10　选择 User Library 选项

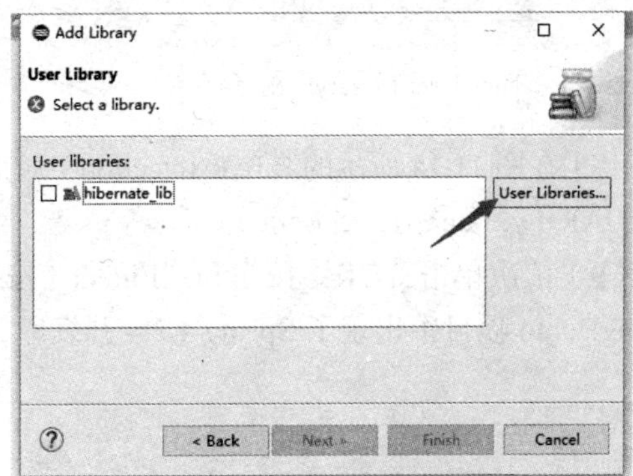

图 11.11　“User Library”对话框

（5）在弹出的“Preferences（Filtered）”对话框中，单击“New”按钮，新建一个用户库，如图 11.12 所示。

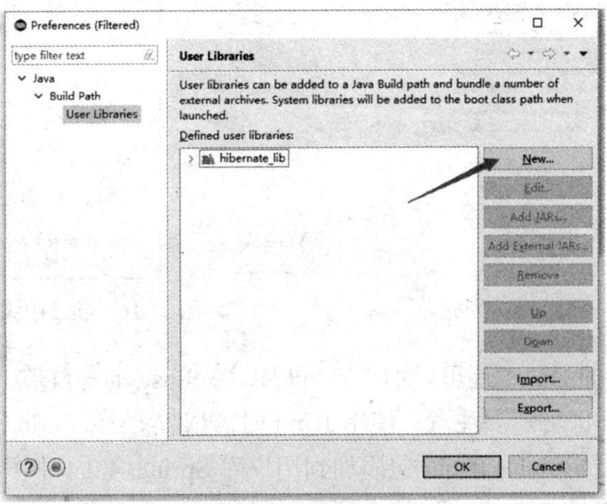

图 11.12　新建用户库

（6）在“New User Library”对话框中，输入库名称，此处输入“Spring4.2.4”单击“OK”按钮，进入下一步，如图 11.13 所示。

（7）在“Preference”对话框中，选择“Spring 4.2.4”选项，单击右侧的“Add External JARs”按钮，并选择刚才建好的文件夹“spring-framework-4.2.4”中的所有 JAR 包，如图 11.14 所示。

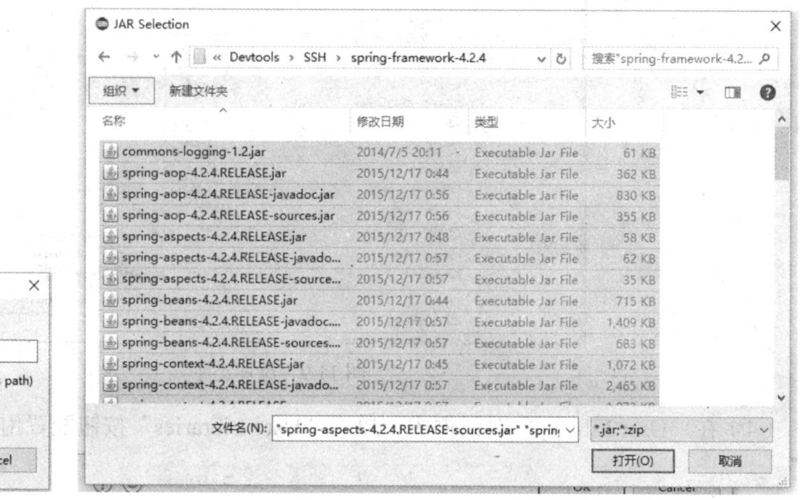

图 11.13　“New User Library”对话框　　　　图 11.14　选择 JAR 包

（8）在图 11.14 所示的“JAR selection”对话框中，单击“打开”按钮，可以看到添加进来的所有 JAR 包，如图 11.15 所示。

（9）依次单击“OK”按钮和“Finish”按钮，返回 Eclipse 主界面，可以看到左侧导航栏 SpringDemo 项目中出现了 Spring 4.2.4 开发库，如图 11.16 所示。下面就可以开始编写程序了。

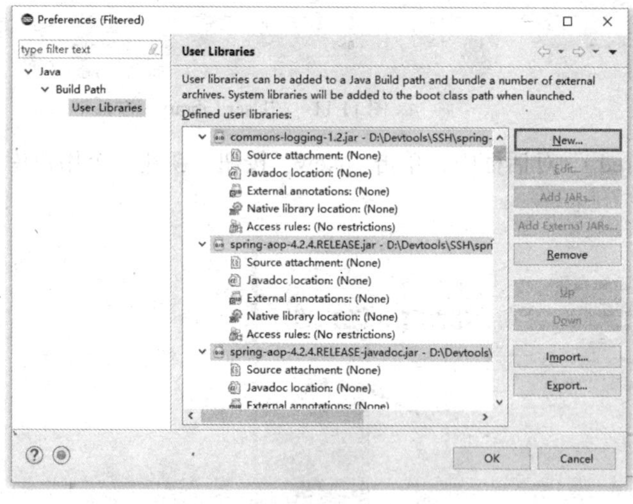

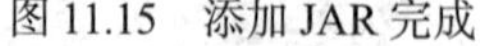

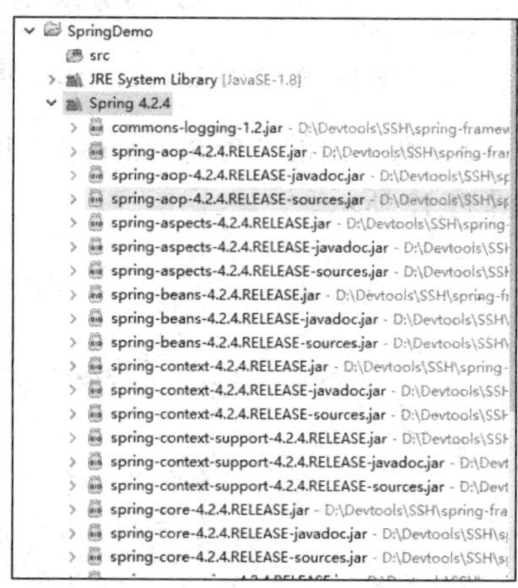

图 11.15　添加 JAR 完成　　　　图 11.16　项目中添加了 Spring 开发所需的包

（10）为了方便程序的测试，还可以加入 JUnit 库。Eclipse 本身自带 JUnit 库，因此，只需在 Add Library 中加入 JUnit 即可。要注意：使用 JUnit 时需依赖 common-logging 包，否则会报错。前面已经把 common-logging-1.1.1 的 jar 包添加到用户库 Spring 4.2.4 中了，故此处无需再添加。重复前面的步骤，添加 JUnit 库，如图 11.17 所示。

（11）准备工作都做好以后，就可以使用 Spring 框架编写程序了。配置好后，整个项目基本结构如图 11.18 所示。

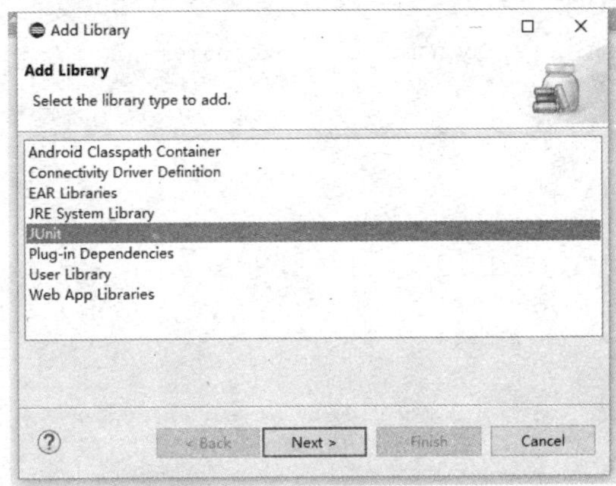

图 11.17　添加 JUnit 库

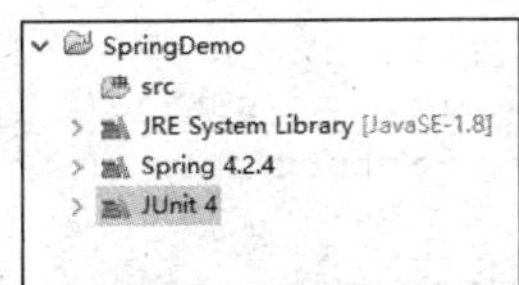

图 11.18　Spring 框架配置完毕

11.2.4　学生信息系统实例

Spring 使用 JavaBean 来配置应用程序。简单说，Java Bean 指的就是类中包含 getter 和 setter 方法的 Java 类。下面通过一个实例来进一步地熟悉 Spring 框架程序的构建过程。

（1）在 SpringDemo 工程的 src 目录下创建 com.bean 包，如图 11.19 所示。

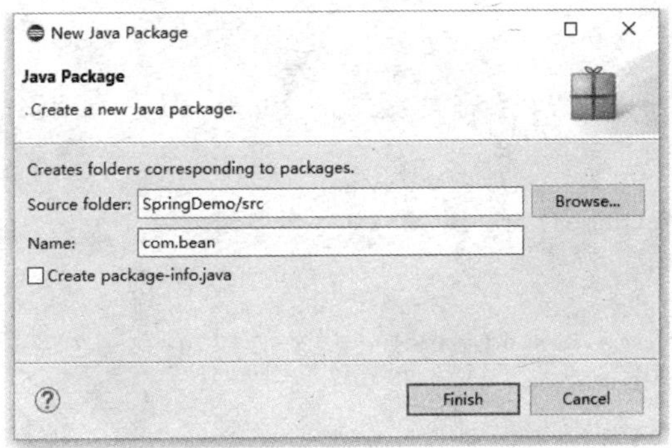

图 11.19　创建 com.bean 包

在该包下分别创建接口 IPerson.java、实现类 ChineseImpl.java 和 AmericanImpl.java3 个文件。打开 IPerson.java 文件，编辑如下代码。

```
package com.bean;

public interface IPerson {
    public void Say();//all person can say。
}
```

由此可见，IPerson 接口中规定了一个规范。

（2）ChineseImpl 类是 IPerson 接口的实现。打开 ChineseImpl.java 文件，编辑如下代码。

```
package com.bean;

public class ChineseImpl implements IPerson{
```

```
        private String name;
        private int age;
        @Override
        public void Say() {
            System.out.println("I am Chinese, My name is "+this.name+",I am "+this.age+"
years old.");
        }
        public String getName() {
            return name;
        }
        public void setName(String name) {
            this.name = name;
        }
        public int getAge() {
            return age;
        }
        public void setAge(int age) {
            this.age = age;
        }
    }
```

打开 AmericanImpl.java 文件，编辑如下代码。

```
    package com.bean;
    public class AmericanImpl implements IPerson{
        private String name;
        private int age;
        public void Say() {
            //输出
            System.out.println("I am American, My name is "+this.name+",I am "+this.age+"
years old.");
        }
        public String getName() {
            return name;
        }
        public void setName(String name) {
            this.name = name;
        }
        public int getAge() {
            return age;
        }
        public void setAge(int age) {
            this.age = age;
        }
    }
```

ChineseImpl 类和 AmericanImpl 类都有两个属性：name 和 age。当调用 Say()方法时，这两个属性的值被打印出来。那么在 Spring 中是由谁来负责调用 SetName()和 SetAge()方法，从而设置这两个属性值的呢？在 Spring 中，显然应该让 Spring 容器来负责调用这两个类的 setter 方法，以设置实例中属性的值。这在 Spring 中又是如何实现的呢？

Spring 也是使用 XML 配置文件来告知容器该如何对实现类进行操作的。下面我们在 Spirng 中使用配置文件 applicationContext.xml，来告知容器该如何对 AmericanImpl 类和 ChineseImpl 类进行操作。

（3）在 src 目录下创建 applicationContext.xml 文件，编辑代码如下。

```
<?xml version="1.0" encoding="UTF-8"?>
<!-- Spring 配置文件的根元素 -->
<beans
    xmlns="http://www.springframework.org/schema/beans"
    xmlns:xsi="http://www.w3.org/2001/XMLSchema-instance"
    xmlns:p="http://www.springframework.org/schema/p"
    xmlns:aop="http://www.springframework.org/schema/aop"
    xsi:schemaLocation="http://www.springframework.org/schema/beans
         http://www.springframework.org/schema/beans/spring-beans-3.0.xsd
         http://www.springframework.org/schema/aop
         http://www.springframework/org/schema/aop/spring-aop-3.0.xsd">
    <!--配置 chinese 实例-->
    <bean id="chinese" class="com.bean.ChineseImpl">
        <!--将值 Lee 注入给 name 属性-->
        <property name="name">
            <value>Lee</value>
        </property>
    <!--将值 13 注入给 age 属性-->
        <property name="age">
            <value>13</value>
        </property>
    </bean>
    <!--配置 american 实例-->
    <bean id="american" class="com.bean.AmericanImpl">
        <!--将值"Tom"注入给 name 属性-->
        <property name="name">
            <value>Tom</value>
        </property>
        <!--将值 10 注入给 age 属性-->
        <property name="age">
            <value>10</value>
        </property>
    </bean>
</beans>
```

上面的 XML 文件在 Spring 容器中声明了一个 ChineseImpl 实例 chinese 和一个 AmericanImpl 实例 american，并分别给 chinese 和 american 的 name 属性及 age 属性赋值。

上述 XML 文件中的<beans>是任何 Spring 配置文件的根元素，被用来在 Spring 容器中定义一个类，并包含该类的相关配置信息。配置<bean>元素时，通常会指定其 id 属性和 class 属性。例如，配置文件中第一个<bean>元素的 id 属性表示 chinese Bean 的名字；class 属性表示 Bean 的全限定类名。

<bean>元素的子元素<property>被用来设置实例中属性的值，Spring 通过调用实例中的 setter 方法来设置其各个属性的值。下面的代码片段展示了当使用 applicationContext.xml 文件来实例化 ChineseImpl 实例时，Spring 容器根据配置文件所做的工作。

```
ChineseImpl chinese=new ChineseImpl();
chinese.setName("Lee");
chinese.setAge(12);
```

上面的工作都做完以后，最后一个步骤就是建立一个类来创建 Sping 容器，并利用它来获取

ChineseImpl 实例和 AmericanImpl 实例。

（4）在 src 目录下创建包 com.spring，如图 11.20 所示。

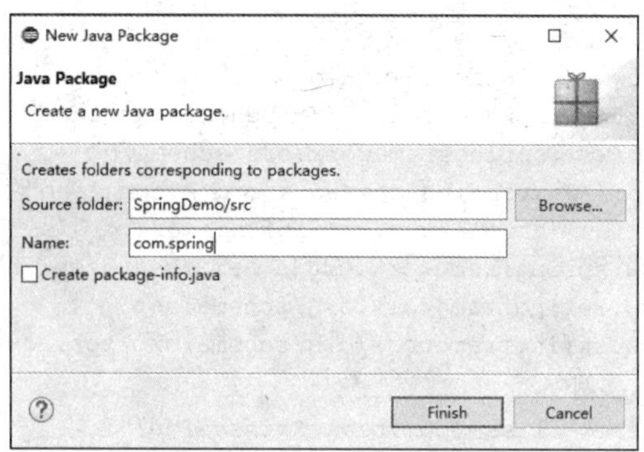

图 11.20　创建 Test 类所在的包

在该包下创建 Test.java 文件，包含 main 方法。代码如下。

```
package com.spring;

import org.springframework.context.ApplicationContext;
import org.springframework.context.support.AbstractApplicationContext;
import org.springframework.context.support.ClassPathXmlApplicationContext;

import com.bean.IPerson;

public class Test {

    public static void main(String[] args) {
        //创建 Spring 容器
        ApplicationContext context=new ClassPathXmlApplicationContext("application
Context.xml");
        //通过 getBean(实例名)方法获取 ChineseImpl 实例的引用
        IPerson person=(IPerson)context.getBean("chinese");
        //调用 ChineseImpl 实例的方法
        person.Say();

        //获取 AmericanImpl 实例的引用
        person=(IPerson)context.getBean("american");
        //调用 AmericanImpl 实例的 Speak()方法
        person.Say();

        //关闭资源
        ((AbstractApplicationContext) context).close();
    }
}
```

上面的程序首先创建 Spring 容器，并将 applicationContext.xml 文件装载进容器后，调用其 getBean()方法来获得对 ChineseImpl 实例和 AmericanImpl 实例的引用，然后该容器使用这两个引用来调用各自的 setter 方法。这样，在 ChineseImpl 实例和 AmericanImpl 实例中的属性就在 Spring 容器的作用下被赋值了。当分别调用这两个实例的 Say()方法时，就可以正确地打印出各自的属性值。

（5）选择左侧导航栏中的 Test.java，右击“Run As|Java Application”，运行该程序，可在控制台看到输出结果，如图 11.21 所示。

需要说明的是，这里 ChineseImpl 类和 AmericanImpl 类的实例并不是调用 main()方法来创建的，而是通过将 applicationContext.xml 文件加载后，交付给 Spring 框架，当执行 getBean()方法时，就可以得到要创建实例的引用了。因此，调用者并没有创建实例，而是通过 Spring 框架将创建好的实例注入调用者中。这实际上就是 Spring 的核心机制：依赖注入。Spring 的强大之处就在于，它可以使用依赖注入，将一个 Bean 注入到另一个 Bean 中。在下一节将会详细介绍依赖注入的概念。

```
I am Chinese, My name is Lee,I am 13 years old.
I am American, My name is Tom,I am 10 years old.
```

图 11.21 输出结果

11.2.5 Spring 的 IoC 容器

依赖注入也被称作控制反转，英文简写为 IoC。IoC 容器为管理对象之间的依赖关系提供了基础功能。Spring 为我们提供了两种容器：BeanFactory 和 ApplicationContext。

其中，BeanFactory 由 org.springframework.beans.factory.BeanFactory 接口定义，是基础类型的 IoC 容器，并能提供完整的 IoC 服务支持。IoC 容器需要为其具体的实现提供基本的功能规范，而 BeanFactory 接口则提供了该功能规范的设计。每个具体的 Spring IoC 容器都要满足 BeanFactory 接口的定义。

ApplicationContext 由 org.springframework.context.ApplicationContext 接口定义，是以 BeanFactory 为基础构建的。此外，Spring 还提供了 BeanFactory 和 ApplicationContext 的几种实现类，它们也都被称为 Spring 的容器。

1. BeanFactory 及其工作原理

BeanFactory 在 Spring 中的作用至关重要，它实际上是一个用于配置和管理 Java 类的内部接口。BeanFactory 是一个管理 Bean 的工厂，负责初始化各种 Bean，并调用它们的生命周期方法。

BeanFactory 的实现类中，最常用的是 org.springframework.beans.factory.xml.XmlBeanFactory，它会根据 XML 配置文件中的定义来装配 Bean。

创建 BeanFactory 实例时，需要提供 Bean 的详细配置信息。Spring 的配置信息通常采用 XML 文件的形式来管理，所以，在创建 BeanFactory 实例时，需要依据 XML 配置文件中的信息。

2. BeanFactory 接口包含如下基本方法

（1）Boolean containsBean(String name)：判断 Spring 容器是否包含 id 为 name 的 Bean 定义。

（2）Object getBean(String name)：返回容器中 id 为 name 的 Bean。

（3）Object getBean(String name, Class requiredType)：返回容器中 id 为 name,并且类型为 requiredType 的 Bean。

（4）Class getType(String name)：返回容器中 id 为 name 的 Bean 的类型。

ApplicationContext 是 BeanFactory 的子接口,也被称为应用上下文。BeanFactory 提供了 Spring 的配置框架和基本功能，而 ApplicationContext 则添加了更多的企业级功能。

与 BeanFactory 相比，ApplicationContext 的另一个重要的优势在于，当 ApplicationContext 容器初始化完成后，容器中所有的 singleton Bean 也都被实例化了。这意味着当需要使用某个 singleton Bean 时，它已经提前被准备好了，可以直接拿来使用。基于这一点，在实际开发中，大部分的系统都选择使用 ApplicationContext，而只在系统资源较少的情况下，才考虑使用 Beanfactory。

ApplicationContext 接口的实现类有以下 3 个。

（1）ClassPathXmlApplicationContext：从类加载路径下的 XML 文件中获取上下文定义信息，创建 ApplicationContext 实例：

ApplicationContext context=new ClassPathXmlApplicationContext("bean.xml");

（2）FileSystemXmlApplicationContext：从文件系统指定路径下的 XML 文件中获取上下文定义信息，创建 ApplicationContext 实例：

ApplicationContext context=new FileSystemXmlApplicationContext ("d:/bean.xml");

（3）XmlWebApplicationContext：从 Web 系统的 XML 文件中获取上下文定义信息，创建 ApplicationContext 实例。XmlWebApplicationContext 用于基于 Web 的 Spring 应用系统中，此处暂不讨论。

11.3 Spring MVC 技术

11.3.1 MVC 的基本思想

1. MVC 设计思想

MVC 指的是把一个应用按照 Model、View 和 Controller 的方式分成三层——模型层、视图层和控制层。

视图层（View）代表了用户的交互界面。比如：一个 Web 应用可以有很多不同的视图，可以是 HTML，也可以是 JSP、XML 等。在 MVC 模式中，对于视图的处理仅包含视图上数据的采集和处理，而不包括对视图上业务流程的处理。对业务流程的处理统一交由模型层（Model）负责。

模型层（Model）负责业务的处理以及业务规则的制定。模型层接受视图层请求的数据，并将最终处理结果返回。业务模型的设计是 MVC 思想最主要的核心。在 MVC 中没有提供模型的设计方法，它只是负责组织和管理这些模型，以便于模型的重构和提供其重用性。

控制层（Controller）用于从用户接收请求，将模型和视图相匹配。该层实际上是一个分发器，选择什么样的模型，选择什么样的视图，以及可以完成什么样的用户请求都由它来确定。在控制层不做任何的数据处理。

2. MVC 的 Model 1 和 Model 2 架构

Model1 基于 JSP，即在 Model1 模式下，一个 Web 应用几乎全部由 JSP 页面构成。这些 JSP 从 HTTP Request 中获取所需的数据，然后进行业务处理，并通过 Response 将结果返回给浏览器，如图 11.21 所示。

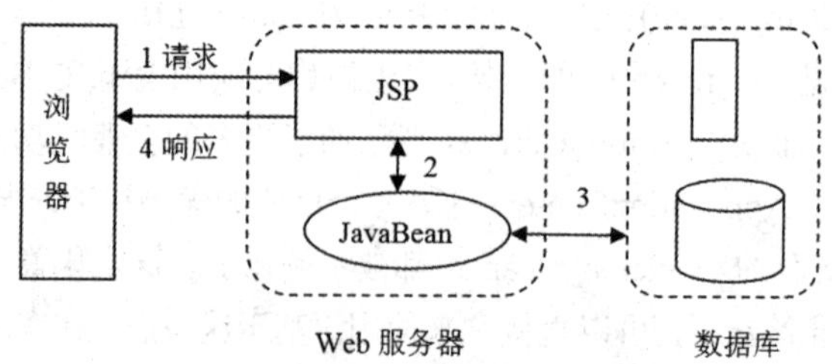

图 11.21　Model1 的 MVC 模型

Model 1 的实现比较简单，这可以加快系统的开发进度，但是它将表现层和业务逻辑混在一起，即 JSP 页面同时充当 View 和 Controller 两种角色，不利于系统的维护和代码的重用，因此，

Model 1 模式只适合小型系统的开发。

Model 2 在 Model 1 模式的基础上又引入了 Servlet，它遵循了 MVC 的设计理念。在 Model2 模式中，Servlet 充当前端控制器，接受客户端发送的各种业务请求，然后调用相应的 JavaBean 完成对业务逻辑的处理，最后将处理结果转发到相应的 JSP 页面进行显示。Model 2 的 MVC 模型如图 11.22 所示。

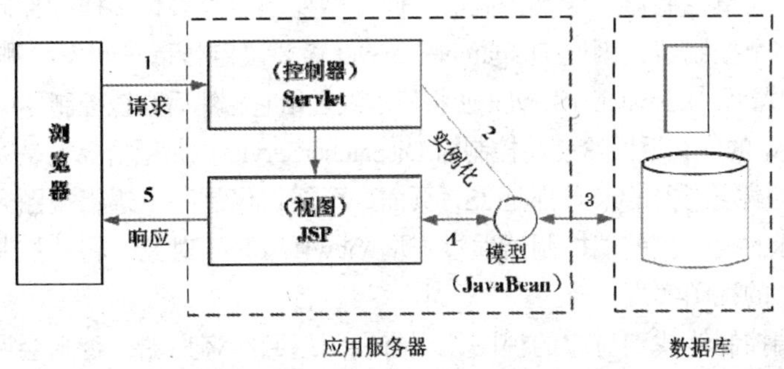

图 11.22　Model 2 的 MVC 模型

Model 2 将模型层、视图层和控制层区分开，改变了 Model1 的视图与业务逻辑紧密耦合的状态，提供了更好的代码重用性和扩展性。

11.3.2　Spring MVC 工作流程

Spring MVC 框架是结构清晰的 Model 2 实现。它的 Action 被称为 Controller，Controller 接收 request、 response 参数，然后返回 ModelAndView，但在其他的 Web Framework 中，Action 的返回值一般都只是一个 View Name；Model 则需要通过其他的途径传递上去。在 Spring MVC 处理请求的过程中，Spring MVC 框架的众多组件各负其责、分工合作，其 Request 的处理流程如图 11.23 所示。

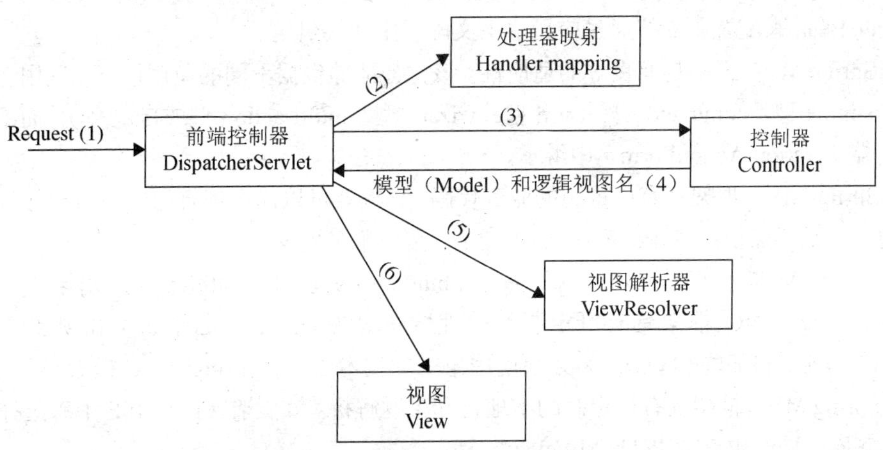

图 11.23　Spring Web MVC 的请求处理流程

（1）客户端向 Spring 容器发起一个 HTTP 请求。

（2）请求被前端控制器(DispatcherServlet)所拦截，前端控制器会去寻找恰当的映射处理器（Handler）来处理这次请求。

前端控制器是一种常见的网络应用模式，在该模式下一个 Servlet 负责将请求转发给不同的组件，再由这些组件进行实际的处理工作。Spring MVC 中所有发起的请求都会经过前端控制器 DispatcherServlet。

（3）DispatcherServlet 根据处理器映射（Handler Mapping）来选择将请求发送到一个 Spring MVC 控制器。Spring 以一种抽象的方式实现了控制器的概念，这样可以创建不同类型的控制器。Spring 本身包含：表单控制器、命令控制器、向导型控制器等多种多样的控制器。一个典型的应用可能会涉及到多个控制器，因此 DispatcherServlet 需要决定将请求转发给哪一个控制器。

（4）选定控制器后，DispatcherServlet 便将请求发送给它，然后在该控制器中处理所发送的请求，并以 ModelAndView 的形式返回给前端控制器 DispatcherServlet。典型情况下是以 JSP 页面的形式。

（5）返回给前端控制器的未必都是 JSP 页面，可能仅仅是一个逻辑视图名，通过该逻辑视图名可以查找到实际的视图。前端控制器通过查询 viewResolver 对象，将从控制器返回的逻辑视图名解析为一个具体的视图实现。

（6）如果前端控制器找到对应的视图，则将视图返回给客户端，否则会抛出异常。

11.3.3 Spring MVC 框架的特点

Spring MVC 框架提供了构建 Web 应用程序的全功能 MVC 模块，而且是高度可配置的。它支持多种视图技术，例如 JSP、Velocity、Tiles、iText 和 POI 等。Spring MVC 分离了控制器、模型对象、分派器，以及处理程序对象的角色，这种分离让它们更容易进行定制。总体而言，Spring MVC 框架具有以下特点。

（1）Spring MVC 框架的角色划分非常清晰。控制器（controller）、验证器（validator）、命令对象（command object）、表单对象（form object）、模型对象（model object）、Servlet 分发器（DispatcherServlet）、处理器映射（handler mapping），以及视图解析器（view resolver）等角色可以各由一个专门的对象来实现。

（2）Spring MVC 框架具有强大而直接的配置方式。Spring MVC 中框架类和应用程序类都可以作为 JavaBean 来配置，支持通过应用上下文配置中间层引用。

（3）Spring MVC 框架具有良好的适应性。该框架能够根据不同的应用情况，选用适合的控制器子类（simple 型、command 型、form 型、wizard 型、multi-action 型或自定义），而不是要求从单一控制器（Action/ActionForm）中继承。

（4）Spring MVC 框架具有可重用的业务代码。该框架可以使用现有的业务对象作为命令对象或表单对象，而不需要在 ActionForm 的子类中重复它们的定义。

（5）Spring MVC 框架具有可定制的绑定（binding）和验证（validation）功能。

（6）Spring MVC 框架具有可定制的处理器映射（handler mapping）和视图解析（view resolution）功能。和某些 MVC 框架必须使用单一的技术相比，Spring MVC 框架显得更加灵活。

（7）Spring MVC 框架具有可定制的本地化和主题解析。该框架支持在 JSP 中有选择性地使用 Spring 标签库，同时也支持 JSTL 和 Velocity 等。

（8）Spring MVC 框架具有简单而强大的标签库。这种方式能够有效地避免在 HTML 生成时的开销。

11.3.4 分发器（DispatcherServlet）

在 Spring 中，DispatcherServlet 是一个能将请求分发到控制器的 Servlet，这个 Servlet 同时也

提供其他一些功能来辅助 Web 应用的开发。DispatcherServlet 和 Spring 的 IoC 完全集成，因此可通过它来使用 Spring 的很多功能。

DispatcherServlet 是 Spring MVC 的入口。和其他 Servlet 一样，DispatcherServlet 需要在 web.xml 文件中进行定义。配置 DispatcherServlet 的示例如下。

```
    <web-app>
    ...
    <!--定义 DispatcherServlet -->
    <servlet>
            <!--Servlet 的名称-->
           <servlet-name>dispatcherExample</servlet-name>
            <!--Servlet 的类名-->
          <servlet-class>org.springframework.web.servlet.DispatcherServlet</servlet-
class>
           <!--指定启动顺，1 表示该 Servlet 会随 Servlet 容器一起启动-->
          <load-on-startup>1</load-on-startup>
    </servlet>
    <!--设置 Servlet 的访问方式-->
       <servlet-mapping>
          <servlet-name> dispatcherExample </servlet-name>
           <!--指定拦截所有.form 结尾的请求 -->
          <url-pattern>*.form</url-pattern>
       </servlet-mapping>
    </web-app>
```

上例中，名为 dispatcherExample 的 DispatcherServlet 会处理以.form 结尾的请求。完成上面的配置以后，接下来还要配置 DispatcherServlet 和 Spring MVC 框架会用到的其他 Bean。

Spring MVC 的 DispatcherServlet 具有一组特殊的 Bean，如表 11.1 所示。这些特殊的 Bean 能够被用来处理请求和显示视图。

表 11.1　　WebApplicationContext 中特殊的 Bean

名称	解释
处理器映射（handler mapping(s)）	作为预处理器。后处理器和控制器的列表，它们在符合某种条件下（例如：符合控制器指定的 URL）才被执行
控制器（controller(s)）	作为 MVC 三层的一部分，提供具体功能（或者至少能够访问具体功能）的 Bean
视图解析器（view resolver）	能够解析视图名，在 DispatcherServlet 解析视图时使用
本地化信息解析器（locale resolver）	能够解析用户正在使用的本地化信息，以提供国际化视图
主题解析器（theme resolver）	能够解析 Web 应用所使用的主题,比如,提供个性化的布局
分段文件解析器（multipart file resolver)）	提供 HTML 表单文件上传功能
处理器异常解析器（handlerexception resolver）	将异常对应到视图,或者实现某种复杂的异常处理代码

配置 DispatcherServlet 所需要的 Bean 都包含在 WebApplicationContext 中。WebApplication Context 是一个拥有 Web 应用必要功能的应用上下文（继承自 ApplicationContext），被绑定在 ServletContext 上。在 web.xml 中可以配置自启动的 Servlet 或定义 Web 容器监听器(ServletContext Listener)，借助两者中的任何一个都可以启动 WebApplicationContext。

11.3.5 控制器

Spring MVC 框架的控制器定义了应用的行为，用于解释用户输入，并将其转换成合理的模型数据，从而进一步地给用户展示视图。Spring 控制器架构的基础是 org.springframework.mvc.Controller 接口，其实现代码如下。

```
public interface Controller {
    //handleRequest 方法处理请求并返回一个 ModelAndView 对象
    ModelAndView handleRequest(
      HttpServletRequest request,
      HttpServletResponse response)
    throws Exception;
}
```

代码中定义了一个接口 Controller，该接口中只声明了一个 handleRequest 方法，该方法被用来处理请求并返回恰当的模型和视图给分发器 DispatcherServlet。

Spring MVC 通过实现 Controller 接口并不断扩展子类，逐步丰富控制器的功能，形成了多种多样的控制器。Spring MVC 的控制器类型如表 11.2 所示。

表 11.2　Spring MVC 的控制器类型

控制器类型	实现	说明
参数映射控制器	ParameterizableViewController	通过参数指定视图名。URL 调用一个视图对象（如 JSP 文件），可以配置一个这样的控制器达到目的
文件名映射控制器	UrlFilenameViewController	该控制器直接将 URL 请求的文件名映射为视图对象
简单控制器	AbstractController	执行简单的请求。简单请求一般不包含或仅包含少数请求参数
命令控制器	AbstractCommandController	请求中包含若干个参数控制器，将请求封装成命令对象，据此执行一些业务处理
表单控制器	SimpleFormController	处理基于单一表单的请求
多动作控制器	MultiActionController	通过该控制器可以处理多个相似的请求，它相当于 Struts 的 DispatchAction
向导控制器	AbstractWizardFormController	当需要通过一个向导进行一系列的表单操作，且在向导过程中可以前进或后退，并最终提交时，可以使用这个控制器
一次性控制器	ThrowawayController	为每个请求创建一个新的 ThrowawayController 实例，不会发生线程安全问题。它可以通过自身属性绑定请求参数，同时具有控制器和模型对象两种角色

控制器处理完请求后，通常是将包含视图名称或视图对象及模型属性的 ModelAndView 对象返回给 DispatcherServlet，因此，在控制器中经常要对 ModelAndView 对象进行构造。

ModelAndView 类为用户提供了 3 个重载的构造方法，以及一些操作方法，在使用时可以根据实际需要来构造 ModelAndView 对象。ModelAndView 的 3 个重载的构造方法如下。

（1）ModelAndView(String viewName)：该方法将视图的名称放入 ModelAndView 对象以返回。返回后 ModelAndView 对象携带的视图名称可以被视图解析器，即 org.springframework.web.servlet.View 接口的实例所解析。

（2）ModelAndView(String viewName, Map model)：当有多个模型（Model）对象要返回时，可以使用这个构造方法。该构造方法使用 Map 对象来收集要返回的模型对象，并据此构造 ModelAndView 对象。之后，就可以在视图中取出 Map 对象中的 key 与 value 值。

（3）ModelAndView(String viewName, String modelName, Object modelObject)：如果只需要返回一个模型对象，则可以使用这个构造方法。通过参数 modelName 可以在视图中取出模型并显示。

11.3.6　处理器映射

在 Spring MVC 中的控制器角色由处理器映射承担。处理器映射（Handler Mapping）把 Web 请求映射到正确的 Handler 上去处理。Spring 内置了很多映射处理器，也可以自定义映射处理器。

处理器映射提供的基本功能是把请求传递到处理器执行链（HandlerExecutionChain）上，而处理器执行链必须包含一个能处理该请求的处理器，或者该执行链也可以包含一系列用于拦截请求的拦截器，因此，当请求到达的时候，前端控制器 DispatcherServlet 首先将该请求转交给处理器映射，由它对请求进行检查，并找到一条匹配的处理器执行链，然后 DispatcherServlet 就会执行在这条执行链中定义的处理器和拦截器。

最常用的处理器映射有两个：BeanNameUrlHandlerMapping 和 SimpleUrlHandlerMapping，这两个处理器映射都是继承自 AbstractHandlerMapping 类。

1. BeanNameUrlHandlerMapping

BeanNameUrlHandlerMapping 是一个简单又很强大的处理器映射。它能够将收到的 HTTP 请求映射到在 WebApplicationContext 中定义的 Bean 的名字上。下面的代码使用 BeanNameUrlHandlerMapping 将包含 URL http://samples.com/test.form 的 HTTP 请求映射到 FormController 上。

```
<beans>
    <!--指定使用 BeanNameUrlHandlerMapping 完成映射-->
    <bean id="urlHandlerMapping"
        class="org.springframework.web.servlet.handler.BeanNameUrlHandlerMapping "/>
    <!--将请求映射到 Controller 实例上-->
    <bean name="/test.form"
        class="org.springframework.web.servlet.mvc.SimpleFormController">
      <property name="formView"><value>account</value></property>
      <property name="successView"><value>account-created</value></property>
      <property name="commandName"><value>Test</value></property>
      <property name="commandClass"><value>samples.Test</value></property>
   </bean>
<beans>
```

实际上，DispatcherServlet 需要根据一个 Handler Mapping 对象，来确定请求应该由哪个 Controller 处理。DispatcherServlet 默认情况下是使用 BeanNameUrlHandlerMapping 来处理请求。BeanNameUrlHandlerMapping 根据 Bean 定义时指定的 name 属性和请求 URL 来决定具体使用哪个 Controller 实例。BeanNameUrlHandlerMapping 是默认的处理器映射，如果在上下文中没有找到处理器映射，DispatcherServlet 就会创建一个 BeanNameUrlHandlerMapping。

在上面代码中，所有/test.form 的请求都会由上面的 FormController 处理，所以需要在 web.xml 中定义 servlet-mapping，以便接受所有以.form 结尾的请求，代码如下。

```
<web-app>
...
<!--定义前端控制器 DispatcherServlet -->
```

```
<servlet>
    <!--设置 Servlet 的名称-->
    <servlet-name>sample</servlet-name>
    <!--设置 Servlet 的类名-->
    <servlet-class>org.springframework.web.servlet.DispatcherServlet</servlet-clas s>
    <!--指定启动顺，1 表示该 Servlet 会随 Servlet 容器一起启动-->
    <load-on-startup>1</load-on-startup>
</servlet>
<!-- 映射 sample 分发器到 /*.form -->
<servlet-mapping>
<!--指定 Servlet 的名称-->
<servlet-name>sample</servlet-name>
<!--指定 Servlet 所对应的 URL-->
<url-pattern>*.form</url-pattern>
</servlet-mapping>
  ...
</web-app>
```

2. SimpleUrlHandlerMapping

SimpleUrlHandlerMapping 是最常用的处理器映射之一，可以在 ApplicationContext 中进行配置。SimpleUrlHandlerMapping 具有如下特点。

- 能将请求 URL 映射到处理器。
- 由一系列分别代表 URL 和 Bean 名称的键值对（key-value）来定义映射。
- Bean 的名称中可以使用通配符，如/example*。

例如，在 applicationContext.xml 中配置一个 SimpleUrlHandlerMapping 处理器映射的代码如下。

```
<beans>
<!--使用 SimpleUrlHandlerMapping 映射处理器-->
<bean id="simpleUrlHandleMapping"
        class="org.springframework.web.servlet.handler.SimpleUrlHandlerMapping">
    <property name="mappings">
         <!--配置 URL 映射-->
        <props>
            <prop key="/help.do">helpControl</prop>
        </props>
     </property>
    </bean>
    <!--创建 Bean 实例-->
     <bean id="helpControl" class="com.asm.HelpControl"/>
     </bean>
 <beans>
```

这个处理器映射将所有文件名为 help.do 的请求传递给名为 helpControl 的 Bean 进行处理。

11.3.7 视图解析器

像所有 Web 应用的 MVC 框架一样，Spring 提供了视图解析，器以解析 ModelAndView 模型数据到特定的视图上，这使得在浏览器中显示模型数据时并不需要局限于某一种具体的视图技术。

Spring 处理视图的两个重要的类是：ViewResolver 和 View。

其中，ViewResolver 是通过视图名称来解析视图的，它提供了从视图名称到实际视图的映射。当具有视图名称，同时也拥有显示所需要的 model 信息时，就需要 ViewResolver 了。假设得到的视图名称为 vi，通过 ViewResolver 可以把该视图映射到/WEB-INF/vi.jsp 的资源上，同样也可以把 vi 视图映射到 vi.pdf 的资源上。具体映射为何种资源由 ViewResolver 决定，但是如何来显示 vi.jsp 或 vi.pdf 则需要 View 来实现。

View 处理请求的准备工作，并将该请求提交给某种具体的视图技术。

Spring 中内置很多类来实现 View，以针对不同的 View 技术，如 JSP、JSTL、Freemarker 等。同时，Spring 也提供了多种视图解析器，如表 11.3 所示。

表 11.3　　视图解析器

ViewResolver	描述
AbstractCachingViewResolver	抽象视图解析器，负责缓存视图。许多视图需要在使用前做准备，使用它继承的视图解析器可以缓存视图
ResourceBundleViewResolver	使用 ResourceBundle 中的 Bean 定义实现 ViewResolver，这个 ResourceBundle 由 Bundle 的 basename 指定。该 Bundle 通常被定义在位于 classpath 中的一个属性文件中
UrlBasedViewResolver	这个 ViewResolver 实现允许将符号视图名直接解析到 URL 上，而不需要显式的映射定义。如果你的视图名直接符合视图资源的名字而不需要任意的映射，则可以使用这个解析器
InternalResourceViewResolver	作为 UrlBasedViewResolver 的子类，它很方便地支持 InternalResourceView（Servlet 和 JSP），以及 JstlView 和 TilesView 的子类。由这个解析器生成的视图的类都可以通过 setViewClass 指定。具体内容可参考 UrlBasedViewResolver 的 javadocs
VelocityViewResolver	它是 UrlBasedViewResolver 的子类，能方便地支持 VelocityView（也就是 Velocity 模版），以及它的子类

当使用 JSP 作为视图层技术时，可以使用 UrlBasedViewResolvers。该视图解析器将视图名解析为 URL，同时将请求传递给 RequestDispatcher 以显示视图。假设返回的视图名为 vi，则下面代码中的 UrlBasedViewResolver 会将请求传递给 RequestDispatcher，然后 RequestDispatcher 再将请求传递给/WEB-INF/pages/vi.jsp，代码如下。

```
<bean  id="viewResolver"  class="org.springframework.web.servlet.view.UrlBasedView
Resolver">
    <property name="prefix" value="/WEB-INF/pages/"/>
    <property name="suffix" value=".jsp"/>
</bean>
```

11.3.8　异常处理

Spring MVC 中提供了处理异常的解析器（HandlerExceptionResolver），能够帮助控制器处理所发生的异常。当控制器处理请求时，如果发生异常，则将发生的异常交由该解析器来集中处理。它可以提供异常产生时控制器的运行状态。除了 HandlerExceptionResolver，还可以使用 Spring 内置的解析器 SimpleMappingExceptionResolver，这个解析器能够获取任何抛出异常的类名，并将它映射到视图名。

HandlerExceptionResolver 只有一个接口方法 resolveException(Exception, Handler)。当发生异常时，Spring MVC 将调用 resolveException()方法，并转到相应视图，将异常报告页面反馈给用户，代码如下。

```
ModelAndView resolveException(HttpServletRequest request, HttpServletResponse response,
Object handler, Exception ex)
```

如需使用异常处理，则需要在 Dispatcher 文件 Config.xml 中配置“exceptionResolver”的 Bean。示例如下。

```
<!--配置异常处理-->
<bean id="exceptionResolver"
class="org.springframework.web.servlet.handler.SimpleMappingExceptionResolver">
                                                          <!--指定类名-->
    <property name="defaultErrorView">                    <!--配置默认异常提示页面-->
        <value>failure</value>
    </property>
    <property name="exceptionMappings">                   <!--指定可能抛出的异常-->
        <props>
            <prop key="java.sql.SQLException">DBerror</prop>
            <prop key="java.lang.RuntimeException">RuntimeError</prop>
        </props>
    </property>
</bean>
```

上面代码中通过配置 defaultErrorView 属性，为所有的异常指定了一个默认的异常提示页面 failure.jsp。配置时只需指定页面的主文件名，文件路径(prefix)及后缀(suffix)则在 viewResolver 中被指定。

代码中还配置了 exceptionMappings 属性，该属性可以将不同的异常分别映射到不同的 JSP 页面。如果处理请求时所抛出的异常在 exceptionMappings 属性中没有匹配的映射，则 Spring 将使用 defaultErrorView 属性中所指定的默认异常提示页面来显示异常信息。

11.4 Spring MVC 实例

本节通过一个例子演示如何使用 Spring MVC 来开发一个简单的项目，运行该项目会在浏览器中显示“Spring MVC Hello World”字样。开发环境仍然是 Eclipse，搭配 Spring 4.2.4。步骤如下：

（1）打开 Eclipse，选择 File|New|Project，然后选择 Dynamic Web Project，新建一个动态 Web 项目，项目名称为 SpringMVC。新建一个用户库，名叫 SpringMVC，将所需的 JAR 包添加到项目的 WebContent\WEB-INF\lib 目录下，Web App Libraries 将自动包含 lib 目录下的 JAR 包，如图 11.24 所示。

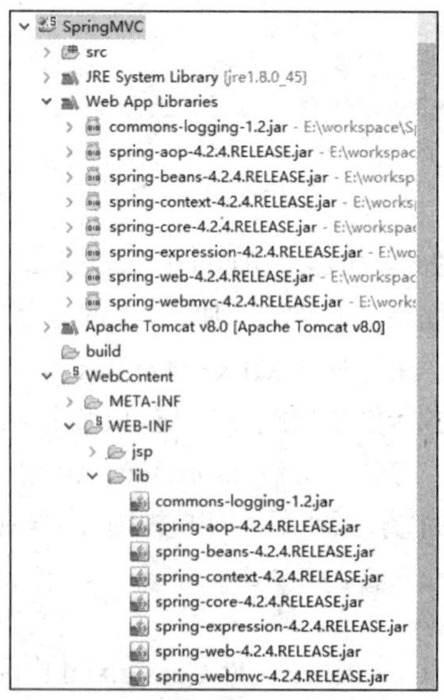

图 11.24　新建一个动态 Web 项目

（2）创建一个 Spring MVC 控制器类 HelloWorldController，然后使用该类来处理请求，并显示 Hello World Controller 信息，代码如下。

```
package com.spring.controller;

import org.springframework.stereotype.Controller;
import org.springframework.ui.ModelMap;
import org.springframework.web.bind.annotation.RequestMapping;
import org.springframework.web.bind.annotation.RequestMethod;

//将类声明为 Spring 容器中的 Bean，Spring 调用时对该类实例化
@Controller
@RequestMapping("/welcome") // 声明 Controller 处理的请求是什么
public class HelloWorldController {
    @RequestMapping(method = RequestMethod.GET) // 声明请求的方法，默认为 GET 方法
    // 定义 printWelcome 方法，返回 String 类型对象
    public String printWelcome(ModelMap model) {
        model.addAttribute("message", "Hello World! ");
        return "helloworld"; // 返回“helloworld”，交由 ViewResolver 解析
    }
}
```

对上面的代码说明如下。

（1）在分层体系结构中，@Controller 被用来对控制层的类进行注释；@Service 被用来声明服务层；@Repository 被用来声明持久层。使用 Spring 中引入的组件自动扫描机制，可以在类路径下寻找标注了@Controller 等注解的类，并将这些类纳入 Spring 容器中进行管理。由此可见，使用@Controller 注解的作用和在 XML 文件中使用<bean>标签进行配置的作用相同。

（2）@RequestMapping 注解会把 Web 请求映射到特定的处理器类和/或处理器方法上，它支持 Servlet 和 Portlet 环境。在 Servlet 环境中，一个 HTTP 路径需要唯一的映射到一个指定处理器的 Bean。

（3）@RequestMapping 的类型包含类级别和方法级别两种。其中，类级别就是将@RequestMapping 注解定义在类定义的上面，而方法级别则是将@RequestMapping 注解定义在方法定义的上面。代码中@RequestMapping(“/welcome”)为类级别，而@RequestMapping(method = RequestMethod.GET)则为方法级别。

（4）可以定义@RequestMapping 注解的属性。@RequestMapping(method = RequestMethod.GET)中使用了@RequestMapping 注解的 method 属性，该属性的作用是通过 HTTP 请求的方法来缩小映射的范围，可使用的方法有：GET、POST、HEAD、OPTIONS、PUT、DELETE 和 TRACE。该属性支持定义在类级别，也支持定义在方法级别。

（5）使用@RequestMapping 注解的方法支持的返回类型有：ModelAndView、Model、Map、View 和 String 等。

（6）printWelcome 方法中返回的字符串“helloworld”表示视图名称（本例中即 jsp 文件的名称），而 ModelMap 类型的参数则表示模型（model），也可以把参数定义为 Model 类型。

（7）代码中使用了@RequestMapping 注解将请求地址/welcome 映射到 printWelcome 处理器上。welcome 即是 request 的名称。

（8）ModelMap 是 Spring 提供的集合，用于传递数据到最终返回的 JSP 页面。

（9）model.addAttribute("message", "Hello World");是将字符串"Hello World"以键对的形式存入 model（model 为 ModelMap 类型对象）。本例中，表示在 helloworld.jsp 视图中使用 request 对象

welcome 来接收 message 消息。

（10）定义视图。要显示字符串，需要创建一个 JSP 文件。在 WEB-INF/jsp 文件夹下创建 helloworld.jsp 文件，代码如下。

```
<html>
<body>
    <h1>Spring MVC : ${message}</h1>
</body>
</html>
```

上面的 JSP 中使用表达式${message}显示了一条字符串消息。

（11）定义 Spring 的配置文件，文件名为 mvc-dispatcher-servlet.xml，代码如下。

```
<?xml version="1.0" encoding="UTF-8"?>
<beans xmlns="http://www.springframework.org/schema/beans"
    xmlns:xsi="http://www.w3.org/2001/XMLSchema-instance"
xmlns:mvc="http://www.springframework.org/schema/mvc"
    xmlns:context="http://www.springframework.org/schema/context"
    xsi:schemaLocation="http://www.springframework.org/schema/mvc
http://www.springframework.org/schema/mvc/spring-mvc-4.2.xsd
        http://www.springframework.org/schema/beans
http://www.springframework.org/schema/beans/spring-beans-4.2.xsd
        http://www.springframework.org/schema/context
http://www.springframework.org/schema/context/spring-context-4.2.xsd">
    <!--指定注入 Bean 时 Spring 要查找的包 -->
    <context:component-scan base-package="com.spring.controller" />
    <!--配置视图解析器，使用 InternalResourceViewResolver 类作为视图解析器。Controller 回传
ModelAndView，DispatcherServlet 将其交给 ViewResolver 解析。-->
    <bean
        class="org.springframework.web.servlet.view.InternalResourceViewResolver" >
        <!--指定目录前缀 -->
        <property name="prefix">
            <value>/WEB-INF/jsp/</value>
        </property>
        <!--指定文件后缀 -->
        <property name="suffix">
            <value>.jsp</value>
        </property>
    </bean>
</beans>
```

视图解析器的 prefix 和 suffix 参数分别指定了表现层资源的前缀和后缀。当程序运行时，Spring 会为指定的表现层资源自动追加前缀和后缀，如此便可形成一个完整的资源路径。返回的页面应为/WEB-INF/jsp/helloworld.jsp。

（12）将 Spring 框架集成到 Web 应用中。此过程只需要在 web.xml 文件中声明 ContextLoaderListener 和 DispatcherServlet 即可。web.xml 文件中的代码如下。

```
<?xml version="1.0" encoding="UTF-8"?>
<web-app xmlns:xsi="http://www.w3.org/2001/XMLSchema-instance"
    xmlns="http://java.sun.com/xml/ns/javaee"
xmlns:web="http://java.sun.com/xml/ns/javaee/web-app_2_5.xsd"
    xsi:schemaLocation="http://java.sun.com/xml/ns/javaee
http://java.sun.com/xml/ns/javaee/web-app_3_0.xsd"
    id="WebApp_ID" version="3.0">
```

```
        <display-name>SpringMVC</display-name>
        <!--设置监听器 -->
        <listener>
             <listener-class>org.springframework.web.context.ContextLoaderListener
</listener-class>
        </listener>
        <!--定义前端控制器 DispatcherServlet -->
        <servlet>
            <!--定义 Servlet 名称 -->
            <servlet-name>mvc-dispatcher</servlet-name>
            <!--指定 Servlet 类 -->
            <servlet-class>org.springframework.web.servlet.DispatcherServlet </servlet-
class>
            <!--指定启动顺序，为 1 表示该 Servlet 会随 Servlet 容器一起启动 -->
            <load-on-startup>1</load-on-startup>
        </servlet>
        <!--设置 Servlet 的访问方式 -->
        <servlet-mapping>
            <servlet-name>mvc-dispatcher</servlet-name>
            <url-pattern>/</url-pattern>
        </servlet-mapping>
        <!--设置 Bean 定义文件的位置和名称 -->
        <context-param>
            <param-name>contextConfigLocation</param-name>
            <param-value>/WEB-INF/mvc-dispatcher-servlet.xml</param-value>
        </context-param>
    </web-app>
```

Spring MVC 中的前端控制器是 org.springframework.web.servlet.DispatcherServlet，它负责将请求分配给控制对象，因此要在 web.xml 文件中对它进行定义。contextConfigLocation 初始参数被用来设置 Spring 配置文件的位置和名称。

（13）运行项目，访问网址 http://localhost:8080/SpringMVC/welcome，结果如图 11.25 所示。

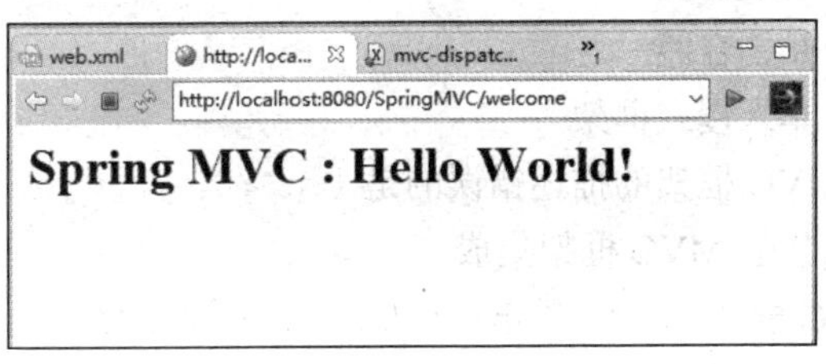

图 11.25　运行结果

11.5　本章小结

本章主要介绍了 Spring 框架的基本知识，包括：控制反转和依赖注入、Spring 框架的核心模块，以及 Spring 框架的配置等内容，最后通过一个学生信息系统输出信息的实例实现了利用 Spring 框架编程。其中，对 Spring MVC 框架的基本思想和特点，（如分发器、控制器、处理器映射、试图解析器、文件上传的机制和策略）也进行了介绍。

习　　题

一、选择题

1. 关于 AOP 描述错误的是（　　）。

A. AOP 将散落在系统中的“方面”代码集中实现

B. AOP 有助于提高系统的可维护性

C. AOP 已经表现出将要替代面向对象的趋势

D. AOP 是一种设计模式，Spring 提供了一种实现

2. 下面关于 Spring 的配置文件说法不正确的是（　　）

A. Spring 默认是读取/WEB-INF/applicationContext.xml 配置文件

B. Spring 的配置文件可以被配置在类路径下，并可以被重命名，但是需要在 web.xml 中被指定

C. 即使把 applicationContext.xml 文件放到 src 下，Spring 也可以读到

D. 可以通过在 web.xml 中的<context-param><param-name>和<param-value>进行指定 spring 的配置文件

3. 下面关于 Spring 中 Bean 的作用域，描述错误的是（　　）。

A. Spring 中 Bean 的作用域可以通过 scope 属性进行配置

B. Spring 中 Bean 的作用域默认是“prototype”

C. 当一个 Bean 的 scope 设为“singleton”时，可以被多个线程同时访问

D. 一个 Bean 的 scope 只对它自己起作用，与其他 Bean 无关

4. 下面关于 Spring 的描述错误的是（　　）。

A. Spring 是一个轻量级框架

B. Spring 是一个重量级框架

C. Spring 是一个 IoC 容器

D. Spring 是一个非入侵式框架

5. 下面关于 Spirng MVC 框架的描述错误的是（　　）。

A. Spring 可以和其他 MVC 框架集成

B. Spring 的 MVC 框架是围绕 DispatcherServlet 来设计的

C. WebApplicationContext 继承了 ApplicationContext

D. Spring MVC 框架的分发器定义了应用的行为，用于解释用户输入

二、简答题

1. Spring 框架优势是什么？
2. 什么是 AOP 技术？
3. 简述 Spring MVC 的工作机制。
4. MVC 的各个部分都由哪些技术来实现?如何实现?
5. 简述 Spring MVC 框架的特点。

第 12 章 深入 Spring 技术

12.1 控制反转原理

12.1.1 控制反转与依赖注入

Martin Fowler 在 2004 年发表的论文《Inversion of Control Containers and the Dependency Injection pattern》中提出一个问题："哪些方面的控制被反转了？"。根据他的观点——是依赖对象的获得方式被反转了。于是他为控制反转创造了一个更好的名字：依赖注入。

因此，依赖注入（Dependency Injection，DI）和控制反转（Inversion of Control，IoC）的含义完全相同，只是从两个不同的角度来描述。

传统的方式是：调用者采用"new 构造方法"来创建被调用者，以实现两个或多个对象的关系，这种实现方式会导致代码的耦合度高。控制反转的机制是：当某个 Java 实例（调用者）需要另一个 Java 实例（被调用者）时，调用者自身不需要负责实现这个获取过程，而是由程序内部代码来控制对象之间的关系。

从依赖注入的角度描述就是：一个类不需要去查找或实例化它们所依赖的类。对象间的依赖关系是在对象被创建时由负责协调项目中各个对象的外部容器来提供并管理的，也就是强调了对象间的依赖关系是由容器在运行期间"注入"调用者的，而控制程序间关系的实现则交给了外部的容器来完成。这样，当调用者需要被调用者时，调用者不需要知道具体的实现细节，它只需要从容器中拿出一个对象并使用就可以了。通过下面这个例子可以更好地理解依赖注入。

在传统的程序设计模式下，如果一个调用者需要一辆汽车（比喻成一个 Java 对象），那么调用者就需要自己"构造"出一辆汽车（常常使用 new 关键字进行构造，如图 12.1 所示）。这看起来很自然，但实际上存在问题。当项目中的对象比较多时，多个对象之间的依赖关系会很复杂，它们之间的紧密耦合就会给代码的测试和重构造成极大的困难。就这个例子来说，假设现在由于需求的变化，要为汽车对象再增加一个新属性，此时，必须在将 car 类进行修改后，再查看并修改项目中其他与 car 对象相关的类的代码，这不仅烦琐而且容易出错。

解决上述问题的一个方法是：使用工厂模式。工厂负责生产汽车，调用者需要汽车时，只要找到工厂，向工厂请求一个汽车对象即可。使用工厂模式，调用者不必再关注汽车的具体实现细节，而只需要定位到对应的工厂就可以了。工厂模式可以动态地决定应该将哪一个类实例化，而无需事先定义每次要实例化哪一个类。

使用依赖注入的方式，调用者只需完成更少的工作，连定位到对应工厂的工作都可以省略掉。当调用者需要一个汽车对象时，Spring 容器会自动将汽车对象注入到调用者对象中，如图 12.2 所示。假设我们定义一个汽车的接口，并在该接口中定义一个 run 方法，各种不同品牌的汽车都实现了这个接口，如奔驰、宝马、奥迪等。现在调用者并不用关注具体是哪个牌子的汽车，它只需要从容器中拿到一辆汽车，然后实现 run 方法就可以了。当项目需求发生变化时，汽车品牌可能会出现变更。此时仅需修改 Spring 的配置文件中汽车的实现类，不需要修改任何代码，甚至连项目都不用被重新编译，程序再次运行时就已经换了一辆车在跑了！

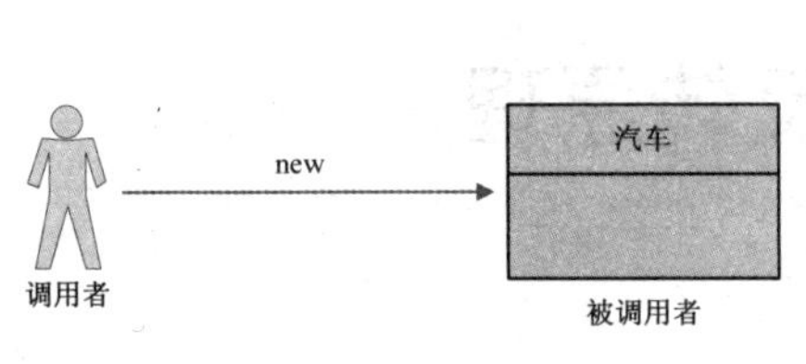

图 12.1　传统方法中由调用者构造汽车对象

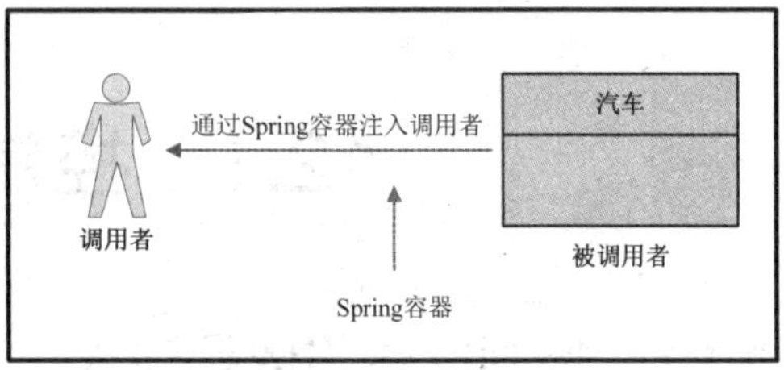

图 12.2　容器将汽车对象注入调用者对象

再深入思考一步：简单假设汽车是由车身、底盘、轮子构成，在传统编程模式下，调用者需要先 new 一辆车身，再 new 一个底盘，然后 new 一个轮子，最后按照一定先后次序组装成一辆汽车。现在项目需求发生变化了，领导决定采用另一厂家的底盘和另一家的轮子，并且汽车牌子的名字也变化了。在 Spring 的依赖注入模式下，所有对象都被存放在容器中，调用者不管汽车怎么组装，它只管从容器中拿汽车对象；汽车也不管零件是谁生产，它只管从容器中拿到车身、底盘和轮子，然后组装。至于零件的变化，如同汽车更换牌子，我们也仅需在配置文件中更换零件的具体实现类即可，而整个项目代码几乎可以不变。

综上所述，DI 就是将协调对象之间合作的任务从对象本身移出来，转而由 Spring 框架来负责。此时，程序之间的关系的控制权由应用代码转移到了外部容器，即控制权发生了反转。

12.1.2　依赖注入的实现方式

在实际编程中，控制反转或称依赖注入有三种实现方式，分别是设值注入、构造方法注入和接口注入。

1. 设值注入

设值注入是指 IoC 容器使用 setter 方法来注入被依赖的实例。通过调用无参构造器或无参 static 工厂方法实例化 Bean 之后，调用该 Bean 的 setter 方法，即可实现基于 setter 方法的依赖注入。

下面的示例将展示设值注入。用到的类并没有什么特别之处，它就是普通的 Java 类。

（1）新建一个项目，项目名称为“Spring_IoC_Type1”，然后将第 11 章中创建的用户库 Spring 4.2.4 添加到项目的 Build Path（具体步骤参考 11.2.3 节），并配置好运行环境，如图 12.3 所示。

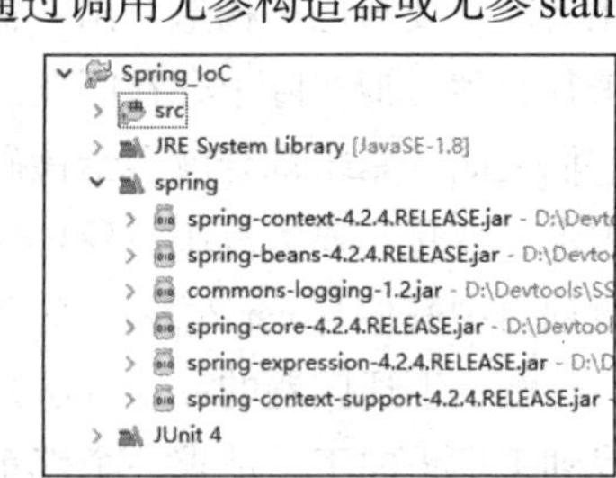

图 12.3　配置项目运行环境

（2）新建一个 User 类，作为被保存的模型对象，写好 setter 和 getter 方法，代码如下。

```
package com.ioc.model;

public class User {
    //属性
    private String username;
    private String password;
    //setter 和 getter
    public String getUsername() {
        return username;
    }
    public void setUsername(String username) {
        this.username = username;
    }
    public String getPassword() {
        return password;
    }
    public void setPassword(String password) {
        this.password = password;
    }
}
```

（3）新建一个接口，名为“UserDAO”，里面包含一个 save 方法，代码如下。

```
package com.ioc.dao;

import com.ioc.model.User;

public interface userDAO {
    //定义 save 方法，用于将 user 信息存入数据库
    public void save(User user);
}
```

使用接口的好处是：UserDAO 可以有多个不同的实现类，这些类可以分别操作 oracle、DB2、mysql 等等不同的数据库，当项目的数据库发生变化时，只需要调整实现类即可，这使得项目代码整体改动最小。

（4）新建一个 UserDAO 的实现类 UserDAOImpl。本例的目的旨在介绍 Spring 的设值注入方式，所以为求简化，只做一个将 User 存入数据库的模拟（输出提示语句），而并未真正实现数据库的存储操作，代码如下。

```
package com.ioc.dao.impl;

import com.ioc.dao.userDAO;
import com.ioc.model.User;

public class UserDAOImpl implements userDAO {

    @Override
    public void save(User user) {
        //在该方法中将 User 对象存入 oracle、DB2 或 MySQL 等数据库。此处简化为输出操作。
        System.out.println(user.getUsername() + " saved in mysql!");
        //System.out.println(user.getUsername() + " saved in Oracle!");
```

```
        //System.out.println(user.getUsername() + " saved in DB2!");
    }
}
```

（5）作为直接操作数据库的对象，UserDAO 不应该直接暴露给用户，而应该在其上加上 service 层。service 层对象既可以选择不同的 UserDAO 实现类，也可以在执行 DAO 操作前后加上一些动作（比如权限检查、日志记录等，这些事务不属于 DAO 部分）。

在使用 SSH 开发时，一般是将项目分成三层：Web 层、service 层和 dao 层。开发的基本流程是先定义 dao 接口，然后实现该接口，接着再定义同类型的 service 接口，并实现 service 接口（此时使用 dao 接口注入），最后从 Web 层去调用 service 层。

dao 层完成的是底层的数据操作，service 层则完成纯粹的业务逻辑，该层中的数据操作部分是通过注入的 dao 来实现的。service 层的作用是将从 dao 层取得的数据做更贴近业务的实现，dao 层则只实现对数据的增、删、改查操作。使用这种分层方式更有利于项目的扩展和维护。

下面是业务逻辑接口 UserService 的代码。

```
package com.ioc.service;

import com.ioc.model.User;

public interface UserService {
    //新增用户的 service 层方法定义
    public void add(User user);
}
```

下面是业务逻辑接口的实现类 UserServiceImpl 的代码。

```
package com.ioc.service.impl;

import com.ioc.dao.UserDAO;
import com.ioc.model.User;
import com.ioc.service.UserService;

public class UserServiceImpl implements UserService {
    private UserDAO userDAO;
    @Override
    public void add(User user) {
        userDAO.save(user);
    }

    public UserDAO getUserDAO() {
        return userDAO;
    }
    //Spring 容器将调用这个 set 方法将 UserDAO 对象注入到 service 层
    public void setUserDAO(UserDAO userDAO) {
        this.userDAO = userDAO;
    }
}
```

（6）创建 Spring 的配置文件，该文件是一个 XML 文件。具体操作为：在 src 目录下新建一个 XML 文件，命名为“beans.xml”，如图 12.4 所示。

在 beans.xml 文件中配置数据访问的实现类 UserDAOImpl 和业务逻辑实现类 UserServiceImpl，代码如下。

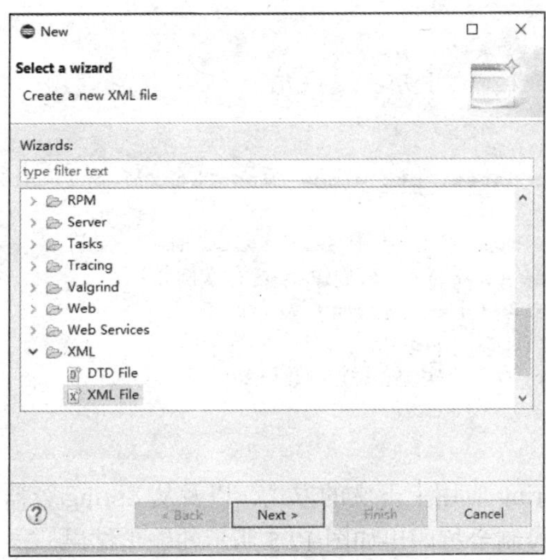

图 12.4　创建 Spring 配置文件

```
<?xml version="1.0" encoding="UTF-8"?>
<beans xmlns="http://www.springframework.org/schema/beans"
    xmlns:xsi="http://www.w3.org/2001/XMLSchema-instance"
    xmlns:p="http://www. springframework.org/schema/p"
    xmlns:aop="http://www.springframework.org/schema/aop"
    xsi:schemaLocation="http://www.springframework.org/schema/beans
        http://www.springframework.org/schema/beans/spring-beans-3.0.xsd
        http://www.springframework.org/schema/aop
        http://www.springframework.org/schema/aop/spring-aop-3.0.xsd">
    <!--注册一个 UserDAOImpl，实例名称为 udi -->
    <bean id="udi" class="com.ioc.dao.impl.UserDAOImpl">
    </bean>
    <!--注册一个 UserServiceImpl，实例名称为 userService -->
    <bean id="userService" class="com.ioc.service.Impl.UserServiceImpl">
        <!--将 UserDAOImpl 类的实例 udi 注入到 UserService 实例的 userDAO 属性 -->
        <property name="userDAO">
            <ref bean="udi" />
        </property>
    </bean>
</beans>
```

代码中粗体显示部分是设值注入的关键代码。通过配置文件中的<property>元素告知 Spring 容器将 UserDAOImpl 的实例 udi 注入到 UserServiceImpl 实例的 userDAO 属性。Spring 容器则调用 UserServiceImpl 类的 setUserDAO 方法给 userDAO 属性赋值，完成“设值”注入。

（7）到此为止，整个项目搭建完成。下面是测试类，需要先搭建好 JUnit 测试环境（具体步骤参见第 11 章中的相关内容）。

```
package com.ioc.service;

import org.junit.Test;
import org.springframework.context.ApplicationContext;
import org.springframework.context.support.ClassPathXmlApplicationContext;

import com.ioc.model.User;
import com.ioc.service.impl.UserServiceImpl;
```

```
public class UserServiceTest {
    // 测试 UserServiceImpl 中实现的 add 方法
    @Test
    public void testAdd() {
        ApplicationContext ctx = new ClassPathXmlApplicationContext("beans.xml");

        UserServiceImpl serv = (UserServiceImpl) ctx.getBean("userService");
        User u = new User(); // 创建 User 的实例 u
        u.setUsername("testUser1");
        u.setPassword("123456");
        serv.add(u); // 将实例 u 添加到数据库
    }
}
```

粗体部分就是获得 Spring 应用上下文的方式，以及从 Spring 容器中拿出 Bean 的方法。

（8）运行测试用例，控制台打印出如图 12.5 所示的输出结果。

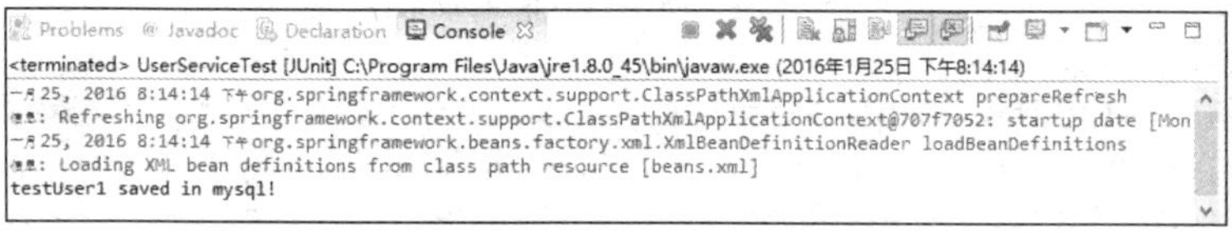

```
Problems  @ Javadoc  Declaration  Console
<terminated> UserServiceTest [JUnit] C:\Program Files\Java\jre1.8.0_45\bin\javaw.exe (2016年1月25日 下午8:14:14)
一月 25, 2016 8:14:14 下午 org.springframework.context.support.ClassPathXmlApplicationContext prepareRefresh
信息: Refreshing org.springframework.context.support.ClassPathXmlApplicationContext@707f7052: startup date [Mon
一月 25, 2016 8:14:14 下午 org.springframework.beans.factory.xml.XmlBeanDefinitionReader loadBeanDefinitions
信息: Loading XML bean definitions from class path resource [beans.xml]
testUser1 saved in mysql!
```

图 12.5　运行结果

2. 构造方法注入

构造方法注入是指 IoC 容器使用构造方法，来注入被依赖的实例。它是基于构造器（即：构造函数）的 DI 通过调用带参数的构造器来实现的。其中，每个参数代表着一个依赖。以下展示了只使用构造器参数来注入依赖关系的例子。这个类并没有什么特别之处，只是一个普通的 Java 类。下面对前面的项目 Spring_IoC_ Type1 做少许修改，来实现构造方法的注入。

（1）修改 UserServiceImpl 类，代码如下。

```
package com.ioc.service.impl;

import com.ioc.dao.UserDAO;
import com.ioc.model.User;
import com.ioc.service.UserService;

public class UserServiceImpl implements UserService {
    private UserDAO userDAO;
    @Override
    public void add(User user) {
        userDAO.save(user);
    }

    public UserDAO getUserDAO() {
        return userDAO;
    }

    public void setUserDAO(UserDAO userDAO) {
        this.userDAO = userDAO;
    }

    //添加带参构造方法，创建依赖关系
```

```
    public UserServiceImpl(UserDAO userDAO) {
        super();
        this.userDAO = userDAO;
    }
}
```

上面的代码中加粗的部分为新添加的构造方法。在使用构造注入方式时，必须显式指定带参数的构造方法，而使用设值注入时，则不需要。

（2）修改 beans.xml 文件，代码如下。

```
<?xml version="1.0" encoding="UTF-8"?>
<beans xmlns="http://www.springframework.org/schema/beans"
    xmlns:xsi="http://www.w3.org/2001/XMLSchema-instance"
    xmlns:p="http://www. springframework.org/schema/p"
    xmlns:aop="http://www.springframework.org/schema/aop"
    xsi:schemaLocation="http://www.springframework.org/schema/beans
        http://www.springframework.org/schema/beans/spring-beans-3.0.xsd
        http://www.springframework.org/schema/aop
        http://www.springframework.org/schema/aop/spring-aop-3.0.xsd">
    <!--注册一个 UserDAOImpl，实例名称为 udi -->
    <bean id="udi" class="com.ioc.dao.impl.UserDAOImpl">
    </bean>
    <!--注册一个 UserServiceImpl，实例名称为 userService -->
    <bean id="userService" class="com.ioc.service.impl.UserServiceImpl">
        <!--将 UserDAOImpl 类的实例 udi 注入到 UserService 实例 -->
<!--
        <property name="userDAO">
         <ref bean="udi" />
         </property>
-->
<!--使用构造注入方式，为 userService 实例注入 udi 实例-->
      <constructor-arg>
          <ref bean="udi"/>
      </constructor-arg>
    </bean>
</beans>
```

在 beans.xml 文件中，使用<constructor-arg>元素取代<property>元素，表示使用的依赖注入方式为构造注入。由于构造注入必须要在类定义中显式定义带参数的构造方法，因此，当 Bean 实例（该例中为：userService 实例）被创建完成后，其依赖关系也已经被设置完成。在上例中，Spring 调用 UserServiceImpl 类中带 userDAO 参数的构造方法来创建 userService 实例，当 userService 实例被创建完成后，udi 实例就已经被注入其中了。

如果构造方法含有多个参数，则在配置<constructor-arg>元素时必须使用 index 属性指定每个参数的位置索引。index 属性用于指定将实例注入至构造方法中的那一个参数。参数是按顺序指定的，第一个参数的索引值是 0，第二个是 1，依此类推。

（3）除了以上两处修改，其余代码不变。运行测试类，执行结果如图 12.6 所示。

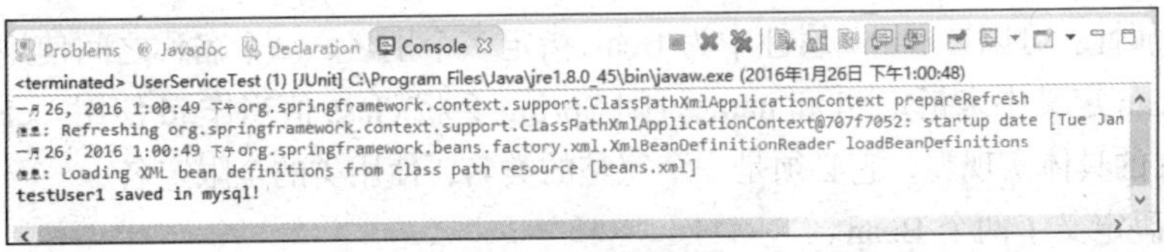

图 12.6　运行结果

由执行结果可知，采用构造注入和设值注入时的执行效果是完全相同的。这两种依赖注入方式的区别在于，创建 UserService 实例中 UserDAO 属性的时机不同。设值注入是先通过无参构造方法创建一个 Bean 实例，然后再调用对应的 setter 方法来注入依赖关系，而构造注入则是直接调用有参的构造方法来创建 Bean 实例。当 Bean 实例被创建完成时，依赖关系也已经被注入完毕了。

3. 接口注入

接口注入需要服务类实现特定的接口或继承特定的类，但是这样一来，这个服务类就必须依赖于这些特定的接口或特定的类，这也就意味着侵入性。Apache 开源的 Avalon 和 EJB 容器属于这一类，但是因为它的侵入性，这种注入方式基本上已经被遗弃了。Spring 是轻量级的、非侵入式的框架，所以并不支持接口注入。

控制反转和依赖注入是 Spring 框架的核心，贯穿始终。对于依赖注入容器而言，可以通过配置文件指定 Bean 实例的所有属性，这种方式提供了很好的解耦性，但同时应该引起注意的是，滥用依赖注入也会引起一些问题，如大大降低了程序的可读性等。通常的做法是：组件和组件之间的耦合，采用依赖注入；对于普通 Bean 的属性值，则直接在代码中进行设置。

12.2 配置 Bean 的属性和依赖关系

前面举例说明了如何使用 Spring 容器进行依赖注入。在此基础上，本节将详细介绍如何在 Spring 中配置依赖注入。

12.2.1 简单 Bean 的配置

Spring 的 IoC 容器负责管理所有的应用系统组件，并可以在协作组件间建立关联。要完成 Bean 的配置，就需要告诉容器到底需要哪些 Bean，以及容器使用何种方式将它们装配在一起。

Spring 的 IoC 容器支持两种格式的配置文件：Properties 文件格式和 XML 文件格式。通过 XML 配置文件来注册并管理 Bean 之间的依赖关系，是最常用的配置文件表达方式。本书示例也使用 XML 文件的形式，来完成 Bean 的配置。

1. 定义 Bean

Spring 的 IoC 容器管理一个或多个 Bean，这些 Bean 由容器根据 XML 文件中提供的 Bean 配置信息进行创建。

XML 配置文件的根元素是<beans>，它包含多个<bean>子元素。其中，每个<bean>子元素定义一个 Bean，并描述该 Bean 如何被装配到 Spring 容器中。

一个<bean>元素通常包括 id 和 class 两个属性。

- id 属性：是一个 Bean 的唯一标识符，容器对 Bean 的配置、管理都通过该属性来完成。如果想给 Bean 添加别名或想使用一些不合法的 XML 字符，如“/”，则可以通过指定 Bean 的 name 属性进行设定。

- name 属性：可以在 name 属性中为 Bean 指定多个别名，每个名称之间使用逗号或分号隔开。如果在 Bean 定义中未指定 id 和 name，则 Spring 会将 class 值当作 id 使用。class 属性：该属性指定了 Bean 的具体实现类。它必须是一个完整的类名，使用类的全限定名。

下面的代码定义了两个 Bean。

```
<!--Spring 配置文件的根元素-->
<beans>
    <!--定义 Bean1，其对应的实现类为 com.spring.B1-->
<bean id="b1" class="com.spring.B1"/>
<!--定义 Bean2，其对应的实现类为 com.spring.B2-->
<bean id="b2" class="com.spring.B2"/>
</beans>
```

接下来，配置文件将显示 Bean 是如何加载到容器中去的。通过配置文件，Spring 便可以了解到要加载的类以及加载方式。

由 12.1 节可知，在 Spring 框架中，Bean 的依赖注入有以下两种表现方式。

（1）通过<property.../>元素配置，对应设值注入。

（2）构造器参数：通过<constructor-arg.../>元素指定，对应构造注入。

2. 设置简单属性值

<property>的 value 属性用于指定字符串类型或基本类型的属性值。Spring 利用 java.beans.PropertyEditor 接口的实现将解析出来的 string 类型转换成需要的参数值类型。默认情况下，value 属性或者<value>标签不仅能读取 Java.lang.String 类型，还能将其转换成其他任何基本类型或者对应包的类。

下面通过示例项目 Spring_InjectSimple_Demo 展示一个允许被注入多种类型属性的 Bean。

（1）新建一个普通项目，名称为 Spring_InjectSimple_Demo，添加 Spring 支持及其依赖的 JAR 包（如 commons-logging）。

（2）创建 DemoBean 类，其包含一个用于显示的方法 display，代码如下。

```
package com.ioc.demobean;
public class DemoBean {
    //定义类属性
    private String name;
    private int age;
    private float height;
    private boolean isChinese;
    //getter 和 setter
    public String getName() {
        return name;
    }
    public int getAge() {
        return age;
    }
    public void setAge(int age) {
        this.age = age;
    }
    public float getHeight() {
        return height;
    }
    public void setHeight(float height) {
        this.height = height;
    }
    public boolean isChinese() {
        return isChinese;
    }
    public void setIsChinese(boolean isChinese) {
        this.isChinese = isChinese;
```

```
        }
        public void setName(String name) {
            this.name = name;
        }
        //toString 方法
        @Override
        public String toString() {
            return "DemoBean [name=" + name + ", age=" + age + ", height=" + height + ", isChinese=" + isChinese + "]";
        }
    //DemoBean 的方法
        public void display() {
            System.out.println(this.toString());
        }
    }
```

（3）在 src 目录下创建 beans.xml 文件，代码如下。

```
<?xml version="1.0" encoding="UTF-8"?>
<beans xmlns="http://www.springframework.org/schema/beans"
    xmlns:xsi="http://www.w3.org/2001/XMLSchema-instance" xmlns:p="http://www.springframework.org/schema/p"
    xmlns:aop="http://www.springframework.org/schema/aop"
    xsi:schemaLocation="http://www.springframework.org/schema/beans
        http://www.springframework.org/schema/beans/spring-beans-3.0.xsd
        http://www.springframework.org/schema/aop
        http://www.springframework.org/schema/aop/spring-aop-3.0.xsd">
    <!--配置 demoBean 实例，其实现类为 com.ioc.demobean.DemoBean -->
    <bean id="demoBean" class="com.ioc.demobean.DemoBean">
        <!--使用 property 元素配置需要依赖注入的属性 -->
        <property name="name" value="李梅"></property>
        <property name="age" value="29"></property>
        <property name="height" value="170"></property>
        <property name="isChinese" value="true"></property>
    </bean>
</beans>
```

此配置文件对简单属性使用了设值注入。从代码中看到，可以在<bean>元素中定义 String 值、基本类型值或者基本类型包的类值的属性，并通过 value 属性将这些值注入到 Java 类中，只要在 Java 类中为该属性提供了对应的 setter 方法即可。

根据上面的配置文件，Srping 会为每个<bean>元素创建一个 Java 对象，即一个 Bean 实例。Spring 将完成类似如下的工作代码。

```
//获取 com.ioc.demobean.DemoBean 类的 Class 对象
Class targetClass=class.forName("com.ioc.demobean.DemoBean");
//创建 com.ioc.demobean.DemoBean 类的默认实例
Object bean=targetClass.newInstance();
```

当 bean 实例创建完以后，Spring 会遍历配置文件的<bean>元素中所有的<property>子元素。每发现一个<property>元素，就为该 Bean 实例调用相应的 setter 方法。

此外，也可以通过为<property>元素增加子元素<value>来完成依赖关系的设值注入，代码如下。

```
<!--使用 value 元素直接指定属性值-->
 <property name="name">
    <!--指定 name 属性值为 Jack-->
```

```
        <value>Jack</value>
    </property>
```

两种配置方式的效果完全相同，但是使用<value>作为<property>元素属性的方式显得更为简洁，所以 Spring 推荐采用设置<value>属性的方式来配置普通属性值。

（4）在 DemoBean 的相同目录下创建测试类 TestBean，代码如下。

```
package com.ioc.demobean;

import org.junit.Test;
import org.springframework.context.support.ClassPathXmlApplicationContext;

public class TestBean {

    @Test
    public void test() {
    ClassPathXmlApplicationContext  ctx=new  ClassPathXmlApplicationContext("beans.
xml");
        try{
            //获取 DemoBean 的实例
            DemoBean b=(DemoBean)ctx.getBean("demoBean");
            b.display();
        }finally{
                ctx.close();
        }
    }
}
```

（5）运行项目，输出结果如图 12.7 所示。

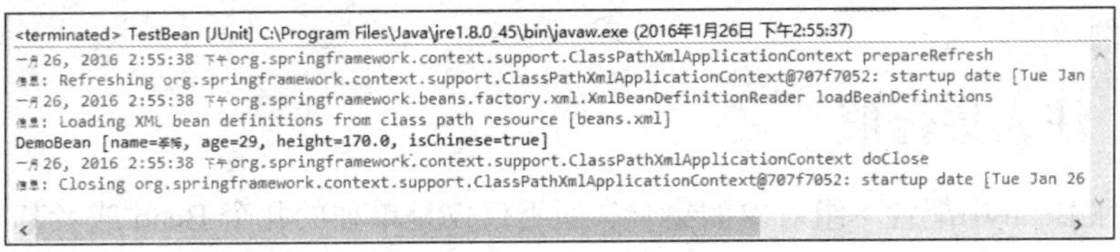

```
<terminated> TestBean [JUnit] C:\Program Files\Java\jre1.8.0_45\bin\javaw.exe (2016年1月26日 下午2:55:37)
一月 26, 2016 2:55:38 下午org.springframework.context.support.ClassPathXmlApplicationContext prepareRefresh
信息: Refreshing org.springframework.context.support.ClassPathXmlApplicationContext@707f7052: startup date [Tue Jan
一月 26, 2016 2:55:38 下午org.springframework.beans.factory.xml.XmlBeanDefinitionReader loadBeanDefinitions
信息: Loading XML bean definitions from class path resource [beans.xml]
DemoBean [name=李[illegible], age=29, height=170.0, isChinese=true]
一月 26, 2016 2:55:38 下午org.springframework.context.support.ClassPathXmlApplicationContext doClose
信息: Closing org.springframework.context.support.ClassPathXmlApplicationContext@707f7052: startup date [Tue Jan 26
```

图 12.7 示例输出结果

12.2.2 合作者 Bean 的配置

一个 Bean 依赖另一个 Bean，被称为合作者。如果需要为 Bean 设置的属性值是容器中的另一个 Bean 实例，则可以在 Spring 的配置文件中使用<property>元素的子元素<ref>将一个 Bean 注入到另一个 Bean 中，也可以使用<property>元素的 ref 属性来完成注入。两种方式的效果相同，不过使用 ref 属性的方式更为简洁。

配置合作者 Bean 时首先必须配置两个<bean>元素：一个被注入的 Bean 和一个待注入的目标 Bean，然后，就可以简单地在目标上使用 ref 属性配置注入了。例如：下面代码中的黑体部分。

```
 <?xml version="1.0" encoding="UTF-8"?>
<!--Spring 配置文件的根元素-->
<beans xmlns="http://www.springframework.org/schema/beans"
    xmlns:xsi="http://www.w3.org/2001/XMLSchema-instance"
    xmlns:p="http://www.springframework.org/schema/p"
```

```
    xmlns:aop="http://www.springframework.org/schema/aop"
    xsi:schemaLocation="http://www.springframework.org/schema/beans
        http://www.springframework.org/schema/beans/spring-beans-3.0.xsd
        http://www.springframework.org/schema/aop
        http://www.springframework.org/schema/aop/spring-aop-3.0.xsd">
  <!--注册一个待注入的 Bean，UserDAOImpl，实例名称为 udi-->
  <bean id="udi" class="com.ioc.dao.impl.UserDAOImpl">
  </bean>
  <!--注册一个被注入的 Bean，UserServiceImpl，实例名称为 userService-->
  <bean id="userService" class="com.ioc.service.UserServiceImpl">
        <!--使用 property 元素的 ref 属性来完成注入-->
        <property name="userDAO" ref bean="udi"/>
        </property>
    </bean>
</beans>
```

如果采用构造注入方式，则需在<constructor-arg>元素中添加 ref 属性，来将一个 Bean 实例注入另一个 Bean 中。

```
<bean id="userService" class="com.ioc.service.UserServiceImpl">
<!--使用构造注入，在 constructor-arg 元素中添加 ref 属性-->
<constructor-arg>
        <ref bean="u"/>
    </constructor-arg>
</bean>
```

需要注意的是，被注入的类型不一定要求完全与注入目标中定义的类型一样，只需要兼容就可以了，也就是说，如果在目标 Bean 上定义的是一个接口，那么注入的只要是实现了这个接口的类的实例就可以了；如果声明的是一个类，那么注入的实例要么是这个类的实例，要么是这个类的子类的实例。

12.2.3 注入集合值

如果需要在 Bean 中配置一组对象的集合，而不仅仅是单独的几个 Bean 或者基本类型值，应该如何配置呢？Spring 提供了直接向 Bean 注入一个集合的方法。

注入集合值并不复杂，使用<list>、<map>、<set>或<props>元素来分别表示 List、Map、Set 或者 Properties 对象，然后向其中传入任何可用于注入的其他类型的独立元素（就像给普通的<property>标签配置属性一样）即可。

首先定义一个包含了各种集合属性的 Java 类，再演示如何通过配置文件为集合属性注入属性值。

（1）新建一个普通 Java 项目，名称为 Spring_InjectCollections，添加好 Spring 支持及其依赖的 JAR 包（log 包及 JUnit 包）。

（2）创建 MyCollections 类，其中包含了 List、Map 和 Set 集合属性，代码如下。

```
package com.pojo.beans;

import java.util.List;
import java.util.Map;
import java.util.Set;

public class MyCollections {
```

```
        // 在 Collections 类中定义三种集合属性
        private Set<String> sets;                      // Set 集合属性
        private List<String> lists;                    // List 集合属性
        private Map<String, String> maps;              // Map 集合属性

        // 定义各个属性的 setter 和 getter 方法，setter 方法用来实现依赖注入
        public Set<String> getSets() {
            return sets;
        }

        public void setSets(Set<String> sets) {
            this.sets = sets;
        }

        public List<String> getLists() {
            return lists;
        }

        public void setLists(List<String> lists) {
            this.lists = lists;
        }

        public Map<String, String> getMaps() {
            return maps;
        }

        public void setMaps(Map<String, String> maps) {
            this.maps = maps;
        }

        // 重载父类的 toString
        @Override
        public String toString() {
            return "Collections [sets=" + sets + ", lists=" + lists + ", maps=" + maps
+ "]";
        }
    }
```

由此可见，在上面的 MyCollections 类里定义了 3 个常用的集合属性。

（3）下面在 Spring 的配置文件中配置这些集合属性值。注意：<bean>元素的 class 属性要使用全限定名，代码如下。

```
    <?xml version="1.0" encoding="UTF-8"?>
    <!--Spring 配置文件的根元素 -->
    <beans xmlns="http://www.springframework.org/schema/beans"
         xmlns:xsi="http://www.w3.org/2001/XMLSchema-instance"
xmlns:p="http://www.springframework.org/schema/p"
         xmlns:aop="http://www.springframework.org/schema/aop"
         xsi:schemaLocation="http://www.springframework.org/schema/beans
             http://www.springframework.org/schema/beans/spring-beans-3.0.xsd
             http://www.springframework.org/schema/aop
             http://www.springframework.org/schema/aop/spring-aop-3.0.xsd">
        <!--配置 myCollections 实例，其实现类为 MyCollections -->
```

```
    <bean id="myCollections" class="com.pojo.beans.MyCollections">
        <property name="sets">
            <!--配置 Set 属性的属性值 -->
            <set>
                <value>1</value>
                <value>2</value>
            </set>
        </property>
        <property name="lists">
            <!--配置 List 属性的属性值 -->
            <list>
                <value>1</value>
                <value>2</value>
                <value>3</value>
            </list>
        </property>
        <property name="maps">
            <!--配置 Map 属性的属性值 -->
            <map>
                <entry key="1" value="1"></entry>
                <entry key="2" value="2"></entry>
                <entry key="3" value="3"></entry>
                <entry key="4" value="4"></entry>
            </map>
        </property>
    </bean>
</beans>
```

（4）创建一个测试类 TestInjectCollections，并通过 getBean()方法从 beans.xml 中获取 myCollections 实例，代码如下。

```
package com.java.main;

import org.junit.Test;
import org.springframework.context.ApplicationContext;
import org.springframework.context.support.ClassPathXmlApplicationContext;

import com.pojo.beans.MyCollections;

public class TestInjectCollections {

    @Test
    public void test() {
        @SuppressWarnings("resource")
        ApplicationContext ctx = new ClassPathXmlApplicationContext("beans.xml");
        // 获取 InjectCollections 实例
        MyCollections mc = (MyCollections) ctx.getBean("myCollections");
        System.out.println(mc);
    }
}
```

（5）运行项目，输出结果如图 12.8 所示。

通过这个例子可以了解到，在 Spring 的配置文件中注入集合值的方法，下面做一详细说明。

```
Problems  @ Javadoc  Declaration  Console
<terminated> TestInjectCollections [JUnit] C:\Program Files\Java\jre1.8.0_45\bin\javaw.
二月 04, 2016 10:04:26 上午 org.springframework.context.support.ClassPathXml
信息: Refreshing org.springframework.context.support.ClassPathXmlApplicat
二月 04, 2016 10:04:26 上午 org.springframework.beans.factory.xml.XmlBeanDef
信息: Loading XML bean definitions from class path resource [beans.xml]
Collections [sets=[1, 2], lists=[1, 2, 3], maps={1=1, 2=2, 3=3, 4=4}]
```

图 12.8　示例输出结果

- 如果需要保持集合中数据的唯一性，则使用 Set 集合。对于 Set 类型的属性，需要使用<set>元素进行配置。在<set>元素中不仅可以使用<value>子元素，还可以使用其他任何有效的子元素，包括：<ref>、<list>、<map>和另一个<set>。
- 对 List 类型和数组类型的属性，需要使用<list>元素来配置。在<list>元素中不仅可以使用<value>子元素，还可以使用其他任何有效的子元素，包括：<ref>、<set>、<map>和另一个<list>。
- 对 Map 类型的属性，需要使用<map>元素来配置。由于 Map 集合中的每项都是由一个键值对（key，value）构成的，因此，需要使用<map>元素的子元素<entry>来配置键值对，且每个子元素<entry>也需要配置一个键值对。<entry>中键值对的“value”也可以包括<value>、<ref>、<list>、<set>或另一个<map>子元素。

对 Map 类型的属性，在本例中的配置文件使用了<map>元素配置的简化表示。下面这两种表示方式和我们上面使用的简化表示方式都是等效的。

key 和 value 都作为<map>元素的子元素，代码如下。

```
<!--key 和 value 都作为 entry 的子元素-->
<map>
    <!--配置 Map 中的项，每项包含一个（key，value）对-->
    <entry>
        <!--配置 entry 中的 key 值->
        <key>
            <value>"key1"</value>
        </key>
        <!--配置 entry 中的 value 值->
        <value>aaa</value>
        <key>
            <value>"key2"</value>
        </key>
        <value>bbb</value>
    </entry>
</map>
```

key 作为属性，而 value 作为子元素。

```
<!--key 作为 entry 的属性，value 作为 entry 的子元素-->
<map>
<!--配置 Map 中的项，每项包含一个（key，value）对，key 作为 entry 的属性-->
<entry key="key1">
        <value>aaa</value>
</entry>
<!--配置 Map 中的项，每项包含一个（key，value）对，key 作为 entry 的属性-->
<entry key="key2">
        <value>bbb</value>
</entry>
</map>
```

对于 Map 还有一点需要注意的是，在配置<entry>时，key 属性（或 key 子元素）的值只能是 String 类型。虽然 java.util.Map 类型中的主键 key 可以是任何类型（大部分情况下主键 key 的类型仍然是 String 类型），但在配置<entry>时，其类型只能为 String 类型。

- Properties 类型的配置：Properties 集合也可以在 Spring 中进行配置，它需要使用<prop>元素来配置。Properties 类型较为特殊，其 key 和 value 值都只能是 String 类型，因此，在 Spring 中配置 Properties 类型的属性时只需要针对每个属性项给出其属性名和属性值即可，代码如下。

```
<property name="">
<props>
    <!--配置属性项的 key 值和 value 值-->
<prop key="key1">aaa</prop>
<prop key="key2">bbb</prop>
</props>
</ property>
```

12.3 Bean 的生命周期

Spring 容器默认 Bean 的作用域是 singleton（即：属性 scope=singleton）。Spring 可以管理 singleton 作用域 Bean 的生命周期，也就是说，可以精确地知道该 Bean 何时被被创建，何时被初始化完成，以及何时被销毁。

对于 prototype 作用域（即：属性 scope=singleton）的 Bean，Spring 仅仅负责创建。当容器创建了 Bean 实例后，Bean 实例完全交给客户端代码管理，容器不再跟踪其生命周期。每次客户端请求 prototype 作用域的 Bean 时，Spring 会创建一个新的实例。换句话说，Spring 容器并不管理那些被配置成 prototype 作用域的 Bean 的生命周期。

12.3.1 管理 Bean 的生命周期

管理 Bean 的生命周期的重点是，在某个 Bean 生命周期的哪些指定时刻能够接受通知。这样能够允许你的 Bean 在其存活期间的指定时刻完成一些相关操作。该时刻可能有许多，但一般而言，有两个生命周期时刻与 Bean 的关系尤为重要：postinitiation（初始化后）和 predestruction（销毁前）。

Spring 为 Bean 提供两种机制，来利用上述生命周期：基于方法的机制和基于接口的机制。Spring 广泛运用了基于接口的机制，其使得编程人员不需要每次都指定 Bean 的初始化和销毁，然而在需要不同处理的 Bean 中，使用基于方法的机制可能效果更好。总的来说，选择何种机制来接受生命周期的通知应视程序的需求而定。

（1）如果关注程序的可移植性，或者有少数一两个需要回调的特性类型 Bean，则可以使用基于方法的机制。

（2）如果不太关注可移植性或者定义了许多需要用到生命周期通知的同类型 Bean，则可以使用基于接口的机制可以确保所有的 Bean 总能接受到通知，并且代码更为简洁。

Spring 中，Bean 的生命周期更加复杂，可以利用 Spring 提供的方法来定制 Bean 的创建过程。

当一个 Bean 被加载到 Spring 容器中时，它就具有了生命周期。Spring 在保证一个 Bean 能够被使用之前会预先做很多工作。图 12.9 显示了 Spring 容器中 Bean 实例完整的生命周期行为。

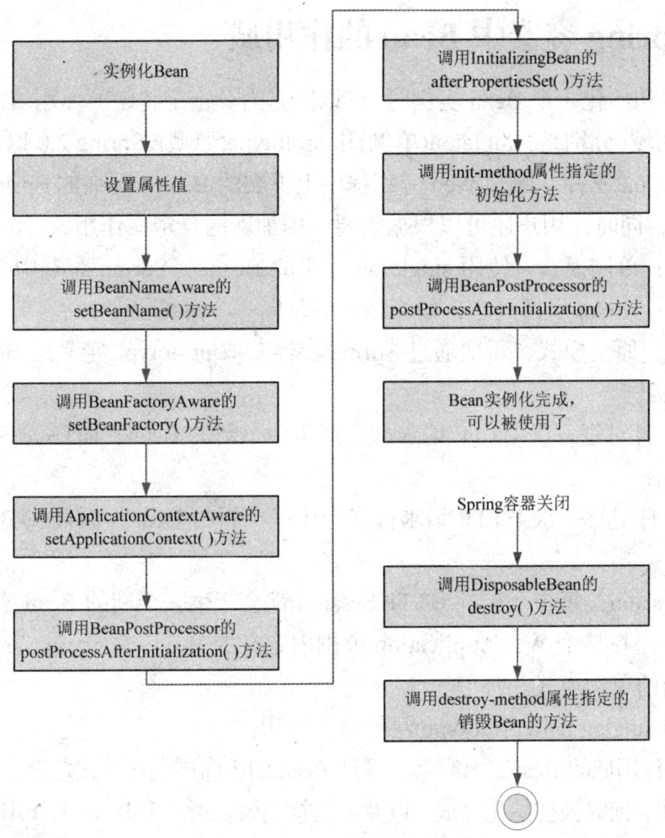

图 12.9　Bean 的生命周期图

由图 12.9 可以看到，Spring 容器在一个 Bean 能够正常被使用之前做了如下很多工作。

（1）Spring 实例化 Bean。

（2）利用依赖注入来配置 Bean 中所有的属性值。

（3）如果 Bean 实现了 BeanNameAware 接口，则 Spring 调用 Bean 的 setBeanName()方法传入当前 Bean 的 ID 值。

（4）如果 Bean 实现了 BeanFactoryAware 接口，则 Spring 调用 Bean 的 setBeanFactory()方法传入当前工厂实例的引用。

（5）如果 Bean 实现了 ApplicationContextAware 接口，则 Spring 调用 Bean 的 setApplication Context()方法传入当前 ApplicationContext 实例的引用。

（6）如果 Bean 实现了 BeanPostProcessor 接口，则 Spring 会调用 postProcessBeforeInitialzation()方法；

（7）如果 Bean 实现了 InitializingBean 接口，则 Spring 会调用 afterPropertiesSet()方法。

（8）如果在配置文件中通过 init-method 属性指定了初始化方法，则调用该初始化方法。

（9）如果 Bean 实现了 BeanPostProcessor 接口，则 Spring 会调用 postProcessAfterInitialization()方法。

（10）到此为止，Bean 就可以被使用了，它将一直存在于 Spring 容器中直到被销毁。

（11）如果 Bean 实现了 DisposableBean 接口，则 Spring 会调用 destroy()方法。

（12）如果在配置文件中通过 destroy-method 属性指定了销毁 Bean 的方法，则调用该方法。

12.3.2 Spring 容器中 Bean 的作用域

在 Spring 容器初始化一个 Bean 实例时，可以同时为其指定特定的作用域。在 Spring 2.0 之前，Bean 只有两种作用域，分别是：singleton(单例)和 prototype(原型)，Spring 2.0 以后又增加了 session、request、global Session 三种专用于 Web 应用程序上下文的 Bean。现在的 Spring 4.0 中，又增加了 application 作用域，同时，用户还可以根据需要，增加新的自定义作用域。6 种作用域如下。

（1）Singleton：单例模式，使用 singleton 定义的 Bean 在 Spring 容器中将只有一个实例，也就是说，无论多少个 Bean 引用到它，始终指向的是同一个对象。

（2）Prototype：原型模式，每次通过 Spring 容器获取 prototype 定义的 Bean 时，容器都将创建一个新的 Bean 实例。

（3）Request：针对每一次 HTTP 请求都会产生一个新的 Bean，而且该 Bean 仅在当前 HTTP request 内有效。

（4）Session：针对每一次 HTTP 请求都会产生一个新的 Bean，而且该 Bean 仅在当前 HTTP session 内有效。

（5）Global Session：每个全局的 HTTP Session 都会产生一个新的 Bean 实例。

（6）Application：在整个 Web Application 范围内定义的 Bean，在 Spring 容器中只有一个实例。其类似于全局范围的单例模式。

以上作用域中 singleton 和 prototype 两种最为常用。

对于 singleton 作用域的 Bean，由容器来管理 Bean 的生命周期，也就是说，容器可以精确地掌握该 Bean 何时被创建，何时被初始化完成，以及何时被销毁。当一个 Bean 的作用域被设置为 singleton 时，那么在 Spring 容器中就只存在一个共享的 Bean 实例。每次请求该 Bean 时，只要 id 与 Bean 定义相匹配，则都将获得同一个实例。换句话说，容器只为 singleton 作用域的 Bean 创建一个唯一的实例。

对于 prototype 作用域的 Bean，每次请求一个 Bean 实例时容器都会返回一个新的、不同的实例。此时，容器仅仅负责创建 Bean 实例，且实例创建完成后，就将其完全交给客户端代码管理，而容器不再跟踪其生命周期。

如果不指定 Bean 的作用域，Spring 则默认使用 singleton 作用域。设置 Bean 的作用域，通过 scope 属性指定，scope 属性可以接受的取值为：singleton、prototype、session、request、global session 和 application，分别对应上面 6 种作用域。

下面的代码中配置了一个 singleton 实例和一个 prototype 实例。

```
<!--以下配置了一个 singleton 实例-->
<bean id="accountService" class="com.foo.DefaultAccountService" scope="singleton"/>
<!--以下默认配置了一个 singleton 实例-->
<bean id="accountService" class="com.foo.DefaultAccountService"/>
<!--以下配置了一个 prototype 实例-->
<bean id="accountService" class="com.foo.DefaultAccountService" scope="prototype"/>
```

需要注意的是，对于 prototype Bean，每次使用 Bean 的名称调用 getBean()方法时都会获得一个该 Bean 的新实例。如果 Bean 使用了有限的资源，如数据库、网络连接等，则多个实例的创建会浪费有限的资源。对于这种情况，应该将 Bean 设置为 singleton Bean。

12.3.3 Bean 的实例化

当一个 Bean 实例化时，往往需要执行一些初始化工作，然后才能使用该 Bean 实例。反之，当不再需要某个 Bean 实例时，则需要从容器中删除它。此时，也要按顺序做一些清理工作。

Spring 提供两种方法用于在 Bean 全部属性设置成功后执行指定行为如下。

（1）使用 init-method 属性。

（2）实现 initializingBean 接口。

1. 指定初始化方法

使用 init-method 属性指定某个初始化方法在 Bean 全部依赖关系设置完成后执行。这种回调机制在定义的多个 Bean 都是同一类型，或者希望自己的应用程序和 Spring 解耦合时，会十分有效。使用这种机制的另一个好处是：它能够让 Spring 应用程序同之前创建的，或者由第三方提供的 Bean 无缝地协同工作。下面通过示例来讲解 init-method 属性的用法。

（1）新建一个普通 Java 项目，命名为 Spring_lifecycle_init_method，接着添加 Spring 支持及其依赖的 JAR 包。

（2）创建 SimpleBean 类，代码如下。

```
package com.initmethod.bean;

import org.springframework.context.ApplicationContext;
import org.springframework.context.support.ClassPathXmlApplicationContext;

//创建 SimpleBean 类
public class SimpleBean {
    // 定义常量
    private static final String DEFAULT_NAME = "default name";
    private static final int DEFAULT_AGE = 25;
    // 定义类的属性
    private int age = 0;
    private String name;

    // 构造方法
    public SimpleBean() {
        System.out.println("------------------------\n" + "Spring 实例化 bean...");
    }

    // 定义 name 属性的 getter 和 setter 方法
    public String getName() {
        return name;
    }

    public void setName(String name) {
        System.out.println("Spring 执行依赖关系注入...");
        this.name = name;
        System.out.println("name = " + this.name);
    }

    // 定义 age 属性的 getter 和 setter 方法
    public int getAge() {
        return age;
    }
```

```
    public void setAge(int age) {
        System.out.println("Spring 执行依赖关系注入...");
        this.age = age;
        System.out.println("age = " + this.age);
    }

    // 初始化方法
    public void init() {
        System.out.println("初始化 bean 完成，调用 init()...");
        this.name = DEFAULT_NAME;
        this.age = DEFAULT_AGE;
        System.out.println(this);
    }

    // 覆盖 Object 类的 toString 方法
    public String toString() {
        return "name: " + name + "\n" + "age: " + age + "\n" + "------------------------\n";
    }

    // 测试方法
    public static void main(String[] args) {
        // 创建 Spring 容器
        @SuppressWarnings("resource")
        ApplicationContext ctx = new ClassPathXmlApplicationContext("beans.xml");
        // 获取 SimpleBean 实例
        for (int j = 1; j <= 3; j++) {
            ctx.getBean("bean" + j);
        }
    }
}
```

为简单起见，将测试方法一并写在了 SimpleBean 类中。上面程序中定义了一个普通的 init() 方法。这个方法的名称可以是任意的，Spring 不会对 init()方法进行任何特别的处理，除非在 Spring 的配置文件中使用 init-method 属性指定该方法是一个生命周期方法。

（3）在 src 目录下新建 beans.xml 文件，代码如下。

```
<?xml version="1.0" encoding="UTF-8"?>
<beans xmlns="http://www.springframework.org/schema/beans"
    xmlns:xsi="http://www.w3.org/2001/XMLSchema-instance"
    xsi:schemaLocation="http://www.springframework.org/schema/beans
http://www.springframework.org/schema/beans/spring-beans.xsd">
    <!--配置 Bean1，指定当该 Bean 所有属性设置完成后，自动执行 init 方法 -->
    <bean id="bean1" class="com.initmethod.bean.SimpleBean"
        init-method="init">
        <!--使用 property 元素配置需要依赖注入的属性 -->
        <property name="name" value="Jobs"></property>
        <property name="age" value="20"></property>
    </bean>
    <!--配置 Bean2，指定当该 Bean 所有属性设置完成后，自动执行 init 方法 -->
    <bean id="bean2" init-method="init"
        class="com.initmethod.bean.SimpleBean">
        <property name="age" value="25"></property>
    </bean>
```

```
        <!--配置 Bean3，指定当该 Bean 所有属性设置完成后，自动执行 init 方法 -->
        <bean id="bean3" init-method="init"
            class="com.initmethod.bean.SimpleBean">
            <property name="name" value="Bill"></property>
        </bean>
    </beans>
```

上面的配置文件中配置了三个Simplebean的实例，并使用<property>元素注入了不同的初始化参数。注意：每个 Bean 都指定了 init-method 属性值为“init”，要求完成注入后，自动执行 init()函数。

（4）运行程序，结果如图 12.10 所示。

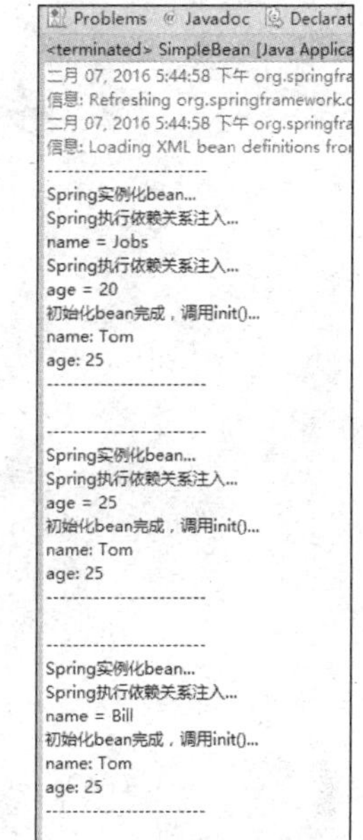

图 12.10　输出结果

通过上述执行结果可以看出程序执行的流程为：先调用 Simplebean 类的构造方法创建 Bean1 实例，接着 Spring 的 IoC 容器通过 setter 方法将 name 和 age 两个属性的值注入 Bean1 实例，最后容器自动调用 init()方法完成初始化工作。类似的，Bean2 实例和 Bean3 实例的 init()方法由容器自动调用。

使用init-method属性指定的方法应该在Bean的全部依赖关系设置结束之后自动执行，即使用这种方法不需要将代码与 Spring 的接口耦合在一起。

2. 实现 InitializingBean 接口

Spring 中的 org.springframework.beans.factory.InitializingBean 接口提供了定义初始化方法的一种方式。它允许容器在设置好 Bean 的所有必需属性后给 Bean 发通知，以执行初始化工作。一旦某个 Bean 实现了 InitializingBean 接口，那么这个 Bean 的代码就与 Spring 耦合到一起了。

InitializingBean 接口只定义了一个 afterPropertiesSet 方法，它的作用和第一种方法中的 init()相同，即可以在该方法内部对 Bean 做一些初始化的处理工作，如检查 Bean 配置以确保其有效等。凡是继承了 InitializingBean 接口的类，在初始化 Bean 的时候都会执行其 afterPropertiesSet 方法。

接下来对前面的例子进行修改，使用 InitializingBean 接口来实现 Bean 的初始化。

（1）复制整个项目，并更改项目名称为 Spring_lifecycle_afterPropertiesSet。

（2）修改 SimpleBean 类，使其实现 InitializingBean 接口，代码如下。

```
package com.init.bean;

import org.springframework.beans.factory.InitializingBean;
import org.springframework.context.ApplicationContext;
import org.springframework.context.support.ClassPathXmlApplicationContext;

// 创建 SimpleBean 类
public class SimpleBean implements InitializingBean {
    // 定义常量
    private static final String DEFAULT_NAME = "Tom";
    private static final int DEFAULT_AGE = 25;
    // 定义类的属性
    private int age = 0;
    private String name;

    // 构造方法
    public SimpleBean() {
```

```
        System.out.println("-------------------------\n" + "Spring实例化bean...");
    }

    // 定义name属性的getter和setter方法
    public String getName() {
        return name;
    }

    public void setName(String name) {
        System.out.println("Spring执行依赖关系注入...");
        this.name = name;
        System.out.println("name = " + this.name);
    }

    // 定义age属性的getter和setter方法
    public int getAge() {
        return age;
    }

    public void setAge(int age) {
        System.out.println("Spring执行依赖关系注入...");
        this.age = age;
        System.out.println("age = " + this.age);
    }

    // 覆盖Object类的toString方法
    public String toString() {
        return "name: " + name + "\n" + "age: " + age + "\n" + "------------------------\n";
    }

    // 测试方法
    public static void main(String[] args) {
        // 创建Spring容器
        @SuppressWarnings("resource")
        ApplicationContext ctx = new ClassPathXmlApplicationContext("beans.xml");
        // 获取SimpleBean实例
        for (int j = 1; j <= 3; j++) {
            ctx.getBean("bean" + j);
        }
    }

    @Override
    public void afterPropertiesSet() throws Exception {
        System.out.println("初始化bean完成，调用afterPropertiesSet()...");
        this.name = DEFAULT_NAME;
        this.age = DEFAULT_AGE;
        System.out.println(this);
    }
}
```

上面的代码中创建了 SimpleBean 类。该类实现了 InitializingBean 接口，去掉了 init()方法，改为实现 InitializingBean 接口的 afterPropertiesSet()方法。

当其 Bean 的所有依赖关系被设置完成后，Spring 容器会自动调用该 Bean 实例的 afterPropertiesSet()方法。

（3）修改 beans.xml 文件，将<bean>中的 init-method 属性去掉，修改后的代码如下。

```
<?xml version="1.0" encoding="UTF-8"?>
<beans xmlns="http://www.springframework.org/schema/beans"
    xmlns:xsi="http://www.w3.org/2001/XMLSchema-instance"
    xsi:schemaLocation="http://www.springframework.org/schema/beans
http://www. springframework.org/schema/beans/spring-beans.xsd">
    <!--配置 Bean1，指定当该 Bean 所有属性设置完成后，自动执行 init 方法 -->
    <bean id="bean1" class="com.init.bean.SimpleBean">
        <!--使用 property 元素配置需要依赖注入的属性 -->
        <property name="name" value="Jobs"></property>
        <property name="age" value="20"></property>
    </bean>
    <!--配置 Bean2，指定当该 Bean 所有属性设置完成后，自动执行 init 方法 -->
    <bean id="bean2" class="com.init.bean.SimpleBean">
        <property name="age" value="25"></property>
    </bean>
    <!--配置 Bean3，指定当该 Bean 所有属性设置完成后，自动执行 init 方法 -->
    <bean id="bean3" class="com.init.bean.SimpleBean">
        <property name="name" value="Bill"></property>
    </bean>
</beans>
```

（4）下面是程序运行结果截图，如图 12.11 所示。

图 12.11　输出结果

对于实现了 InitializingBean 接口的 Bean，配置该 Bean 实例与配置普通 Bean 实例完全相同。Spring 容器可以自动检测到 Bean 中是否实现了特定的生命周期接口。如果实现了某个生命周期接口，则需要执行其相应的生命周期方法。

由于实现 InitializingBean 接口的方式将代码同 Spring 耦合起来，是侵入式设计，因此不推荐使用 InitializingBean 接口。

12.3.4 Bean 的销毁

与初始化对应，Spring 也提供了两种方法用于在 Bean 实例销毁之前执行指定的动作。

（1）使用 destroy-method 属性。

（2）实现 DisposableBean 接口。

1. 使用 shutdown hook

对于基于 Web 的 ApplicationContext 实现，已有相应的代码来保证关闭 Web 应用时恰当地关闭 Spring 容器，但如果正处于一个非 Web 的应用环境下，希望容器优雅地关闭，并在关闭前调用 singleton Bean 上相应的析构回调方法，则需要在 JVM 中注册一个关闭钩子（shutdown hook）。当然，为自己的单例配置销毁回调，并正确实现销毁回调的方法，依然需要自己来完成。

为了注册 shutdown hook，需要调用在 AbstractApplicationContext 中提供的 registerShutdownHook( ) 方法。程序会在退出 JVM 之前关闭 Spring ApplicationContext 容器，并在关闭容器之前调用 singleton 作用域中 Bean 的析构回调方法。

2. Bean 销毁时执行析构方法

如果希望一个 Bean 在被销毁前能执行一些清理和释放工作，则可以在 Bean 中定义一个普通的析构方法，然后在 XML 配置文件中通过 destroy-method 属性指定其方法名。Spring 会在销毁单例前调用此方法。

下面的例子演示了使用 destroy-method 属性指定析构方法。

（1）创建一个普通的 Java Project，项目名称为 Spring_lifecycle_destroy_method。

（2）添加一个与前面例子类似的 SimpleBean 类，代码如下。

```
package com.destroymethod.bean;

import org.springframework.context.support.AbstractApplicationContext;
import org.springframework.context.support.ClassPathXmlApplicationContext;

//创建 SimpleBean 类
public class SimpleBean {
    // 定义类的属性
    private int age = 0;
    private String name;

    // 构造方法
    public SimpleBean() {
        System.out.println("------------------------\n" + "Spring 实例化 bean...");
    }

    // 定义 name 属性的 getter 和 setter 方法
    public String getName() {
        return name;
    }

    public void setName(String name) {
        System.out.println("Spring 执行依赖关系注入...");
        this.name = name;
        System.out.println("name = " + this.name);
```

```
        }

        // 定义 age 属性的 getter 和 setter 方法
        public int getAge() {
            return age;
        }

        public void setAge(int age) {
            System.out.println("Spring 执行依赖关系注入...");
            this.age = age;
            System.out.println("age = " + this.age);
        }

        // 初始化方法
        // 完成清理与资源回收工作
        public void closeBean() {
            System.out.println("执行自定义的 close()函数...");
            System.out.println("该 close()函数可以用来执行销毁前的资源回收等方法...");
        }

        // 覆盖 Object 类的 toString 方法
        public String toString() {
            return "name: " + name + "\n" + "age: " + age + "\n" + "------------------------\n";
        }

        // 测试方法
        public static void main(String[] args) {
            // 创建 Spring 容器
            AbstractApplicationContext ctx = new ClassPathXmlApplicationContext("beans.
xml");
            try {
                ctx.getBean("bean1"); // 获取 SimpleBean 实例
                ctx.registerShutdownHook(); // 为 Spring 容器注册关闭钩子
                System.out.println("关闭 ApplicationContext...");
            } finally {
                ctx.close();
            }
        }
    }
```

SimpleBean 类没有实现任何 Spring 特有的接口，只是在原有方法的基础上增加了一个 closeBean()方法，因此它并没有与 Spring 紧密耦合。closeBean()方法将被用来完成清理与资源回收的工作，方法名可以是任意的。现在，closeBean()方法只是个普通的方法，Spring 并不会对它有任何特别的对待。如果希望在 Bean 实例被销毁前由 Spring 来调用这个方法，只需要在配置文件中为<bean>指定 destroy-method 属性值即可。

（3）创建 beans.xml 文件，代码如下。

```
<?xml version="1.0" encoding="UTF-8"?>
<beans xmlns="http://www.springframework.org/schema/beans"
    xmlns:xsi="http://www.w3.org/2001/XMLSchema-instance"
    xsi:schemaLocation="http://www.springframework.org/schema/beans
http://www. springframework.org/schema/beans/spring-beans-4.2.xsd">
```

```
    <!--配置 Bean，指定当该 Bean 实例被销毁前自动执行 closeBean()方法 -->
    <bean id="bean1" class="com.destroymethod.bean.SimpleBean"
        destroy-method="closeBean">
        <!--使用 property 元素配置需要依赖注入的属性 -->
        <property name="name" value="Jobs"></property>
        <property name="age" value="55"></property>
    </bean>
</beans>
```

在 beans.xml 文件代码中加粗的语句为<bean>指定了 destroy-method 属性，其属性值正是我们在 SimpleBean 类中定义的 closeBean()的方法名。这样配置后，Spring 就会自动在销毁 simpleBean 实例前调用 SimpleBean 类中的 closeBean()方法。

（4）运行程序，结果如图 12.12 所示。

```
Problems  @ Javadoc  Declaration  Console
<terminated> SimpleBean (2) [Java Application] C:\Program
二月 11, 2016 10:18:59 上午 org.springframework.context.sup
信息: Refreshing org.springframework.context.support.Class
二月 11, 2016 10:19:00 上午 org.springframework.beans.fact
信息: Loading XML bean definitions from class path resourc
------------------------
Spring实例化bean...
Spring执行依赖关系注入...
name = Jobs
Spring执行依赖关系注入...
age = 55
关闭ApplicationContext...
二月 11, 2016 10:19:00 上午 org.springframework.context.sup
信息: Closing org.springframework.context.support.ClassPat
执行自定义的close()函数...
该close()函数可以用来执行销毁前的资源回收等方法...
```

图 12.12　输出结果

3. 实现 DisposableBean 接口

Spring 也提供了一个 org.springframework.beans.factory. DisposableBean 接口，实现了该接口的 Bean 实例可以在 Spring 容器销毁它之前获得一次回调。DisposableBean 接口只有一个方法：void destroy()，该方法就是 Bean 实例要被销毁之前应该执行的方法。

下面举例说明使用 DisposableBean 接口完成析构方法的步骤。

（1）复制 Spring_lifecycle_destroy_method 项目并改名为 Spring_lifecycle_DisposableBean。

（2）修改 SimpleBean 类，代码如下。

```
package com.disposablebean.bean;

import org.springframework.beans.factory.DisposableBean;
import org.springframework.context.support.AbstractApplicationContext;
import org.springframework.context.support.ClassPathXmlApplicationContext;

//创建 SimpleBean 类
public class SimpleBean implements DisposableBean {
    // 定义类的属性
    private int age = 0;
    private String name;

    // 构造方法
    public SimpleBean() {
        System.out.println("------------------------\n" + "Spring 实例化 bean...");
    }

    // 定义 name 属性的 getter 和 setter 方法
    public String getName() {
        return name;
    }

    public void setName(String name) {
        System.out.println("Spring 执行依赖关系注入...");
        this.name = name;
```

```
        System.out.println("name = " + this.name);
    }

    // 定义 age 属性的 getter 和 setter 方法
    public int getAge() {
        return age;
    }

    public void setAge(int age) {
        System.out.println("Spring 执行依赖关系注入...");
        this.age = age;
        System.out.println("age = " + this.age);
    }

    // 覆盖 Object 类的 toString 方法
    public String toString() {
        return "name: " + name + "\n" + "age: " + age + "\n" + "------------------------\n";
    }

    // 测试方法
    public static void main(String[] args) {
        // 创建 Spring 容器
        AbstractApplicationContext ctx = new ClassPathXmlApplicationContext("beans.
xml");
        try {
            ctx.getBean("bean1"); // 获取 SimpleBean 实例
            ctx.registerShutdownHook(); // 为 Spring 容器注册关闭钩子
            System.out.println("关闭 ApplicationContext...");
        } finally {
            ctx.close();
        }
    }

    // 完成清理与资源回收工作
    @Override
    public void destroy() throws Exception {
        System.out.println("执行 DisposeableBean 的实现函数 destroy()...");
        System.out.println("在该函数内可以执行销毁前的资源回收方法...");
    }
}
```

上面代码中的 Simplebean 类实现了 DisposableBean 接口，因此不必再使用 destroy-method 属性指定销毁回调方法。之后对代码稍作修改，去掉 closeBean()方法，并将其内容拷贝到 destroy()方法中。

Spring 容器会检测到 Simplebean 类实现了 DisposableBean 接口，这样，在销毁该 Bean 的实例以前，Spring 会自动完成对 destroy()方法的调用。

（3）修改 beans.xml 文件，删除原来<bean>中的 destroy-method 属性，代码如下。

```
<?xml version="1.0" encoding="UTF-8"?>
<beans xmlns="http://www.springframework.org/schema/beans"
    xmlns:xsi="http://www.w3.org/2001/XMLSchema-instance"
    xsi:schemaLocation="http://www.springframework.org/schema/beans
http://www. springframework.org/schema/beans/spring-beans-4.2.xsd">
```

```
    <!--配置 Bean，指定当该 Bean 实例被销毁前自动执行 closeBean()方法 -->
    <bean id="bean1" class="com.disposablebean.bean.SimpleBean">
        <!--使用 property 元素配置需要依赖注入的属性 -->
        <property name="name" value="Jobs"></property>
        <property name="age" value="55"></property>
    </bean>
</beans>
```

（4）运行程序，结果如图 12.13 所示。

程序的执行效果与采用 destroy-method 属性的方式完全相同，但是，实现 DisposableBean 接口将代码和 Spring 耦合起来了，是侵入式的设计。

总之，销毁回调是一种能够确保应用程序优雅地结束，并且资源处于关闭状态或者一致状态的理想机制。一般地，当应用程序存在可移植性问题时，使用方法回调（设置 destroy-method）以解除与 Spring 的耦合；其他情况下建议使用 DisposableBean 接口，以减少需要配置的数量和减少程序因配置不当造成的出错概率。

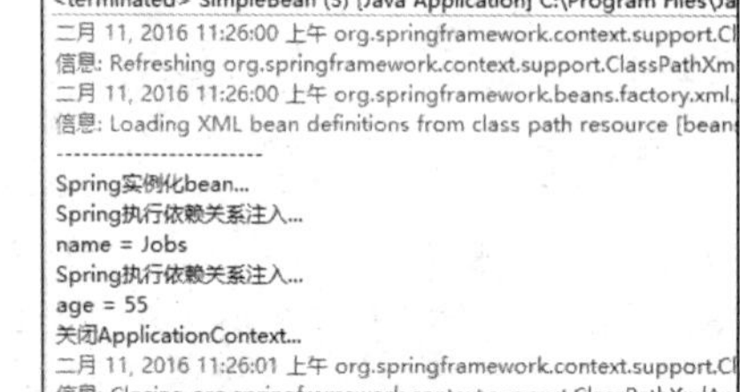

图 12.13　输出结果

12.3.5　协调作用域不同的 Bean

在 12.3.2 节中我们讨论学习了 Bean 的作用域，本节讨论一下当 Spring 容器中作用域不同的 Bean 相互依赖时，会产生什么问题，并该怎么处理。

在大多数情况下，容器中的 Bean 都是 singleton 类型的。如果一个 singleton Bean 依赖另一个 singleton Bean，或者一个 prototype Bean 依赖一个 singleton Bean，又或者一个 prototype Bean 依赖另一个 prototype Bean 时，只需在<property>标签中定义这两个 Bean 的依赖关系就可以了。

如果一个 singleton Bean 依赖一个 prototype Bean 呢？可以简单地配置它们的依赖关系吗？前面已经说过，singleton Bean 只会被容器创建一次，因此也只有一次机会来创建它的依赖关系，而它所依赖的 prototype Bean 则可以不断地产生新的 Bean 实例，但是容器无法每次为 singleton Bean 提供一个新的 prototype Bean 实例。singleton Bean 依赖的将一直是最开始的 Bean 实例。每次通过 singleton Bean 获取它所依赖的 Prototype Bean 实例时，容器总是返回最开始的那个 Prototype Bean 实例。显然，仅仅通过依赖关系的配置无法解决这个问题。

为了解决这个问题，Spring 从 1.1 版本时就引入了一个控制反转的新特性——方法注入（method injection），它为协作者之间的交互提供了更大的灵活性。方法注入一般使用的是 lookup 方法注入。

当一个 Bean 依赖另一个不同生命周期的 Bean 时，设值注入或者构造方法注入会导致 singleton Bean 去维护 non-singleton Bean 的单个实例，但是 lookup 方法注入允许 singleton Bean 声明一个它需要的 non-singleton 依赖，并在每次需要和其交互时返回一个 non-singleton Bean 的实例，同时还无需实现任何 Spring 专有接口。

lookup 方法注入利用了 Spring 容器重写 Bean 中的抽象方法或具体方法的能力，从而返回指定名字的 Bean 实例。它常被用来获取一个 non-singleton 对象。

使用 lookup 方法注入时，需要为 Bean 声明一个 lookup 方法，让它返回一个 non-singleton Bean 的实例。当在应用中获得一个 singleton 对象的引用时，实际上得到的是一个被动态创建的子类的引用，由 Spring 负责实现其 lookup 方法。lookup 方法注入的一个典型的实现是在 Bean 中定义一个抽象的查找方法，从而将 Bean 类变成了一个抽象类，这可以避免因忘记配置方法注入而导致的错误。下面通过示例来说明 lookup 方法的使用。

（1）新建一个 Java 项目 Spring_Method_Injection，添加好 Spring 框架支持和其他的依赖包。

（2）新建一个 HelperBean 类，代码如下。

```
package com.methodinjection.bean;

public class HelperBean {
    public void dosomehelp(){
        //TODO
    }
}
```

HelperBean 类仅有一个空方法，在 beans.xml 配置文件中它将被设置成 prototype 作用域。

（3）新建一个 Java 接口，名称为 ILookupBean，代码如下。

```
package com.methodinjection.bean;

public interface ILookupBean {
    HelperBean getHelperBean();         //定义一个方法以返回一个 HelperBean 实例
    void dosomething();
}
```

该接口有两个方法：getHelperBean ()和 dosomething ()。实际应用中使用 getHelperBean ()方法取得 HelperBean 对象的引用。dosomething ()方法是一个执行业务的简单方法。

（4）新建一个 Java 类，名称为 StandardLookupBean，它实现了 ILookupBean 接口，在 beans.xml 配置文件中将其作用域设置为默认的 singleton，并且依赖于作用域是 prototype 的 HelperBean 对象，代码如下。

```
package com.methodinjection.bean;

public class StandardLookupBean implements ILookupBean {

    // 引入 HelperBean 的实例
    private HelperBean myHelperBean;

    // 类成员的 getter 和 setter 方法
    public HelperBean getMyHelperBean() {
        return myHelperBean;
    }

    //Spring 将使用设值注入
    public void setMyHelperBean(HelperBean myHelperBean) {
        this.myHelperBean = myHelperBean;
    }

    // 接口的实现方法
    @Override
    public HelperBean getHelperBean() {
        return this.myHelperBean;
    }
```

```
    @Override
    public void dosomething() {
        System.out.println("此处执行了单例 Bean 中的方法。");
        myHelperBean.dosomehelp();          //调用 HelperBean 实例的方法
    }

}
```

如果让 Spring 容器直接将 prototype Bean(HelperBean)注入 singleton Bean(StandardLookupBean)，就会出现前文所述的问题。

为此，再定义一个抽象类，用来和 StandardLookupBean 做对比。

（5）定义一个抽象类，名称为 AbstractLookupBean，并将 getMyHelperBean ()方法定义为抽象方法，该方法的返回值是被依赖的 Bean（HelperBean）。AbstractLookupBean 类同样实现了 ILookupBean 接口，代码如下。

```
package com.methodinjection.bean;

public abstract class AbstractLookupBean implements ILookupBean {
    // 定义抽象方法，该方法由 Spring 负责实现
    public abstract HelperBean getMyHelperBean();

    // 实现接口的两个方法
    @Override
    public HelperBean getHelperBean() {
        return getMyHelperBean();          //调用抽象方法的实现
    }

    @Override
    public void dosomething() {
        getMyHelperBean().dosomehelp();
    }
}
```

上面程序中加粗的代码定义了一个抽象的 getMyHelperBean()方法。程序不能直接调用这个方法，但在配置文件 beans.xml 中对该方法进行配置后，Spring 框架则会负责实现该方法。这样，这个方法就变成具体方法了，程序也就可以调用它了。

（6）编写配置文件 beans.xml，代码如下。

```
<?xml version="1.0" encoding="UTF-8"?>
<beans xmlns="http://www.springframework.org/schema/beans"
    xmlns:xsi="http://www.w3.org/2001/XMLSchema-instance"
xmlns:cache="http://www.springframework.org/schema/cache"
    xmlns:context="http://www.springframework.org/schema/context"
    xsi:schemaLocation="http://www.springframework.org/schema/beans
http://www.springframework.org/schema/beans/spring-beans.xsd
        http://www.springframework.org/schema/cache
http://www.springframework.org/schema/cache/spring-cache-4.2.xsd
        http://www.springframework.org/schema/context
http://www.springframework.org/schema/context/spring-context-4.2.xsd">
    <!--配置一个 HelperBean 实例 helperbean1，并指定其作用域为 prototype -->
    <bean id="helperbean1" class="com.methodinjection.bean.HelperBean"
        scope="prototype">
    </bean>
```

```
    <bean id="standardLookupBean" class="com.methodinjection.bean.StandardLookupBe an">
        <!--配置 standardLookupBean 实例 -->
        <property name="myHelperBean" ref="helperbean1">
        </property>
    </bean>
    <!--配置 abstractLookupBean 实例，指定 getMyHelperBean()方法返回 HelperBean 的实例，每
次调用 getMyHelperBean()方法都会返回新的 HelperBean 实例 -->
    <bean id="abstractLookupBean" class="com.methodinjection.bean.AbstractLookupBean">
        <lookup-method name="getMyHelperBean" bean="helperbean1" />
    </bean>
</beans>
```

在 beans.xml 中，StandardLookupBean 与 helperbean1 之间采用普通的依赖注入方式，而 AbstractLookupBean 与 helperbean1 之间则采用了 lookup-method 注入。

设置方法注入时要使用 lookup-method 元素，该元素包含 name 和 bean 两个属性。其中，name 属性指定 Spring 替我们实现的方法名，这里为 getMyHelperBean()方法，而 bean 属性则表明该方法会返回指定名称的 Bean 实例，这里返回 helperbean1 实例。

（7）新建一个 Java 类，名称为 TestLookupMethod，用于测试，代码如下。

```
package com.methodinjection.test;

import org.springframework.context.support.AbstractApplicationContext;
import org.springframework.context.support.ClassPathXmlApplicationContext;
import org.springframework.util.StopWatch;

import com.methodinjection.bean.HelperBean;
import com.methodinjection.bean.ILookupBean;
//测试用例
public class TestLookupMethod {
    public static void main(String[] args) {
        //创建 Spring 容器
        AbstractApplicationContext ctx = new ClassPathXmlApplicationContext("beans.x ml");
        stressTest(ctx, "abstractLookupBean"); //传递 abstractLookupBean 实例名
        System.out.println("——————————————————————");
        stressTest(ctx, "standardLookupBean"); //传递 standardLookupBean 实例名
    }

    //两次获取 Bean 实例，并比较是否为同一实例
    private static void stressTest(AbstractApplicationContext ctx, String beanName) {
        ILookupBean bean = (ILookupBean)ctx.getBean(beanName);
        HelperBean helper1 = bean.getHelperBean();
        HelperBean helper2 = bean.getHelperBean();
        System.out.println("测试 "+beanName);
        System.out.println("helper1==helper2 吗？: " + (helper1==helper2));
        StopWatch stopWatch = new StopWatch(); //初始化 StopWatch 类的新实例
        stopWatch.start("lookupDemo");         //开始或继续测量某个时间间隔的运行时间
        //循环获取 10000 次 HelperBean 实例，再调用 dosomehelp 方法
        for(int i=0; i<10000; i++){
            HelperBean helper = bean.getHelperBean();
            helper.dosomehelp();
        }
```

```
        stopWatch.stop();                        //结束当前时间间隔的测量
        //计算获取 10000 次 Bean 实例花费的执行时间
        System.out.println("获取10000次花费了 "+stopWatch.getTotalTimeMillis()+" 毫秒");
    }
}
```

测试代码中，先传入 abstractLookupBean 实例到 stressTest()方法中，然后两次调用其 getHelperBean ()方法，而 getHelperBean ()方法中调用的抽象方法 getMyHelperBean()是由 Spring 来实现的，因此可以保证两次调用 getHelperBean ()(实际上调用了两次 getMyHelperBean()方法)时会返回不同的 HelperBean 实例。

第二次传入 standardLookupBean 实例到 stressTest()方法中，同样调用其 getHelperBean ()方法。虽然 HelperBean 类产生了两个 helper 实例，但由于 StandardLookupBean 本身是 singleton Bean，因此其产生的 standardLookupBean 实例只有一个且其属性在初始化时就已经被确定了。基于此，当 HelpBean 类第二次产生新的 helper 实例时，standardLookupBean 实例内部的 myHelperBean 属性仍然是第一次被注入的 helper 实例。

StressTest()方法的最后一部分是一个简单的性能测试，来比较哪个 Bean 拿到 helper 对象耗时更少。显然 standardLookupBean 应该会快一些，因为它每次返回的都是同一个实例。

代码中的 StopWatch 类是 Spring 框架提供的一个可以控制任务执行时间的类，它提供了一组方法和属性，可用于准确地测量运行时间。StopWatch 实例可以测量一个时间间隔的运行时间，也可以测量多个时间间隔运行时间的综合。具体用法是，使用 Start 可以开始测量运行时间，使用 Stop 可以停止测量运行时间。

（8）运行程序，输出结果如图 12.14 所示。

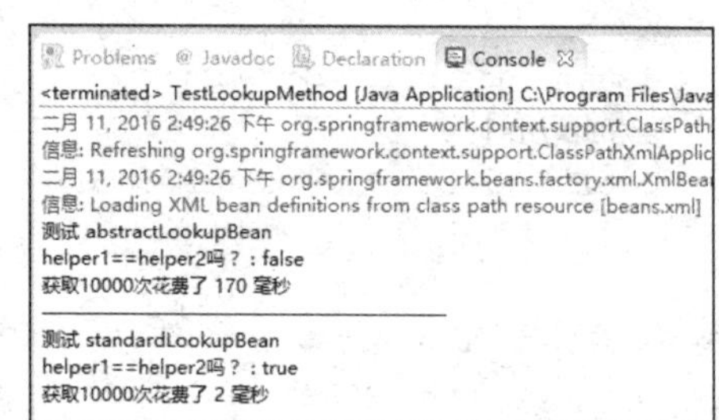

图 12.14　输出结果

从图 12.14 中可以看到，执行结果和我们前面的分析是一致的，当传入 abstractLookupBean 时，两次获得 helper 实例各不相同，而当传入 standardLookupBean 时，发现两次获得的 helper 实例实际上是同一个 helper 实例。这表明了 standardLookupBean 一直在使用初始化时得到的 helper 实例，显然不符合我们将 HelperBean 实例的作用域定义为 Prototype 的初衷，而在使用 lookup-method 注入后，abstractLookupBean 则始终能得到最新的、不同的 helper 实例。

12.4　Bean 感知 Spring 容器

通过实现感知接口，Bean 可以感知到 Spring IoC 容器的资源，而 Spring 可以通过定义在感知接口中的 setter 方法给 Bean 注入相应的资源。

对于一个真正的应用而言，一个 Bean 与另一个 Bean 之间的关系常常是通过依赖注入来管理的，往往不会通过调用容器的 getBean 方法来获取 Bean 实例，然而实际情况是：应用程序中已经获得了 Bean 实例的引用，但程序无法知道配置该 Bean 时指定的 id 属性，而程序又需要获取配置该 id 属性，以方便自己做某些处理。

在某些情况下，你可能需要一个使用依赖注入来获取依赖关系的 Bean，它会因某些原因与容器进行交互。比如，一个需要通过 BeanFactory 或 ApplicationContext 来自动配置关闭嵌入的

Bean 就是很好的例子。此外，Bean 也可能希望知道自己的名字，以便能够基于此名字进行一些附加处理。

例如，让 Bean 能在运行时知道自己的名字对日志记录非常有用。试想在一个有许多不同配置下运行的同类 Bean 的情况，但是其配置各不相同。这时，在日志记录中包含 Bean 的名字能帮助区分开错误的 Bean 和工作良好的 Bean。

12.4.1　使用 BeanNameAware 接口

一个 Bean 能通过实现 BeanNameAware 接口来获取自己的名字，此接口只有一个方法：setBeanName(String name)。该方法的 name 参数是 Bean 的 id，实现了该方法的 Bean 类可以通过它来获得部署该 Bean 时所指定的 id。在 Bean 的属性被设置完以后，在初始化回调方法被执行之前，setBeanName 回调方法会先被调用。初始化回调方法指 InitializingBean 的 afterPropertiesSet 方法，以及 init-method 属性所指定的方法。

大多数情况下，接口的 setBeanName()方法的具体实现只有一行代码，它将容器传入的值存储在一个字段上，以供将来使用。

下面通过示例项目 Spring_BeanNameAware 演示 BeanNameAware 接口的用法。项目 Spring_BeanNameAware 定义了一个 Bean，它使用 BeanNameAware 接口获取名字，然后在输出日志消息时使用这个名字。

（1）复制前面的项目 Spring_lifecycle_afterPropertiesSet，并更改项目名称为 Spring_BeanNameAware。

（2）修改 SimpleBean 类，该类实现了 InitializingBean 接口和 BeanNameAware 接口。SimpleBean 类的代码如下。

```
package com.nameaware.bean;

import org.springframework.beans.factory.BeanNameAware;
import org.springframework.beans.factory.InitializingBean;
import org.springframework.context.ApplicationContext;
import org.springframework.context.support.ClassPathXmlApplicationContext;

// SimpleBean 类实现了 BeanNameAware 接口，InitializingBean 接口
public class SimpleBean implements InitializingBean, BeanNameAware {
    // SimpleBean 类的属性
    private String beanName;
    private int age = 0;
    private String name;

    // 构造方法
    public SimpleBean() {
        System.out.println("------------------------\n" + "Spring 实例化 bean...");
    }

    // name 属性的 getter 和 setter 方法
    public String getName() {
        return name;
    }

    public void setName(String name) {
```

```
        System.out.println("Spring 执行依赖关系注入...");
        this.name = name;
        System.out.println("name = " + this.name);
    }
    // age 属性的 getter 和 setter 方法
    public int getAge() {
        return age;
    }

    public void setAge(int age) {
        System.out.println("Spring 执行依赖关系注入...");
        this.age = age;
        System.out.println("age = " + this.age);
    }

    // 覆盖 Object 类的 toString 方法
    public String toString() {
        return "name: " + name + "\n" + "age: " + age + "\n" + "------------------------\n";
    }

    // 测试用例
    public static void main(String[] args) {
        // 创建 Spring 容器
        ApplicationContext ctx = new ClassPathXmlApplicationContext("beans.xml");
        // 获取 SimpleBean 实例
        for (int j = 1; j <= 3; j++) {
            ctx.getBean("SimpleBean" + j);
        }
    }

    // 实现 InitializingBean 接口的 afterPropertiesSet 方法
    public void afterPropertiesSet() throws Exception {
        System.out.println(beanName + "初始化，调用 afterPropertiesSet()...");
    }

    // 实现 BeanNameAware 接口的 setBeanName 方法
    public void setBeanName(String beanName) {
        this.beanName = beanName;
        System.out.println("回调 setBeanName 方法  获得 BeanName " + beanName);
    }
}
```

SimpleBean 类实现了 BeanNameAware 接口，将从 setBeanName()方法中获得的 beanName 保存起来，并在初始化回调函数 afterPropertiesSet()中将其打印输出。

（3）修改 beans.xml 文件中 Bean 的 class 名，代码如下。

```
<?xml version="1.0" encoding="UTF-8"?>
<beans xmlns="http://www.springframework.org/schema/beans"
    xmlns:xsi="http://www.w3.org/2001/XMLSchema-instance"
    xsi:schemaLocation="http://www.springframework.org/schema/beans
http://www.springframework.org/schema/beans/spring-beans.xsd">
    <!--配置 Bean1，指定当该 Bean 所有属性设置完成后，自动执行 afterPropertiesSet()方法 -->
```

```
    <bean id="bean1" class="com.nameaware.bean.SimpleBean">
        <!--使用 property 元素配置需要依赖注入的属性 -->
        <property name="name" value="Jobs"></property>
        <property name="age" value="20"></property>
    </bean>
    <!--配置 Bean2，指定当该 Bean 所有属性设置完成后，自动执行 afterPropertiesSet()方法 -->
    <bean id="bean2" class="com.nameaware.bean.SimpleBean">
        <property name="age" value="25"></property>
    </bean>
    <!--配置 Bean3，指定当该 Bean 所有属性设置完成后，自动执行 afterPropertiesSet()方法 -->
    <bean id="bean3" class="com.nameaware.bean.SimpleBean">
        <property name="name" value="Bill"></property>
    </bean>
</beans>
```

（4）运行程序，结果如图 12.15 所示。

图 12.15　输出结果

根据运行结果可知，Spring 容器完成依赖关系设置之后，将回调 setBeanName( )方法，并通过回调该方法，应用程序可以获得当前 Bean 的 id 值。之后，程序可将其作为一个字符串保存起来，以便在程序中其他地方作为该 Bean 的标识信息来输出，例如：打印日志等。

12.4.2　使用 BeanFactoryAware、ApplicationContextAware 接口

Spring 容器本质上是一个高级工厂，负责生产 Bean 实例。容器中 Bean 处于其的管理下，通常无须访问容器，只需接受它的管理即可。换句话说，Bean 实例的依赖关系通常由容器动态注入，无须 Bean 实例主动请求。

如前所述，Spring 容器通常有两种表现形式：BeanFactory 和 ApplicationContext。它们可以使用 BeanFactoryAware 取得管理 Bean 的 BeanFactory 的引用。设计此接口的主要目的是为了让 Bean 能够以编程的方式使用 getBean( )访问其他的 Bean，然而，实际中应该避免这样的行为，因为它只会给 Bean 增加不必要的复杂度，并使得代码与 Spring 耦合到一起，所以，更好的方式是使用依赖注入，为用户的 Bean 提供其协作对象。

当然，BeanFactory 并不只是用来查找 Bean 的，它还能执行大量的其他任务。若想使用 BeanFactoryAware 接口，则只有一个方法：setBeanFactory(BeanFactory beanFactory)。该方法有一

个参数 beanFactory，该参数指向创建它的 Bean。

通过项目 Spring_BeanFactoryAware 可以了解 BeanFactoryAware 接口的使用方法。

（1）复制项目 Spring_BeanNameAware，并改名为 Spring_BeanFactoryAware。

（2）修改 SimpleBean 类，修改后的代码如下。

```
package com.ioc.init;
import org.springframework.beans.BeansException;
import org.springframework.beans.factory.BeanFactory;
import org.springframework.beans.factory.BeanFactoryAware;
import org.springframework.beans.factory.InitializingBean;
import org.springframework.context.ApplicationContext;
import org.springframework.context.support.ClassPathXmlApplicationContext;
// SimpleBean 类实现了 BeanFactoryAware 接口，InitializingBean 接口
public class SimpleBean implements InitializingBean, BeanFactoryAware{
    //SimpleBean 类的属性
    private BeanFactory Factory;
    private int age = 0;
    private String name;
    //构造方法
    public SimpleBean(){
        System.out.println("------------------------\n" +"Spring 实例化 bean...");
    }
//name 属性的 getter 和 setter 方法
    public String getName() {
        return name;
    }
    public void setName(String name) {
        System.out.println("Spring 执行依赖关系注入...");
        this.name = name;
        System.out.println("name = " + this.name);
    }
//age 属性的 getter 和 setter 方法
    public int getAge() {
        return age;
    }
    public void setAge(int age) {
        System.out.println("Spring 执行依赖关系注入...");
        this.age = age;
        System.out.println("age = " + this.age);
    }
    //覆盖 Object 类的 toString 方法
    public String toString() {
        return  "name: "+ name +"\n"+
                "age: "+ age +"\n"+
                "------------------------\n";
    }
    //测试用例
    public static void main(String[] args){
        //创建 Spring 容器
        ApplicationContext ctx = new ClassPathXmlApplicationContext("beans.xml");
        //获取 SimpleBean 实例
        for(int j=1;j<=3;j++){
            ctx.getBean("SimpleBean"+j);
```

```
        }
    }
    //实现 InitializingBean 接口的 afterPropertiesSet 方法
    public void afterPropertiesSet() throws Exception {
        System.out.println("初始化完成，调用 afterPropertiesSet()...");
    }
    //实现 BeanFactoryAware 接口的 setBeanFactory 方法
    public void setBeanFactory(BeanFactory beanFactory) throws BeansException {
        this.Factory = beanFactory;
        System.out.println("获得容器：  "+Factory);
    }
}
```

（3）修改 beans.xml 文件中 Bean 的 class 属性值为“com.bean.SimpleBean”。

（4）运行程序，结果如图 12.16 所示。

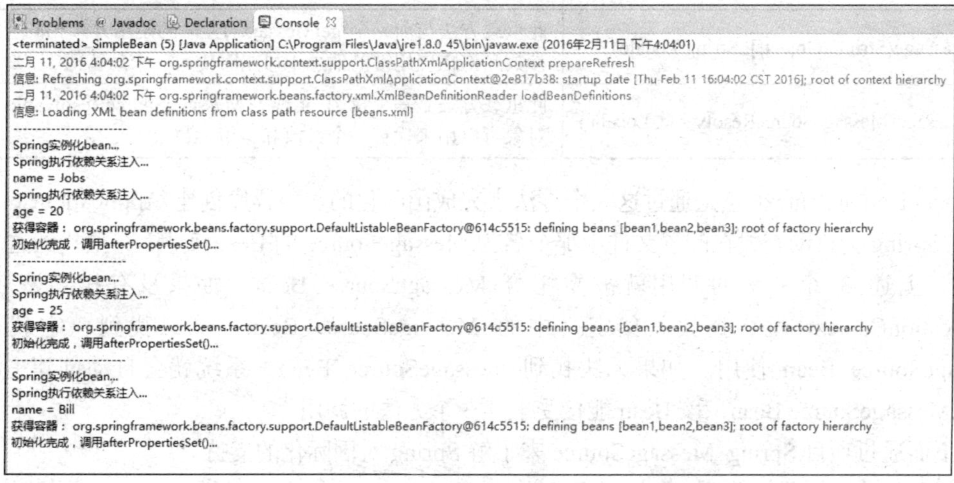

图 12.16　输出结果

输出结果正如我们期待的一样，Spring 容器完成依赖关系设置之后，将回调 setBeanFactory() 方法。回调该方法时，应用程序可以获得创建该 Bean 的 BeanFactory 的引用，以保存该引用并利用其做一些处理。

实现 BeanFactoryAware 接口让 Bean 拥有了直接访问容器的能力，但这样的做法会使代码混乱，导致代码和 Spring 接口耦合在一起，因此，在不是必须使用此项方法的情况下，建议尽量不要直接访问 Spring 容器。

还有一个 ApplicationContextAware 接口与 BeanFactoryAware 类似，这个接口能够取得 ApplicationContext 容器的引用。

12.5　Spring 的国际化支持

Spring 中提供了对国际化的支持。通过使用 MessageSource 接口，应用程序可以访问 Spring 资源、调用消息并保存为不同语言种类。对于每一种想要支持的语言，需要维护一个跟其他语言中消息一致的消息列表。例如，如果要将“hello!”显示成中文和英文两种语言，我们可以创建两条都以 msg 作为键值的消息。其中，使用英文的会说“hello!”，而使用中文的会说“你好!”。

ApplicationContext 实现了一个名为 HierarchicalMessageSource 的接口，这使得多个 MessageSource 实例嵌套成为可能，并且这是 ApplicationContext 与消息资源协同工作方式的关键。

要使用 ApplicationContext 为 MessageSource 提供的支持，必须在配置中定义一个 MessageSource 类型的 Bean 并取名为 messageSource。ApplicationContext 获取到这个 MessageSource，并将其嵌入默认的 MessageSource 中。此时，便允许使用 ApplicationContext 来访问消息。

MessageSource 接口定义的 3 个用于国际化的方法及说明如表 12.1 所示。

表 12.1　　MessageSource 的 3 个重载方法

方法	说明
getMessage(String, Object[], Locale)	此方法是标准的 getMessage()方法。字符串参数是与属性文件中的键相对应的消息键。参数 Locale 的作用是告诉 ResourceBundle MessageSource 当前正在查看哪一个属性文件
getMessage(String, Object[], String Locale)	此重载方法与前一个 getMessage()方法的使用方式相同。第二个参数允许在应用键的消息不可用时传入一个默认值
getMessage(MessageSourceResolvable, Local e)	此重载方法是一个特例，实现了 MessageSourceResolvable 接口的对象可以用来代替一个键值和一组参数

ApplicationContext 正是通过这三个方法来完成国际化的。当程序创建 ApplicationContext 容器时，Spring 会自动查找在配置文件中那个名为 MessageSource 的 Bean 实例，一旦找到这个 Bean 实例，上述 3 个方法的调用就被委托给 MessageSource Bean。如果没有找到该 Bean，ApplicationContext 就会查找其父定义中的 MessageSource Bean；如果找到，它就被作为 messageSource Bean 使用。如果无法找到 messageSource Bean，系统就会自动创建一个空的 StaticMessageSource Bean，该 Bean 能接受上述 3 个方法的调用。

下面通过项目 Spring_MessageSource 来了解 Spring 对国际化的支持。

（1）新建一个普通项目，名称叫作“Spring_MessageSource”，添加好 Spring 支持及其依赖的 JAR 包。

（2）在 src 目录下新建 beans.xml 文件，代码如下。

```
<?xml version="1.0" encoding="UTF-8"?>
<beans
    xmlns="http://www.springframework.org/schema/beans"
    xmlns:xsi="http://www.w3.org/2001/XMLSchema-instance"
    xmlns:p="http://www.springframework.org/schema/p"
    xmlns:aop="http://www.springframework.org/schema/aop"
    xsi:schemaLocation="http://www.springframework.org/schema/beans
        http://www.springframework.org/schema/beans/spring-beans-3.0.xsd
        http://www.springframework.org/schema/aop
        http://www.springframework.org/schema/aop/spring-aop-3.0.xsd">
<!--配置 Bean-->
<bean id="messageSource"
class="org.springframework.context.support.ResourceBundleMessageSource">
        <property name="basenames" >
            <list>
                <value>message</value>
                <!--如果有多个资源文件，全部列举在此-->
            </list>
```

```
        </property>
    </bean>
</beans>
```

对上述代码的说明如下。

- 上面文件的粗体代码定义了一个名为 messageSource 的 ResourceBundleMessageSource Bean，并用一组名称来形成基础的文件集合。ResourceBundleMessageSource 使用一个 Java ResourceBundle 在一组以基础名称为标识的属性文件上工作。当查找到一个特定的 Locale 的消息时，ResourceBundle 便会查找一个文件名是由基础名称和 Locale 名组合而成的属性文件。例如，如果基础名称是 message，并且我们正在查找一个 en_US Locale 的消息，ResourceBundle 就会查找一个名叫 message_en_US.properties 的文件。如果这个文件不存在，它就会去找 message_en.properties。如果这个文件也不存在，它就会去加载 message.properties。
- 因为 Spring 在初始化时会将 Spring 配置文件中 id 为 messageSource 的那个 Bean 注入到 ApplicationContext 中，这样就可以使用 ApplicationContext 所提供的国际化功能，所以在配置文件中注册 ResourceBundleMessageSource Bean 时，其 id 属性值被设置为 messageSource。这个值在配置 ResourceBundleMessageSource Bean 时是不变的，而且是必须的。

（3）创建两份资源文件，为简单起见，也被放在 src 目录下。其中，第一份是美国英语的资源文件，文件名为 message_en_US.properties，代码如下。

```
hello=welcome, {0}
now=now is : {0}
```

第二份为中文的资源文件，文件名为 message_zh_CN.properties，代码如下。

```
Hello 你好, {0}
now=现在时间是 : {0}
```

由于该资源文件中含有非西欧文字，Eclipse 会直接将中文进行转换，显示如下。

```
hello=\u4F60\u597D, {0}
now=\u73B0\u5728\u65F6\u95F4\u662F : {0}
```

（4）创建测试类，代码如下。

```
package com.msgsource.main;

import java.util.Date;
import java.util.Locale;
import org.springframework.context.ApplicationContext;
import org.springframework.context.support.ClassPathXmlApplicationContext;

//测试用例
public class TestMessageSource {
    public static void main(String[] args) {
        // 实例化 ApplicationContext
        ApplicationContext ctx = new ClassPathXmlApplicationContext("beans.xml");
        // 使用 getMessage 方法获得本地化信息
        String[] a = { "用户" };
        // 返回计算机环境默认的 Locale
        String hello = ctx.getMessage("hello", a, Locale.getDefault());
        Object[] b = { new Date() };
        String now = ctx.getMessage("now", b, Locale.getDefault());
```

```
        // 将两条本地化信息打印出来
        System.out.println("\n 本地化信息: ");
        System.out.println(hello);
        System.out.println(now);
        // 设置成英文环境
        hello = ctx.getMessage("hello", a, Locale.US);
        now = ctx.getMessage("now", b, Locale.US);
        // 将两条英文信息打印出来
        System.out.println("\nEnglish message: ");
        System.out.println(hello);
        System.out.println(now);
        // 设置成中文环境
        hello = ctx.getMessage("hello", a, Locale.CHINA);
        now = ctx.getMessage("now", b, Locale.CHINA);
        // 将两条中文信息打印出来
        System.out.println("\n 中文信息: ");
        System.out.println(hello);
        System.out.println(now);
    }
}
```

（5）运行项目，输出结果如图 12.17 所示。

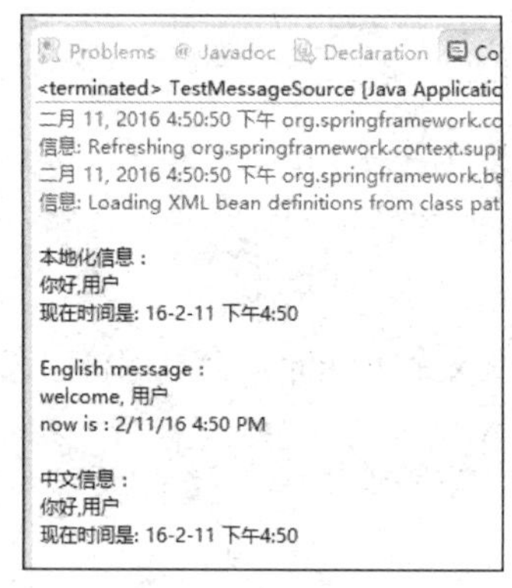

图 12.17　输出结果

12.6　Spring 之数据库开发

几乎所有的应用程序都要有数据的存储和解析。这一节讨论如何使用 Spring 访问数据库。具体内容包括：Spring 中 JDBC 的基本概念和应用开发的步骤。

12.6.1　Spring JDBC 的优势

Spring 的 JDBC 框架负责资源管理和错误处理，使得处理 JDBC 的代码更加简洁、干净。Spring 对 JDBC 支持的核心主要是 JDBCTemplate 类，该类提供了所有对数据库操作功能的支持，可以使用它完成对数据库的增加、删除、查询、更新等操作。Spring 中对 JDBC 的支持将大大简化对数据库的操作步骤，使用户从烦琐的数据库操作中解脱出来，将更多的精力投入到业务逻辑当中。

JDBC 虽然有功能强大、应用灵活、使用简单等优点，但是在每次数据库操作中都有很多重复的工作要做，代码重用性较低。下面的代码演示了 JDBC 是如何操纵数据库的。

```
    //插入数据记录
    public static void insertuser() {
        Connection conn = null;
        try {
       //建立数据库连接
        conn = DriverManager.getConnection("jdbc:mysql://localhost:3306/spring", "root",
"admin");
        String sql = "insert into user(name, password) values ('Tom', '123456')" ; //插入数据的 sql 语句
        Statement st = (Statement) conn.createStatement(); //执行静态 sql 语句的 Statement 对象
        int count = st.executeUpdate(sql);      //执行插入操作的 sql 语句，并返回插入数据的个数
        conn.close();                                  //关闭数据库连接
            } catch (SQLException e) {
                System.out.println("插入数据失败" + e.getMessage());
            }
    }
    //更新记录
    public static void updateuser() {
        Connection conn = null;
        try {
            //建立数据库连接
         conn = DriverManager.getConnection("jdbc:mysql://localhost:3306/spring", "root",
"admin");
          String sql = "update user set name='jack'  where name = 'tom'"; //更新数据的 sql 语句
          //创建用于执行静态 sql 语句的 Statement 对象，st 属局部变量
          Statement st = (Statement) conn.createStatement();
          int count = st.executeUpdate(sql);  //执行更新操作的 sql 语句，返回更新数据的个数
          conn.close();                       //关闭数据库连接
       } catch (SQLException e) {
          System.out.println("更新数据失败");
       }
    }
    //查询数据
    public static void queryuser() {
    Connection conn = null;
        try {
           //建立数据库连接
        conn = DriverManager.getConnection("jdbc:mysql://localhost:3306/spring", "root",
"admin");
          String sql = "select * from user";                   //查询数据的 sql 语句
          Statement st = (Statement) conn.createStatement();
          ResultSet rs = st.executeQuery(sql);        //执行 sql 查询语句，返回查询数据的结果集
          System.out.println("最后的查询结果为：");
          while (rs.next()) {                                  //判断是否还有下一个数据
             String name = rs.getString("name");               //根据字段名获取相应的值
             String password = rs.getString("password");
             System.out.println(name + " " + password);        //输出查到的记录的各个字段的值
```

```
            }
            conn.close();                                          //关闭数据库连接
        } catch (SQLException e) {
            System.out.println("查询数据失败");
        }
    }
    //删除记录
    public static void delete() {
        Connection conn = null;
        try {
                                                                   //建立数据库连接
            conn = DriverManager.getConnection("jdbc:mysql://localhost:3306/spring", "root",
"admin");
            String sql = "delete from user  where name = 'Tom'";   //删除数据的 sql 语句
            Statement st = (Statement) conn.createStatement();
            int count = st.executeUpdate(sql);    //执行 sql 删除语句，返回删除数据的数量
            //输出删除操作的处理结果
            System.out.println("user 表中删除 " + count + " 条数据\n");
            conn.close();                                          //关闭数据库连接
        } catch (SQLException e) {
            System.out.println("删除数据失败");
        }
    }
```

以上使用的是比较原始的 JDBC 数据库访问方式，每次操作时都要设置连接属性，用完后都要关闭连接。这样的话，设置的用户名、密码就会散布在程序的各个角落，从而导致存在很大的安全隐患；另一方面，假如数据库的用户名和密码发生变动，代码就要在四个地方发生变动，若是在实际项目中涉及到整个程序，那么引起的变动是相当大的。

传统使用 JDBC 对数据库进行操作时，主要有以下 8 个步骤。

（1）打开数据库连接。

（2）创建 Statement 语句。

（3）设置要求的 SQL 执行参数。

（4）执行 SQL 语句。

（5）处理返回的结果。

（6）处理异常。

（7）处理事务（判断是否提交，执行回滚或继续）。

（8）关闭连接（或将它返回连接池）。

考虑到每执行一次 SQL 语句都需要将上述操作重复编写一遍，而且在编程时关键的只是 Statement 语句的创建和 SQL 语句的执行，其他的工作都是重复的，所以，对上述过程进行封装就显得十分必要。

Spring 框架针对 JDBC 访问数据库存在的重复劳动问题，对 JDBC 进行了必要的封装处理，让一些编程人员并不关心的重复工作自动完成。这就大大减轻了编程的工作量，并且有利于代码的重用和代码的集中管理，更符合软件工程的思想。

Spring 框架对 JDBC 的封装采用的是模版设计模式。它通过不同类型的模版来执行相应的数据库操作，甚至原始的 JDBC 中一些可以重复使用的代码都在模版中实现，这样可以极大地简化数据库的开发，并且可以避免在开发中常犯的错误。例如，当数据库的用户名密码改变时，

JDBC 需要到每一个 SQL 操作去修改，而 Spring 只进行一次修改即可。另外，如果在执行完数据库操作后忘记关闭连接，没有进行资源的释放，会造成资源的浪费，而在 Spring 中资源的创建和释放都是由框架来完成的，不需要开发人员去操心，因此开发效率能得到很大的提升。

12.6.2　Spring JDBCTemplate 的解析

为了解决 JDBC 在实际应用中面临的种种困难，Spring 框架使用 JDBCTemplate 作为数据库访问类。JDBCTemplate 类是 Spring 框架数据抽象层的基础，其他更高层次的抽象类是构建于该类之上的，所以掌握了 JDBCTemplate 类，就掌握了 Spring JDBC 数据库操作的核心。

Spring 框架提供的 JDBC 支持由 4 个包组成，分别是：core（核心包）、object（对象包）、dataSource（数据源包）和 support（支持包）。其中，org.springframework.jdbc.core.JdbcTemplate 类包含于核心包中。作为 Spring JDBC 的核心，JDBCTemplate 类中包含了所有数据库操作的基本方法。JdbcTemplate 类的继承关系十分简单，它继承自抽象类 JdbcAccessor，同时实现了 JdbcOperations 接口，如图 12.18 所示。

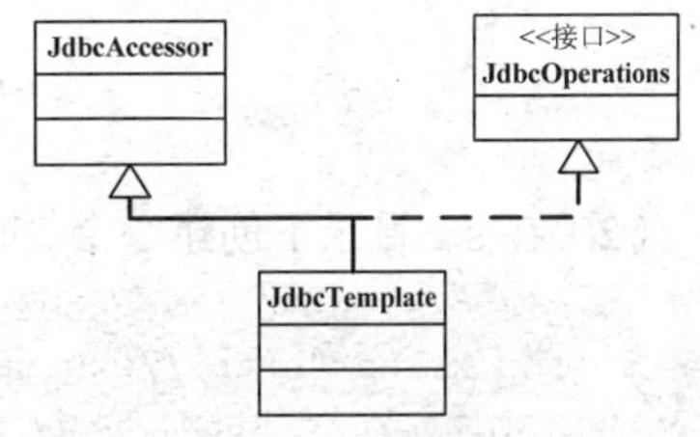

图 12.18　JdbcTemplat 的继承关系

JdbcTemplate 的直接父类是 org.springframework.jdbc.support.JdbcAccessor 类，该类为子类提供了一些访问数据库时使用的公共属性。列举如下。

- SQLExceptionTranslator。org.springframework.jdbc.support.SQLExceptionTranslator 接口负责对 SQLException 的转译工作。通过必要的设置或者获取 SQLExceptionTranslator 中的方法，可以使 JdbcTemplate 在需要处理 SQLException 时，委托 SQLExceptionTranslator 的实现类来完成相关的转译工作。
- DataSource。为了从数据库中获得数据，首先需要获取到一个数据库连接，javax.sql.DataSource 正是来完成这个工作的。DataSource 作为 JDBC 的连接工厂（ConnectionFactory），其具体实现时还可以引入对数据库连接的缓冲池和分布式事务的支持，所以它可以作为访问数据库资源的标准接口。Spring 框架的数据访问层多数据库的访问，也都是建立在 DataSource 标准接口之上的。

org.springframework.jdbc.core.JdbcOperation 接口定义了在 JdbcTemplate 中可以使用的操作集合，其中包括：查询、修改、添加和删除等一切操作。下面我们通过简单的示例来了解 JDBCTemplate 类是如何实现对数据库的操作的。

首先需要在 mysql 中建立数据库，并添加相应的表。本例中使用之前创建过的数据库 club，其 member 表字段如图 12.19 所示。

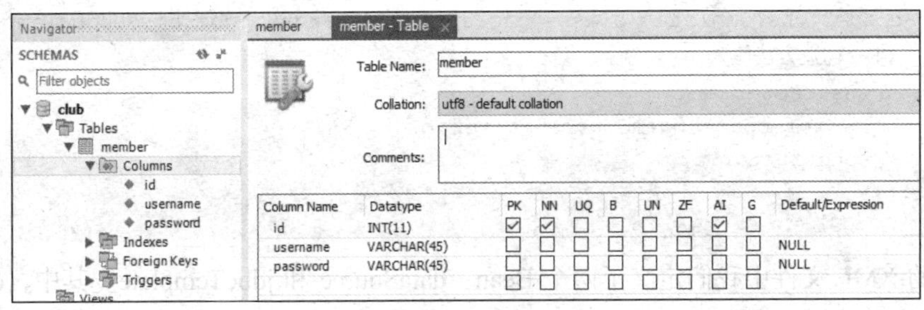

图 12.19　创建数据库和数据表

下面创建一个 Java 项目演示如何使用 JDBCTemplate 来存取数据库。

（1）在 eclipse 下建立一个 jave project，项目名称为 Spring_JDBCTemplate。导入 Spring 的各个包和 mysql 驱动包，如图 12.20 所示。

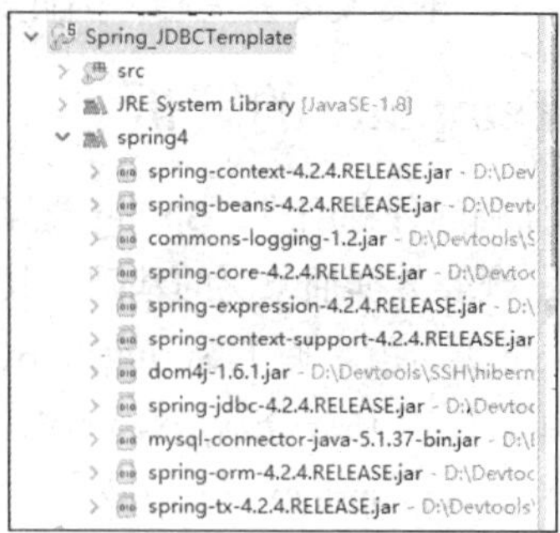

图 12.20　导入所需的开发包

（2）在 src 目录下创建一个 JdbcTemplateBean.xml 来配置 Spring 相关的设置，代码如下。

```
    <?xml version="1.0" encoding="UTF-8"?>
    <beans xmlns="http://www.springframework.org/schema/beans"
        xmlns:xsi="http://www.w3.org/2001/XMLSchema-instance"
xmlns:jdbc="http://www.springframework.org/schema/jdbc"
        xsi:schemaLocation="http://www.springframework.org/schema/beans
http://www.springframework.org/schema/beans/spring-beans.xsd
            http://www.springframework.org/schema/jdbc
http://www.springframework.org/schema/jdbc/spring-jdbc-4.2.xsd">
    <!--配置 dataSource，其实现类为 org.springframework.jdbc.datasource.DriverManager
DataSource -->
        <bean id="dataSource"
            class="org.springframework.jdbc.datasource.DriverManagerDataSource">
            <!--指定连接数据库的驱动 -->
            <property name="driverClassName">
                <value>com.mysql.jdbc.Driver</value>
            </property>
            <!--指定连接数据库的 URL -->
            <property name="url" value="jdbc:mysql://localhost/club"></property>
            <!--指定连接数据库的用户名 -->
            <property name="username" value="root" />
            <!--指定连接数据库的密码 -->
            <property name="password" value="root" />
        </bean>
        <!--配置 jdbcTemplate，其实现类为 org.springframework.jdbc.core.JdbcTemplate -->
        <bean id="jdbcTemplate" class="org.springframework.jdbc.core.JdbcTemplate">
            <!--构造方法注入 -->
            <constructor-arg>
                <ref bean="dataSource"></ref>
            </constructor-arg>
        </bean>
    </beans>
```

在上面的 XML 文件中我们定义了两个 Bean：dataSource 和 jdbcTemplate。其中，dataSource 对应的是 org.springframework.jdbc.datasource.DriverManagerDataSource 类，被用来对数据源进行配置；jdbcTemplate 对应的是 org.springframework.jdbc.core.JdbcTemplate 类，定义了 JdbcTemplate 类的相关配置。dataSource 中有几个属性：driverClassName、url、username 和 password，它们所

代表的含义，如表 12.2 所示。

表 12.2 dataSource 主要属性的含义

属性名	含义
driverClassName	所使用的驱动名称，对应到驱动 jar 包中的 Driver 类
url	数据库所在的地址
username	访问数据库的用户名
password	访问数据库的密码

属性 url、username 和 password 的值，读者需要根据实际情况进行相应的设置。如果数据库不在本地配置，则将 localhost 替换成相应的主机 ip 即可。本示例中 club 数据库的用户名和密码都是 root。

定义 jdbcTemplate 时，需要将 dateSource 注入进去。<constructor-arg>表示采用构造方法进行注入。

（3）完成 JdbcTemplate 的配置以后，可写一个简单的程序测试配置是否正确，代码如下。

```
package com.jdbctemplate.bean;

import java.util.List;
import org.springframework.context.ApplicationContext;
import org.springframework.context.support.ClassPathXmlApplicationContext;
import org.springframework.jdbc.core.JdbcTemplate;

public class TestJDBCTemplate {

    public static void main(String[] args) {
        String sql;
        // 创建 Spring 容器
        ApplicationContext ctx = new ClassPathXmlApplicationContext("JdbcTemplate
        Bean.xml");
        // 获取 jdbcTemplate 实例
        JdbcTemplate template = (JdbcTemplate) ctx.getBean("jdbcTemplate");
        sql = "select * from member"; // SQL 语句
        List list = (List) template.queryForList(sql); // 查询操作，返回结果集
        // 打印结果集
        for (int j = 0; j < list.size(); j++)
            System.out.println(list.get(j).toString());
    }
}
```

ClassPathXmlApplicationContext 接收的参数是 XML 配置文件的名称，表示按路径查找 XML 文件。因为 XML 文件是可以拆分文件管理的，所以 ClassPathXmlApplicationContext 接收的参数还可以是数组的形式，这对拆分文件的管理是非常便利的。

ApplicationContext 就像一个装配工厂，getBean 方法使我们可以从中取得任意定义好的产品。getBean 方法的参数表示产品的编号，如 getBean(“jdbcTemplate”)，就是返回 id 为 jdbcTemplate 的 Bean，并且该 Bean 已经将 dateSource 注入其中了。这样我们对数据库操作时，进行一次配置即可，不需要每次操作都输入用户名密码。当需要变更用户名和密码时也非常容易实现。程序的输出结果如图 12.21 所示。

上面这个简单的示例中用到了 JdbcTemplate 的 queryForList 方法进行查询操作。除此以外，JdbcTemplate 还提供了很多别的方法，使用这些方法可以完成几乎所有的数据库操作。下面就对 JdbcTemplate 中的常用方法进行介绍。

```
Source | Namespaces | Overview | beans | jdbc | Beans
Problems  @ Javadoc  Declaration  Cons
<terminated> TestJDBCTemplate [Java Application] C
二月 12, 2016 1:35:46 下午 org.springframework.cont
信息: Refreshing org.springframework.context.suppo
二月 12, 2016 1:35:46 下午 org.springframework.bear
信息: Loading XML bean definitions from class path r
二月 12, 2016 1:35:46 下午 org.springframework.jdbc.
信息: Loaded JDBC driver: com.mysql.jdbc.Driver
{id=1, username=Tom, password=123456}
{id=5, username=Jerry, password=12345678}
{id=6, username=张三, password=123456}
{id=16, username=Rose, password=123456}
```

图 12.21　程序运行结果

12.6.3　Spring JDBCTemplate 的常用方法

JdbcTemplate 类中提供了大量的查询方法以及一些更新数据库的方法，本节分别对这些方法进行讲述。

1. execute 方法

execute(String sql)方法能够完成执行 SQL 语句的功能。

以创建数据表为例。创建数据表时，当然可以在 DBMS 中直接进行操作，但假如想在 Java 程序中动态进行添加，则可以使用 JdbcTemplate 提供的 execute 方法。

下面这段程序可以在选定数据库中创建一个表，它使用项目 Spring_JDBCTemplate 中的配置文件 JdbcTemplateBean.xml，代码如下。

```
    //创建 user 表
    ApplicationContext context = new ClassPathXmlApplicationContext("JdbcTemplateBean.
xml");
    JdbcTemplate jdbcTemplate = (JdbcTemplate)context.getBean("jdbcTemplate");
    //创建表的 SQL 语句
    String sql = "create table user(id integer, name varchar(40), password varchar(40))";
    //调用 execute 方法
    jdbcTemplate.execute(sql);
```

使用上述代码便可完成 user 表的创建，创建好的 user 表中包含了 id、name 和 password 三个字段。

2. query 方法

JdbcTemplate 对 JDBC 的流程做了封装，提供了大量的查询方法，用来处理各种对数据库表的查询操作。

（1）query 方法的回调接口

JdbcTemplate 的 query 方法用来执行对数据库表的查询操作。当使用 query 方法时，会用到不同的回调接口，主要有以下 3 种。

- org.springframework.jdbc.core.ResultSetExtractor：该接口是在 JdbcTemplate 内部使用的回调接口，相对于下面要介绍的两个回调接口来说，ResultSetExtractor 拥有更多的控制权。在使用 ResultSetExtractor 时，需要自己来处理 ResultSet，在处理完 ResultSet 之后，则可以将处理后的结果以任何想要的形式包装后返回。
- org.springframework.jdbc.core.RowCallbackHandler：RowCallbackHandler 接口侧重于对单行结果的处理，处理后的结果可以根据需要存放到当前 RowCallbackHandler 对象中或者使用 JdbcTemplate 的程序上下文中。
- org.springframework.jdbc.core.RowMapper：RowMapper 接口是 ResultSetExtractor 的简化版，它的功能类似于 RowCallbackHandler，仍然只侧重于处理单行结果，但是处理后的结果会由 ResultSetExtractor 的实现类进行组合。

下面的示例演示了使用 query 的 ResultSetExtractor 回调接口进行查询的方法。

假设数据库表 member 中存在多行记录，对该表查询后，需要将每一行的记录信息都映射到类 MemberBean 中，并以 java.util.List 的形式返回查询结果。

① 复制项目 Spring_JDBCTemplate，将项目名改为 Spring_JDBCTemplate_query。

② 创建 MemberBean 类，代码如下。

```
//创建 User 类
public class User {
    private String name;                                          //姓名
    private String password;                                      //密码
    //name 属性的 getteer 和 setter 方法
    public String getName() {
        return name;
    }
    public void setName(String name) {
        this.name = name;
    }
    //password 属性的 getter 和 setter 方法
    public String getPassword() {
        return password;
    }
    public void setPassword(String password) {
        this.password = password;
    }
}
```

③ 修改 TestJDBCTemplate 类的代码，采用 ResultSeltExtractor 回调接口进行查询。修改后的代码如下。

```
package com.jdbctemplate.bean;

import java.sql.ResultSet;
import java.sql.SQLException;
import java.util.ArrayList;
import java.util.List;
import org.springframework.context.ApplicationContext;
import org.springframework.context.support.ClassPathXmlApplicationContext;
import org.springframework.dao.DataAccessException;
import org.springframework.jdbc.core.JdbcTemplate;
import org.springframework.jdbc.core.ResultSetExtractor;

public class TestJDBCTemplate {

    public static void main(String[] args) {
        String sql;
        // 创建 Spring 容器
        ApplicationContext ctx = new ClassPathXmlApplicationContext("JdbcTemplate
        Bean.xml");
        // 获取 jdbcTemplate 实例
        JdbcTemplate template = (JdbcTemplate) ctx.getBean("jdbcTemplate");
        sql = "select * from member"; // SQL 语句
        // 采用 ResultSeltExtractor 回调接口进行查询
        List list = (List) template.query(sql, new ResultSetExtractor<Object>() {
            @Override
```

```
            public Object extractData(ResultSet rs) throws SQLException, DataAccess
Exception {
                List<MemberBean> members = new ArrayList<MemberBean>();
                // 对 ResultSet 进行处理
                while (rs.next()) {
                    MemberBean m = new MemberBean();
                    // 为对象设置属性
                    m.setName("username");
                    m.setPassword("password");
                    members.add(m);
                }
                return members;
            }
        });
        // 打印结果集
        for (int j = 0; j < list.size(); j++)
            System.out.println(list.get(j).toString());
    }
}
```

④ 运行程序结果如图 12.22 所示。

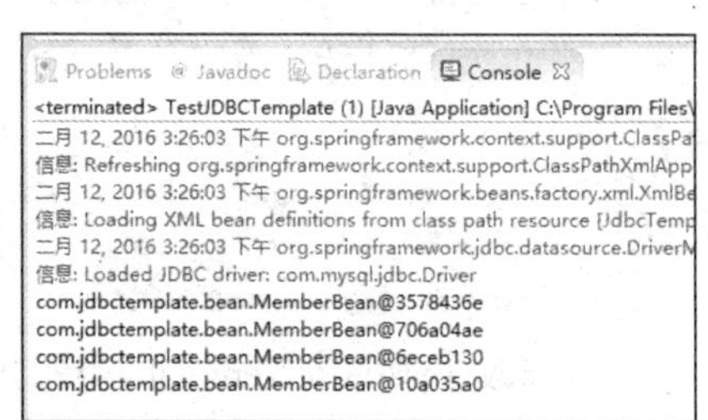

图 12.22　运行结果

本例也可采用 RowMapper 回调接口或 RowCallbackHandler 回调接口进行查询。不同之处在于使用三种回调接口作为参数 query 方法的返回值是不同的。以 ResultSetExtractor 作为参数的 query 方法返回的结果类型为 Object，要使用查询结果，则先要对其进行强制类型转换成我们所需要的类型。以 RowMapper 接口作为参数的 query 方法直接返回 List 型的结果。以 RowCallbackHandler 作为参数的 query 方法，其返回类型为 void。

使用 ResultSetExtractor 作为回调接口处理查询结果时，还需要自己声明集合类，接着对 ResultSet 进行遍历，再根据每行数据装配对象，最后将装配好的对象添加到集合类中，方法 extractData 最终只负责返回组装完成的集合。

与 ResultSetExtractor 接口相比，使用 RowMapper 接口则更加方便，只要在 mapRow 方法中处理单行结果数据就可以了，即将单行结果组装后即可返回，而剩下的工作则由 JdbcTemplate 完成。

在 RowCallbackHandler 接口的 processRow 方法中，除了处理单行结果数据以外，还需要将最终结果装配起来，并负责对最终结果的获取。

（2）query 方法的重载

对于不同的输入参数和不同的返回类型，Spring 框架对 query 方法做了一系列的重载。这些重载方法的返回值类型为：Object 类型、List 类型或 void 类型。query 方法的各种重载形式如下。

- Object query(String, ResultSetExtractor)：该方法中 String 类型的参数表示要执行查询操作的 SQL 语句，方法的返回值类型为 Object。由于该方法仅返回一个对象，并且在 SQL 语句中不能使用参数，所以该方法适用于只返回一个值的情况。例如，SQL 查询语句 select count(*) from user。
- Object query(PreparedStatementCreator, PreparedStatementSetter, ResultSetExtractor)：该方法可以实现对 PreparedStatement 对象的控制，PreparedStatement 是调用 PreparedStatedmentCreator 类中的 createPreparedStatement 方法获得的返回值。可以使用 PreparedStatementSetter 接口的实现来设置 PreparedStatement 中所需的全部参数的值。最后，ResultSetExtractor 会获取到返回的

ResultSet 值，并返回给调用者。

- Object query(PreparedStatementCreator, ResultSetExtractor)：该方法中只包含两个参数，未使用 PreparedStatementSetter，也就是说在 PreparedStatement 中不能使用任何参数。在 SQL 语句执行时，JdbcTemplate 调用 ResultSetExtractor 的 extractData 方法来处理 ResultSet 并返回给调用者，返回值必须是单值（如 SQL 语句中使用 count、avg 等函数）。
- Object query(String, Object[], ResultSetExtractor)：该方法使用 Object[]的值来设置 SQL 语句中的参数值。

修改前面例子中 TestJDBCTemplate 类的代码，使用 Object query(String, Object[], ResultSet Extractor)方法来设置 SQL 语句中的参数值，代码如下。

```
    //SQL 语句中带有参数的查询
    Object[] obj={new String("张三")};
    @SuppressWarnings("unchecked")
    List userList = (List)template.query("select * from member where username
= ?",obj,new ResultSetExtractor(){
        public Object extractData(ResultSet rs) throws SQLException,DataAccessExcep
tion {
            List members = new ArrayList();
            while(rs.next()){
                MemberBean m = new MemberBean();//新建 User 类的对象
                //为 user 对象设置属性
                m.setName(rs.getString("username"));
                m.setPassword(rs.getString("password"));
                members.add(m);  //将每条记录添加到 List 中
            }
            return members;
        }});
    Iterator<MemberBean> it = userList.iterator();
    //迭代结果集
    while (it.hasNext()) {
        MemberBean m = (MemberBean) it.next();
        System.out.println("Name is:"+m.getName()+" password is:"+m.getPassword());
    }
```

上面代码加粗部分的 SQL 语句通过 query 方法将“？”的参数值设置为“张三”。运行结果如图 12.23 所示。

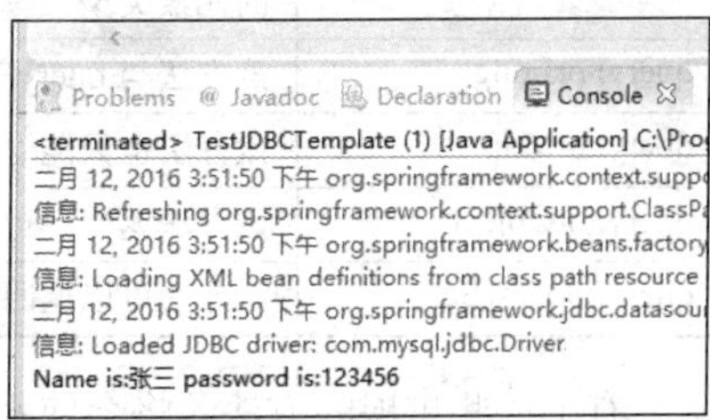

图 12.23　运行结果

- Object query(String, Object[], int[], ResultSetExtractor)：该方法与 Object query(String, Object[], ResultSetExtractor)方法的功能完全相同，但此方法需要在 int[]中指定 Object[]中数据的类型，所以二者的元素数量是一样的。int[]中的元素必须是 java.sql.Types 类的常量。之所以要重载此方法是为了解决 SQL 语句中可能出现的参数为 NULL 的情况。使用 Object query(String, Object[], ResultSetExtractor)方法时 SQL 语句中参数的类型是根据 Object[]中的元素类型判断的，但是当参数为 NULL 时，就无法判断元素的类型了，所以要在 int[]中进行指定。
- List query(PrepapedStatementCreator, RowMapp er)：该方法采用了 RowMapper 回调函数，可以直接返回 List 类型的数据，不需要进行强制类型转换，并且允许 JdbcTemplat 从 PreparedStatementCreator 返回 PreparedStatement 对象。采用 RowMapper 函数可以将 ResultSet 封

装到 List 中返回给调用者。

- List query(String, PreparedStatementCreator, RowMapper)：该方法根据 String 类型参数提供的 SQL 语句创建 PreparedStatemnet 对象。通过 RowMapper 将结果返回到 List 中。
- List query(String, Object[], RowMapper)：该方法与 Object query(String, Object[], ResultSetExtractor)功能类似，采用 RowMapper 回调方法，可以直接返回 List 类型的数据。
- List query(String, Object[], int[], RowMapper)：该方法也是为了解决 SQL 语句中可能出现的参数为 NULL 的情况，返回值类型为 List 类型。
- void query(String, RowCallbackHandler)：该方法先执行参数中的 SQL 语句，因为采用了 RowCallbackHandler 回调函数，所以不返回任何值。该方法适合没有返回值的情况。
- void query(PreparedStatementCreator, RowCallback)：该方法通过 PreparedStatementCreator 类返回 PreparedStatement 对象，然后执行 RowCallback.process(Resultset)方法，不返回任何值。
- void query(String, PreparedStatementCreator, RowCallback)：该方法使用参数中的 SQL 语句创建 PreparedStatemnet 对象，采用 RowCallback 回调方法不返回任何值。
- void query(String, Object[], RowCallback)：该方法通过 Object[]设置 SQL 语句中的参数，采用 RowCallback 回调方法不返回任何值。
- void query(String, Object[], int[], RowCallback)：该方法通过 Object[]设置 SQL 语句中的参数，为了解决 SQL 语句中参数为 NULL 的情况，用 int[]设置参数类型。采用 RowCallback 回调方法不返回任何值。

（3）query 方法的扩展方法

前面介绍了 query 方法采用不同的回调接口、不同的参数而进行重载得到的一系列方法。这些方法足以应付对数据库的查询操作。然而读者或许觉得对回调函数的使用会有些繁琐，Spring 框架为了增强易用性，对 query 方法做了一些扩展，如表 12.3 所示。

表 12.3　　query 方法的扩展方法

方法	说明
queryForInt	该方法执行结果仅包含一行和一列，其值被转换成 int 行返回
queryForList	该方法可以返回多行数据结果，但必须的是返回列表，elementType 参数返回的是 List 的元素类型
queryForLong	该方法与 queryForInt 方法类似，其值被转换成 Long 类型返回
queryForMap	该方法也只能返回一行，将列名作为 map 的键值，返回的列值作为 map 的值
queryForObject	该方法返回单行记录，并转换成一个 Object 类型返回
queryForRowSet	该方法可以返回多行数据，返回类型为 Rowset

有了这些扩展的方法，将会使我们的数据库查询操作变得非常地容易，例如：需要 List 类型的数据，采用 queryForList(String)即可将查询结果按 List 形式返回。

3. update 方法

在 JdbcTemplate 类中，update 方法可以帮我们完成插入、修改和查询的操作。与 query 方法一样，update 方法也存在着多个重载方法，下面列出了这些重载的 update 方法。

- int update(String)：该方法是最简单的 update 方法重载形式，它直接执行传入的 SQL 语句，并返回受影响的行数。
- int update(PreparedStatementCreator)：该方法执行从 PreparedStatementCreator 返回的语句，

然后返回受影响的行数。

- int update(PreparedStatementCreator, KeyHolder)：该方法执行从 PreparedStatementCreator 返回的语句，并且将生成的键值存到 KeyHolder 中，最后返回受影响的行数。
- int update(String, PreparedStatementSetter)：该方法通过 PreparedStatementSetter 设置 SQL 语句中的参数，并返回受影响的行数。
- int update(String, Object[])：该方法使用 Object[]设置 SQL 语句中的参数，要求参数不能为 NULL，并返回受影响的行数。
- int update(String, Object[], int[])：该方法使用 Object[]设置 SQL 语句中的参数，在 int[]中设置参数的类型，参数可以为 NULL，同时返回受影响的行数。

下面举例说明 update 方法的具体用法。

（1）复制项目 Spring_JDBCTemplate_query 并改名为 Spring_JDBCTemplate_update。

（2）修改类 TestJDBCTemplate 的代码如下。

```
package com.jdbctemplate.bean;

import java.sql.Connection;
import java.sql.PreparedStatement;
import java.sql.ResultSet;
import java.sql.SQLException;
import java.util.ArrayList;
import java.util.Iterator;
import java.util.List;
import org.springframework.context.ApplicationContext;
import org.springframework.context.support.ClassPathXmlApplicationContext;
import org.springframework.dao.DataAccessException;
import org.springframework.jdbc.core.JdbcTemplate;
import org.springframework.jdbc.core.PreparedStatementCreator;
import org.springframework.jdbc.core.PreparedStatementSetter;
import org.springframework.jdbc.core.ResultSetExtractor;

public class TestJDBCTemplate {
    public static void main(String[] args) {
        // 创建 Spring 容器
        ApplicationContext ctx = new ClassPathXmlApplicationContext("JdbcTemplate Bean.xml");
        JdbcTemplate template = (JdbcTemplate) ctx.getBean("jdbcTemplate");

        // 显示插入前的结果
        List list = (List) template.queryForList( "select * from member");
        // 查询操作，返回结果集
        // 打印结果集
        for (int j = 0; j < list.size(); j++)
            System.out.println(list.get(j).toString());

        // 直接使用 sql 语句进行插入
        template.update("insert into member(username,password) values('name1 ','password1')");

        // 重载 PreparedStatementCreator 的方式进行插入
        template.update(new PreparedStatementCreator() {
            @Override
            public PreparedStatement createPreparedStatement(Connection con)
```

```
                throws SQLException {
                    String sql = "insert into member(username,password) values(?,?)";
                    PreparedStatement ps = con.prepareStatement(sql);
                    ps.setString(1, "name2"); // 设置 SQL 语句中的参数
                    ps.setString(2, "password2");
                    return ps;
                }
        });


        // 重载 PreparedStatementSetter 的方式进行插入
        template.update("insert into member(username,password) values(?,?)", new
        PreparedStatementSetter() {
            public void setValues(PreparedStatement ps) throws SQLException {
                ps.setString(1, "name3"); // 设置 SQL 语句中的参数
                ps.setString(2, "password3");
            }
        });

        // 用 Object[]设置 SQL 语句参数
        String sql = "insert into member(username,password) values(?,?)";
        template.update(sql, new Object[] { "name4", "password4" });

        // 显示插入后的结果
        list = (List) template.queryForList("select * from member"); // 查询操作，返回结果集
        // 打印结果集
        System.out.println("--------------------插入新记录后--------------------");
        for (int j = 0; j < list.size(); j++)
            System.out.println(list.get(j).toString());
    }
}
```

（3）运行结果如图 12.24 所示。

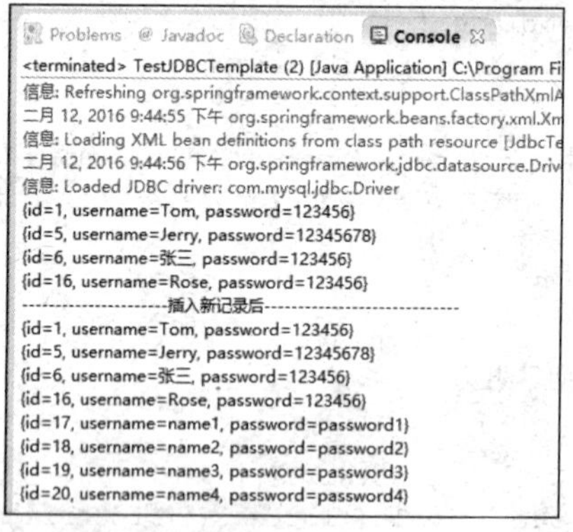
Problems @ Javadoc Declaration Console
<terminated> TestJDBCTemplate (2) [Java Application] C:\Program Fi
信息: Refreshing org.springframework.context.support.ClassPathXmlA
二月 12, 2016 9:44:55 下午 org.springframework.beans.factory.xml.Xm
信息: Loading XML bean definitions from class path resource [JdbcTe
二月 12, 2016 9:44:56 下午 org.springframework.jdbc.datasource.Driv
信息: Loaded JDBC driver: com.mysql.jdbc.Driver
{id=1, username=Tom, password=123456}
{id=5, username=Jerry, password=12345678}
{id=6, username=张三, password=123456}
{id=16, username=Rose, password=123456}
--------------------插入新记录后--------------------
{id=1, username=Tom, password=123456}
{id=5, username=Jerry, password=12345678}
{id=6, username=张三, password=123456}
{id=16, username=Rose, password=123456}
{id=17, username=name1, password=password1}
{id=18, username=name2, password=password2}
{id=19, username=name3, password=password3}
{id=20, username=name4, password=password4}

图 12.24 update 示例运行结果

更新和删除操作与插入操作类似，只不过是把 SQL 的 insert 语句换成 update 语句和 delete 语句而已。下面代码中粗体部分示范了它们的用法。

```
    //更新操作 将 "myname" 更新为 "newname"
    ApplicationContext context = new ClassPathXmlApplicationContext("JdbcTemplateBean.
xml");
```

```
    JdbcTemplate jdbcTemplate = (JdbcTemplate)context.getBean("jdbcTemplate");
    final String oldname = "myname";
    final String newname = "newname";
    String sql = "update member set username=? where username=?";    //SQL 的 update 语句
    jdbcTemplate.update(sql,new Object[]{newname, oldname});     //调用 update 方法
    //删除操作，删除 name 为“myname”的记录
    ApplicationContext context = new ClassPathXmlApplicationContext("JdbcTemplateBean.
xml");
    JdbcTemplate jdbcTemplate = (JdbcTemplate)context.getBean("jdbcTemplate");
    final String name = "myname";
    String sql = "delete from member where username=?";              //SQL 的 delete 语句
    jdbcTemplate.update(sql, new Object[]{name});                    //调用 update 方法
```

Spring 框架还提供了更为强大的批量更新方法 batchupdate，它能够一次执行多条语句，在插入多行数据时十分方便。下面的代码片段说明了 batchupdate 方法的用法。

```
    //batchUpdate 方法的使用
    package com.jdbctemplate.bean;

    import org.springframework.context.ApplicationContext;
    import org.springframework.context.support.ClassPathXmlApplicationContext;
    import org.springframework.jdbc.core.JdbcTemplate;

    public class TestJDBCTemplate {
        public static void main(String[] args) {
            // 创建 Spring 容器
            ApplicationContext ctx = new ClassPathXmlApplicationContext("JdbcTemplate
Bean.xml");
            JdbcTemplate template = (JdbcTemplate) ctx.getBean("jdbcTemplate");

            //同时执行多条 SQL 语句
            String sql1 = "UPDATE member SET username='李四' WHERE username='name2'";
            String sql2 = "DELETE FROM member WHERE password='123456' ";
            String sql3 = "INSERT INTO member(username,password) VALUES('Mary','1111')";
            template.batchUpdate(new String[]{sql1,sql2,sql3});
        }
    }
```

12.6.4 Spring 数据库开发的步骤

前面介绍了 JDBC 的基础知识，重点讲了 JDBCTemplate 类，以及如何使用它完成对数据库的增加、删除、查询、更新等操作，也接触了一些简单的实例。本节总结一下 Spring 中数据库应用的开发步骤。

1. 在 Eclipse 中配置开发环境

在 Eclipse 中新建一个 Java 项目，创建完项目后，需要把 Spring 框架的系统库引入进来。Spring 框架提供了对许多其他框架的支持，比如：Struts、Hibernate、Ibatis 等，在 Spring 中都会有相应的包。Spring 框架提供的包很多，有些包在项目中可能不会被用到，但引进来也不会有影响，Java 程序可以根据自身需要去加载。为了能满足一般的需要我们先把 Spring 框架中 dist 目录下的所有包引入进来。具体引入步骤，读者可以参见本章第 1 节的内容，这里不再累述。

除此之外还要引入数据库驱动包。以 MySQL 数据库为例，需要把 Mysql 的驱动包加载进来。

先自行下载驱动包，然后添加到项目的 Build Path，也可以创建一个名为 mysql 的用户库，然后单击 Add External JARS 按钮，将 mysql 驱动包添加进来，便于今后的项目使用。

接下来创建 Spring 框架的配置文件，配置文件发挥着十分重要的作用。在项目中可以存在多个配置文件，不同配置文件可以合并，大的配置文件也可以拆分，一般可以根据项目的复杂程度决定配置文件的数量。先创建第一个配置文件 applicationContext.xml，一般我们把配置文件放在 src 下。

在 Eclipse 项目中找到 src 目录，然后在右侧菜单中选择“new|Other”，弹出图 12.25 所示的对话框窗口。

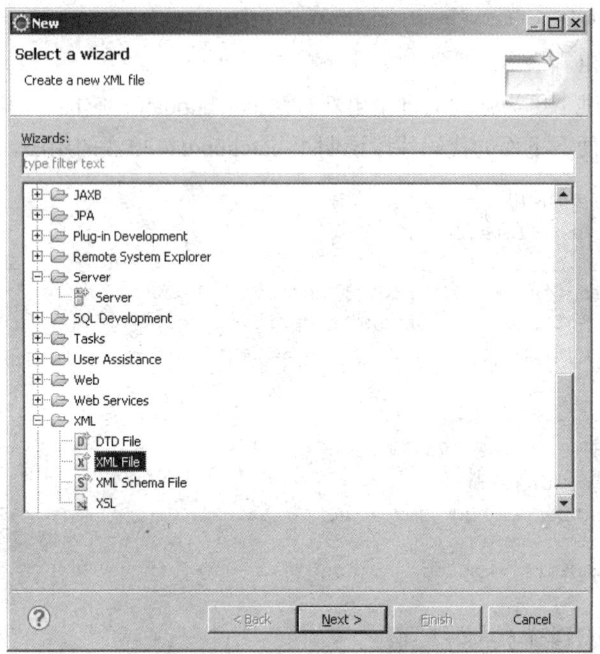

图 12.25　创建 XML 文件对话框

在对话框中选择 XML File 项，创建 applicationContext.xml 文件。创建完成后，打开该文件，进行一些基本配置。在<beans>标签中完成多个 Bean 对象的定义，同时可以把需要使用 Spring 框架进行注入的对象在<bean>标签中进行定义，代码如下。

```
<?xml version="1.0" encoding="UTF-8"?>
<beans
    xmlns="http://www.springframework.org/schema/beans"
    xmlns:xsi="http://www.w3.org/2001/XMLSchema-instance"
    xmlns:p="http://www.springframework.org/schema/p"
    xmlns:aop="http://www.springframework.org/schema/aop"
    xsi:schemaLocation="http://www.springframework.org/schema/beans
        http://www.springframework.org/schema/beans/spring-beans-3.0.xsd
        http://www.springframework.org/schema/aop
        http://www.springframework.org/schema/aop/spring-aop-3.0.xsd">
    <!--各个 Bean 对象定义的标签-->
</beans>
```

为了实现相应的功能，常常需要编写不同层次的 java 类，例如：DAO 层的类，Service 层的类。为了便于管理不同的类，通常会建立一些包，把不同功能层次的类放在不同的包中。所有的包都放在 src 目录下。典型的，可以创建 com.spring.bean 包、com.spring.dao 包和 com.spring.service 包，以后相关的功能类就在相应的包中直接创建了。完成以上配置后，项目的框架就搭建完成了，如图 12.26 所示。

图 12.26　spring 数据库项目框架

2. 在 applicationContext.xml 中配置数据源

要使用数据库，首先要在 applicationContext.xml 中配置数据库。配置时要把数据源信息告诉 Spring 框架，而数据源信息中比较重要的有数据库驱动、数据源位置、访问数据库的用户名和密码，这些信息是必不可少的。下面是一个配置完成的 applicationContext.xml 文件的代码清单。

```
<?xml version="1.0" encoding="UTF-8"?>
<beans
    xmlns="http://www.springframework.org/schema/beans"
    xmlns:xsi="http://www.w3.org/2001/XMLSchema-instance"
    xmlns:p="http://www.springframework.org/schema/p"
    xmlns:aop="http://www.springframework.org/schema/aop"
    xsi:schemaLocation="http://www.springframework.org/schema/beans
        http://www.springframework.org/schema/beans/spring-beans-3.0.xsd
        http://www.springframework.org/schema/aop
        http://www.springframework.org/schema/aop/spring-aop-3.0.xsd">
    <!--配置 dataSource，其实现类为 org.springframework.jdbc.datasource.DriverManager
DataSource -->
    <bean id="dataSource" class="org.springframework.jdbc.datasource.DriverManager
DataSource">
        <!--指定连接数据库的驱动-->
        <property name="driverClassName">
            <value>com.mysql.jdbc.Driver</value>
        </property>
        <!--指定连接数据库的 URL-->
        <property name="url" value="jdbc:mysql://localhost/demo"></property>
        <!--指定连接数据库的用户名-->
        <property name="username" value="root" />
        <!--指定连接数据库的密码-->
        <property name="password" value="admin" />
    </bean>
    <!--将 dataSource 对象注入到 jdbcTemplate 中-->
    <bean id="jdbcTemplate" class="org.springframework.jdbc.core.JdbcTemplate">
        <!--构造注入-->
        <constructor-arg><ref bean="dataSource"></ref></constructor-arg>
    </bean>
</beans>
```

用<bean>标签定义对象，有 4 个需要注意的地方。

（1）id 表示对象的唯一标识，所以需要提供一个不重复的标识，建议使用易于理解的名字。例如：上面我们使用 dataSource 作为标识，当看到该标识时，就能知道该对象是配置数据源的对象。

（2）class 属性指定了该对象关联的类，这个属性值一定要配置正确，因为 Spring 框架需要通过 class 属性找到所关联的类，从而把相应的类注入。

（3）将 dataSource 这个 id 标识告诉 jdbcTemplate 类，以便把数据源对象注入到 jdbcTemplate 中，见

上面代码中粗体部分。Spring 框架根据这个 id 在配置文件中进行查找，找到对应的 dataSource bean 对象。然后再根据 bean 的 class 属性找到对象的 org.springframework.jdbc.datasource.Driver ManangerDataSource 类进行注入。DriverManangerDataSource 类的父类是 AbstractDriverBased DataSource 类。

（4）在<bean>标签中使用<property>标签对属性值进行设置。<property>标签的 name 属性要对应到类中的属性，不能随意改变，value 属性是要设置的值，可根据实际情况进行设置。Property 属性值的注入采用的是 setter 方法，这就要求相应的类中需要有 setter 方法。例如，url、username 和 password 的 setter 方法都是在 AbstractDriverBasedDataSource 类中进行了定义。

3. 开发 POJO 类

简单 Java 对象（Plain Ordinary Java Objects）是普通的 JavaBeans，使用 POJO 这个名称是为了避免与 EJB 相混淆。也有的文献中把 POJO 看作 Plain Old Java Objects 的缩写，但代表的含义都是一样的。POJO 是包含一些属性，以及这些属性的 getter 和 setter 方法的类。它主要被用来装载数据。作为一种数据存储的载体，其中不包含业务逻辑，因此不具备业务逻辑处理的能力。它不具有任何特殊角色，不需要继承或实现任何其他 Java 中的类或接口。

创建 POJO 类时，通常把它放在 com.spring.bean 包中。POJO 类的作用通常是作为用户信息存储的载体。因此，定义 POJO 类的属性时要充分考虑到实际使用中所需的信息，一般情况下，要和数据表中的字段对应。

例如，需要一个 POJO 类来存储用户名、密码、性别、年龄、地址及电话号码等用户信息，那么在数据库的相应数据表中也要建立相应的字段来存储这些信息。

在写 POJO 各个属性的 getter 和 setter 方法时会很费时，针对这个问题 Eclipse 提供了自动生成类中各个属性的 getter 和 setter 的方法。

在类的编辑区中单击右键，在弹出的菜单中选择 Source|Generate Getters and Setters 选项，就会弹出自动创建类的 getter 和 setter 方法的对话框，如图 12.27 所示。

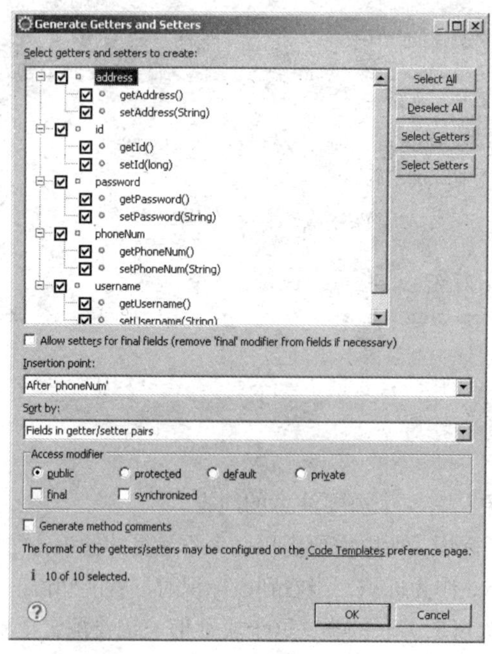

图 12.27 自动生成 getter 和 setter 方法

在需要生成 getter 和 setter 方法的属性前打勾，即可根据需要自动生成这部分代码。

4. 开发 DAO 层

DAO（Data Access Object）指的是数据访问接口，它将所有对数据库的访问操作封装起来建立一个接口。引入 DAO 层的目的是为了将数据库访问操作和上层的业务逻辑分离开来。在 DAO 层中将数据的一系列访问操作都交给 DAO 对象来完成，这样使得底层的数据库操作对上层的业务逻辑是完全透明的，一旦数据库发生变化，受到影响的仅仅是 DAO 层，上层的业务逻辑并不受影响。显然，DAO 模式的使用增强了系统的可维护行和可复用性。

可以在 com.spring.dao 包下创建一个接口，假设命名为 UserDAO，在这个接口中定义一些需要的数据库操作。UserDAO.java 的代码如下。

```
import java.util.List;
import com.spring.bean.User;
//定义 UserDAO 接口
public interface UserDAO {
    //根据 id 查找用户
    public User findUserById(int id);
    //查询所有用户
    public List<User> findUsers();
    //根据 id 删除用户
    public int delUserById(int id);
    //添加用户
    public int addUser(User user);
    //更新用户
    public int updateUser(User user);
}
```

从上面的代码可以看出 UserDAO 接口中定义了一系列数据库操作，包括查询用户、删除用户、添加用户和更新用户，但是这些方法的具体实现要在相应的 Service 层中完成。

5. 开发 Service 层

在 service 层实现 DAO 层定义的接口。在 com.spring.service 包下新建 service 类，假设名为 UserService。在该类中将 UserDAO 接口中定义的各个方法逐个进行实现。需要注意的是还要定义 JdbcTemplate 的 getter 和 setter 方法，以便 Spring 进行注入。UserService.java 的代码如下。

```
import java.sql.ResultSet;
import java.sql.SQLException;
import java.util.List;
import org.springframework.jdbc.core.JdbcTemplate;
import org.springframework.jdbc.core.RowCallbackHandler;
import com.spring.bean.User;
import com.spring.dao.UserDAO;
//创建 UserService 类实现 UserDAO 接口
public class UserService implements UserDAO {
    private JdbcTemplate jdbcTemplate;
    //实现添加用户的方法
    public int addUser(User user) {
        String sql = "insert into user (username, password, sex, age, phoneNum,
address) values (?, ?, ?, ?, ?, ?)";        //SQL 语句
      Object[] params = new Object[] {user.getUsername(), user.getPassword(), user.
```

```
getSex(), user.getAge(), user.getPhoneNum(), user.getAddress()};    //存放 SQL 语句中的参数
    int flag = jdbcTemplate.update(sql,params);           //调用 jdbcTemplate 的 update 方法
        return flag;
    }
    //实现删除用户的方法
    public int delUserById(int id) {
        String sql = "delete from user where id = ?";              //SQL 语句
    Object[] params = new Object[] {id};                  //存放 SQL 语句中的参数
    int flag = jdbcTemplate.update(sql,params);           //调用 jdbcTemplate 的 update 方法
        return flag;
    }
    //实现根据 id 查询用户的方法
    public User findUserById(int id) {
         String sql = "select * from user where id = ?";    //SQL 语句
         final User user = new User();
         final Object[] params = new Object[] {id};          //存放 SQL 语句中的参数
         // 调用 jdbcTemplate 的 query 方法
         jdbcTemplate.query(sql,params, new RowCallbackHandler(){
                   public void processRow(ResultSet rs) throws SQLException {
                       //向 user 对象中添加各个属性值
                       user.setId(rs.getInt("id"));
                       user.setUsername(rs.getString("username"));
                       user.setPassword(rs.getString("password"));
                       user.setAddress(rs.getString("address"));
                       user.setAge(rs.getInt("age"));
                       user.setPhoneNum(rs.getString("phoneNum"));
                       user.setSex(rs.getString("sex"));
                   }
         });
        return user;
    }
    //实现获取所有用户的方法
    public List<User> findUsers() {
        String sql = "select * from user";                     //SQL 语句
        List list = jdbcTemplate.queryForList(sql);            // 调 用 jdbcTemplate 的
queryForList 方法
        return list;
    }
    //实现更新用户的方法
    public int updateUser(User user) {
        String sql = "update user set username = ?, password = ?, sex = ?, age = ?,
phoneNum = ?, address  = ? where id = ?";                      //SQL 语句
  //存放 SQL 语句中的参数
        Object[]  params  =  new  Object[]  {user.getUsername(),  user.getPassword(),
user.getSex(), user.getAge(), user.getPhoneNum(), user.getAddress(), user.getId()};
    int flag = jdbcTemplate.update(sql,params);           //调用 jdbcTemplate 的 update 方法
        return flag;
    }
    //定义 JdbcTemplate 的 getter 和 setter 方法
    public JdbcTemplate getJdbcTemplate() {
```

```
        return jdbcTemplate;
    }
    public void setJdbcTemplate(JdbcTemplate jdbcTemplate) {
        this.jdbcTemplate = jdbcTemplate;
    }
}
```

完成了各个类和接口的定义之后，接下来需要在 Spring 的配置文件 applicationContext.xml 中定义各个 Bean 和它们之间的依赖关系，以便 Spring 框架自动实现注入。applicationContext.xml 文件代码如下。

```
<?xml version="1.0" encoding="UTF-8"?>
<beans
    xmlns="http://www.springframework.org/schema/beans"
    xmlns:xsi="http://www.w3.org/2001/XMLSchema-instance"
    xmlns:p="http://www.springframework.org/schema/p"
    xmlns:aop="http://www.springframework.org/schema/aop"
    xsi:schemaLocation="http://www.springframework.org/schema/beans
        http://www.springframework.org/schema/beans/spring-beans-3.0.xsd
        http://www.springframework.org/schema/aop
        http://www.springframework.org/schema/aop/spring-aop-3.0.xsd">
    <!--配置dataSource，其实现类为org.springframework.jdbc.datasource.DriverManager DataSource -->
    <bean id="dataSource" class="org.springframework.jdbc.datasource.DriverManager DataSource">
        <!--指定连接数据库的驱动-->
        <property name="driverClassName" value="com.mysql.jdbc.Driver" />
        <!--指定连接数据库的 URL-->
        <property name="url" value="jdbc:mysql://localhost:3306/springdemo" />
        <!--指定连接数据库的用户名-->
        <property name="username" value="root" />
        <!--指定连接数据库的密码-->
        <property name="password" value="root" />
    </bean>
    <!--将 dataSource 对象注入到 jdbcTemplate 中-->
    <bean id="jdbcTemplate" class="org.springframework.jdbc.core.JdbcTemplate">
        <property name="dataSource" ref="dataSource" />
    </bean>
    <!--将 jdbcTemplate 对象注入到 userService 中-->
    <bean id="userService" class="com.spring.service.UserService">
        <property name="jdbcTemplate" ref="jdbcTemplate" />
    </bean>
</beans>
```

6. 开发测试类

为了测试编写的代码是否正确，通常采用 Junit 进行测试。Junit 是一个开源的 Java 测试框架，用于编写和运行可重复的测试，在前面的项目中曾经多次用到。

在项目中新建一个测试类，该类继承自 TestCase 类，代码如下。

```
import java.util.List;
import junit.framework.TestCase;
import org.springframework.context.support.ClassPathXmlApplicationContext;
import com.spring.bean.User;
//测试用例
```

```
public class UserServiceTest extends TestCase {
    //测试添加用户的方法
    public void testAdd() throws Exception {
        //创建 Spring 容器
        ClassPathXmlApplicationContext ctx =
        new ClassPathXmlApplicationContext("ApplicationContext.xml");
        //获取 userService 实例
        UserService service = (UserService)ctx.getBean("userService");
        User user = new User();
        //向 user 对象中添加属性值
        user.setUsername("jack");
        user.setPassword("123456");
        user.setSex("男");
        user.setPhoneNum("88888888");
        user.setAddress("武汉");
        int flag = service.addUser(user);                    //调用 addUser 方法
        System.out.println(flag);
        ctx.destroy();                                       //关闭 Spring 容器
    }
    //测试更新用户的方法
    public void testUpdate() throws Exception {
        //创建 Spring 容器
        ClassPathXmlApplicationContext ctx =
        new ClassPathXmlApplicationContext("ApplicationContext.xml");
        //获取 userService 实例
        UserService service = (UserService)ctx.getBean("userService");
        User user = service.findUserById(1);                 //调用 findUserById 方法
        user.setUsername("jack");
        int flag = service.updateUser(user);                 //调用 updateUser 方法
        System.out.println("更新的记录数" + flag);
        User user1 = service.findUserById(1);
        System.out.println(user1.getUsername());
        ctx.destroy();                                       //关闭 Spring 容器
    }
    //测试删除用户的方法
    public void testDelete() throws Exception {
        //创建 Spring 容器
        ClassPathXmlApplicationContext ctx =
        new ClassPathXmlApplicationContext("ApplicationContext.xml");
        //获取 userService 实例
        UserService service = (UserService)ctx.getBean("userService");
        int flag = service.delUserById(1);                   //调用 delUserById 方法
        System.out.println(flag);
        ctx.destroy();                                       //关闭 Spring 容器
    }
    //测试查找用户的方法
    public void testFindUsers() throws Exception {
        //创建 Spring 容器
        ClassPathXmlApplicationContext ctx =
        new ClassPathXmlApplicationContext("ApplicationContext.xml");
        //获取 userService 实例
        UserService service = (UserService)ctx.getBean("userService");
```

```
        List<User> list = service.findUsers();                  //调用 findUsers 方法
        System.out.println("用户数:" + list.size());
        ctx.destroy();                                          //关闭 Spring 容器
    }
}
```

可以使用 JUnit 运行整个测试类，这时需要在测试类文件名节点上单击右键，在弹出的菜单项中选择 Run As|JUnit Test 选项。也可以只运行类中的一个方法。在工作区展开测试类，可以看到已经定义好的各个测试方法。

7. 导出实例为 JAR 包

到此为止，程序的开发工作已经基本完成，最后可以将开发的实例导出为 JAR 压缩包。具体方法为：在项目目录上单击右键，在弹出的菜单中选择 Export 选项，之后会弹出如图 12.28 所示的 export 对话框。

export 对话框中提供了多种导出的形式，如果希望将项目导出为 JAR 压缩包，则选择 Java 目录下的 JAR file 节点，然后单击 Next 按钮，此时会弹出 JAR 导出窗口，如图 12.29 所示。

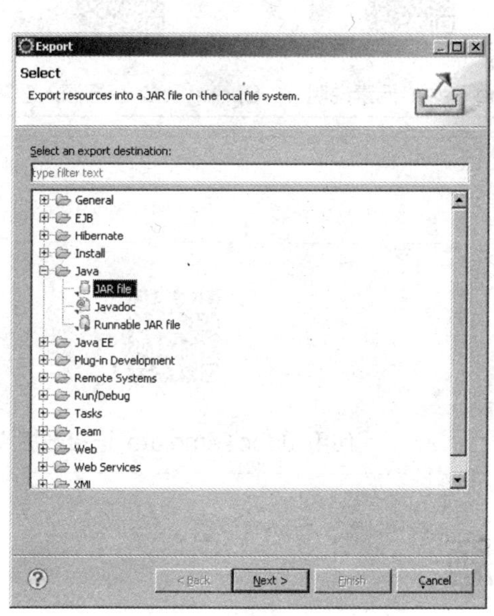

图 12.28　"Export"对话框

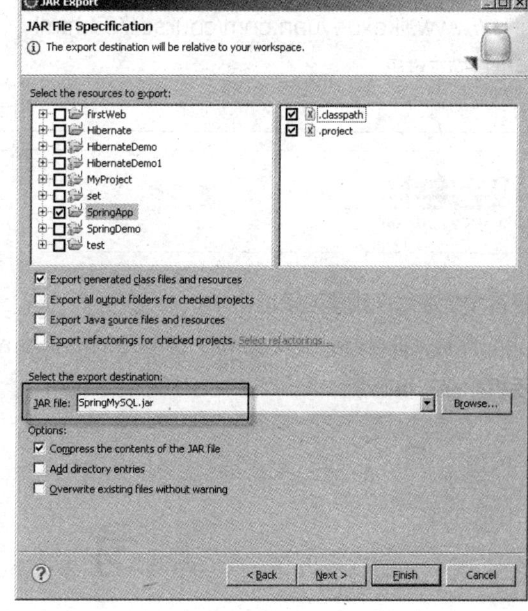

图 12.29　JAR 导出窗口

在 Select the resource to export 框中选择要导出的整个项目或项目文件，然后在 JAR file 文本框中输入导出为 JAR 压缩包后的文件名，单击"Finish"按钮即可完成项目的导出。

12.7　本章小结

本章继续讲解了 Spring 框架的常用开发技术，包括：依赖注入、生命周期、Bean 的感知、国际化支持和数据库开发。在各小节内使用了大量的实例进行了分步骤的演示，非常值得学习。

习　题

一、选择题

1. 关于 IoC 的描述错误的是（　　）。

　A. IoC 意为控制反转　　B. IoC 就是依赖注入

　C. 对象被动接受依赖类　　D. 对象主动去找依赖类

2. Spring 依赖注入的方式不包括（　　）。

　A. set 方法注入　B. 构造方法注入　C. get 方法注入　D. 接口注入

3. 关于 Spring 中 Bean 的配置，描述正确的是（　　）。

　A. id 属性是必须的　　B. id 属性的值可以重复使用

　C. name 属性不是必须的，可以没有　　D. name 属性的值可以重复使用

4. 关于在 Spring 中配置 Bean 的 init-method 描述正确的是（　　）。

A. init-method 在所有方法之前执行

B. init-method 在构造方法之后，依赖注入之前执行

C. init-method 在依赖注入之后，构造方法之前执行

D. init-method 在构造方法和依赖注入之后执行

5. 以下关于 Singleton Bean 的说明错误的是（　　）。

A. 单例模式

B. 使用 singleton 定义的 Bean 在 Spring 容器中只有一次机会创建实例

C. 每次获取 singleton Bean 时，Spring 容器都创建一个不同的实例

D. singlton 是 Spring 中 Bean 的缺省作用域

二、简答题

1. 什么是 Spring 的依赖注入？

2. Spring 4 中 Bean 的作用域有哪些？

3. 解释 Spring 框架中 bean 的生命周期。

4. 假设在一个 id 为 a 的 Bean 中注入一个 id 为 b 的 Bean，说明如何配置设值注入和构造方法注入。

5. Spring JDBCTemplate 的常用方法有哪些？

第 13 章 SSH 集成方法及综合实例

前面介绍了业务层框架 Spring 技术的有关内容和知识，并通过项目实战巩固了 Spring 的知识点及如何基于 Spring 框架进行项目开发。本章主要讲述 SSH 框架（即 Spring、Struts 和 Hibernate 三大框架）集成的主要内容。具体内容如下：Spring 开发环境的部署，Spring 和 Hibernate 的集成，Spring 和 Struts 的集成。

13.1 部署 Spring 开发环境

本节首先介绍 Struts 集成 Hibernate 的具体方法和可能遇到的问题，接着讲解了 SSH 框架下 Spring 集成环境部署的方法，从而为后面学习 SSH 框架集成做了充分的准备。

13.1.1 Struts 集成 Hibernate

对于一个简单且需求明确的 Web 应用，在设计时可以不去考虑系统的整体框架，这样便可减小系统的开销，并且缩短项目的开发周期，但是，对于一个功能较为复杂，并且未来需要经常进行扩展的中小型系统来说，使用一个既灵活又规范的系统架构就是需要特别注意和重点考虑的事情了，因为系统整体架构的选择很大程度上决定了项目开发周期、维护成本，以及扩展的难度。架构合理的系统可以使得开发层次清晰，各层次之间耦合度较低、开发人员之间分工明确，进而极大地提高了代码的复用性，减轻了开发人员的负担。

Struts、Hibernate 等优秀开发框架的出现，使得规范的系统架构的实现成为可能。Struts 框架将表示层和业务层相分离，而 Hibernate 框架则提供了灵活的持久层支持。将 Struts 和 Hibernate 集成，可以把一个 Web 应用清晰地划分为表示层、业务层和持久层三个层次。其中，表示层负责视图展现及控制转向等，业务层负责业务逻辑的处理；持久层则负责封装访问数据库的一系列操作。此外，在持久层中引入的泛型实现机制，还可以对代码进行复用，避免重复开发。

在系统投入使用后，如果需要对功能进行修改或扩展，只需在相关的层对相应功能进行修改或扩充，而不影响其他层次的使用，从而避免了对系统的大量修改甚至重新开发。

将 Struts 和 Hibernate 进行集成后的系统分为 3 层：表示层、业务层、持久层。3 个层次的功能如下。

1. 表示层

表示层处于 Web 应用的最前端，它可以将一个数据视图通过浏览器呈现给用户，也可以接收用户表单在用户界面上的动作，还可以对页面上的数据进行简单的（与业务逻辑无关的）验证。

为了建立一个易于维护和可扩展的系统，表示层应该遵守以下原则。

（1）尽量使用标签，比如：Struts 标签，避免嵌入 Java 代码。这是因为在页面中直接嵌入 Java 代码对后期项目维护和扩展非常不利，会导致页面混乱、修改困难，进而降低代码的可读性。

（2）避免在视图层处理对数据库的访问操作。与数据库相关的操作应该放在持久层中由 Hibernate 来负责完成，这样更利于代码的维护，同时降低代码的耦合性。

2. 业务层

业务层是位于表示层和持久层中间的一层。该层完成项目中各种业务逻辑的实现，表示层则通过调用业务层中提供的方法来完成一系列展示工作，而业务层的业务逻辑方法需要通过与持久层的交互来实现。

业务逻辑实现的代码一般不在 Struts 框架的 Action 类中完成，而为其设置专门的业务逻辑实现类，这样可以降低代码的耦合性，同时常常通过定义接口来提高程序的可扩展性。基于此，在 Struts 的 Action 类中就可以通过访问业务逻辑接口来调用相应的业务处理方法，而不需要直接与持久层框架进行交互，有助于降低上层 Web 应用和持久层之间的联系，使持久层的处理更加独立。

Struts 的 Action 类和业务层之间联系的示意图如图 13.1 所示。

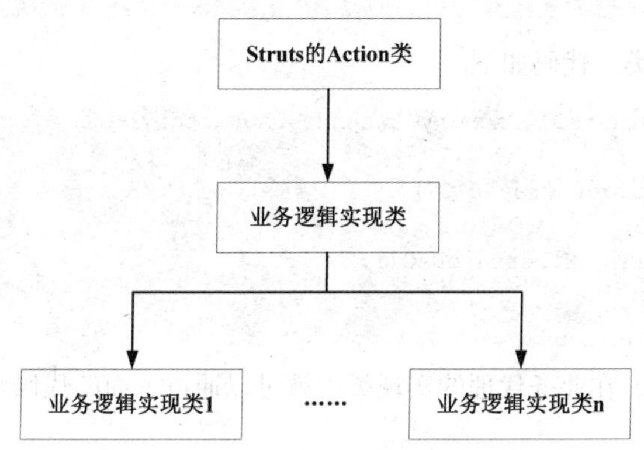

图 13.1 Struts 的 Action 类与业务层之间的联系

3. 持久层

持久层的作用是将访问数据库的各种操作进行封装，供业务层使用。在持久化层的实现中，常常采用工厂模式和 DAO 模式来降低应用的业务逻辑和数据库的访问逻辑之间的关联。这两种模式可以把业务对象和 Hibernate 持久化框架相分离，当持久化的实现策略发生变化的时候，并不会影响到业务对象的实现代码。

为了提高代码的可重用性和可维护性，在 DAO 模式的实现中采用了泛型机制，其具体实现方式如下。

（1）建立通用的 DAO 接口类：public interface GenericDAO<T,ID extends Serializable>。在 DAO 接口中往往定义一些通用的方法，如对象的添加、修改、删除和根据主键查找及其他一些查找方法等。下面给出了 DAO 接口中的一个方法：T findById（ID id），该方法实现了按 id 值查找对象的功能。

（2）建立通用的 DAO 接口的实现类：public abstract class GenericHibernateDAO<T, ID extends Serializable> implements GenericDAO< T, ID >，该类实现了 GenericDAO 接口中定义的各个方法。

（3）通过继承 GenericDAO 接口建立一个具体对象的 DAO 接口类，例如：建立对象 Person 的 DAO 接口类（在数据库中存在一个 person 表，使用 Hibernate 完成对 person 表的映射）：public interface PersonDAO extends GenericDAO<Person, Integer>。

（4）通过继承 GenericHibernateDAO 并实现 PersonDAO 来建立一个具体对象的 DAO 实现类：public class PersonHibernateDAO extends GenericHibernateDAO<Person, Integer> implements PersonDAO,如果用户对该对象没有其他的操作（也就是使用 GenericHibernateDAO 中没有的方法），则只需要实现它的构造方法就可以了。

PersonHibernateDAO 构造方法的代码如下。

```
public PersonHibernateDAO()
{
  Super(Person.class);
}
```

（5）建立工厂接口类，代码如下。

```
public abstract class DAOFactory
{
  public static final DAOFactory HIBERNSTE=new HibernateDAOFactory();
  public abstract PersonDAO getPersonDAO();
}
```

（6）建立工厂实现类，代码如下。

```
public class HibernateDAOFactory extends DAOFactory
{
  public PersonDAO getPersonDAO()
  {
     return new PersonHibernateDAO();
  }
}
```

完成上面的步骤后，在业务代理的实现类中就可以通过下面的代码来调用持久层中提供的方法了。调用代码如下。

```
PersonDAO persondao=DAOFactory.HIBERNATE.getPersonDAO();
Person person=persondao.findById(personID);
```

使用工程模式和 DAO 模式以后，当持久层的实现机制发生变化的时候，只需要修改 GenericHibernateDAO 中的实现，业务层中的代码则无需改动。同时，由于不需要在每个具体的 DAO 实现类中实现公用的方法，也增强了代码的通用性。

在使用 Struts 和 Hibernate 进行系统的集成开发的过程中，开发人员会遇到各种各样的实际问题，比如：中文编码、国际化等问题。如果开发人员在项目开发的初期忽略了它们的存在，到后期再着手解决的话往往就会带来很大的工作量。实际上，针对中文编码的问题可以通过引入过滤器解决，而针对国际化的问题通过创建资源文件便可以解决。

中文编码问题是国内 Web 的应用开发人员常常要面对的问题之一。计算机是按照英语的单字节字符所设计的，而现在很多的软件和系统默认采用的却是 ISO8859-1 编码。如果在同一项目中使用了不同的编码方式，在页面显示或传递数据过程中就可能出现乱码。

为了解决中文编码问题，可以在 Web 项目中将所有页面的编码统一设置为 UTF-8，同时，引入控制编码的过滤器 com.util.SetCharacterEncodingFilter。只需要在 web.xml 文件中加入一些代码，就可以完成这两项工作。

web.xml 文件中加入的代码如下。

```
<filter>
<filter-name>Set Character Encoding</filter-name><!--filter 的名字-->
<filter-class>com.util.SetCharacterEncodingFilter</filter-class><!--filter 的实现类-->
<!--参数设置-->
<init-param>
<param-name>encoding</param-name>                    <!--指定参数名-->
<param-value>UTF-8</param-value>                     <!--指定参数值-->
</init-param>
</filter>
<!--定义 filter 拦截的 URL 地址-->
<filter-mapping>
<filter-name>Set Character Encoding</filter-name>    <!--filter 的名字-->
<url-pattern>/*</url-pattern>                        <!--filter 负责拦截的 URL-->
</filter-mapping>
```

由于超链接中的文字字符还与使用的容器有关，此时为避免乱码问题就需要特别处理。如果使用的是 Tomcat 容器，则应该将 Tomcat 目录下 server.xml 文件中的 URIEncoding 项的值设置为 UTF-8。这样设置后，整个系统的编码就被统一为 UTF-8 编码了。

开发过程中另外一个常见问题就是国际化问题。

国际化指的是在软件设计阶段，就应该使软件具有支持多种语言和国家地区的功能。具有这样的功能后，如果未来需要在项目中添加对某种新语言或新国家的支持时，就不需要重新修改程序代码，而降低了开发的复杂度。

在 Struts 中，用户访问服务器时，Struts 先根据用户浏览器使用的语言来寻找相应的资源文件，如果找不到，则使用默认的资源文件。该默认资源文件在 struts-config.xml 中被指定。

比如：在 struts-config.xml 文件中指定了如下资源文件。

```
<meaasge-resources parameter="com.struts.ApplicationResources"/>
```

这表示，该资源文件为 ApplicationResource.properties。当找不到用户所需要的语言资源文件时，会使用这个文件来输出内容。

实际中，应该对不同的语言创建不同的资源文件，比如：英文采用上面的默认资源文件 ApplicationResources.properties；简体中文可以定义文件 ApplicationResources-zh-CN.properties，然后在页面中就利用 Struts 的标签将所需要的资源文件引入。

总之，在中小型系统中，使用 Struts + Hibernate 框架集成开发具有如下优势。

- 能够满足系统开发的要求，减少了系统的开销，提高了系统的整体开发效率。
- 与结合了 Spring 框架的项目相比，Struts 和 Hibernate 的集成更易于理解和掌握，能够缩短开发周期。

13.1.2　构建 Spring 集成环境

在企业级项目的应用开发过程中，由于其涉及的业务逻辑更加复杂，要求也更多、更高，此时，再使用 Struts 和 Hibernate 的集成方式进行开发就显得力不从心了，因此开发人员常常选择使用 SSH 框架（也就是 Spring + Struts + Hibernate 三个框架）来进行比较复杂的项目开发。本节将介绍 SSH 框架下 Spring 集成环境的部署工作。

这里需要搭建的 SSH 环境为 Struts 2.2.3.1+Hibernate4.1.7+Spring4.2.4，当然也可以使用其他版本来集成。

1. 配置 Struts 2

（1）要使用 Struts 2 框架，先要导入相关的 JAR 包。使用 Struts 2.2.3.1 所需要的几个主要 JAR 包如下。

- commons-fileupload-1.3.1.jar
- commons-io-2.2.jar
- commons-lang3-3.2.jar
- commons-logging-1.1.3.jar
- freemarker-2.3.22.jar
- ognl-3.0.6.jar
- Struts 2-core-2.3.24.1.jar
- Struts 2-spring-plugin-2.3.24.1.jar
- xwork-core-2.3.24.1.jar

这些是一些基本的 JAR 包，如果需要在 Web 项目中使用 Struts 2 的更多特性，则需要将相关的 JAR 包都导入项目中。大部分的 Web 应用并不需要使用 Struts 2 的所有特性，因此，只将项目中需要用到的那些 JAR 包导入即可。

（2）修改 web.xml 文件。在介绍 Struts 2 的使用时曾经介绍过 web.xml 文件，这个文件是被放在 Web 项目的 src 目录之下的。web.xml 是 Web 应用中用于加载 Servlet 信息的一个重要的配置文件，负责初始化 Servlet、Filter 等 Web 应用程序。

Struts 2 的核心控制是通过过滤器（Filter）来实现的，所以在 web.xml 文件中需要配置过滤器来加载 Struts 2 框架。

在 web.xml 文件中配置核心 Filter 的代码如下。

```
<!--配置 Struts 2 框架的核心 Filter-->
<filter>
<!--指定核心 Filter 的名字-->
<filter-name>
    Struts 2
</filter-name>
<!--指定核心 Filter 的实现类-->
<filter-class>
    org.apache.Struts 2.dispatcher.ng.filter.StrutsPrepareAndExecuteFilter
</filter-class>
</filter>
<!--配置 Filter 拦截的 URL -->
<filter-mapping>
    <filter-name>Struts 2</filter-name>
    <url-pattern>/*</url-pattern>
 </filter-mapping>
```

由此可见，在 web.xml 文件中需要定义 Struts 2 的核心 Filter，并需要定义该 Filter 所拦截的 URL 模式。到此为止，该 Web 项目就具备了对 Struts 2 框架的支持。

需要注意的是，Struts 2 框架的标签库能否被自动加载和 Struts 2 的版本有关。如果 Web 容器使用的是 Servlet2.4 及其以上规范，则无需在 web.xml 文件中手动加载 Struts 2 的标签库，因为

Servlet2.4 及其以上规范会自动加载标签库定义文件；如果 Web 容器使用的是 Servlet 2.3 以前的版本（包括 Servlet 2.3），则由于 Web 项目不会自动加载 Struts 2 框架的标签文件，因此需要手动在 web.xml 文件中配置以加载 Struts 2 的标签库。

在文件 web.xml 中手动加载 Strutb 2 标签库的配置代码如下。

```
<!--手动配置 Struts 2 的标签库-->
<taglib>
<taglib-uri>/s</taglib-uri>                                    <!--配置 Struts 2 标签库的 URI-->
<taglib-location>/WEB-INF/struts-tags.tld</taglib-location>    <!--指定 Struts 2 标签库定义文件的路径-->
</taglib>
```

上面的代码中使用标签<taglib-location>指定了 Struts 2 标签库配置文件的所在路径。本例中指定的位置为：/WEB-INF/struts-tags.tld。在 web.xml 文件中指定路径后，还需要手动地将此标签库文件 struts-tags.tld 复制到 WEB-INF 目录下。struts-tag.tld 文件位于 Strut 2 的核心包 core 中，使用 WinRAR 可以打开 Struts 2-core-2.3.24.1.jar 包，进入到其 META-INF 目录中，即可找到该文件。

（3）经过前面两个步骤的配置，已经为 Web 项目增加了 Struts 2 支持，但是还不能在项目中使用 Struts 2 的功能。为此，还需要添加 Struts 2 的配置文件 struts.xml 文件。

在项目的 src 目录下添加 struts.xml 文件，同时加入 log4j.properties 文件，该文件用于输出项目的日志信息。struts.xml 文件的代码如下：

```
<? xml version="1.0" encoding="UTF-8" ?>
<!--指定 Struts 2 配置文件的 DTD 信息-->
<! DOCTYPE struts PUBLIC "-//Apache Software Foundation//DTD Struts Configuration 2.0//EN"
"http://struts.apache.org/dtds/struts-2.0.dtd">
<struts>
<!--通过 constant 元素配置 Struts 2 的属性，该属性的默认值为 false-->
<constant name="struts.enable.DynamicMethodInvocation" value="false" />
<constant name="struts.devMode" value="true" />          <!--设置 Struts 2 应用是否使用开发模式-->
    <constant name="struts.i18n.encoding" value="GBK"></constant><!--指定 web 应用的默认编码集-->
    <include file="strutsConfig1.xml"/>     <!--通过 include 元素可导入其他配置文件-->
    <!--添加 package 元素，该元素是 Struts 配置文件的核心，但在配置文件中不是必须存在的 -->
    <package name="default" namespace="/" extends="struts-default"></package>
</struts>
```

可以看到 struts.xml 文件中有一个<package>标签。这个标签是关于包属性的一个标签。在 Struts 2 框架中是通过包来管理 action、result、interceptor，以及 interceptor-stack 等配置信息的。

2. 配置 Hibernate

只需要将 Hibernate 运行所需要的必须的 JAR 包添加到项目中即可。Hibernate 运行所需要的主要 JAR 包有如下 3 种。

- hibernate-core-4.1.7.final.jar
- hibernate-commons-annotations-4.0.1.final.jar
- hibernate-jpa-2.0-api-1.0.1.final.jar

此外，还需要将 MySQL 的驱动添加到项目中，本次使用的是：mysql-connector-java-5.1.37- bin.jar。

考虑到可能会在应用中用到数据库连接池，所以还需要加入下面的两个 JAR 包。

- c3p0-0.9.1.jar
- hibernate-c3p0-4.1.7.final.jar

3. 配置 Spring

Spring 框架的 JAR 包比较多，部分常用的列举如下。

- spring-aop-4.2.4.RELEASE.jar
- spring-aspects-4.2.4.RELEASE.jar
- spring-beans-4.2.4.RELEASE.jar
- spring-context-4.2.4.RELEASE.jar
- spring-core-4.2.4.RELEASE.jar
- spring-expression-4.2.4.RELEASE.jar
- spring-orm-4.2.4.RELEASE.jar
- spring-jdbc-4.2.4.RELEASE.jar
- spring-tx-4.2.4.RELEASE.jar
- spring-web-4.2.4.RELEASE.jar
- spring-webmvc-4.2.4.RELEASE.jar

将 Spring 中所需要的 JAR 包添加到项目中，并对 applicationContext.xml 文件进行配置。文件 applicationContext.xml 的配置主要包含如下 5 步。

（1）配置数据库连接池。

（2）配置 sessionFactory。

（3）配置 dao 层实现类。

（4）配置 service 层实现类。

（5）配置项目中的 Action。

13.2 Spring 集成 Hibernate

在 Spring 中集成 Hibernate 实际上就是将 Hibernate 中用到的数据源 DataSource、SessionFactory 实例，以及事务管理器都交由 Spring 容器管理，然后由 Spring 向开发人员提供统一的模板化操作。本节介绍 Spring 和 Hibernate 两个框架之间的集成工作。

13.2.1 在 Spring 中配置 SessionFactory

单独使用 Hibernate 时，需要使用 Hibernate 的配置文件，默认为 hibernate.cfg.xml，并在配置文件中配置 dataSource 和映射文件。使用 Spring 整合 Hibernate 时，则可以不再使用 hibernate.cfg.xml 文件，而使用 Spring 的 LocalSessionFactoryBean 来配置 Hibernate 的 SessionFactory。

在 Hibernate 相关章节的学习中，已经知道，Hibernate 的 SessionFactory 是一个非常重要的对象。一般来说，一个 Java Web 应用对应一个数据库，同时也对应一个 SessionFactory 对象。在使用 Hibernate 访问数据库时，应用程序需要先创建 SessionFactory 实例，而使用 Spring 集成了 Hibernate 以后，则可以直接在 Spring 的配置文件中通过声明的方式来管理 SessionFactory 实例，同时，还可以利用 Spring 的 IoC 容器在配置 SessionFactory 时为其注入数据源的引用。

首先在 Spring 的配置文件 applicationContext.xml 中配置数据源，代码如下。

```
<?xml version="1.0" encoding="UTF-8"?>
<beans
    xmlns="http://www.springframework.org/schema/beans"
    xmlns:xsi="http://www.w3.org/2001/XMLSchema-instance"
    xmlns:p="http://www.springframework.org/schema/p"
    xmlns:aop="http://www.springframework.org/schema/aop"
    xsi:schemaLocation="http://www.springframework.org/schema/beans
        http://www.springframework.org/schema/beans/spring-beans-3.0.xsd
        http://www.springframework.org/schema/aop
        http://www.springframework.org/schema/aop">
<!--定义数据源-->
<bean id ="dataSource"
Class ="org.springframework.jdbc.datasource.DriverManagerDataSource">
    <!--指定连接数据库的驱动-->
<property name="driverClassName">
<value>com.mysql.jdbc.Driver </value>
</property>
    <!--指定连接数据库的 URL-->
<property name="url">
<value> jdbc:mysql://localhost/spring </ value>
</property>
    <!--指定数据库连接的用户名-->
<property name="Customname">
<value>sa</value>
</property>
    <!--指定连接数据库的密码-->
<property name="password">
<value>123456</value>
</property>
</bean>
</beans>
```

配置好数据源后，接下来来配置 sessionFactory，并为其注入数据源的引用。下面的代码显示了如何在 Spring 的配置文件 applicationContext.xml 中配置 sessionFactory。

```
<!--定义 Hibernate 的 sessionFactory-->
<bean id="sessionFactory"
class="org.springframework.orm.hibernate3.LocalSessionFactoryBean">
<!--依赖注入已配置好的数据源 dataSource-->
<property name="dataSource">
<ref local="dataSource"/>
</property>
    <!--指定 Hibernate 所有映射文件的路径-->
<property name="mappingResources">
<list>
<value>com/entity/product.hbm.xml</value>
        …
</list>
</property>
    <!--设置 Hibernate 的属性-->
<property name="hibernateProperties">
```

```
<props>
        <!--配置 Hibernate 的数据库方言-->
    <prop key="hibernate.dialect">
        org.hibernate.dialect.MySQLDialect
        </prop>
        <!--设置是否在控制台输出由 Hibernate 生成的 SQL 语句-->
        <prop key="show_sql">true</prop>
        </props>
        </property>
</bean>
```

在 Spring 集成 Hibernate 的过程中主要是配置 dataSource 和 sessionFactory。其中，dataSource 主要是被用来配置数据库的连接属性，而 sessionFactory 主要是被用来管理 Hibernate 的配置。在 Spring 的配置文件中完成对 SessionFactory 的配置后，便可以将 SessionFactory Bean 注入其他 Bean 中，如注入 DAO 组件中。当 DAO 组件获得 SessionFactory Bean 的引用后，就可以实现对数据库的访问。通过以上的配置就完成了 Spring 和 Hibernate 的集成。

13.2.2 使用 HibernateTemplate 访问数据库

在 Spring 中配置好 SessionFactory 以后，就可以使用 HibernateTemplate 来进行数据库访问了。HibernateTemplate 将持久层访问模板化，即在创建 HibernateTemplate 的实例后，只需向其中注入一个 SessionFactory 的引用，就可以执行持久化操作了。SessionFactory 对象可以通过构造参数来传入，也可以通过设值方式来传入。

HibernateTemplate 中提供了以下 3 个构造方法。

- HibernateTemplate()：无参构造方法，使用它可以构造一个默认的 HibernateTemplate 实例。在使用创建好的 HibernateTemplate 实例之前，需要先调用方法 setSessionFactory(SessionFactory sessionFactory)为 HibernateTemplate 传入 SessionFactory 的引用。
- HibernateTemplate（org.hibernate.SessionFactory sessionFactory）：带参构造方法，该方法包含了一个 sessionFactory 参数，表明在构造 HibernateTemplate 实例时已经传入了 SessionFactory 对象，HibernateTemplate 实例创建后便可直接执行持久化操作了。
- HibernateTemplate（org.hibernate.SessionFactory sessionFactory，boolean allowCreate）：带参构造方法，该方法中的 allowCreate 参数表明，如果在当前线程中没有非事务性的 Session，是否需要创建一个。

在 Web 应用中，SessionFactory 和 DAO 对象都由 Spring 进行管理，因此不需要在代码中显示设置，只需在配置文件中设置它们的依赖关系即可。

下面程序使用 HibernateTemplate 实现了一个 DAO 组件，并由 Spring 为该 DAO 注入 SessionFactory。该 DAO 的实现类为 CustomDaoImpl。

```
public class CustomDaoImpl implements CustomDao {
    private SessionFactory sessionFactory;      //定义持久化操作所需要的 Session Factory
    HibernateTemplate hibernatetemplate;        //定义一个 HibernateTemplate 对象
    //完成依赖注入 SessionFactory 所需的 setter 方法
    public void setSessionFactory(SessionFactory sessionFactory)
{
this.sessionFactory = sessionFactory;
    }
```

```
        //获取 HibernateTemplate 实例
    private HibernateTemplate getHibernateTemplate()
    {
            if(hibernatetemplate==null)
    hibernatetemplate=new HibernateTemplate(sessionFactory);
            return hibernatetemplate;
    }
    //保存 Custom 对象
    public void save(Custom Custom)
    {
        getHibernateTemplate().save(Custom);
    }
    //获取 Custom 对象，id 是 Custom 对象的主键值
    public Custom getCustom(int id)
    {
        return (Custom)getHibernateTemplate().get(Custom.class, new Integer(id));
    }
        //修改 Custom 实例
        public void update(Custom Custom)
        {
        getHibernateTemplate().update(Custom);
    }
    //删除 Custom 实例
    public void delete(Custom Custom)
    {
        getHibernateTemplate().delete(Custom);
    }
    //按照用户名查找 Custom
    public List<Custom> findByName(String name)
    {
        String queryString="from Custom u where u.name like ?";
    return (List<Custom>)getHibernateTemplate().find(queryString,name);
    }
    }
```

上面的代码中首先定义了一个 HibernateTemplate 对象，并使用 HibernateTemplate 的带参数构造方法传入一个 SessionFactory 对象，接着就可以通过调用 HibernateTemplate 对象中提供的方法来完成对 Custom 对象的各种持久化操作了。

HibernateTemplate 中针对数据库的增、删、查、改等操作提供了一系列方法，通过这些方法可以完成大部分数据库的操作。HibernateTemplate 中常用的方法如下。

- void delete(Object entity)：删除指定的持久化实例。
- void deleteAll(Collection entities)：删除集合内的全部持久化实例。
- List find(String queryString)：根据 HQL 查询字符串返回实例集合。该方法还包括其他重载的 find 方法。
- List findByNameQuery(String queryName)：根据命名查询返回实例的集合。
- Object get(Class entityClass, Serializable id)：根据主键加载特定持久化类的实例。若指定的记录不存在，则返回 null。
- Object load(Class entityClass, Serializable id)：根据主键加载特定持久化类的实例。若指定的记录不存在，则抛出异常。

- Serializable save(Object entity)：保存新实例。
- void saveOrUpdate(Object entity)：根据实例的状态，选择对实例进行保存或更新操作。
- void saveOrUpdateAll(Collection entities)：根据集合中实例的状态，选择对所有实例进行保存或更新操作。
- void setMaxResults(int maxResults)：用于分页查询时设置每页的记录数。
- void update(Object entity)：更新实例的状态。

CustomDaoImpl 中创建 HibernateTemplate 实例时要为其提供一个 SessionFactory 对象，该对象是利用 Spring 的依赖注入来实现的，需要在 Spring 的配置文件中配置，代码如下：

```
<bean id="CustomDao" class="com.Spring.CustomDaoImpl">
<!--依赖注入 SessionFactory-->
<property name="sessionFactory">
<ref bean="sessionFactory"/>
</property>
</bean>
```

有了 HibernateTemplate，开发人员便可以专注于事务处理，而把对事务的控制，包括：打开 Session、开始事务、处理异常、提交事务，以及最后关闭 Session 这一系列的工作交给 HibernateTemplate 来完成，并通过声明式的配置来实现这些功能。

13.2.3 使用 HibernateCallback 回调接口

HibernateTemplate 中还提供了另一种操作数据库的方式，需要使用如下两个方法。

- Object execute(HibernateCallback action)；
- List executeFind(HibernateCallback action)。

这两个方法中都用到了 HibernateCallback 的实例。通过 HibernateCallback，开发人员可以使用 Hibernate 的操作方式来访问数据库。HibernateCallback 是一个接口，在这个接口中只包含一个方法 doInHibernate(org.hibernate.Session session)，且这个方法只有一个参数 session。通过实现 HibernateCallback 接口的 doInHibernate 方法来实现一系列的持久化操作，doInHibernate 的方法体是根据需要自己来编写的。

对 CustomDaoImpl 类的代码进行修改，在其中添加 execute 方法，代码如下。

```
public class CustomDaoImpl implements CustomDao {
     private SessionFactory sessionFactory;      //定义持久化操作所需要的 SessionFactory
     HibernateTemplate hibernatetemplate;        //定义一个 HibernateTemplate 对象
     //完成依赖注入 SessionFactory 所需的 setter 方法
     public void setSessionFactory(SessionFactory sessionFactory) {
this.sessionFactory = sessionFactory;
     }
     //获取 HibernateTemplate 实例
private HibernateTemplate getHibernateTemplate(){
          if(hibernatetemplate==null)
hibernatetemplate=new HibernateTemplate(sessionFactory);
          return hibernatetemplate;
}
//按照用户名查找 Custom
public List<Custom> findByName(final String name){
return (List<Custom>) getHibernateTemplate.execute(
```

```
            //创建匿名内部类
            new HibernateCallback() {
    public Object doInHibernate(Session session) throws HibernateException{
    //使用条件查询的方法返回
    List result = session.createCriteria(Custom.class)
    .add(Restrictions.like("name", name+"%") .list();
    return result;
    }
    })
        }
    }
```

上面的代码中实现了 HibernateCallback 的匿名内部类，并创建了该匿名内部类的实例。在方法 doInHibernate 中定义了 Spring 执行的持久化操作，此处实现了按姓名查找用户的功能。

由 doInHibernate 方法的实现可知，在方法 doInHibernate 内部可以访问 Session。换句话说，在该方法内部执行的持久化操作与不使用 Spring 时所进行的持久化操作完全相同，因此，即使对于复杂的持久化操作，仍然也可以使用已经熟悉的 Hibernate 的访问方式。

13.3　Spring 集成 Struts 2

由于 Spring MVC 的使用比较烦琐，而且大多数开发者对 Struts 更加熟悉，因此，很多项目开发人员更愿意选择使用 Spring 来整合 Struts 2 框架的开发方式。Spring 框架可以将 Struts 2 作为 Web 框架，无缝连接到基于 Spring 开发的业务层和持久层。

13.3.1　Spring 托管 Struts Action 处理器

Spring 和 Struts 2 的集成主要是通过配置，将 Struts 的 Action 交由 Spring 来托管。托管的方式仍然是使用 Spring 的依赖注入。

1. Spring 的上下文装载方式

Struts 2 主要通过在 web.xml 文件中装载 Spring 上下文。为了使 Spring 容器能够随着 Web 应用的启动而自动启动，可以利用下面两种配置方式来实现。

- 使用 ServletContextListener 配置。
- 使用 load-on-startup Servlet 配置。

（1）使用 ServletContextListener 配置

采用这种方法，实际上使用的是 ServletContextListener 的一个实现类 ContextLoaderListener 来完成配置的。ContextLoaderListener 类可以被作为一个监听器使用，使用它完成配置的代码如下。

```
<context-param>
    <!--参数名为 contextConfigLocation -->
    <param-name>contextConfigLocation</param-name>
    <!--指定配置文件 -->
    <param-value> /WEB-INF/abContext.xml </param-value>
</context-param>
<!--监听器-->
<listener>
```

```
<!--使用 ContextLoaderListener 初始化 Spring 容器-->
<listener-class>org.springframework.web.context.ContextLoaderListener</listener-class>
</listener>
```

- ContextLoaderListener 是由 Spring 提供的一个监听器类，它在创建时会自动查找位于 WEB-INF/路径下的 applicationContext.xml 文件。这样，当只有一个配置文件，且文件名为 applicationContext.xml 时，则只需在 web.xml 文件中配置 listener 元素即可创建 Spring 容器，最简配置的代码如下。

```
<listener>
    <listener-class>org.springframework.web.context.ContextLoaderListener</listene
r-class>
</listener>
```

- 使用 context-param 元素来指定配置文件的文件名。当 ContextLoaderListener 加载时，会自动查找名为 contextConfigLocation 的初始化参数，并使用该参数所指定的配置文件，此处为 abContext.xml 文件。如果未使用 contextConfigLocation 来指定配置文件，则 Spring 会自动查找 applicationContext.xml 文件。如果未找到任何合适的配置文件，则 Spring 将无法正常启动。
- context-param 元素中还可以指定多个配置文件的文件名，且多个配置文件之间使用“,”进行间隔，因此，如果有多个配置文件需要被装载，则只能使用 context-param 元素进行配置。装载多个配置文件的示例代码如下。

```
<context-param>
    <param-name>contextConfigLocation</param-name>  <!--参数名为 context ConfigLoca
tion -->
    <param-value> /WEB-INF/aContext.xml, /WEB-INF/bContext.xml</param-value><!--指定配
置文件 -->
</context-param>
```

（2）使用 load-on-startup Servlet 配置

Spring 中还提供了一个特殊的 Servlet 类——ContextLoaderServlet。ContextLoaderServlet 启动时会自动去查找位于 WEB-INF/路径下的 applicationContext.xml 文件。

将 ContextLoaderServlet 设置为 load-on-startup，这样可保证其随应用启动而启动，同时，load-on-startup 的值应设置得稍小些，这样 Spring 容器可更快地完成初始化。下面是使用 ContextLoaderServlet 类完成配置的代码。

```
<servlet>
    <!--配置 ContextLoaderServlet 类 -->
    <servlet-name>SpringContextServlet</servlet-name>
    <servlet-class>org.springframework.web.context.ContextLoaderServlet</servlet-class>
    <load-on-startup>1</load-on-startup>
</servlet>
```

需要注意的是，当使用 ContextLoaderServlet 配置时，它只会查找 WEB-INF/路径下的 applicationContext.xml 文件，因此，如果需要装载的 Spring 配置文件名称不是 applicationContext.xml，则只能使用第（1）种配置方式中的 context-param 元素来设置。如果有多个需要装载的 Spring 配置文件，则同样需要使用 context-param 元素来进行设置。

2. Spring 集成 Struts 2

Spring 集成 Struts 2 的目的是将 Struts 2 中 Action 的实例化工作交由 Spring 容器统一管理，同

时使得 Struts 2 中的 Action 实例能够访问 Spring 提供的业务逻辑组件资源，而 Spring 容器自身所具有的依赖注入的优势也可以被充分发挥出来。

由于 Struts 2 采用了基于插件的扩展机制，因此使得它与其他框架或组件的集成变得灵活、方便。Struts 2 与 Spring 集成时要用到 Spring 的插件包，这个包是随着 Struts 2 一起发布的。

Spring 插件提供的功能如下。

- 允许 Spring 创建 Action、Interceptror 和 Result。
- 使用 Struts 2 创建的对象可以由 Spring 完成装配。
- 针对未使用 Spring ObjectFactory 的情况，提供了两个拦截器来自动装配 Action。

Spring 集成 Struts 2 的基本步骤如下。

（1）将 Spring 框架所依赖的 JAR 包复制到 WEB-INF 的 lib 文件夹下。

（2）将以下 Struts 2 类包添加到类路径下，见 13.1.2 节。

其中，Struts 2-spring-plugin-2.3.24.1.jar 就是 Struts 2 提供的用于集成到 Spring 中的类包，它包含了一个 struts-plugin.xml 配置文件。

在 struts-plugin.xml 配置文件中定义了一个名为 spring 的 Bean，该 Bean 的实现类为 org.apache.Struts 2.spring.StrutsSpringObjectFactory。定义这个 Bean 的目的就是为方便将 Struts 2 中 Action 类的管理工作委托给 Spring 容器进行处理。换句话说，配置了 StrutsSpringObjectFactory 以后，Struts 2 的配置文件就可以直接引用 Spring 容器中的 Bean 了。

在继续下面的步骤以前，先对 struts-plugin.xml 配置文件做一个了解。struts-plugin.xml 配置文件的示例代码如下。

```
<struts>
<!--定义 Spring 的 ObjectFactory。
Bean 名称为 spring，实现类为 org.apache.Struts 2.spring.StrutsSpringObjectFactory -->
<bean type="com.opensymphony.xwork2.ObjectFactory" name="spring"
    class="org.apache.Struts 2.spring.StrutsSpringObjectFactory" />
<!--将 Struts 2 默认的 objectFactory 设置为 Spring 的 ObjectFactory-->
<constant name="struts.objectFactory" value="spring" />
<!--定义 spring-default 包-->
<package name="spring-default">
<!--配置拦截器列表-->
<interceptors>
    <interceptor name="autowiring"
    class="com.opensymphony.xwork2.spring.interceptor.ActionAutowiringInterceptor"/>
    <interceptor name="sessionAutowiring"
    class="org.apache.Struts 2.spring.interceptor.SessionContextAutowiringInterceptor"/>
</interceptors>
</package>
</struts>
```

- 代码中先定义了一个名为 spring 的 Bean，然后使用 Spring 的 ObjectFactory 覆盖 Struts 2 的常量 struts.objectFactory。其中，constant 元素中的 value 属性值“spring”与 Bean 配置中的 name 属性值“spring”是相对应的。
- 默认情况下，所有 Struts 2 框架创建的对象都是由 ObjectFactory 实例化的，ObjectFactory 提供了与其他 IoC 容器（如 Spring）的集成方法。要实现对 ObjectFactory 类的覆盖，就必须继承该类或它的子类，同时还要实现一个不带参数的构造方法。在上面的 struts-plugin.xml 配置文件中，使用了

org.apache.Struts 2.spring.StrutsSpringObjectFactory 类代替了 Struts 2 中默认使用的 ObjectFactory 类。

- 如果 Action 不是使用 Spring 提供的 ObjectFactory 创建的话，Struts 2-spring-plugin-2.3.24.1.jar 类包还提供了两个拦截器来自动装配 Action，这两个拦截器也在 struts-plugin.xml 文件中被配置。其他可选的装配策略有：type、auto 和 constructor，它们可以通过常量 struts.objectFactory.spring.autoWire 被进行设置。
- 如果不对插件做开发的话，则不需要改写 struts-plugin.xml 文件。

（3）编写 Struts 2 配置文件 struts.xml，在其中进行常量配置，以将 ObjectFactory 设置为 spring，代码如下。

```
<?xml version="1.0" encoding="UTF-8" ?>
<!DOCTYPE struts PUBLIC
   "-//Apache Software Foundation//DTD Struts Configuration 2.0//EN"
"http://struts.apache.org/dtds/struts-2.0.dtd">
<!--struts 根标签-->
<struts>
    <!--将 Struts 2 默认的 objectFactory 设置为 spring-->
    <constant name="struts.objectFactory" value="spring" />
    ……
</struts>
```

（4）配置 web.xml 文件，让 Web 应用启动时能够自动加载 Spring 容器。

```
<?xml version="1.0" encoding="UTF-8"?>
<web-app xmlns:xsi="http://www.w3.org/2001/XMLSchema-instance" xmlns="http://java.sun.
com/xml/ns/javaee" xmlns:web="http://java.sun.com/xml/ns/javaee/web-app_2_5.xsd" xsi:schema
Location="http://java.sun.com/xml/ns/javaee http://java.sun.com/xml/ns/javaee/web-app_3_0.xsd"
id="WebApp_ID" version="3.0">
<context-param>
    <param-name>contextConfigLocation</param-name>             <!--参数名为 context
ConfigLocation -->
    <param-value>/WEB-INF/applicationContext.xml</param-value><!--指定配置文件 -->
</context-param>
<!--使用 ContextLoaderListener 初始化 Spring 容器-->
<listener>
    <listener-class>org.springframework.web.context.ContextLoaderListener</listener
-class>
</listener>
<!--配置 Struts 2 的过滤器-->
<filter>
     <filter-name>Struts 2</filter-name>
     <!--指定 Filter 的实现类，此处使用的是 Struts 2 提供的拦截器类-->
     <filter-class>                                        org.apache.Struts
2.dispatcher.ng.filter.StrutsPrepareAndExecuteFilter </filter-class>
</filter>
<!--定义 Filter 所拦截的 URL 地址-->
<filter-mapping>
      <!--Filter 的名字，该名字必须是 filter 元素中已声明过的过滤器名字-->
      <filter-name>Struts 2</filter-name>
      <url-pattern>/*</url-pattern>                <!--定义 Filter 负责拦截的 URL 地址-->
</filter-mapping>
</web-app>
```

经过上述 4 个步骤，已经基本完成了 Struts 2 与 Spring 的集成，但对于 Spring 如何配置 Strut2 中的 Action，以及 Struts 如何引用在 Spring 中配置完的 Action 还需要通过实例来进行具体的说明。

13.3.2 Spring 集成 Struts 实例

下面通过创建一个 Web 项目来演示如何集成 struts 2 和 Spring。

（1）打开 Eclipse，选择 File|New|Project，然后选择 Dynamic Web Project，新建一个动态 Web 项目，项目名称为 StrutsSpring_Demo1。

（2）创建 HelloWorld 类，它是一个 Bean。后续配置成功后，Struts 将 Action 托管给这个 Bean 来处理。为简单起见，在其 execute()方法中仅返回 SUCCESS 字符串。Spring 使用设值注入来将 message 属性注入。

```
package com.integration.aciton;

public class HelloWorld{
    private String message; // message 属性

    // message 属性的 getter 和 setter 方法
    public String getMessage() {
        return message;
    }

    public void setMessage(String message) {
        this.message = message;
    }

    // execute()方法
    public String execute() {
        return "SUCCESS"; // 返回处理结果字符串
    }
}
```

（3）接下来在 WebContent\WEB-INF\节点中创建 Spring 的默认配置文件 applicationContext.xml，代码如下。

```
<?xml version="1.0" encoding="UTF-8"?>
<beans xmlns="http://www.springframework.org/schema/beans"
    xmlns:xsi="http://www.w3.org/2001/XMLSchema-instance"
    xsi:schemaLocation="http://www.springframework.org/schema/beans
http://www.springframework.org/schema/beans/spring-beans.xsd">
    <!--在 Spring 容器中注册 Bean -->
    <bean id="helloWorldBean" class="com.integration.aciton.HelloWorld">
        <!--设值注入，这里仅注入一个字符串常量 -->
        <property name="message" value="Hello, Spring and Struts 2 !" />
    </bean>
</beans>
```

在上面的配置文件中注册了一个 HelloWorld 类的实例，并且利用设值注入的方式将字符串的常量“Hello, Spring and Struts 2 !”注入到 Bean 的 message 属性中。注意该 Bean 的 id 属性，Struts 2 将通过它来引用 Spring 的 Bean。

（4）在 src 目录下创建 Struts 2 的配置文件 struts.xml，并在文件中配置所有 Struts 2 中的 Action。注意：配置 Action 时，其 class 属性不再使用类全名，而使用上一步在 Spring 配置文件中定义的相应的 Bean 实例名，此处为“helloWorld”Bean，代码如下。

```
<?xml version="1.0" encoding="UTF-8"?>
<!DOCTYPE struts PUBLIC
   "-//Apache Software Foundation//DTD Struts Configuration 2.0//EN"
"http://struts.apache.org/dtds/struts-2.0.dtd">
<!--struts 根标签 -->
<struts>
     <constant name="struts.objectFactory" value="spring" />
     <!--定义包 -->
     <package name="default" extends="struts-default">
          <!--配置 Action -->
          <action name="hello" class="helloWorldBean">   <!-- class 值为 Spring 中定义的 Bean 的 id -->
               <result name="SUCCESS">/success.jsp</result>     <!--返回 success.jsp -->
          </action>
     </package>
</struts>
```

在仅使用 Struts 2 的情况下，上面的代码中加粗的部分应该是指定 Action 的实现类，通过 class 属性来配置，但这里“helloWorldBean”并不是一个类名，它正是 Spring 容器中 Bean 的名称。通过这种配置方式，Struts 2 就和 Spring 集成在一起了。

（5）编写 web.xml 文件，使用 ContextLoaderListener 初始化 Spring 容器，代码如下。

```
<?xml version="1.0" encoding="UTF-8"?>
<web-app xmlns:xsi="http://www.w3.org/2001/XMLSchema-instance"
     xmlns="http://java.sun.com/xml/ns/javaee"
xmlns:web="http://java.sun.com/xml/ns/javaee"
     xsi:schemaLocation="http://java.sun.com/xml/ns/javaee
http://java.sun.com/xml/ns/javaee/web-app_3_0.xsd"
     id="WebApp_ID" version="3.0">
     <display-name>StrutsSpring_Demo1</display-name>
     <filter>
          <filter-name>Struts 2</filter-name>
          <filter-class>
               org.apache.Struts  2.dispatcher.ng.filter.StrutsPrepareAndExecute
Filter
          </filter-class>
     </filter>
     <listener>
          <listener-class>org.springframework.web.context.ContextLoaderListener
          </listener-class>
     </listener>
     <filter-mapping>
          <filter-name>Struts 2</filter-name>
          <url-pattern>/*</url-pattern>
     </filter-mapping>
     <welcome-file-list>
         <welcome-file>welcome.jsp</welcome-file>
     </welcome-file-list>
</web-app>
```

（6）在 WebContent 目录下创建前端页面 success.jsp 文件和 welcome.jsp 文件，调用 execute() 方法后会返回 success.jsp 页面。

success.jsp 的代码如下。

```
<%@ page language="java" contentType="text/html; charset=UTF-8"
    pageEncoding="UTF-8"%>
<!DOCTYPE html PUBLIC "-//W3C//DTD HTML 4.01 Transitional//EN" "http://www.w3.org/TR/html4/loose.dtd">
<html>
<head>
<meta http-equiv="Content-Type" content="text/html; charset=ISO-8859-1">
<title>Hello, World!</title>
</head>
<body>
<h1>${message}</h1>
</body>
</html>
```

welcome.jsp 的代码如下。

```
<%@ page language="java" contentType="text/html; charset=UTF-8"
    pageEncoding="UTF-8"%>
<%@ taglib prefix="s" uri="/struts-tags"%>
<!DOCTYPE html PUBLIC "-//W3C//DTD HTML 4.01 Transitional//EN" "http://www.w3.org/TR/html4/loose.dtd">
<html>
<head>
<title>welcome</title>
</head>
<body>
    <h1><s:a href="hello">hello</s:a></h1>
</body>
</html>
```

（7）运行程序，单击 welcome.jsp 页中的超链接 hello，结果如图 13.2 所示。

图 13.2　运行结果

总结：该示例虽然简单，但是它反映了 Struts 2 与 Spring 集成的全过程。下面再通过一个示例来加深对 Struts 2 与 Spring 集成方式的理解。

（1）在 Eclipse 中新建一个动态 Web 项目，项目名称为 StrutsSpring_Demo2。为了解后续各文件创建的目录，先看一下整个项目完成以后的结构，如图 13.3 所示。

（2）新建包 com.integration.bean，并在其中新建一个 ICustom 接口，然后再在该接口中定义一个 printCustom 方法，代码如下。

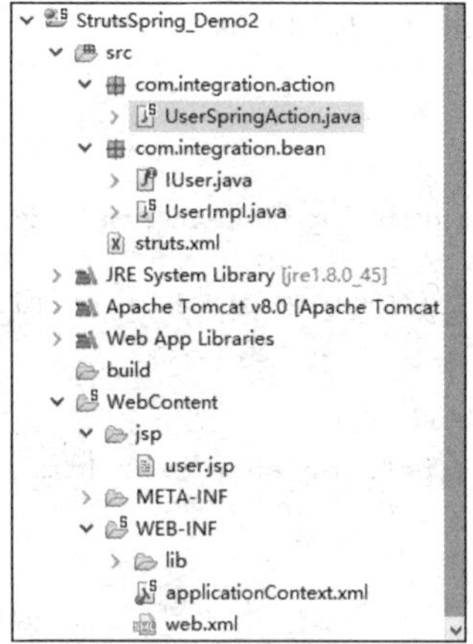

图 13.3 项目结构

```
package com.integration.bean;

public interface ICustom {
    // 声明一个 printCustom 方法
    public void printCustom();
}
```

（3）新建一个 Custom 接口的实现类 CustomImpl，用于显示接口被调用的时间，代码如下。

```
package com.integration.bean;

import java.text.SimpleDateFormat;
import java.util.Date;

public class CustomImpl implements ICustom {

     @Override
     public void printCustom() {
          //在控制台打印系统运行时的日期
          SimpleDateFormat date = new SimpleDateFormat("yyyy-MM-dd hh:mm:ss");//设置
日期格式
                  System.out.println("该用户于"+date.format(new Date())+"登录本系统。");
     }
}
```

（4）定义 CustomSpringAction 类。它是一个 Action，在其 execute()方法中调用 CustomImpl 的实例方法，然后返回“success”字符串，最后使用 Spring 的设值注入来设置其 Custom 的属性值，代码如下。

```
package com.integration.action;

import com.integration.bean.CustomImpl;

public class CustomSpringAction {
    // 定义对象
    CustomImpl Custom;

    // setter 和 getter
```

```
        public CustomImpl getCustom() {
            return Custom;
        }

        public void setCustom(CustomImpl Custom) {
            this.Custom = Custom;
        }
        //execute 方法
            public String execute() throws Exception {
                Custom.printCustom();
                return "success";
            }
    }
```

（5）在 Spring 配置文件 applicationContext.xml 中注册所有 Bean。注意两个 Bean 之间的注入和被注入关系，代码如下。

```
    <?xml version="1.0" encoding="UTF-8"?>
    <beans xmlns="http://www.springframework.org/schema/beans"
        xmlns:xsi="http://www.w3.org/2001/XMLSchema-instance"
        xsi:schemaLocation="http://www.springframework.org/schema/beans    http://www.
springframework.org/schema/beans/spring-beans.xsd">

        <!--注册一个 Custom，实例名称为 CustomBean -->
        <bean id="CustomBean" class="com.integration.bean.CustomImpl" />

        <!--注册一个 CustomSpringAction，实例名称为 CustomSpringAction -->
        <bean id="CustomSpringAction" class="com.integration.action.CustomSpringActi on">

        <!--将 CustomBean 实例注入 CustomSpringAction 实例的 Custom 属性 -->
            <property name="Custom" ref="CustomBean" />
        </bean>
    </beans>
```

（6）在 Struts 2 的配置文件 struts.xml 中配置 Action，代码如下。

```
    <?xml version="1.0" encoding="UTF-8" ?>
    <!DOCTYPE struts PUBLIC "-//Apache Software Foundation//DTD Struts Configuration
2.1//EN" "http://struts.apache.org/dtds/struts-2.1.dtd">
    <!--struts 根标签 -->
    <struts>
        <constant name="struts.devMode" value="true" />          <!--打开开发模式 -->
        <constant name="struts.objectFactory" value="spring" /> <!--引入 spring 框架 -->
        <!--定义包 -->
        <package name="default" namespace="/" extends="struts-default">
            <!--托管的 CustomSpringAction，class 为 Spring 中的 Bean 名称 -->
            <action name="Customaction" class="CustomSpringAction">
                <result name="success">jsp/Custom.jsp</result>
            </action>
        </package>
    </struts>
```

（7）编写 web.xml 文件，并使用 ContextLoaderListener 初始化 Spring 容器，代码如下。

```
    <?xml version="1.0" encoding="UTF-8"?>
    <web-app xmlns:xsi="http://www.w3.org/2001/XMLSchema-instance"
```

```
        xmlns="http://java.sun.com/xml/ns/javaee"
xmlns:web="http://java.sun.com/xml/ns/javaee/web-app_2_5.xsd"
        xsi:schemaLocation="http://java.sun.com/xml/ns/javaee
http://java.sun.com/xml/ns/javaee/web-app_3_0.xsd"
        id="WebApp_ID" version="3.0">

        <!--使用 ContextLoaderListener 初始化 Spring 容器 -->
        <display-name>StrutsSpringDemo2</display-name>

        <!--配置 Struts 2 的过滤器 -->
        <filter>
              <filter-name>Struts 2</filter-name>
              <!--指定 Filter 的实现类，此处使用的是 Struts 2 提供的拦截器类 -->
              <filter-class>
                    org.apache.Struts   2.dispatcher.ng.filter.StrutsPrepareAndExecute
Filter</filter-class>
        </filter>

        <!--定义 Filter 所拦截的 URL 地址 -->
        <filter-mapping>
              <filter-name>Struts 2</filter-name><!--Filter 名，该名字必须是 filter 元素中已
声明过的过滤器名字 -->
              <url-pattern>/*</url-pattern>        <!--定义 Filter 负责拦截的 URL 地址 -->
        </filter-mapping>

        <!-- 定义起始页 -->

        <!--使用 ContextLoaderListener 初始化 Spring 容器 -->
        <listener>
        <listener-class>org.springframework.web.context.ContextLoaderListener</listene
r-class>
        </listener>
    </web-app>
```

（8）编写 Custom.jsp 文件。Custom.jsp 的代码如下。

```
    <%@ page language="java" contentType="text/html; charset=utf-8"
        pageEncoding="utf-8"%>
    <%@ taglib prefix="s" uri="/struts-tags"%>
    <!DOCTYPE html PUBLIC "-//W3C//DTD HTML 4.01 Transitional//EN" "http://www.w3.org/TR/
html4/loose.dtd">
    <html>
    <head>
    <meta http-equiv="Content-Type" content="text/html; charset=utf-8">
    <title>Custom Page</title>
    </head>
    <body>
        <h1>Struts Spring integration demo</h1>
        <s:property value="Custom" />
    </body>
    </html>
```

（9）运行项目，结果如图 13.4 左边所示，同时在控制台上会打印出字符串，如图 13.4 右边所示。

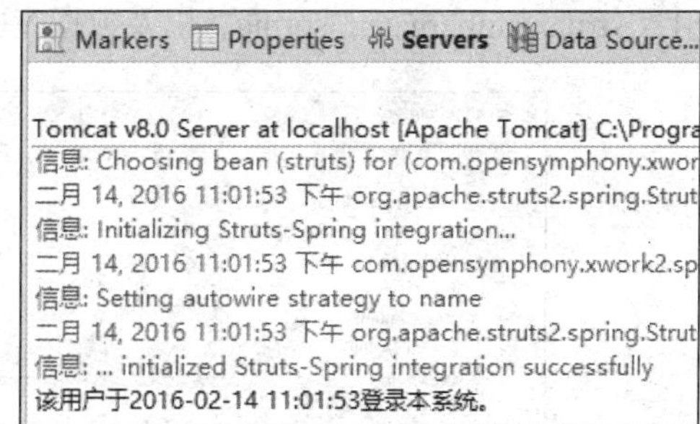

图 13.4　运行结果

注意：由于这次没有在 web.xml 中用<welcome-file>指定默认视图文件，因此运行时需要在 url 中指明 Action 名称才能访问，否则会出现错误提示。

13.4　客户管理系统

本节将整合 Struts 2 框架、Hibernate 4 框架，以及 Spring 4 框架来开发一个客户管理系统。需要实现 4 个功能，分别是：客户的添加、客户的删除、客户信息的更新，以及查询指定客户信息。

系统结构可划分为如下 6 层。

（1）表现层：由多个 JSP 页面组成。

（2）MVC 层：使用 Struts 2 框架技术。

（3）业务逻辑层：由业务逻辑组件构成。

（4）DAO 层：由 DAO 组件构成。

（5）Hibernate 持久层：使用 Hibernate 4 框架。

（6）数据库层：使用 MySQL 数据库来存储系统数据。

下面来分层介绍客户管理系统的详细开发过程。

13.4.1　数据库层实现

客户管理系统只负责维护客户信息，因此在该系统中涉及到的表只有一张客户表。使用 MySql workbench 工具在 ssh_demo 数据库中建立一张 custom 表，其包含的字段共有 5 个，分别是客户标识、客户名、密码、电话和邮箱，具体字段名及类型如表 13.1 所示。

表 13.1　　custom 表结构

字段名	字段含义	数据类型	是否主键
id	客户标识	int	是
name	客户姓名	varchar(45)	否
Password	客户密码	varchar(45)	否
mobile	客户电话	varchar(45)	否
Email	客户邮箱	varchar(45)	否

表建完后，在 Eclipse 中新建一个动态 Java 项目，命名为 ssh_demo_custom，然后在 lib 目录中引入 struts、hibernate、spring，以及数据库驱动等其他依赖包，如图 13.5 所示。

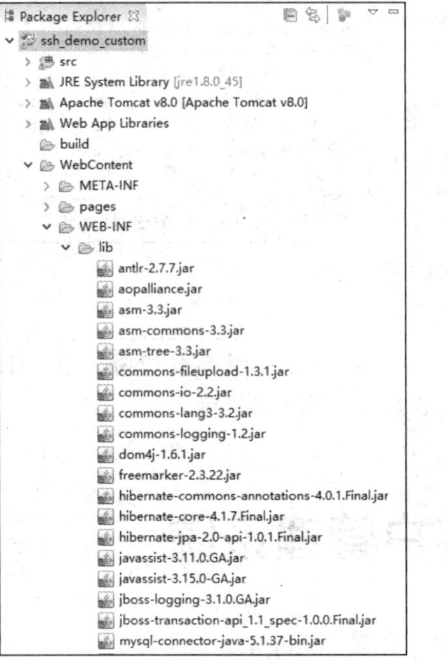

图 13.5　项目所需的所有依赖包

本例使用的主要是 Struts 2.3.24+Spring4.2.4+Hibernate4.1.7，读者也可自行选择所需的版本。

13.4.2　Hibernate 持久层设计

Hibernate 持久层设计包含两部分内容：一是定义系统中用到的持久化类，二是编写各个持久化类对应的映射文件。

1. 创建持久化类

创建 Custom 类，该类中包含 4 个属性，分别与数据库中 custom 表的 4 个字段相对应。

Custom.java 类的代码如下。

```
package com.ssh.entity;

public class Custom {
    private int cid;
    private String name;
    private String mobile;
    private String email;
    private String password;

    public String getName() {
        return name;
    }

    public void setName(String name) {
        this.name = name;
    }
```

```
    public String getMobile() {
        return mobile;
    }

    public void setMobile(String mobile) {
        this.mobile = mobile;
    }

    public String getEmail() {
        return email;
    }

    public void setEmail(String email) {
        this.email = email;
    }

    public String getPassword() {
        return password;
    }

    public void setPassword(String password) {
        this.password = password;
    }

    public int getCid() {
        return cid;
    }

    public void setCid(int cid) {
        this.cid = cid;
    }

}
```

2. 创建映射文件

映射文件被用来映射持久化类和数据表。Custom 类的映射文件为 Custom.hbm.xml。该映射文件可手动编辑，也可以使用 Hibernate 工具创建，代码如下。

```
<?xml version="1.0"?>
<!DOCTYPE hibernate-mapping PUBLIC "-//Hibernate/Hibernate Mapping DTD 3.0//EN"
"http://hibernate.sourceforge.net/hibernate-mapping-3.0.dtd">
<!-- Generated 2016-2-16 14:54:42 by Hibernate Tools 3.5.0.Final -->
<hibernate-mapping>
   <class name="com.ssh.entity.Custom" table="CUSTOM">
      <id name="cid" type="int"><!--注意此处 cid 和数据表字段 id 的对应-->
         <column name="ID" />
         <generator class="assigned" />
      </id>
      <property name="name" type="java.lang.String">
         <column name="NAME" />
      </property>
      <property name="password" type="java.lang.String">
         <column name="PASSWORD" />
      </property>
      <property name="mobile" type="java.lang.String">
```

```
            <column name="MOBILE" />
        </property>
        <property name="email" type="java.lang.String">
            <column name="EMAIL" />
        </property>
    </class>
</hibernate-mapping>
```

13.4.3 DAO 层设计

DAO 层设计主要包含：SesssionFactory 的配置、DAO 接口的创建，以及 DAO 接口的实现类。由于与 Spring 框架进行了整合，因此 Hibernate 中的 SessionFactory 可交由 Spring 进行管理。

1. Spring 管理 SessionFactory

新建 applicationContext.xml 文件，在该文件中定义数据源，并完成对 SessionFactory 的配置和管理，代码如下。

```
<?xml version="1.0" encoding="UTF-8"?>
<beans xmlns="http://www.springframework.org/schema/beans"
    xmlns:xsi="http://www.w3.org/2001/XMLSchema-instance"
    xsi:schemaLocation="http://www.springframework.org/schema/beans
http://www.springframework.org/schema/beans/spring-beans.xsd">

    <!--在 Spring 容器中注册所有的 Bean -->

    <!-- 配置 SessionFactory -->
    <bean id="sessionFactory"
        class="org.springframework.orm.hibernate4.LocalSessionFactoryBean">
        <property name="dataSource">
            <ref bean="dataSource" />
        </property>
        <!-- 配置 Hibernate 的属性 -->
        <property name="hibernateProperties">
            <props>
                <!-- 配置数据库方言 -->
                <prop  key="hibernate.dialect">org.hibernate.dialect.MySQLDialect
</prop>
                <!--输出运行时生成的 SQL 语句 -->
                <prop key="hibernate.show_sql">true</prop>
            </props>
        </property>
        <!-- 指定 HIbernate 映射文件的路径 -->
        <property name="mappingResources">
            <list>
                <value>com/ssh/entity/Custom.hbm.xml</value>
            </list>
        </property>
    </bean>

    <!-- 配置 dataSource -->
    <bean id="dataSource"
        class="org.springframework.jdbc.datasource.DriverManagerDataSource">
        <!-- 配置数据库 JDBC 驱动 -->
```

```
        <property name="driverClassName">
            <value>com.mysql.jdbc.Driver</value>
        </property>
        <!-- 配置数据库连接 URL -->
        <property name="url" value="jdbc:mysql://localhost:3306/ssh_demo"></propert y>
        <!-- 配置数据库用户名 -->
        <property name="Customname">
            <value>root</value>
        </property>
        <!-- 配置数据库密码 -->
        <property name="password">
            <value>root</value>
        </property>
    </bean>

    <bean id="customDAO" class="com.ssh.dao.CustomDAOImpl">
        <property name="sessionFactory" ref="sessionFactory"></property>
    </bean>
<!--其他 bean 的配置将逐渐添加，见后文 -->
</beans>
```

2. 创建 DAO 接口

创建 CustomDAO 接口，在该接口中定义了 6 个方法，可以实现添加客户、删除客户、更新客户、查找全部客户、按客户名及按 ID 来查询相应客户的操作，代码如下。

```
package com.ssh.dao;

import java.util.List;
import com.ssh.entity.Custom;

public interface CustomDAO {

    public void save(Custom custom); // 添加客户
    public List<Custom> getCustom(String name);// 按客户名查找客户
    public void delete(int id);// 删除客户
    public void update(Custom Custom); // 更新客户
    public Custom findById(int id);// 按 id 查找客户
    public List<Custom> findAll();// 查找全部客户
}
```

3. 创建 DAO 实现类

定义 CustomDAOImpl 类，该类实现了 CustomDAO 接口，代码如下。

```
package com.ssh.dao;

import java.util.List;

import org.hibernate.FlushMode;
import org.hibernate.SessionFactory;
import org.springframework.orm.hibernate4.HibernateTemplate;
import com.ssh.entity.Custom;

public class CustomDAOImpl implements CustomDAO {
```

```
    private SessionFactory sessionFactory;
    private HibernateTemplate ht;

    public SessionFactory getSessionFactory() {
        return sessionFactory;
    }

    // 为注入 sessionFactory Bean 准备的 setter 方法
    public void setSessionFactory(SessionFactory sessionFactory) {
        this.sessionFactory = sessionFactory;
    }

    public HibernateTemplate getHt() {
        if (ht == null)
            ht = new HibernateTemplate(sessionFactory);
        return ht;
    }

    public void setHt(HibernateTemplate ht) {
        this.ht = ht;
    }

    // 添加客户
    public void save(Custom custom) {
        ht.getSessionFactory().getCurrentSession().setFlushMode(FlushMode.AUTO);
        getHt().save(custom);
        getHt().flush();
    }

    // 按客户名查找客户
    @SuppressWarnings("unchecked")
    public List<Custom> getCustom(String name) {
        String hsql = "from Custom where name='" + name + "'";
        List<Custom> result = (List<Custom>) getHt().find(hsql);
        return result;
    }

    // 删除客户
    public void delete(int id) {
        ht.getSessionFactory().getCurrentSession().setFlushMode(FlushMode.AUTO);
        getHt().delete(findById(id));
        getHt().flush();
    }

    // 更新客户
    public void update(Custom custom) {
        ht.getSessionFactory().getCurrentSession().setFlushMode(FlushMode.AUTO);
        getHt().merge(custom);
        getHt().flush();
    }

    // 按 id 查找客户
    public Custom findById(int id) {
        Custom custom = (Custom) getHt().get(Custom.class, new Integer(id));
```

```
        return custom;
    }

    // 查找全部客户
    @SuppressWarnings("unchecked")
    public List<Custom> findAll() {
        String queryString = "from Custom";
        List<Custom> list = (List<Custom>) getHt().find(queryString);
        return list;
    }
}
```

13.4.4　业务逻辑层设计

业务逻辑层的设计包含两部分：一是创建业务逻辑组件接口，二是创建业务逻辑组件的实现类。

1. 创建业务逻辑组件接口

创建 CustomService 接口，在该接口中定义了添加客户、删除客户、更新客户、按客户名查找客户、按 id 查找客户和查找全部客户 6 个方法，代码如下。

```
package com.ssh.service;

import java.util.List;
import com.ssh.entity.Custom;
public interface CustomService {
    void saveCustom(Custom custom);                    // 添加客户
    List<Custom> findCustomByName(String name);        // 按客户名查找客户
    void deleteCustom(int id);                         // 删除客户
    void updateCustom(Custom custom);                  // 更新客户
    Custom findCustomById(int id);                     // 按 id 查找客户
    List<Custom> findAll();                            // 查找全部客户
}
```

2. 创建业务逻辑组件实现类

创建 CustomServiceImpl 类，该类实现了 CustomService 接口。CustomServiceImpl 类中通过调用 DAO 组件来实现业务逻辑操作，代码如下。

```
package com.ssh.service;

import java.io.Serializable;
import java.util.List;

import com.ssh.dao.CustomDAO;
import com.ssh.entity.Custom;

public class CustomServiceImpl implements CustomService {

    private CustomDAO customDAO;

    public CustomDAO getCustomDAO() {
        return customDAO;
    }
```

```
    // 提供 CustomDAO 的注入通道
    public void setCustomDAO(CustomDAO customDAO) {
        this.customDAO = customDAO;
    }

    @Override
    public void saveCustom(Custom custom) {
        if(customDAO.findById(custom.getCid())==null)
            customDAO.save(custom);            //调用 DAO 对象保存
    }

    @Override
    public List<Custom> findCustomByName(String name) {
        return customDAO.getCustom(name);       //调用 DAO 组件查询
    }

    @Override
    public void deleteCustom(int id) {
        if(customDAO.findById(id)!=null)
            customDAO.delete(id);              //调用 DAO 组件删除
    }

    @Override
    public void updateCustom(Custom custom) {
        if(customDAO.findById(custom.getCid())!=null)
            customDAO.update(custom);          //调用 DAO 组件更新
    }

    @Override
    public Custom findCustomById(int id) {
        return customDAO.findById(id);          //调用 DAO 组件查询
    }

    @Override
    public List<Custom> findAll() {
        return customDAO.findAll();             //调用 DAO 组件查询
    }
}
```

在 Spring 配置文件 applicationContext.xml 中添加 Bean 的配置，代码如下。

```
    <bean id="customService" class="com.ssh.service.CustomServiceImpl">
        <property name="customDAO" ref="customDAO"></property>  <!--注入 DAO 组件
-->
    </bean>
```

13.4.5 完成客户登录设计

该部分包含：客户登录 Action 的设计和客户登录页面的设计，当然 web.xml 文件的配置也必不可少。

1. 整合 Struts 2 和 Spring

之前已为项目添加了 Spring 所需要的 JAR 文件，现在只需要修改 web.xml 文件即可。通过 Listener 的配置，Web 应用启动时能够自动查找位于 WEB-INF 下的 applicationContext.xml 文件，并根据该文件创建 Spring 容器。web.xml 文件的代码如下。

```
    <?xml version="1.0" encoding="UTF-8"?>
    <web-app xmlns:xsi="http://www.w3.org/2001/XMLSchema-instance"
        xmlns="http://xmlns.jcp.org/xml/ns/javaee"
        xsi:schemaLocation="http://xmlns.jcp.org/xml/ns/javaee
http://xmlns.jcp.org/xml/ns/javaee/web-app_3_1.xsd"
        id="WebApp_ID" version="3.1">
        <display-name>custom management</display-name>
        <welcome-file-list>
            <welcome-file>login.jsp</welcome-file>
        </welcome-file-list>

        <filter>
            <filter-name>hibernateOpenSessionInViewFilter</filter-name>
            <filter-class>org.springframework.orm.hibernate4.support.OpenSessionInView
Filter</filter-class>
            <init-param>
                <param-name>flushMode</param-name>
                <param-value>AUTO</param-value>
            </init-param>
        </filter>
        <filter-mapping>
            <filter-name>hibernateOpenSessionInViewFilter</filter-name>
            <url-pattern>/*</url-pattern>
        </filter-mapping>

        <filter>
            <filter-name>Struts 2</filter-name>              <!--定义核心 Filter 名称 -->
            <filter-class>                                <!--定义核心 Filter 的实现类 -->
                org.apache.Struts
2.dispatcher.ng.filter.StrutsPrepareAndExecuteFilter
            </filter-class>
        </filter>
        <filter-mapping>
            <filter-name>Struts 2</filter-name>       <!--核心 Filter 名称 -->
            <url-pattern>/*</url-pattern>             <!--配置路径 -->
        </filter-mapping>
        <!--配置 Listener -->
        <listener>
            <listener-class>org.springframework.web.context.ContextLoaderListener
</listener- class>
        </listener>
    </web-app>
```

2. 创建客户登录 Action

创建客户登录 Action，名称为 LoginAction。该 Action 负责检查客户信息，如果数据库中存在该客户信息，则允许登录，返回成功页面，否则登录失败，代码如下。

```
    package com.ssh.action;

    import java.util.Iterator;
    import java.util.List;

    import com.ssh.entity.Custom;
```

```
import com.ssh.service.CustomService;

public class LoginAction {
     private String name;                      // 客户名
     private String password;                  // 电话

     private CustomService customService;   // 定义业务逻辑组件

     public String execute() {                 // execute()方法
          List<Custom> list = (List<Custom>) customService.findCustomByName(name);
          Iterator<Custom> it = list.iterator();
          while (it.hasNext()) {
               Custom custom=it.next();
               if (name.trim().equals(custom.getName()) && password.trim().equals
(custom.getPassword()))
                    return "success";
          }
          return "failure";
     }

     // 以下是 setter 和 getter
     public CustomService getCustomService() {
          return customService;
     }

     public void setCustomService(CustomService customService) {// 为注入做准备
          this.customService = customService;
     }

     public String getName() {
          return name;
     }

     public void setName(String name) {
          this.name = name;
     }

     public String getPassword() {
          return password;
     }

     public void setPassword(String password) {
          this.password = password;
     }
}
```

3. 客户登录页面

在 WebContext 节点下创建客户登录页面 login.jsp。其中包含一个表单，代码如下。

```
<%@ page language="java" import="java.util.* " pageEncoding="utf-8"%>
<%@ taglib prefix="s" uri="/struts-tags"%>
<!DOCTYPE HTML PUBLIC "-//W3C//DTD HTML 4.01 Transitional//EN">
<html>
<head>
<title>客户登录</title>
```

```
</head>
<body>
    <center>
        <s:form action="login" method="post">
            <!--定义表单-->
            <s:textfield name="name" label="姓名"></s:textfield>
            <!--定义文本域-->
            <s:password name="password" label="密码"></s:password>
            <!--定义密码输入框-->
            <s:submit value="提交"></s:submit>
            <!--定义提交按钮-->
        </s:form>
        </center>
</body>
</html>
```

4. 配置控制器

在 applicationContext.xml 中配置控制器 LoginAction，并注入业务逻辑组件，代码如下。

```
<!--创建 loginAction 实例 -->
    <bean id="loginAction" class="com.ssh.action.LoginAction">
        <property  name="customService"  ref="customService"></property><!-- 注 入
Service 组件 -->
    </bean>
```

在 scr 节点创建 struts.xml 文件，并在 struts.xml 文件中配置 LoginAction，然后定义处理结果与视图资源的关系，代码如下。

```
<?xml version="1.0" encoding="UTF-8" ?>
<!DOCTYPE struts PUBLIC "-//Apache Software Foundation//DTD Struts Configuration
2.1//EN" "http://struts.apache.org/dtds/struts-2.1.dtd">
<!--struts 根标签 -->
<struts>
    <constant name="struts.devMode" value="true" />      <!--打开开发模式 -->
    <constant name="struts.objectFactory" value="spring" /> <!--引入 spring 框架 -->
    <!--定义包 -->
    <package name="default" namespace="/" extends="struts-default">
        <action name="login" class="loginAction">
            <!--配置处理结果与视图资源的关系 -->
            <result name="success" type="redirect">query</result>
            <result name="failure">/error.jsp</result>
        </action>
</package>
</struts>
```

5. 测试客户登录

运行项目，出现客户登录页面，如图 13.6 所示。

图 13.6　客户登录页面

在客户登录页面中输入客户名和密码并单击提交，如果当前数据库中存在该客户的信息，则登录成功，页面跳转到 query 视图，否则会打开 error.jsp 页面，提示新客户进行注册。error.jsp 的代码如下。

```
<%@ page language="java" import="java.util.*" pageEncoding="utf-8"%>
<%@ taglib prefix="s" uri="/struts-tags"%>
<!DOCTYPE HTML PUBLIC "-//W3C//DTD HTML 4.01 Transitional//EN">
<html>
    <head>
        <title>客户登录</title>                                    <!--定义页面标题-->
    </head>
    <body>
        出错了，请<s:a href="pages/add.jsp">注册</s:a>或返回。
    </body>
</html>
```

13.4.6　查询所有客户信息

该部分包含两个主要的文件：一个是查询客户信息控制器 QueryAction.java，另一个就是显示全部客户信息的页面 query.jsp。

1. 查询客户信息控制器

新建控制器类 QueryAction。它负责获取当前 Custom 表中所有的客户信息，并将所有客户存储在 request 中，代码如下。

```
package com.ssh.action;

import java.util.List;

import org.apache.Struts 2.ServletActionContext;

import com.ssh.entity.Custom;
import com.ssh.service.CustomService;

public class QueryAction {
     private CustomService customService;          //业务逻辑组件
                                                   //设置业务逻辑组件,为注入做准备
     public void setCustomService(CustomService customService) {
         this.customService = customService;
     }
     public String execute(){
               List<Custom> list=customService.findAll();          //获取当前所有客户
                                                   //将所有客户存放在 request 范围内
               ServletActionContext.getRequest().setAttribute("customlist", list);
               return "success";
     }
}
```

2. 创建显示全部客户信息的页面

创建 pages 目录，并在该目录下创建 query.jsp 页面，这样就可以在该视图中显示全部客户的详细信息，代码如下：

```
<%@ page language="java" import="java.util.*" pageEncoding="UTF-8"%>
<%@ taglib prefix="s" uri="/struts-tags"%>
```

```
<!DOCTYPE HTML PUBLIC "-//W3C//DTD HTML 4.01 Transitional//EN">
<html>
<head>
<title>显示客户信息</title>
</head>
<body>
    <center>
        <!--对包含的内容进行居中处理-->
        <h1>客户信息</h1>
        <table border="1" width="600">
            <!--定义表格-->
            <tr>
                <!--定义表格行-->
                <th>客户 ID</th>
                <!--定义表头单元格-->
                <th>客户名</th>
                <th>客户电话</th>
                <th>客户邮箱</th>
                <th>是否删除</th>
                <th>是否修改</th>
            </tr>
            <s:iterator value="#request.customlist" id="st">
                <!--对集合元素迭代-->
                <tr>
                    <td align="center"><s:property value="#st.cid" /></td>
                    <!--定义单元格-->
                    <td align="center"><s:property value="#st.name" /></td>
                    <td align="center"><s:property value="#st.mobile" /></td>
                    <td align="center"><s:property value="#st.email" /></td>
                    <td><a
                        href="delete.action?cid=<s:property value='#st.cid'/>">删
除</a></td>
                    <!--定义超链接-->
                    <td><a href="update.jsp?cid=<s:property value='#st.cid'/>">更
新</a></td>
                </tr>
            </s:iterator>
        </table>
        <br> <s:a href="pages/add.jsp">添加客户</s:a>
        <!--定义超链接-->
    </center>
</body>
</html>
```

3. 配置控制器

在 applicationContext.xml 中配置控制器 QueryAction，并注入业务逻辑组件，代码如下。

```
<!--创建 queryAction 实例 -->
    <bean id="queryAction" class="com.ssh.action.QueryAction">
        <property name="customService" ref="customService"></property>
    </bean>
```

在 struts.xml 文件中配置 CustomQueryAction，并定义处理结果与视图资源的关系，代码如下。

```
        <action name="query" class="queryAction"><!-- 通过 class 关联 bean 的 id，将 action
托管给 spring -->
            <result name="success">/pages/query.jsp</result>     <!--配置处理结果与视图资
源的关系 -->
        </action>
```

4. **测试显示客户信息页面**

运行服务器，在 Eclipse 内置浏览器中输入 http://localhost:8080/ssh_demo_custom/query，显示页面如图 13.7 所示。

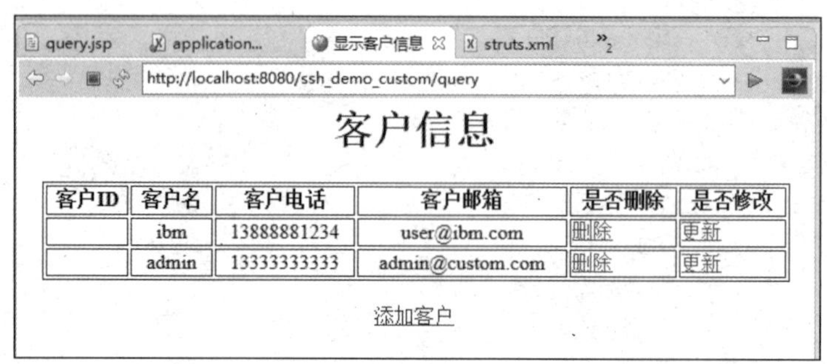

图 13.7　客户信息页面

13.4.7　添加客户信息

该部分包含两个主要的文件：一个是添加客户信息控制器 AddAction.java，另一个就是添加客户页面 add.jsp。

1. **添加客户信息控制器**

新建控制器 AddAction。它负责接收所提交的客户信息并保存，代码如下。

```
package com.ssh.action;

import com.ssh.entity.Custom;
import com.ssh.service.CustomService;

public class AddAction {
    private CustomService customService;    // 业务逻辑组件
                                            // 设置业务逻辑组件

    public void setCustomService(CustomService customService) {
        this.customService = customService;
    }

    private Custom newcustom;               // 新用户

    public Custom getNewcustom() {
        return newcustom;
    }

    public void setNewcustom(Custom newcustom) {
        this.newcustom = newcustom;
```

```
    }

    public CustomService getCustomService() {
        return customService;
    }

    public String execute() {
                                        // 将接收到的参数设置到 Custom 实例 custom 中
        Custom custom=new Custom();
        custom.setName(newcustom.getName());
        custom.setPassword(newcustom.getPassword());
        custom.setMobile(newcustom.getMobile());
        custom.setEmail(newcustom.getEmail());
        customService.saveCustom(custom);  // 保存接收到的参数到数据库中
        return "SUCCESS";
    }
}
```

2. 创建添加客户页面

在 pages 目录下新建添加客户页面 add.jsp。页面中包含一个表单，用来输入客户信息，代码如下。

```
<%@ page language="java" import="java.util.*" pageEncoding="UTF-8"%>
<%@ taglib prefix="s" uri="/struts-tags"%>
<!DOCTYPE HTML PUBLIC "-//W3C//DTD HTML 4.01 Transitional//EN">
<html>
<head>
<title>添加客户</title>
<!--定义页面标题-->
</head>
<body>
    <center>
        <s:form action="add" method="post">
            <!--发送给名为 add 的 action-->
            <!--定义表单-->
            <tr>
                <td colspan="2" align="center">
                    <h1>
                        <s:text name="欢迎注册" />
                    </h1> <br /> <s:property value="exception.message" />
                </td>
            </tr>
            <s:textfield name="newcustom.name" label="姓名" required="true"> </s:textfield>
            <s:password name="newcustom.password" label="密码" required="true"> </s:password>
            <s:textfield name="newcustom.mobile" label="电话" required="true"> </s:textfield>
            <s:textfield name="newcustom.email" label="邮箱"></s:textfield>
            <s:submit value="提交">
                <!--提交按钮-->
            </s:submit>
        </s:form>
    </center>
</body>
</html>
```

3. 配置控制器

在 applicationContext.xml 中配置控制器 addAction，并注入业务逻辑组件，代码如下。

```
<!--创建 addAction 实例 -->
    <bean id="addAction" class="com.ssh.action.AddAction">
        <property name="customService" ref="customService"></property>
    </bean>
```

在 struts.xml 文件中配置名为 add 的 Action，并定义处理结果与视图资源的关系，代码如下。

```
<action name="add" class="addAction"><!-- 通过 class 关联 bean 的 id,将 action 托管给 spring -->
    <result name="SUCCESS" type="redirect">query</result>    <!--配置处理结果与视图资源的关系 -->
</action>
```

4. 测试添加客户

在客户信息页面中，单击“添加客户”超链接，跳转到添加客户页面，如图 13.8 所示。

图 13.8 添加客户页面

填入适当信息然后提交，页面将自动转到客户信息页面，如图 13.9 所示。从该页上可以看到，新增的客户信息已被添加成功。

显示客户信息

http://localhost:8080/ssh_demo_custom/query

客户信息

客户ID	客户名	客户电话	客户邮箱	是否删除	是否修改
1	ibm	13888881234	user@ibm.com	删除	更新
2	admin	13333333333	admin@custom.com	删除	更新
11	测试用户	12355577999	123555@77.999	删除	更新
12	新增的用户	1556677888	6677888@ssh.com	删除	更新

添加客户

图 13.9 客户信息添加成功

13.4.8 删除客户信息

要实现删除客户信息功能需要定义一个删除客户控制器，该控制器负责接收客户 ID，并调用业务逻辑组件中的删除客户方法 deleteCustom 以实现删除指定 ID 的客户。

1. 创建删除客户控制器

新建控制器 DeleteAction，它负责接收添加客户页面所提交的客户 ID，并通过调用业务逻辑组件中的 deleteCustom 方法以删除指定 ID 的客户。Action 交由 Spring 托管以后不再需要实现 Action 接口，此处仍然实现 Action 接口仅为强制实现接口方法 execute()，避免错误。代码如下。

```
package com.ssh.action;
import com.opensymphony.xwork2.Action;
import com.ssh.service.CustomService;

public class DeleteAction implements Action{
     private CustomService customService;
     private int cid;
     public CustomService getCustomService() {
          return customService;
     }
     public void setCustomService(CustomService customService) {
          this.customService = customService;
     }
     public int getCid() {
          return cid;
     }
     public void setCid(int cid) {
          this.cid = cid;
     }
     @Override
     public String execute() throws Exception {
          customService.deleteCustom(cid);
          return "success";
     }
}
```

2. 配置控制器

在 applicationContext.xml 中配置控制器 deleteAction，并注入业务逻辑组件，代码如下。

```
<!--创建 deleteAction 实例-->
<bean id="deleteAction" class="com.ssh.action.DeleteAction">
     <property name="customService" ref="customService"></property>
</bean>
```

在 struts.xml 文件中配置名为 delete 的 Action，并定义处理结果与视图资源的关系，代码如下。

```
<action name="delete" class="deleteAction"><!-- 通过 class 关联 bean 的 id，将 action 托管给 spring -->
     <result name="success" type="redirect">query</result>    <!--配置处理结果与视图资源的关系 -->
</action>
```

3. 测试删除客户

在客户信息页面中，单击要删除客户中的“删除”超链接就可以完成对指定客户的删除，如图 13.10 所示。在该图中所示的是删除了客户 ID 为 11 和 12 的两条客户记录。

图 13.10　删除指定客户

13.4.9 更新客户信息

要实现客户信息的更新，需要编写更新客户控制器和修改客户信息页面。与添加客户功能不同的是，更新客户信息时必须知道客户的 ID。

1. 创建更新客户控制器

新建控制器 UpdateAction，它负责接收修改客户信息页面所提交的客户信息，并通过调用业务逻辑组件来完成对客户信息的修改，代码如下。

```
package com.ssh.action;

import org.apache.Struts 2.ServletActionContext;

import com.opensymphony.xwork2.Action;
import com.ssh.entity.Custom;
import com.ssh.service.CustomService;

public class UpdateAction implements Action {
     private CustomService customService;
     private Custom custom;
     private int cid;

     public CustomService getCustomService() {
          return customService;
     }

     public void setCustomService(CustomService customService) {
          this.customService = customService;
     }

     public Custom getCustom() {
          return custom;
     }

     public void setCustom(Custom custom) {
          this.custom = custom;
     }

     @Override
     public String execute() {
          // 调用业务逻辑组件的 findCustomById 方法
          if (customService.findCustomById(custom.getCid()) != null) {
               setCustom(custom);
               customService.updateCustom(custom);
               return "SUCCESS";
          }
          return "INPUT";
     }

     public int getCid() {
          return cid;
     }
```

```
    public void setCid(int cid) {
        this.cid = cid;
    }
}
```

2. 修改客户信息页面

新建修改客户信息页面 update.jsp，该页面中包含一个表单，用来输入客户信息，代码如下。

```
<%@ page language="java" import="java.util.*" pageEncoding="UTF-8"%>
<%@ taglib prefix="s" uri="/struts-tags"%>
<!DOCTYPE HTML PUBLIC "-//W3C//DTD HTML 4.01 Transitional//EN">
<html>
<head>
<title>修改客户信息</title>
</head>
<body>
    <center>
        <s:form action="update" method="post">
            <!--定义表单-->
            <tr>
                <td colspan="2">
                    <h1>
                        <s:text name="修改客户信息" />
                    </h1> <br /> <!--格式化文本数据--> <s:actionerror />
                </td>
            </tr>
            <td>客户 ID: <s:property value="#parameters.cid" />
            </td>
            <s:textfield name="custom.cid" key="客户 ID" required="true"> </s:textf ield>
            <s:textfield name="custom.name" key="客户名"></s:textfield>
            <s:password name="custom.password" key="密码"></s:password>
            <s:textfield name="custom.mobile" key="电话"></s:textfield>
            <s:textfield name="custom.email" key="邮箱"></s:textfield>

            <s:submit value="提交" />
            <s:reset value="重置" />
            <s:set />
        </s:form>
    </center>
</body>
</html>
```

3. 配置控制器

在 applicationContext.xml 中配置控制器 UpdateAction，并注入业务逻辑组件，代码如下。

```
<bean id="updateAction" class="com.ssh.action.UpdateAction">
    <property name="customService" ref="customService"></property>
</bean>
```

在 struts.xml 文件中配置 UpdateAction，并定义处理结果与视图资源的关系，代码如下。

```
<action name="update" class="updateAction">
    <result name="SUCCESS" type="redirect">query</result>
    <result name="INPUT" >/pages/update.jsp</result>
</action>
```

4. 测试更新客户

在客户信息页面中，单击要修改客户中的“更新”超链接就可以完成对指定客户的信息修改。假设要对图 13.10 中客户名为 ibm 的客户信息进行修改，则单击其对应的“更新”超链接，进入图 13.11 所示页面。

在图 13.11 所示页面中，修改客户信息，如图 13.12 所示。

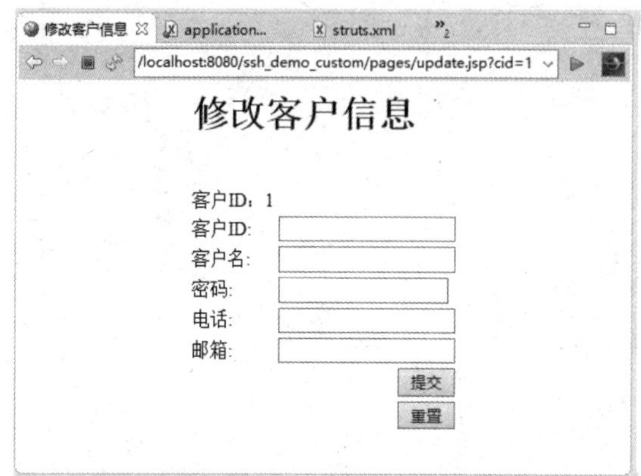

图 13.11　修改客户信息页面

图 13.12　修改客户信息

客户信息修改后单击提交按钮，页面再次返回到客户信息页面。此时，页面中第一条记录已经被更新，如图 13.13 所示。

客户ID	客户名	客户电话	客户邮箱	是否删除	是否修改
1	intel	123	admin@intel.com	删除	更新
2	admin	13333333333	admin@custom.com	删除	更新
13	哈利波特	111-222-333-444	Harry@HogeWoods.edu	删除	更新
14	达力	111-222-333-444	Dali@wesley.edu	删除	更新
15	邓布利多	333-444-555	Denbrido@HogeWoods.edn	删除	更新
16	马克西姆	33-4555-666	Maxim@HogeWoods.edu	删除	更新
17	苏珊	55667788	susan@HogeWoods.edu	删除	更新
18	赫敏	998998998	hermione@HogeWoods.edu	删除	更新
23	1	test	test	删除	更新
24	3	3	3	删除	更新

图 13.13　客户信息已更新

13.5　本章小结

本章介绍了 Spring 与 Struts 2 和 Hibernate 的集成开发，俗称 SSH 框架整合，最后以客户管理系统为例，详细地介绍了基于 SSH 框架进行项目开发的步骤。

附录

Java Web 开发常见错误及解决方法

1 开发环境错误

1.1 MySQL Workbench 启动后闪退

错误信息：无法正常启动 MySQL Workbench，运行后直接退出。

解决方法：删除文件夹 C:\Users\Administrator\AppData\Roaming\MySQL\Workbench，然后重启 MySQL Workbench 后重新运行。

1.2 Eclipse: The superclass “javax.servlet.http.HttpServlet” was not found on the Java Build Path

错误信息：工程在 Eclipse 环境下提示如附图 1 所示错误。

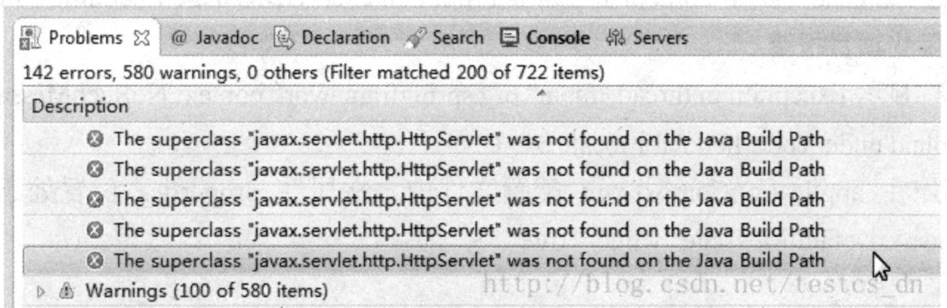

附图 1　错误信息

解决方法：

（1）选中出错的 Project。

（2）Project->Properties->Target Runtimes->The used web server(e.g. Apache Tomcat) 。

1.3 在 Eclipse 下修改项目名称 web.xml 时，出错并显示 Attribute "xmlns" was already specified for element "web-app"

错误信息：提示 `Attribute "xmlns" was already specified for element "web-app"`，是由于项目的重命名，出现了 xmlns 的重复赋值。这可能是 Eclipse 自己设定的一种方式，以重新为项目匹配合适的配置。

解决方法：针对 web.xml 文件中的以下重复项，任意删除其中一个即可。

```
<web-app xmlns:xsi="http://www.w3.org/2001/XMLSchema-instance"
xmlns="http://java.sun.com/xml/ns/javaee"
xmlns:web="http://java.sun.com/xml/ns/javaee"
xmlns="http://java.sun.com/xml/ns/javaee"
```

```
xsi:schemaLocation="http://java.sun.com/xml/ns/javaee
http://java.sun.com/xml/ns/javaee/web-app_2_5.xsd" version="2.5">
```

1.4　Eclipse 启动 Tomcat 时 45 秒超时解决方法

错误信息:Eclipse 启动 Tomcat 时，默认配置的启动超时时长为 45 秒。假若项目启动超过 45 秒，将会报错。

解决方法：

（1）改 XML

eclipse\workspace\.metadata\.plugins\org.eclipse.wst.server.core\servers.xml

start-timeout="45"

（2）双击 Servers 视图中对应的 Server，打开 Server 的属性界面，右边有个 Timeouts，把里面的 45 改大些。

2　Struts/Spring/Hibernate 错误

2.1　JSP 页面乱码

错误信息：在 JSP 开发中，如果不对中文做特殊的编码处理，这些中文字符就会变成乱码或者是问号。在不同情况下对这些乱码的处理方法各不相同，这就导致很多初学者对中文乱码问题束手无策。其实造成这种问题的根本原因是：Java 中使用的默认编码方式是 Unicode，而中文的编码方式一般情况是 GB2312。因为编码格式的不同，导致在中文中不能正常显示。

解决方法：只要在页面的开始地方用下面的代码指定字符集编码即可，

<%@page Lauguae="java" content Type="text/html;charset=GBK"page Encoding="GBK"%>。

2.2　国际化项目报错

错误信息:显示 Exception in thread "main" org.springframework.context.NoSuchMessageException: No message found under code 'hello' for locale 'zh_CN'.

解决方法:在 applicationContext.xml 配置文件中，在属性 properties 位置处添加<property name="useCodeAsDefaultMessage" value="true" />，即：

```
......
<bean id="messageSource"
class="org.springframework.context.support.ResourceBundleMessageSource">
        <property name="basenames" >
            <list>
                <value>com.life.messages</value>
            </list>
        </property>
        <property name="useCodeAsDefaultMessage" value="true" />
    </bean>
</beans>
```

2.3　“No getter method for property XXX of bean student”

错误信息：JSP 里要取一个 Bean 的属性出来，但这个 Bean 并没有这个属性。

解决方法：检查 JSP 中某个标签的 property 属性的值。例如：下面代码中的 cade 应该被改为 code 才对：

```
<bean:write name="student" property="cade" filter="true"/>
```

2.4 HTTP Status 404 – /xxx/xxx.jsp

错误信息：Forward 的 path 属性指向的 JSP 页面不存在。

解决方法：检查路径和模块，对于同一模块中的 Action 转向，path 中不应包含模块名；模块间转向，要使用 contextRelative="true"。

2.5 "The element type "XXX" must be terminated by the matching end–tag "XXX"."

错误信息：struts-config.xml 文件的格式错误。

解决方法：仔细检查它是否良构的 xml 文件。关于 xml 文件的格式这里就不赘述了。

2.6 java.lang.NullPointerException 错误

错误信息：这个异常的含义是"碰到了空指针"，也就是说调用了未经初始化的对象或者是不存在的对象。这个错误经常出现在创建图片、调用数组这些操作中。对数组的操作中出现空指针时，常犯的错误就是把数组的初始化和数组元素的初始化混淆起来了。

解决方法：数组的初始化是对数组分配需要的空间，而初始化后的数组中的元素并没有实例化，依然是空的，所以还需要对每个元素都进行初始化。

2.7 java.lang.ClassNotFoundException 错误

错误信息：运行工程，提示 java.lang.ClassNotFoundException 错误。

解决方法：检查程序中定义的类的名称和路径是否正确。

2.8 第 10.5 节中易出现

错误信息：org.hibernate.id.IdentifierGenerationException: ids for this class must be manually assigned before calling save(): com.stock.Stock

解决方法：将 hibernate 配置文件中 generator 属性 class 的值由 assign 改为 identity。

2.9 第 13 章 示例中出现找不到类的错误提示

错误信息：Cannot find class [com.ssh.LoginAction] for bean with name 'loginAction' defined in ServletContext resource [/WEB-INF/applicationContext.xml];

...

Caused by: java.lang.ClassNotFoundException: com.ssh.LoginAction

解决方法：出现这种错误的原因可能是类名错误，也可能是配置文件中引用类名的错误，应检查这两个地方。

2.10 第 13 章 13.4 示例中出现的错误

错误信息：Exception sending context initialized event to listener instance of class org.springframework.web.context.ContextLoaderListener

org.springframework.beans.factory.BeanCreationException: Error creating bean with name 'customDAO' defined in ServletContext resource [/WEB-INF/applicationContext.xml]

...

Caused by: java.lang.IllegalArgumentException: 'sessionFactory' or 'hibernateTemplate' is required

原因是未将 sessionFactory 注入到 DAO 层的 bean 中。

解决办法：在 spring 配置文件 applicationcontext.xml 中添加如下代码。

```
<!-- bean 的配置 -->
<bean id="customDAO" class="com.ssh.dao.CustomDAOImpl">
    <property name="sessionFactory" ref="sessionFactory"></property>
</bean>
```

2.11 第 13 章 13.4 示例中出现的错误

错误信息：访问 url 为 http://localhost:8080/ssh_demo_custom/login，但错误信息为：

HTTP Status 404 - /ssh_demo_custom/query

type Status report

message /ssh_demo_custom/query

description The requested resource is not available.

原因是 login 这个 action 的 result 对应的 action（名为 query）没有获取成功。

解决办法：在 action 配置中添加 type 属性，如下粗体部分所示。

```
<result name="success" type="redirect">query</result>
```

2.12 第 13 章 13.4 示例中出现的错误

错误信息：Context initialization failed

org.springframework.beans.factory.BeanDefinitionStoreException: Unexpected exception parsing XML document from ServletContext resource [/WEB-INF/applicationContext.xml]; nested exception is java.lang.NoClassDefFoundError: org/aopalliance/intercept/MethodInterceptor

原因是缺少 JAR 包。

解决办法：下载并复制 aopalliance.jar 到 lib 目录。